Günther Nölle
**Technik der
Glasherstellung**

Günther Nölle

Technik der Glasherstellung

3., überarbeitete Auflage

WILEY-
VCH

WILEY-VCH Verlag GmbH & Co. KGaA

Autoren

Prof. Dr. rer. Nat. Günther Nölle
Brückenstraße 7A
09599 Freiberg

3., überarbeitete Auflage 1997

**Bibliografische Information
der Deutschen Nationalbibliothek**
Die Deutsche Nationalbibliothek verzeichnet
diese Publikation in der Deutschen
Nationalbibliografie; detaillierte bibliografische
Daten sind im Internet über http://dnb.d-nb.de
abrufbar.

Gedruckt auf säurefreiem Papier

Druck und Bindung Lightning Source

ISBN: 978-3-527-30941-2

Vorwort

Die Glasherstellung ist eine sehr alte Technik, ihre Geschichte umfaßt einige Jahrtausende, und sie hat bereits glanzvolle Höhepunkte, vor allem zur Römerzeit und im späten Mittelalter aufzuweisen. Im letzten Jahrhundert und besonders in den letzten Jahrzehnten hat sich eine moderne Glasindustrie mit rationellen Verfahren für die Massenproduktion von Glaserzeugnissen entwickelt. Andererseits ist viel Wissen über das Glas zusammengetragen worden, und neue Glaserzeugnisse mit teilweise überraschenden Eigenschaften werden angeboten. Trotz der so langen Vergangenheit der Glasherstellung sind die in diesem Werkstoff steckenden Möglichkeiten noch immer nicht ausgeschöpft.

Glasforschung ist allerdings auch heute noch überwiegend Werkstofforschung, und die bedeutendste Quelle für den technologischen Fortschritt in der Glasindustrie ist noch immer die Empirie, der ständig wachsende Erfahrungsschatz tüchtiger Ingenieure. Um so wichtiger ist es, die ingenieurwissenschaftlichen theoretischen Grundlagen zu entwickeln und zu verbreiten. Da sich technologisches Wissen in wirtschaftlichen Vorteil ummünzen läßt, ist die Weitergabe technologischer Details wie schon in grauer Vorzeit auch heute nicht üblich. Andererseits findet eine ständige Spezialisierung statt, und die neuen spezialisierten Werkstoffe und Erzeugnisse verlangen neue spezielle Verfahren zu ihrer Herstellung.

Ein heute als Lehrbuch für Lernende konzipiertes Buch wie dieses hat also eine gewisse Problematik. Es kann unmöglich Vollständigkeit der Beschreibung einzelner technologischer Linien anstreben. Es muß aber Überblick und Grundwissen vermitteln. Wir haben versucht, das theoretische und praktische Wissen zusammenhängend darzustellen und nach Prozessen und Verfahren zu ordnen. Letzteres ist seit mehreren Jahren in der Verfahrenstechnik und in der Fertigungstechnik üblich geworden.

Die Verfahrenstechnik versteht sich als Wissenschaft von der industriellen Stoffwandlung, die Fertigungstechnik als Wissenschaft von der industriellen Herstellung geometrisch bestimmter Körper. In beiden Disziplinen sind die Prozesse und Verfahren Gegenstand der Betrachtung. Die Glasherstellung betrifft diese beiden Disziplinen durchaus, aber man kann nicht erwarten, daß Lehrbücher über Verfahrenstechnik oder über Fertigungstechnik die in der Glasherstellung angewandten spezifischen Prozesse und Verfahren beschreiben. Vielmehr müssen wir versuchen, das entsprechende Kapitel der Verfahrenstechnik bzw. der Fertigungstechnik selbst zu schreiben. Dieses Buch erklärt in straffer Darstellung die wesentlichen Schritte zur Glasherstellung. Der Inhalt ist weitgehend auf drei Hauptabschnitte verteilt, von denen sich der erste mit den Glaseigenschaften befaßt. Er enthält die Darstellung der Besonderheiten des Glaszustands und die Behandlung der wichtigsten Stoffwerte, die als Charakterisierung des Ziels der Glasherstellung aufgefaßt werden können. In einem zweiten Hauptabschnitt wird die Verfahrenstechnik in der Glasindustrie behandelt. Entsprechend dem Verständnis der Verfahrenstechnik als Technik der Stoffwandlung enthält dieser Abschnitt die Gemengebereitung und den Schmelzprozeß. Gegenüber den ersten beiden Auflagen werden die Grundlagen des Stoffübergangs beim Schmelzen und die Teilprozesse systematischer und gründlicher behandelt. Der dritte Hauptabschnitt schließlich beschreibt die fertigungstechnischen Prozesse der Glasherstellung, das sind die Formgebung und die Prozesse der Weiterverarbeitung des Glases.

Wir versuchen eine konsequent prozeß- und verfahrensorientierte Darstellung mit der diesem Anliegen entsprechenden naturwissenschaftlichen und verfahrenstechnischen Begründung. Erstmalig werden die neueren Erkenntnisse über den Redoxzustand der Schmelzen voll in die Glastechnologie integriert. Dabei ergibt sich eine klare Systematisierung dieser Problematik für die Bereiche

- Gemenge mit Reduktions- und Oxidationsmitteln
- Einstellung des Redoxzustands der Schmelze beim Einschmelzen des Gemenges

- Veränderung des Redoxzustands der Schmelze mit der Verweilzeit im Ofen durch Wechselwirkung mit gasförmigen Phasen
- Redoxzustand im einphasigen System Glasschmelze oder Glas

Das Buch wendet sich an die Studierenden an Universitäten und Hochschulen, die sich auf eine Tätigkeit in der Glasindustrie vorbereiten und an die Absolventen, die bereits in der Glasindustrie arbeiten. Ich hoffe, daß auch erfahrene Fachkollegen aus diesem oder jenem Abschnitt Nutzen ziehen können, vor allem, weil manches unter einem noch wenig üblichen Gesichtspunkt dargestellt ist.

Autor und Verlag sind dankbar für Anregungen und Vorschläge, die dem Anliegen des Buches für die Zukunft weiterhelfen. In vielen Teilen stimmt der Text mit der vorigen Auflage überein, in anderen Teilen gibt es wesentliche Änderungen, vor allem wurden Fehler eliminiert und neuere Literaturstellen berücksichtigt. Viele Einsichten ergaben sich aus den Arbeiten meiner Mitarbeiter im Institut für Silikattechnik der TU Bergakademie Freiberg, denen ich dankbar bin.

Freiberg, 1997
Prof. Dr. rer. nat. Günther Nölle

Inhalt

Verzeichnis der Symbole und Abkürzungen

a	Konstante
a_i	Koeffizient zur Eigenschaftsberechnung
a_λ	spektrales Absorptionsvermögen
A	Konstante, Fläche, Oberfläche, Querschnittsfläche, Absorptionsgrad
A_K	Keimbildungsarbeit
A_{jk}	Grenzfläche zwischen den Phasen j und k
A_S	Schmelzfläche
A_λ	Absorptionsgrad bei der Vakuumwellenlänge A
b	Konstante, Breite, Bruchteilfunktion
B	Konstante, Bildungsenthalpie
c	Lichtgeschwindigkeit, Konzentration, Strahlungskoeffizient
c_0	Vakuumlichtgeschwindigkeit 2,9979.108 m s I
c_i	Konzentration der Komponente i
c_p	spezifische Wärmekapazität für konstanten Druck
c_S	Strahlungskoeffizient des schwarzen Körpers
c_v	spezifische Wärmekapazität für konstantes Volumen
C	COUETTE-Korrektur
COD, CSB	chemischer Sauerstoffbedarf zur vollständigen Oxidation
d	mittlere Dispersion
d_a	Außendurchmesser
d_i	Innendurchmesser
d_r	relative Dispersion
D	Diffusionskoeffizient
E	Elastizitätsmodul
E_a	Aktivierungsenergie
f_D	Düsenfaktor
f_L	Leistungsfaktor
F	freie Energie, Feldstärke nach DIETZEL, Anzahl der Freiheitsgrade, Kraft
g	Erdbeschleunigung, Glaseigenschaftswert (allgemein), Verweilzeit-Verteilungsdichte
G	freie Enthalpie, Schubmodul, Verweilzeitverteilung
h	Höhe, spezifische Enthalpie, Regelbereich, PLANCKsches Wirkungsquantum 6,6262.10^{-34} J s
H	Enthalpie
H_S	Schmelzwärme
H_u	unterer Heizwert
H_V	VICKERS-Härte
i	Laufzahl, ganze Zahl
I	Intensität
I_λ	spektrale Intensität
$I_{\lambda A}$	absorbierte spektrale Intensität
$I_{\lambda R}$	reflektierte spektrale Intensität
$I_{\lambda T}$	transmittierte spektrale Intensität
$I_{\lambda 0}$	auffallende spektrale Intensität
I_0	Konstante
j	Laufzahl, ganze Zahl

k	Laufzahl, ganze Zahl, Konstante, Wärmeübergangskoeffizient, BOLTZMANN-Konstante $1,3807 \cdot 10^{-23}$ J K^{-1}
k_H	HENRY-Konstante
k_λ	(spektraler) Extinktionskoeffizient
K	Konstante, Anzahl der Komponenten
K_R	Gleichgewichtskonstante, allgemein
K_{As}	Gleichgewichtskonstante As^{3+}/As^{5+}
K_0	Gleichgewichtskonstante S^{2-}/S^{6+}
K_S	Gleichgewichtskonstante für die SO_2-Löslichkeit
l	Länge, Luftbedarf für vollständige Verbrennung
l_0	Länge, Bezugslänge
L	Länge, charakteristische Länge, Länge des Glases
m	Masse
m_0	Masse des erschmolzenen Glases
m_i	Stoffmenge der Komponente i, Masse der Komponente i
m_j	Masse des Rohstoffs j
m_j'	Masse des feuchten Rohstoffs j
m_L	Lieferumfang
m_{max}	Maximalbestand
m_{min}	Minimalbestand
m_{0r}	Reiseleistung
$\dot{m}$	Massestrom
$\dot{m}_0$	Massestrom, Glasdurchsatz
M	Wanneninhalt, Kühlmodul
n	ganze Zahl, Faktor, Brechzahl, Brechungsindex
n_λ	Brechzahl bei der Vakuumwellenlänge λ
n_S	Schnittfrequenz, Schnittzahl
o	ganze Zahl
p	Druck, ganze Zahl
pO_2	Sauerstoffpartialdruck
q	ganze Zahl
p_G	Partialdruck (im Gas)
p_S	Gleichgewichts-Partialdruck
$p(O_2)$	Sauerstoffpartialdruck
P	Anzahl der Phasen
$\dot{q}$	Wärmestromdichte
$\dot{q}_L$	Wärmestromdichte durch Leitung
q_N	spezifische Nutzwärme
q_R	spezifische Reaktionsenthalpie
q_T	theoretischer Wärmebedarf
$\dot{Q}_K$	Kühlleistung
$\dot{Q}_B$	Brennstoff-Heizleistung
$\dot{Q}_E$	elektrische Heizleistung
$\dot{Q}_L$	Leerlaufverbrauch, holding heat
r	Radius, ganze Zahl, Reflexionsvermögen
r_λ	Reflexionsvermögen bei der Vakuumwellenlänge λ
r_A	Radius des Anions
r_k	kritischer Keimradius
r_K	Radius des Kations
R	Radius, Kristallwachstumsgeschwindigkeit, Reflexionsgrad, allgemeine Gaskonstante 8,314 J K^{-1} mol^{-1}, Reaktionswärme
R_λ	Reflexionsgrad bei der Vakuumwellenlänge λ
Re	REYNOLDS-Zahl
s	Scherbenanteil, Blattdicke, Wanddicke

S	Entropie, spannungsoptische Konstante, Keimbildungsgeschwindigkeit
S_V	Schmelzbarkeit nach VOLF
Sc	SCHMIDT-Zahl
Sh	SHERWOOD-Zahl
t	Zeit
t_{def}	Deformationszeit
t_f	Formungszeit
t_L	Lieferperiode
t_r	Reisezeit, Wannenlaufzeit
t_R	Relaxationszeit
t_S	Schnittperiode, Schnittzeit
t_t	Totzeit
$\bar{t}$	mittlere Verweilzeit
T	Temperatur, Transmissionsgrad
T_a	Außentemperatur, Anfangstemperatur
T_e	Endtemperatur
T_F	fiktive Temperatur
T_G	Transformationstemperatur
T_i	Innentemperatur
T_L	Liquidustemperatur
T_R	Reaktionstemperatur
T_u	Umgebungstemperatur
T_0	Temperatur, Bezugstemperatur, Konstante
T_1	Anfangstemperatur
T_2	Endtemperatur
T_λ	spektraler Transmissionsgrad
u	Energiedichte, spezifische innere Energie
$\dot{u}_a$	Leistungsdichte der Absorption
$\dot{u}_e$	Leistungsdichte der Emission
U	innere Energie
v	spezifisches Volumen
V	Volumen
v_K	Abkühlgeschwindigkeit
V_m	Molvolumen
V_0	Volumen, Bezugsvolumen
V_λ	Helligkeitsempfindlichkeit des Auges
w	Geschwindigkeit
W	Energie
x	allgemein Variable, Normfarbwertanteil rot
x_S	Gaskonzentration in der Schmelze
x_0	Konstante
$\bar{x}_\lambda$	spektrale Rotempfindlichkeit des Auges
X	Normfarbwert rot
y	allgemein Variable, Normfarbwerteanteil grün
y_i	Massenbruch der Komponente i
y_{ij}	Gehalt (Massenbruch) der Komponente i im Rohstoff j, Rohstoffanalyse
y_{wj}	Wassergehalt (Massenbruch) des Rohstoffs j
$\bar{y}_\lambda$	spektrale Grünempfindlichkeit des Auges
Y	Normfarbwert grün
z	Normfarbwertanteil blau, Koordinate in Strangrichtung
$\bar{z}_\lambda$	spektrale Blauempfindlichkeit des Auges
Z	Normfarbwert blau
Z_K	Kernladungszahl

α	linearer Ausdehnungskoeffizient, Schmelzverlust des Gemenges
α_j	Schmelzverlust des Rohstoffs j
α_A	spektraler Absorptionskoeffizient
β	kubischer Ausdehnungskoeffizient, Stoffübergangskoeffizient
γ	Schubverformung, Scherungswinkel
$\dot{\gamma}$	Schubgeschwindigkeit
Γ	Gangunterschied
δ	Schichtdicke
Δc	Konzentrationsunterschied
ΔG	Enthalpie, Enthalpiedifferenz
ΔG_S	oberflächenproportionaler Anteil der Enthalpie
ΔG_V	volumenproportionaler Anteil der Enthalpie
$\Delta\mu$	Potentialdifferenz
ΔT	Temperaturunterschied
$\Delta\varrho$	Dichteunterschied
ε	Partialdruckverhältnis, Übersättigung, Dehnung
η	Viskosität, Wirkungsgrad
η_a	Anfangsviskosität
η_e	Endviskosität
η_0	Konstante
κ	Kompressibilität, elektrische Leitfähigkeit
λ	Wellenlänge, Wärmeleitfähigkeit, Luftüberschußfaktor
λ_{eff}	effektive Wärmeleitfähigkeit
λ_S	Strahlungsleitfähigkeit
μ	POISSONsche Zahl, Querkontraktionszahl, spezifische Schmelzleistung
ν	Frequenz
ν_e	ABBEsche Zahl
ν_m	Molvolumen
Ω	Raumwinkel
ϱ	Dichte
σ	Spannung, Spezifische Grenzflächenenthalpie, spezifischer Energieverbrauch
σ_{ZB}	Zugfestigkeit
τ	Schubspannung, Lichttransmissionsgrad
τ_0	Anfangsschubspannung
$\dot{\tau}$	Änderungsgeschwindigkeit der Schubspannung, Laständerungsgeschwindigkeit
ϑ_ω	Reintransmissionsgrad
φ	Winkel
Φ_ω	spektraler Lichtstrom, spektraler Strahlungsfluß
ψ	Formfaktor

1 Stoffeigenschaften

Die Glasindustrie muß die Eigenschaften der Erzeugnisse mit manchmal engen Toleranzen garantieren. Aber auch im Interesse der Stabilität des Produktionsprozesses ist die Einhaltung enger Eigenschaftstoleranzen des Glases anzustreben. Schließlich haben viele technologische Besonderheiten (Möglichkeiten und Beschränkungen) ihre Ursachen in den stofflichen Besonderheiten der Gläser.

1.1 Glaszustand

Glas hat keine spezielle Zusammensetzung. Es gibt Gläser sehr unterschiedlicher Zusammensetzung aus ganz verschiedenen Stoffsystemen. Die Gemeinsamkeit der Gläser besteht vielmehr in dem speziellen thermodynamischen Zustand, in dem sie sich befinden.

1.1.1 Definition

Gläser sind amorphe Festkörper. Das bedeutet

1. Das mechanische Verhalten der Gläser ist typisch für Festkörper, denn sie zeigen Hookesches *elastisches Verhalten*, d. h. im Dehnungsversuch ist die relative Dehnung ε der wirkenden Zugspannung proportional (s. Abb. 1) und *Sprödbruch*, d. h. der Bruch ist ein Spontanbruch aus der elastischen Verformung heraus.

Besonders bei höherer Temperatur kann das mechanische Verhalten der Gläser nicht so einfach beschrieben werden (vgl. Abschnitt 1.2.2.3, S. 28).

2. Die Struktur der Gläser ist typisch für Flüssigkeiten, sie zeigen keine Fernordnung. An Kristallgittern mit regelmäßigem, periodischem Aufbau erzeugte Röntgenbeugungsspektren sind Linienspektren. Die Röntgenbeugungsspektren von Gläsern zeigen keine Peaks (Abb. 2), genauso wie die von Flüssigkeiten. Nahordnung besitzen Gläser sehr wohl. Mit den Methoden der magnetischen Kernresonanz (NMR) werden solche Probleme untersucht, z. B. in Silikatgläsern die Eigenschaften der Sauerstoffkoordination des Siliziums.

Man kann den Glaszustand auf drei Wegen erreichen.

1. Aus der Schmelze:
   Man schmilzt ein Rohstoffgemenge, z. B. aus Quarzsand, Soda und Kalkstein in einem Ofen bis zur homogenen Schmelze ein und kühlt dann unter Vermeidung der Kristallisation ab.

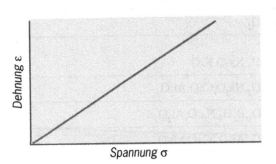

Abb. 1 Spannungs-Dehnungs-Diagramm (schematisch)

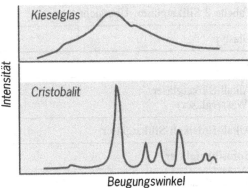

Abb. 2 Röntgenbeugungsspektren von Kieselglas und Cristobalit (schematisch)

2. Aus der Lösung:

   Man geht z. B. von Kieselsäurelösungen, die lösliche Metallverbindungen oder hydrolysierbare Alkoxide enthalten, aus. Sie werden über einen Sol-Gel-Prozeß durch Erwärmung und allmählichen Wasserentzug zur Hydrolyse und Polykondensation gebracht.

3. Aus der Gasphase:

   In einem sog. CVD-Prozeß (**C**hemical **V**apor **D**eposition) wird z. B. aus $SiCl_4$ durch Hydrolyse in einer Knallgasflamme und Kondensation aus ihr auf einem Target Kieselglas erzeugt.

Die Glasherstellung über einen Schmelzprozeß hat die größere wirtschaftliche Bedeutung. Dieses Buch beschränkt sich im wesentlichen auf die Darstellung dieser Variante.

Der Sol-Gel-Prozeß wird bisher hauptsächlich für die Herstellung amorpher Beschichtungen genutzt.

CVD-Prozesse dienen der Herstellung optischen Kieselglases und anderer spezieller Glaserzeugnisse, auch für die Beschichtung und für das Aufbringen von aufeinanderfolgenden Schichten mit kontinuierlich veränderter Zusammensetzung (z. B. Gradientenoptik).

1.1.2 Bevorzugte Stoffsysteme

Die meisten Gläser hat man in den oxidischen Systemen gefunden. Tabelle 1 zeigt eine Übersicht über die wichtigsten oxidischen Gläser und Beispiele von Ein- oder Mehrstoffsystemen zu diesen Gläsern. Unter ihnen haben zweifellos die Silikatgläser die größte Bedeutung.

Tabelle 1 Oxidgläser, Übersicht

Glastyp	wichtige Komponenten
Silikatgläser	SiO_2, Na_2O, CaO
Boratgläser	B_2O_3, Na_2O
Phosphatgläser	P_2O_5, Na_2O, CaO
Telluritgläser	TeO_2, Na_2O
Germanatgläser	GeO_2, Na_2O
Arsenitgläser	As_2O_3, Na_2O
Antimonitgläser	Sb_2O_3

Tabelle 2 gibt eine Übersicht über die wichtigsten Typen von Silikatgläsern (s.a. Abschnitt 1.2.1 S. 24). Die Darstellungen in diesem Buch beziehen sich fast ausschließlich auf diese Glastypen, entsprechend der Struktur des heutigen Schrifttums zur Glasherstellung sind viele technologische Aussagen sogar in erster Linie auf Alkali-Erdalkali-Silikatgläser bezogen.

Beryllium-Fluoridgläser wurden als leicht schmelzbare Modellgläser für Silikatgläser verwendet.

Chalkogenidgläser haben wegen ihrer speziellen Eigenschaften, vor allem wegen ihrer Ultrarotdurchlässigkeit, gewisse Verwendung gefunden. Man zählt dazu die Sulfid-, Selenid- und Telluritgläser, nicht aber die Oxidgläser, die aber dem Namen nach doch dazu gehörten.

Produziert werden auch Folien aus einigen me-

Tabelle 2 Silikatgläser, Übersicht

Glastyp	wichtige Komponenten
Kieselglas	SiO_2
Alkali-Silikatgläser (Wassergläser)	SiO_2, Na_2O, K_2O
Alkali-Erdalkali-Silikatgläser	$SiO_2, Na_2O, CaO, Al_2O_3$
Borosilikatgläser	$SiO_2, B_2O_3, Na_2O, Al_2O_3$
Alumosilikatgläser	SiO_2, Al_2O_3, CaO, MgO
Bleisilikatgläser	$SiO_2, PbO, K_2O, Al_2O_3$

tallischen Legierungen, die ganz oder partiell amorph sind.

Erwähnt sei noch, daß auch organische Gläser bekannt sind und solche mit organischen und anorganischen Anteilen, sog. *Ormocere*.

1.1.3 Thermodynamische Zustandsbeschreibung

Zustände werden durch thermische und kalorische Zustandsgrößen beschrieben.

Wichtige thermische Zustandsgrößen sind:

T   die Temperatur
p   der Druck
V,v das Volumen bzw. das spezifische Volumen
m_i die Stoffmengen, ggf. an ihrer Stelle Konzentrationen c_i der beteiligten Komponenten i
A_{jk} ggf. Grenzflächen zwischen den Phasen j und k.

Wichtige kalorische Zustandsgrößen sind:

U   die innere Energie
H   die Enthalpie
F   die freie Energie
G   die freie Enthalpie
S   die Entropie.

Thermodynamisch stabile Zustände sind durch ein Minimum der freien Enthalpie gekennzeichnet.

Von manchen Stoffen existieren sowohl eine glasige als auch kristalline Modifikationen. Dann kann man feststellen, daß die freie Enthalpie beim Glas höher ist als in jedem kristallinen Zustand, d. h. Gläser sind thermodynamisch nicht stabil. Solche Zustände sollten sich ändern, der Gleichgewichtszustand mit der niedrigsten freien Enthalpie sollte sich einstellen. Derartige Ungleichgewichtszustände nennt man metastabil, wenn sie lange Zeit erhalten bleiben. Der Glaszustand ist ein metastabiler Ungleichgewichtszustand.

Beziehungen zwischen Zustandsgrößen heißen Zustandsgleichungen, ihre graphischen Darstellungen Zustandsdiagramme.

Diskutiert man nur die Verhältnisse innerhalb eines homogenen Glases, so hat man es mit einem Einphasensystem zu tun.

Bis auf wenige Ausnahmen betrachtet man für praktische Zwecke im Zusammenhang mit der Glasherstellung nur sog. kondensierte Systeme.

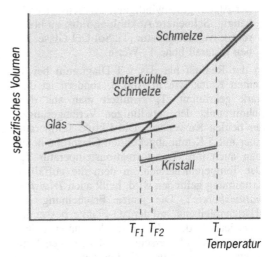

Abb. 3 Zustandsdiagramm von Glas (v-T-Diagramm schematisch)
T_L – Liquidustemperatur
T_{F1} und T_{F2} – fiktive Temperaturen unterschiedlich schnell abgekühlter Schmelzen. Doppelt gezeichnete Linien kennzeichnen thermodynamisch stabile Zustände

Darunter versteht man Systeme unter konstantem Druck, so daß man den Druck nicht zu berücksichtigen braucht.

So ist das in Abb. 3 dargestellte v-T-Diagramm als Zustandsdiagramm eines einphasigen glasbildenden Systems geeignet. Abb. 3 ist eine schematische Darstellung.

Man muß darin verschiedenene Bereiche unterscheiden:

- Über der Liquidustemperatur T_L liegt das Stoffsystem als eine homogene Schmelze vor, dies ist ein thermodynamisch stabiler Zustand.
- Beim Abkühlen unter die Liquidustemperatur T_L kann man den schmelzflüssigen Zustand unter bestimmten Umständen aufrechterhalten, obwohl hier ein kristalliner Zustand der stabile Zustand wäre. Diesen Zustand nennt man den metastabilen Zustand der *unterkühlten Schmelze*.
- Unterhalb der sog. *fiktiven* Temperatur T_F zeigt das Zustandsdiagramm einen auffällig abweichenden Verlauf: Die freie Enthalpie erreicht nicht das relative Minimum der unterkühlten Schmelze. Dieser in doppeltem Sinne metastabile Zustand ist der Glaszustand. In geringen Grenzen ist die fiktive Temperatur von

der Abkühlgeschwindigkeit der Schmelze abhängig. Schnellere Abkühlung führt zu höherer fiktiver Temperatur [1]. Sol-Gel-Gläser haben generell hohe T_F-Werte.

In der Realität hat das v-T-Diagramm bei T_F keinen Knick wie in Abb. 3, sondern ist dort stark gekrümmt. T_F ermittelt man aus dem Schnittpunkt der geradlinigen Verlängerungen der beiden Kurvenäste. Die fiktive Temperatur einer mit 5 K/min abgekühlten Glasprobe nennt man auch ihre Transformationstemperatur T_G. Der Temperaturbereich, in dem die auffällige Krümmung gefunden wird, heißt auch *Transformationsbereich*. Die ganze Erscheinung des „Hängenbleibens" auf der ΔG-Flanke, besser das „Einfrieren" des Zustands der unterkühlten Schmelze beim Unterschreiten der fiktiven Temperatur nennt man den Glasübergang.

Die fiktive Temperatur eines Glases kann durch Tempern unter der fiktiven Temperatur verkleinert werden, bestenfalls bis zur Haltetemperatur. Die Verlängerung der Kurve, die die unterkühlte Schmelze beschreibt, kann nicht unterschritten werden, außer in einem schmalen Temperaturbereich wenig oberhalb der fiktiven Temperatur und nur bei sehr schneller Erwärmung von zuvor extrem langsam gekühlten Proben.

1.1.4 Struktur

Eine sehr allgemeine Charakterisierung der Glasstruktur stammt von Tammann aus dem Jahr 1903 [2]:

Gläser haben eine eingefrorene Flüssigkeitsstruktur.

Man unterscheidet folgende Flüssigkeitsmodelle:

– Frenkel-Modell [3]:
Kennzeichnend sind
  – eine dynamische Struktur,
  – Baugruppen von atomarer Größe,
  – das Fehlen jeglicher Beziehung zum Kristall.
Als typisches Beispiel einer Frenkel-Flüssigkeit gilt die Kochsalzschmelze.

– Stewart-Modell [4]:
Kennzeichnend sind
  – Molekülgruppen als Baugruppen, mit gewisser Beziehung zur Kristallstruktur,
  – die Existenz von *cybotaktischen* Regionen,
  – die Orientierbarkeit der Baugruppen unter mechanischer Beanspruchung der Flüssigkeit.
Als typisches Beispiel einer Stewart-Flüssigkeit gilt die B_2O_3-Schmelze.

– Bernal-Modell [5]:
Kennzeichnend sind
  – eine quasikristalline Nahordnung,
  – eine hohe Viskosität der Schmelze,
  – Neigung zur Unterkühlung und Glasbildung.

Die verschiedenen Flüssigkeitsmodelle charakterisieren also die Baugruppengröße und den Vernetzungszustand. Dadurch ist aber auch die Platzwechselkinetik bestimmt, d. h. nicht nur die Viskosität, sondern auch die Diffusion, die Ionenbeweglichkeit usw . . .

Liegt die Liquidustemperatur im Frenkel-Bereich, so beobachtet man spontane Kristallisation, liegt sie im Bernal-Bereich, so beobachtet man Glasbildung.

Strukturhypothesen

Es war lange Zeit üblich, zur Beschreibung der Glasstruktur die Netzwerkhypothese und die Kristallithypothese als Alternativen gegenüberzustellen. Man sollte das nicht tun.

Im folgenden werden die Beiträge verschiedener Autoren zum heutigen Bild von der Glasstruktur aufgezählt.

1. Tammann 1903 [2]

   Gläser haben eine eingefrorene Flüssigkeitsstruktur.

2. Lebedew 1921 [6]

   Die Glasstruktur besteht aus Anhäufungen mikrokristalliner stark deformierter Gebilde (1 bis 2 nm). Der Kern dieser Gebilde ist besser geordnet als der Rand.

3. Goldschmidt 1926 [7]

   In Gläsern ist das Radienverhältnis der Ionen (Kation zu Anion) nicht größer als 0,3. In Oxidgläsern ist das Anion das Sauerstoffion. Tabelle 3 enthält einige derartige Radienverhältnisse [8].

4. Zachariasen, Warren 1932, 1933 [9], [10]

   – Gläser besitzen ein ungeordnetes Netzwerk molekularer Baugruppen.

   – Die Koordinationszahl der netzwerkbildenden Kationen mit Sauerstoff beträgt 3 oder 4.

Tabelle 3 Radienverhältnisse r_K/r_A

Glaskomponente	r_K/r_A
SiO_2	0,28
B_2O_3	0,15
P_2O_5	0,25
GeO_2	0,31
BeF_2	0,25

Tabelle 4 Radienverhältnisse und Koordinationszahlen

r_K/r_A	Koordinationszahl	Beispiel
bis 0,155	2	
0,155 bis 0,225	3	B^{3+}
0,225 bis 0,414	4	Si^{4+}, P^{5+}
0,414 bis 0,732	6	$Al^{3+}, Mg^{2+}, Fe^{2+}$
0,732 bis 1,0	8	Na^+
über 1,0	12	K^+, Pb^{2+}

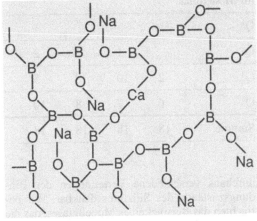

Abb. 4 Schematische Darstellung eines Netzwerkes mit Netzwerkbildner und Netzwerkwandlern

5. DIETZEL 1942 [11]
   – Die Feldstärke

$$F = \frac{Z_K}{(r_A + r_K)^2} \tag{1}$$

beträgt

0,1 < F < 0,4 für Netzwerkwandler,

0,4 < F < 1,4 für Zwischenoxide,

1,4 < F < 2,0 für Netzwerkbildner.

Z_K ist die Kernladungszahl des Kations.

   – In binären Systemen begünstigt ein großer Feldstärkeunterschied die Glasbildung.

   Tabelle 5 [12] zeigt für einige Kationen in Oxidgläsern Feldstärken und Koordinationszahlen.

6. SMEKAL 1949 [13]

In der Theorie der chemischen Bindungen unterscheidet man verschiedene Bindungsarten. Für die Glasbildung kommen vor allem Stoffe mit einer Mischbindung infrage, die zwischen zwei Bindungstypen stehen. Für die Oxidgläser sind dies die Ionenbindung, die eine Bindung zwischen Kation und Anion mit völlig separaten Elektronenhüllen darstellt und die Homöopolarbindung, die eine außen gemeinsame Elektronenhülle aufweist, von Bedeutung. Stoffe mit Mischbindung besitzen große Härte, hohe Schmelztemperatur, in der Schmelze hohe Viskosität und erstarren beim Schmelzen bereitwillig glasig. Kationen mit hoher Feldstärke führen zu starker Deformation der Elektronenhüllen, starker Polarisation der Ionen und eben zur Mischbindung.

   – Kationen mit einer Koordinationszahl größer oder gleich 6 wirken als Netzwerkwandler. Typische Baugruppen sind das SiO_4-Tetraeder in Silikatgläsern und das B_2O_3-Dreieck in Boratgläsern.

Abb. 4 zeigt schematisch, wie man sich das Netzwerk eines Boratglases und die Stellung der B-Ionen als Netzwerkbildner und der anderen Kationen als Netzwerkwandler sowie die unterschiedliche Funktion der Sauerstoffionen vorstellen kann. Sauerstoffionen zwischen zwei Bor- oder Siliziumionen bezeichnet man als Brückensauerstoffe. Sauerstoffionen, die ein Netzwerkbildnerion mit einem anderen Kation verbinden, heißen Trennstellensauerstoffe. In Tabelle 4 sind Radienquotienten und Koordinationszahlen für einige Kationen gegenübergestellt.

Tabelle 5 DIETZEL-Feldstärken [9]

Kation	Feldstärke	Koordinations-zahl
P^{5+}	2,08	4
B^{3+}	1,65	3
B^{3+}	1,45	4
Si^{4+}	1,57	4
Al^{3+}	0,97	4
Al^{3+}	0,84	6
Mg^{2+}	0,51	4
Mg^{2+}	0,45	6
Ca^{2+}	0,35	6
Ca^{2+}	0,33	8
Na^+	0,19	6
Na^+	0,17	8
K^+	0,13	8

Tabelle 6 Bilanz der Trennstellen im Modellglas

Oxid	Mole	Sauerstoffe	Trennstellen
Na_2O	3	3	6
CaO	3	3	6
SiO_2	18	36	–
Summe:		42	12

Tabelle 7 Beispiele für Trennstellenverteilungen im Modellglas

Q^1	–	–	–	1
Q^2	–	1	2	2
Q^3	2	10	8	5
Q^4	6	7	8	10
Summe:	18	18	18	18

7. WEYL 1959 [14]

Die Polymerisation der glasbildenden Koordinationsgruppen zu einem unregelmäßigen Netzwerk kommt nur bei unvollständiger Abschirmung des Feldes des Zentralkations durch die anionischen Liganden zustande, weil sich dann die Abschirmung der Kationen infolge der Polymerisation verbessert (*Screening-Hypothese*). Auf die Abschirmung haben die Größe des Kations und die Polarisierbarkeit der Anionen Einfluß.

Glasübergang

Jedes Siliziumion ist mit vier Sauerstoffionen koordiniert. Diese Sauerstoffe können Brückensauerstoffe und Trennstellensauerstoffe sein. Nach der Zahl der Brückensauerstoffe, die ein Siliziumion besitzt, werden fünf verschiedene Bindungsarten des Siliziums unterschieden, die mit den Symbolen Q^0 bis Q^4 bezeichnet werden. Die Gesamtzahl aller Siliziumionen ist über diese 5 Bindungszustände verteilt. Für ein und dieselbe Zusammensetzung der Schmelze sind

durchaus verschiedene Verteilungen der Bindungszustände des Siliziums denkbar. Wir betrachten das Beispiel eines Modellglases, das die Oxide Na_2O, CaO und SiO_2 im molaren Verhältnis 1:1:6 enthält. Tabelle 6 zeigt zunächst die Trennstellenbilanz dieses Glases. Auf jeweils 18 Siliziumionen entfallen in diesem Glas 12 Trennstellen. Sie können aber in unterschiedlicher Weise auf die 5 möglichen Bindungszustände verteilt sein. Dies illustriert die Tabelle 7, indem sie 4 verschiedene mögliche Verteilungen zeigt, die alle 12 Trennstellen pro 18 Si-Ionen aufweisen (Q^4 hat keine Trennstelle, Q^3 hat eine usw.).

Die tatsächliche Trennstellenverteilung ist temperaturabhängig. Je höher die Temperatur ist, um so breiter ist die Trennstellenverteilung. Beim Abkühlen einer Schmelze wird ihre Trennstellenverteilung schmaler, aber beim Glasübergang friert die Trennstellenverteilung ein. Unter dem Transformationsbereich ist die Trennstellenverteilung temperaturunabhängig.

1.1.5 Basizität

In wäßrigen Lösungen ist der pH-Wert das übliche Maß für die *Azidität* und die *Basizität*. Unter dem pH-Wert versteht man den negativen dekadischen Logarithmus der Wasserstoffionenkonzentration. pH = 7 kennzeichnet den neutralen Zustand mit $[H^+] = 10^{-7}$.

In silikatischen Schmelzen kann man die Basizität analog dazu durch einen pO-Wert bzw. durch die O^{2-}-Ionenkonzentration (besser: O^{2-}-Aktivität) definieren [15]. Schmelzen mit hohem Na_2O- und CaO-Gehalt sind basische, solche mit hohem SiO_2- und B_2O_3-Gehalt sind saure Schmelzen. Die O^{2-}-Ionenkonzentration einer Schmelze ist um so höher, je mehr Kationen mit hoher Koordinationszahl in ihr enthalten sind. Die O^{2-}-Ionenkonzentration geht aber nicht konform mit dem Gesamt-Sauerstoffgehalt der Schmelze, sondern eher gegenläufig.

Die Interpretation der mit der Sauerstoffionenaktivität zusammenhängenden Fragen ist komplizierter und noch nicht befriedigend abgeschlossen.

Auch den Austausch von SiO_2 durch CaO in einer Alkalisilikatschmelze kann man nicht ohne weiteres erklären, dazu bedarf es detaillierter Untersuchung und Diskussion. Dazu werden die differenzierten Möglichkeiten der Sauerstoffeinbindung in die Glasstruktur in unterschiedliche Komplexionen und die Polarisierbarkeit der Ionen mit in Betracht gezogen.

Zweifellos muß die Basizität auch im Zusammenhang mit dem Oxidationszustand gesehen werden, wenn die Schmelze polyvalente Elemente enthält [16]. Dieser Zusammenhang wird u. a. durch den nachweisbaren Einfluß der Basizität auf die Färbung durch unterschiedliche Ionenverhältnisse bei Redoxpaaren deutlich. Viele Glaseigenschaften hängen von der Basizität ab, aber im Detail muß wohl noch als ungeklärt gelten, welche Konsequenzen sich aus dem Konzept der Beurteilung von Schmelzen nach ihrer Basizität ergeben können. Eine Übersicht gibt Scholze [17].

1.1.6 Redoxzustand

Polyvalente Elemente können in Silikatgläsern in ihren verschiedenen Oxidationsstufen auftreten. So kann z. B. Eisen sowohl zweiwertig als auch dreiwertig vorkommen. Polyvalente Elemente in benachbarten Oxidationsstufen nennt man Redoxpaare. Tabelle 8 nennt für Silikatgläser einige wichtige Redoxpaare. Das molare Ionenverhältnis (z. B. Fe^{3+}/Fe^{2+}) und auch das

Tabelle 8 Wichtige Redoxpaare in Silikatgläsern

$FeO - Fe_2O_3$	blaugrün – gelbgrün
$Cr_2O_3 - CrO_3$	grün – gelb
$MnO - Mn_2O_3$	farblos – violett
$Ag^0 - Ag^+$	rot – farblos
$Ce_2O_3 - CeO_2$	Läutermittel
$Sb_2O_3 - Sb_2O_5$	Läutermittel
$As_2O_3 - As_2O_5$	Läutermittel
$Na_2S - Na_2SO_4$	Läutermittel
$Si - SiO_2$	Si: Glasfehler
$Pb - PbO$	Pb: Schwärzung

Mengenverhältnis der Oxide (z. B. Fe_2O_3/FeO) können den *Redoxzustand* einer Schmelze kennzeichnen. Das hat auch praktische Bedeutung, weil man durch Zusatz von Oxidations- und Reduktionsmitteln zum Rohstoffgemenge sonst gleich zusammengesetzte Gläser mit unterschiedlichen Redoxzuständen erschmelzen kann.

Enthält eine Schmelze nur ein einziges polyvalentes Element, so ist sein Ionenverhältnis unabhängig von der Temperatur, wenigstens solange kein Sauerstoffübergang zu einer zweiten angrenzenden Phase stattfinden kann. Für eine Veränderung dieses Ionenverhältnisses müßte die Schmelze Sauerstoff aufnehmen oder abgeben.

Anders ist das, wenn die Schmelze zwei oder mehr polyvalente Elemente enthält [18]. Dann müssen zwei oder mehr Redoxreaktionen nebeneinander betrachtet werden, und auch ohne Wechselwirkung mit einer zweiten Phase, nur innerhalb des Glases können sich die Ionenverhältnisse der zwei oder mehr Redoxpaare bei einer Temperaturänderung gegeneinander verschieben. Das ist im allgemeinen zu erwarten, weil die Reaktionsenthalpien der Redoxreaktionen in unterschiedlicher Weise temperaturabhängig sind. Darum führt in Silikatgläsern die Anwesenheit von Chrom, von Arsen und von Cer zu stärkerer Oxidation von Eisen und von Mangan beim Absenken der Temperatur.

Enthält eine Schmelze z. B. Mangan und Chrom und hat das Ionenverhältnis jedes dieser Elemente einen bestimmten Wert bei hoher Temperatur, so vergrößert sich beim Abkühlen das Mn^{3+}/Mn^{2+}-Verhältnis bei gleichzeitiger Verkleinerung des Cr^{6+}/Cr^{3+}-Verhältnisses. Das erklärt die seit langem bekannte Erfahrung, daß ein Zusatz von Chromoxid die violette Färbung des dreiwertigen Mangan intensiviert.

Beim Unterschreiten des Transformationsbereiches findet aber diese Redoxverschiebung nicht weiter statt, der Redoxzustand „friert ein".

1.1.7 Relaxation

Der Glasübergang ist an drei verschiedenen Merkmalen zu beobachten.

1. Beim Glasübergang nimmt die freie Enthalpie nicht ihren Minimalwert ein, auch nicht das relative Minimum der unterkühlten Schmelze. Nach dem Glasübergang befindet sich die Schmelze in dem besonderen metastabilen Glaszustand, der auch gegenüber der unterkühlten Schmelze noch metastabil ist.
2. Beim Glasübergang friert der Strukturzustand der unterkühlten Schmelze ein. Die Trennstellenverteilung bleibt nach dem Glasübergang konstant.
3. Beim Glasübergang frieren die Ionenverhältnisse der in der Schmelze enthaltenen polyvalenten Elemente ein. Alle Ionenverhältnisse bleiben nach dem Glasübergang konstant.

Bezüglich aller dieser Merkmale ist also das Glas metastabil, deshalb muß man selbst bei Raumtemperatur nach unendlich langer Zeit eine allmähliche Veränderung dieser Merkmale für möglich halten. Tatsächlich gibt es Beobachtungen solcher *Alterungserscheinungen* an Gläsern. Bei Thermometern gibt es z. B. den Effekt des *säkularen Nullpunktanstiegs*, eine Verringerung des Thermometervolumens infolge einer Kontraktion des Glases führt zu einem bleibenden Anstieg der Themometerflüssigkeit. Auch bei komplizierten Glas-Metall-Verschmelzungen kann diese Erscheinung zu Schwierigkeiten führen. Derartige Alterung im Gebrauch verläuft um so schneller und stärker, je höher die fiktive Temperatur des Glases ist, d. h. je schneller es aus der Schmelze abgekühlt wurde.

Durch eine geeignete Temperaturbehandlung eines schnell gekühlten Glases kann man aber seine gezielte *Stabilisierung* erreichen, denn bei erhöhter Temperatur erreicht man eine schnellere Alterung. Abb. 5 erläutert den Vorgang der Stabilisierung. Es werde angenommen, daß eine un-

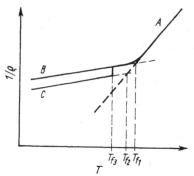

Abb. 5 Stabilisierung durch Wärmebehandlung bei der Temperatur T_{F3}

terkühlte Schmelze weiter abgekühlt wird und dabei ihr spezifisches Volumen längs der Kurve A-B verringert. Das erhaltene Glas besitzt die fiktive Temperatur T_{F1} (s. S. 17). Erwärmt man dieses Glas auf eine Temperatur $T_{F3} < T_{F1}$ und hält bei dieser Temperatur einige Zeit, so findet eine Kontraktion des Glases statt. Bricht man diese Wärmebehandlung ab und senkt die Temperatur wieder, so befindet man sich auf dem Kurvenast C. Durch die Wärmebehandlung bei der Temperatur T_{F3} hat das Glas nun eine veränderte fiktive Temperatur $T_{F2} < T_{F1}$ erhalten, es wurde stabilisiert. Eine längere Haltezeit bei der Temperatur T_{F3} hätte zu einer weiteren Erniedrigung der fiktiven Temperatur geführt. Die kleinste durch Halten bei T_{F3} erreichbare fiktive Temperatur ist gerade T_{F3}. Auch durch beliebig langes Halten kann bestenfalls der Zustand der unterkühlten Schmelze (Verlängerung des Kurvenastes A) erreicht werden. Theoretisch erreicht man also um so weitergehende Stabilisierung, je tiefer die Behandlungstemperatur gewählt wird. Allerdings läuft der Stabilisierungsprozeß dann auch um so langsamer ab, darum sind der praktischen Verwertbarkeit dieses Effekts Grenzen gesetzt.

Wir stellen fest, daß Gläser infolge ihrer thermodynamischen Instabilität sich in Richtung auf das relative Minimum der freien Enthalpie, das zum Zustand der unterkühlten Schmelze gehört, verändern kann. Solche Einstellvorgänge bezeichnet man als Relaxation. Mehr oder weniger zeigen alle Glaseigenschaften unter der fiktiven Temperatur Relaxation. Relaxationserscheinungen sind für den Glasübergang ganz charakteristisch.

In erster Näherung lassen sich die zeitlichen Änderungen bei Relaxationsvorgängen durch eine Gleichung der Form

$$x = x_0 \cdot \exp\left(-t/t_R\right) \tag{2}$$

beschreiben, jedenfalls ist dies der einfachste mögliche Ansatz. Hierin bedeutet x irgendeinen Eigenschaftwert, der allerdings so normiert sein soll, daß er in unendlicher Zeit von seinem Anfangswert x_0 auf Null abklingen wird. In obiger Gleichung ist t die Zeit und t_R heißt die Zeitkonstante oder die *Relaxationszeit* des Einstellvorganges.

Die Strukturrelaxation hat weitreichende Konsequenzen für eine Reihe von Glaseigenschaften. Eine Erscheinung in diesem Zusammenhang ist das Auftreten von Nichtlinearitäten bei der viskoelastischen Beschreibung von Gläsern im Transformationsbereich. Das hat zu komplizierten Modellen des viskoelastischen Verhaltens von Gläsern geführt. Mit der Strukturrelaxation hängt auch zusammen, daß man im Transformationsbereich bei der Messung von Eigenschaften bei ansteigender Temperatur andere Werte erhalten kann als bei sinkender Temperatur (Hysterese-Erscheinungen).

1.1.8 ARRHENIUS-Gleichung

Bei Gläsern und Glasschmelzen gibt es für mit Platzwechselvorgängen verknüpfte Eigenschaften außerordentliche starke Temperaturabhängigkeit. Die geschwindigkeitsbestimmenden Stoffwerte für die chemische Reaktion (z. B. Korrosion von Glas), für die Diffusion und die Viskosität (d. h. für Fließvorgänge) sind solche Größen, die sich über den technisch relevanten Temperaturbereich mit mehreren Zehnerpotenzen verändern. Für die Beschreibung der Temperaturabhängigkeit solcher Größen wird oft mit Erfolg die ARRHENIUS-Gleichung herangezogen. Sie lautet

$$x = x_0 \cdot \exp\left(-\frac{E_a}{R \cdot T}\right) \tag{3}$$

Hierin ist x die zu beschreibende Größe, T ist die KELVIN-Temperatur, $R = 8{,}314$ J K^{-1} mol^{-1} ist die allgemeine Gaskonstante, E_a heißt Aktivierungsenergie.

Die Aktivierungsenergie kann eine reale Bedeutung haben, z. B. als Mindestenergie zweier aufeinanderstoßender Teilchen für eine Reaktion zwischen ihnen oder z. B. als Mindestenergie für die Bildung eines wachstumsfähigen Keims ei-

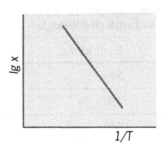

Abb. 6 ARRHENIUS-Diagramm (schematisch)

ner sich ausscheidenden Phase. Oftmals ist aber keine Interpretation für E_a möglich oder sinnvoll.

Das ARRHENIUS-Diagramm (Abb. 6), in dem der Logarithmus der Variablen x über den Kehrwert der KELVIN-Temperatur dargestellt ist, zeigt eine Gerade für Zusammenhänge, die die ARRHENIUS-Gleichung erfüllen. Die Steigung dieser Geraden liefert die Aktivierungsenergie, bei Parallelverschiebung verändert sich nur die Konstante x_0. Große Werte der Aktivierungsenergie bedeuten steile ARRHENIUS-Geraden, d. h. starke Temperaturabhängigkeit.

Der Betrag der Aktivierungsenergie wird in einem Zusammenhang mit der beteiligten Spezies gesehen. So beträgt die Aktivierungsenergie rund 80 kJ/mol für die elektrische Leitfähigkeit unter T_G, für den chemischen Angriff auf Glas und für den Diffusionskoeffizienten für Alkaliionen gleichermaßen. Das ist verständlich, da die Alkaliionen sowohl für die elektrische Leitfähigkeit als auch bei der Glaskorrosion maßgeblich sind. Für die bei manchen Gläsern festgestellte Elektronenleitfähigkeit hat man eine Aktivierungsenergie von rund 4 kJ/mol gefunden. Erwartungsgemäß findet man über und unter der Transformationstemperatur verschiedene Werte für die Aktivierungsenergie, über T_G ist die Aktivierungsenergie für die Ionenleitfähigkeit drei- bis viermal größer als unter T_G.

Stellt man die Viskosität im ARRHENIUS-Diagramm dar, so findet man eine gekrümmte Kurve. Trotzdem hat man wenigstens stückweise den ARRHENIUS-Ansatz auch für die Viskosität versucht, dann muß man natürlich eine Temperaturabhängigkeit der Aktivierungsenergie hinnehmen. Tabelle 9 zeigt Zahlen für ein Alkali-Erdalkali-Silikatglas.

Tabelle 9 Aktivierungsenergien für die Viskosität bei einem Alkali-Erdalkali-Silikatglas

Temperatur	E_a in kJ/mol
T_G	540
750 °C	480
1000 °C	360
1500 °C	230

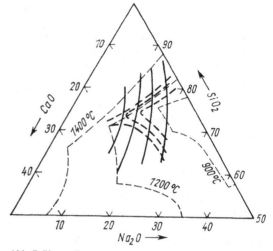

Abb. 7 Phasendigramm des Dreistoffsystems SiO_2–CaO–Na_2O
(Masseprozente)
- - - - - Linien gleicher Liquidustemperatur
- - - - - Linien gleicher maximaler Kristallwachstumsgeschwindigkeit

———— Linien gleicher hydrolytischer Beständigkeit

1.2 Stoffwerte

Gläser lassen sich aus sehr verschiedenen Schmelzen herstellen, weil eine für die Glasbildung hinreichend langsame Kristallisationskinetik in ganz verschiedenen Stoffsystemen und oft in großen Zusammensetzungsbereichen gefunden wird. Deshalb und weil Gläser keineswegs stöchiometrisch zusammengesetzt sein müssen, gibt es unendlich viele mögliche Glaszusammensetzungen. In der Tat ist auch eine unübersehbare Vielfalt von Gläsern geschmolzen und beschrieben worden.

Betrachtet man aber nur solche Gläser, die industriell in großen Mengen produziert werden, so erkennt man leicht Gruppen von Gläsern und darunter für bestimmte Bedingungen ihrer Herstellung und ihres Einsatzes charakteristische Typen von Gläsern.

1.2.1 Glastypen

Die Gruppe der *Alkali-Erdalkali-Silikatgläser* (nach DIN 1259 Alkali-Kalk-Glas) umfaßt nahezu alle Massengläser. Dazu gehören

- Behälterglas (Hohlglas)
- Flachglas
- Wirtschaftsglas
- Apparateglas.

Abb. 7 zeigt das Phasendiagramm des den Alkali-Erdalkali-Silikatgläsern zugrundeliegenden Dreistoffsystems SiO_2-CaO-Na_2O. Es gibt zwar zwischen den Zusammensetzungen dieser Gläser charakteristische Unterschiede, trotzdem weisen alle genannten Gläser erstaunlich einheitliche chemische Zusammensetzung auf. Sogar jahrhunderte- und jahrtausendealte Gläser haben ganz ähnliche chemische Zusammensetzungen. Die für die Herstellung der in diesem System

liegenden Gläser benötigten Rohstoffe Quarzsand, Kalkstein und Soda sind von allen anderen in Betracht kommenden Rohstoffen mit den geringsten Kosten verfügbar. Daraus ergibt sich zwingend die Bevorzugung dieses Glastyps für Massengläser. Innerhalb des Dreistoffsystems SiO_2-CaO-Na_2O (Abb. 7) würden die Rohstoffkosten SiO_2-reiche, CaO-reiche Gläser stimulieren. Da die chemische Beständigkeit in erster Linie vom CaO:Na_2O-Verhältnis abhängt und bei CaO-reichen Gläsern besser ist, sind die beständigeren und daher besseren Gläser mit geringeren Rohstoffkosten herstellbar.

Wie Abb. 8 zeigt, wachsen bei der Nutzung dieser Chance die infolge der Kristallisationseigenschaften auftretenden Schwierigkeiten. Hohe Liquidustemperatur und hohe Kristallwachstumsgeschwindigkeit ergeben eine hohe Kristallisationsneigung der Gläser, hohe Liquidustemperatur außerdem hohe Schmelztemperaturen und daher hohe Schmelzkosten. Dadurch sind die möglichen SiO_2-Gehalte auf 70 bis 75% festgelegt, und Alkaligehalte unter 15% findet man nicht so oft.

Weil die Rohstoffkosten den sparsamen Einsatz von Alkalioxid nahelegen, sind solche Zusammensetzungen anzustreben, die etwa dort liegen,

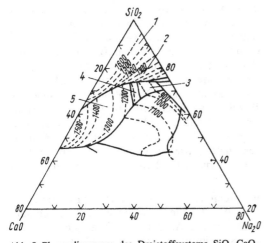

Abb. 8 Phasendiagramm des Dreistoffsystems SiO$_2$-CaO-Na$_2$O (Masse-Prozente). Die üblichen Alkali-Erdalkali-Silikatgläser liegen in den Ausscheidungsfeldern des Devitrits und des β-Wollastonits.
1 Cristobalit (SiO$_2$); 2 Tridymit (SiO$_2$); 3 Devitrit (Na$_2$O · 3CaO · 6SiO$_2$); 4 β-Wollastonit (CaO · SiO$_2$); 5 α-Wollastonit (CaO · SiO$_2$)

prozeß konstant gehalten werden kann. Jede Abweichung von der Sollzusammensetzung vergrößert die Gefahr des Auftretens von Entglasungen.

In der Tabelle 10 sind die chemischen Zusammensetzungen verschiedener Alkali-Erdalkali-Silikatgläser nach verschiedenen Quellen zusammengestellt. Man erkennt, daß alle Gläser mehr oder weniger Al$_2$O$_3$ enthalten. Das ist im Interesse verbesserter chemischer Beständigkeit erforderlich. Außerdem ist zu erkennen, daß neben CaO auch MgO oder BaO als Erdalkalioxid und neben Na$_2$O auch K$_2$O als Alkalioxid eingesetzt werden. Die oben dargelegte Einheitlichkeit der Zusammensetzung der Alkali-Erdalkali-Silikatgläser wird aber deutlich, wenn man die gesamten Alkali- bzw. Erdalkali-Gehalte untereinander vergleicht.

Das billigere Alkalioxid ist Na$_2$O. K$_2$O wird eingesetzt, um die Schleifhärte herabzusetzen, außerdem soll das Aussehen des Glases dadurch verbessert werden.

Das billigere Erdalkalioxid ist CaO. Der Austausch von CaO zugunsten von MgO erhöht die Viskosität nur bei hohen Temperaturen, deshalb sind MgO-haltige Gläser „längere" Gläser. Auch durch BaO anstelle von CaO wird das Glas etwas länger. Mit wachsendem BaO/CaO-Verhältnis steigen die Brechzahl und der elektrische Widerstand. Sowohl ein MgO- als auch ein BaO-Zusatz verringern die Entglasungsneigung.

Im System SiO$_2$-B$_2$O$_3$-Na$_2$O (vgl. Abb. 9) gibt es unter 50% Na$_2$O technisch schmelzbare Gläser.

wo die Kurven gleicher maximaler Kristallwachstumsgeschwindigkeit den Knick aufweisen. Das ist nach Abb. 7 etwa die Ausscheidungsgrenze des Tridymits. Auf dieser Kurve sollte die Zusammensetzung möglichst CaO-reich sein. In diesem Sinne die Rohstoffkosten zu minimieren ist um so eher möglich, je besser die chemische Zusammensetzung im Produktions-

Tabelle 10 Chemische Zusammensetzung von Alkali-Erdalkali-Silikatgläsern in Masse-%

	SiO$_2$	Na$_2$O	K$_2$O	CaO	MgO	BaO	Al$_2$O$_3$
Stielglas	72	13	6,5	6,5	0,2	0,2	1,0
Flachglas	72	14	1	8	4	–	1,3
Behälterglas	72	15,5	0,4	8,5	2	–	1,4
Glühlampenglas	72,5	16,3	–	6,5	3	–	1,3
optisches Kronglas	72	10	7	11	–	–	–
Thüringer Apparateglas	68	13	4	9	–	–	5,5
Fernsehkolbenglas	68	9	7	0,3	–	11	4
Römisches Glas 1.Jh.	70	16,5	1	7	0,6	–	5

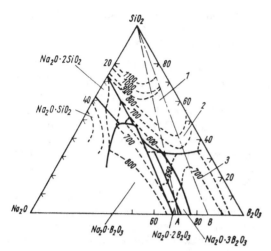

Abb. 9 Phasendiagramm des Dreistoffsystems SiO_2-B_2O_3-Na_2O (Masse-Prozente). Die üblichen Borosilikatgläser liegen im Ausscheidungsfeld des Tridymits.
1 Tridymit (SiO_2); 2 Quarz (SiO_2);
3 $Na_2O \cdot 4B_2O_3$

Alkaliborate sind gut wasserlöslich. Gläser zwischen der Borax-Linie A (Abb. 9) und der Linie B_2O_3–SiO_2 neigen zur Flüssig-Flüssig-Entmischung. Hier liegen die Vycor-Grundgläser, aber auch andere wichtige technische Gläser.

B_2O_3 bildet wegen der Platzansprüche der Bor- und der Sauerstoffionen als Strukturelemente ebene Dreiecke. Da benachbarte BO_3-Dreiecke nicht in derselben Ebene liegen, bildet B_2O_3 ähnlich wie SiO_2 ein räumliches Netzwerk. Das Bor liegt aber nur bei Abwesenheit von Alkali vollständig in dieser Dreierkoordination vor. Jedes einzelne eingeführte Alkaliion überführt ein BO_3-Dreieck in ein BO_4-Tetraeder. Deshalb liegen in alkalihaltigen Gläsern kleine Mengen B_2O_3 stets in Viererkoordination vor. Nur wenn die Zahl der Borionen die Zahl der Alkaliionen übertrifft, tritt Bor auch in Dreierkoordination auf. In beiden Fällen wirkt B_2O_3 als Netzwerkbildner, aber bei veränderlichem Na_2O-B_2O_3-Verhältnis führt der Koordinationswechsel zu Extremen in den Eigenschaften beim Überschreiten der sog. *Anomaliegeraden* B in Abb. 9.

Der wichtigste Vorteil der Borosilikatgläser besteht darin, daß sie Ausdehnungskoeffizienten zwischen 30 und $50 \cdot 10^{-7}$ K^{-1} gestatten und trotzdem mit Prozeßtemperaturen unter 1600 °C schmelzbar sind. Aus ihrer Reihe gibt es wichtige technische Spezialgläser, z. B. Laborgläser und vakuumtechnische Einschmelzgläser.

In Mengen bis etwa 4% wird B_2O_3 meist als Schmelzbeschleuniger eingeführt, und dann vorzugsweise in solche Gläser, die viel Al_2O_3 oder wenig Alkalioxide enthalten. B_2O_3 erniedrigt die Viskosität einer Silikatglasschmelze bei hohen Temperaturen in ähnlicher Weise wie Na_2O oder CaO und hat auf die Viskosität in der Nähe des Transformationsbereichs nur geringen (vergrößernden) Einfluß. Andererseits führt B_2O_3 nicht zu gleicher Verschlechterung der chemischen Eigenschaften wie Na_2O oder zu gleicher Verschlechterung der Kristallisationseigenschaften wie CaO.

Außerdem zeigt der Vergleich der Koeffizienten α_i in den Tabellen zur Eigenschaftsberechnung nach APPEN im Abschnitt 4.1.2 sehr deutlich, daß eine Substitution von Na_2O oder CaO durch B_2O_3 zu einer wesentlichen Erniedrigung des Ausdehnungskoeffizienten führt. Darauf beruht die Bedeutung der Borosilikatgläser, deren Alkali- und Erdalkaligehalte niedriger sind als die von Alkali-Erdalkali-Silikatgläsern, deren SiO_2-Gehalt aber vergleichbar oder sogar größer ist.

Im System Na_2O-PbO-SiO_2 liegen im Gebiet unter etwa 30% Na_2O bis zu PbO-Gehalten von etwa 80 % Gläser. In der PbO-reichen Ecke des Systems (Abb. 10) liegen Gläser mit niedriger chemischer Beständigkeit, aber interessanten optischen Eigenschaften. Bis etwa 30% PbO liegen technisch wichtige Massengläser, die auch unter dem Namen *Bleikristall* bekannt sind, aber nur bei PbO-Gehalten über 24% so bezeichnet werden sollten.

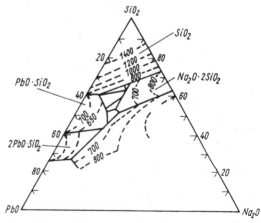

Abb. 10 Phasendiagramm des Dreistoffsystems SiO_2-PbO-Na_2O (Mol-Prozente). Die üblichen Bleigläser liegen im Ausscheidungsfeld des Tridymits

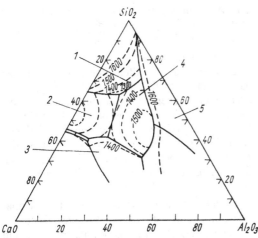

Abb. 11 Phasendiagramm des Dreistoffsystems SiO_2–Al_2O_3–CaO (Masse-Prozente). Wichtige Alumosilikatgläser liegen in der Nähe des Eutektikums zwischen Tridymit, Anorthit und Wollastonit.
1 Tridymit (SiO_2); 2 Wollastonit (CaO · SiO_2); 3 Gehlenit (2CaO · Al_2O_3 SiO_2); 4 Anorthit (CaO · Al_2O_3 · $2SiO_2$); 5 Mullit ($3Al_2O_3$ · $2SiO_2$)

Beispiel für eine Bleiglaszusammensetzung: SiO_2 61,5%; PbO 24,0%; K_2O 14,5%.

In den Systemen SiO_2-Al_2O_3-RO (Abb. 11) gibt es bei etwa 1200 °C und bei Al_2O_3-Gehalten um 20% Eutektika, in deren Nähe Gläser von technischer Bedeutung liegen. Solche Gläser haben niedrige Ausdehnungskoeffizienten, etwa 30 bis $55 \cdot 10^{-7}$ K^{-1} und sehr hohe Transformationstemperaturen ($T_G > 700$ °C). Daraus ergeben sich Einsatzmöglichkeiten bei hohen Temperaturen, und der niedrige oder verschwindende Alkaligehalt führt zu sehr guter hydrolytischer Beständigkeit und extrem niedriger elektrischer Leitfähigkeit. Die Beständigkeit dieser Gläser gegen Säuren ist allerdings extrem schlecht.

Bei der Schmelze unterscheiden sie sich wesentlich von Alkali-Erdalkali-Silikatgläsern. Sie benötigen hohe Temperaturen, brauchen aber wegen der nahezu eutektischen Zusammensetzung nur kurze Zeit zur Restquarzlösung.

1.2.2 Mechanische Eigenschaften

1.2.2.1 Dichte

Die *Dichte* eines Körpers ist der Quotient aus seiner Masse und seinem Volumen.

Tabelle 11 Grenzwerte der Dichte für die wichtigsten Glastypen

Glastyp	Dichte in g cm^{-3}
Alkali-Erdalkali-Silikatgläser	2,48 . . . 2,60
Borosilikatgläser	2,24 . . . 2,41
Bleisilikatgläser	2,85 . . . 3,12
Alumosilikatgläser	2,47 . . . 2,65

Unter den Silikatgläsern ist das Kieselglas (glasiges SiO_2) mit einer Dichte von $\varrho = 2,20$ g cm^{-3} das leichteste. Tabelle 11 enthält Grenzwerte für die Dichte handelsüblicher Gläser.

Man erkennt, daß die typischen Borosilikatgläser besonders niedrige, die Bleigläser besonders hohe Dichten besitzen. Selbstverständlich gibt es Spezialgläser, die außerhalb der angegebenen Toleranzen liegen. Dabei spielen die PbO-haltigen Gläser die größte Rolle. So gibt es z. B. Blei-Borosilikatgläser für vakuumtechnische Zwecke oder hochbleihaltige optische Gläser, die sich nicht in die angegebene Übersicht einordnen lassen. Boratgläser haben eine noch kleinere Dichte. Als extremes Beispiel sei reines B_2O_3-Glas mit einer Dichte von etwa 1,83 g cm^{-3} genannt. Weil sich die Dichte verhältnismäßig einfach und sehr genau messen läßt, kontrolliert man anhand ihrer Konstanz in den Glasbetrieben häufig die Konstanz der chemischen Zusammensetzung, setzt also die Dichtemessung als Methode der Produktionsüberwachung ein. In Liefervereinbarungen erscheint die Dichte nur ausnahmsweise, z. B. zur Sicherung bestimmter Mindestgehalte an PbO für spezielle Bleigläser.

Zur Berechnung der Dichte aus der chemischen Zusammensetzung findet man die benötigten Angaben in Abschnitt 4.1, S. 181

1.2.2.2 Wärmedehnung

Infolge der Wärmedehnung ist die Dichte temperaturabhängig. Stellt man den Kehrwert der Dichte, also das spezifische Volumen, in Abhängigkeit von der Temperatur grafisch dar, so erhält man die Ausdehnungskurve des Volumens. Sie ist oberhalb und unterhalb des Transformationsbereichs in grober Näherung gerade. Deshalb verwendet man zur Beschreibung der Temperaturabhängigkeit des Volumens die Gleichung

$$\frac{V}{V_0} = 1 + \beta \cdot (T - T_0) \tag{4}$$

Hierin bedeuten V das Volumen bei der Temperatur T, V_0 das Volumen bei der Temperatur T_0 und β den *kubischen Ausdehnungskoeffizienten*. Da die Ausdehnungskurve auch in einzelnen Abschnitten nur näherungsweise gerade ist, ist β genau genommen von T_0 und T abhängig. Meistens wird nicht die räumliche, sondern in einem *Dilatometer* die lineare Wärmedehnung aus der Längenänderung einer stabförmigen Probe bestimmt. Deshalb wird meist nicht der kubische, sondern der *lineare Ausdehnungskoeffizient* α angegeben. Er beträgt ein Drittel des kubischen, auch für ihn gilt, daß er von T_0 und T abhängig ist. Mit l als Symbol für die Länge einer Probe schreibt man

$$\frac{l}{l_0} = 1 + \alpha \cdot (T - T_0) \tag{5}$$

Es ist üblich, α für T_0 = 20 °C und T = 400 °C anzugeben. Tabelle 12 zeigt Bereiche erreichbarer linearer Ausdehnungskoeffizienten für die wichtigsten Gläser. Spezielle Gläser können außerhalb der Norm liegen. Eiseneinschmelzglas wird mit einem Ausdehnungskoeffizienten $\alpha_{20 \dots 400} \approx 130 \cdot 10^{-7}$ K^{-1} hergestellt. Kieselglas hat mit $\alpha_{20 \dots 400} \approx 6 \cdot 10^{-7}$ K^{-1} eine extrem geringe Wärmedehnung. Der Ausdehnungskoeffizient ist von Bedeutung für die Herstellung von Einschmelzgläsern, die in der Vakuumtechnik, in der Elektrotechnik und Elektronik sowie im Gerätebau verwendet werden. In diesen Fällen ist der Ausdehnungskoeffizient Gegenstand der Liefervereinbarungen und bedarf daher der Überwachung im Herstellerbetrieb.

Die große wirtschaftliche Bedeutung der Borosilikatgläser rührt vor allem von ihrem niedrigen Ausdehnungskoeffizienten her, der ihre gute Beständigkeit gegen Temperaturwechsel verursacht. Durch diese Eigenschaft sind sie für die Verwendung in Labors und technischen Anlagen besonders gut geeignet. Zur Berechnung des Ausdehnungskoeffizienten aus der chemischen Zusammensetzung benutze man die Angaben im Abschnitt 4.1.2.2, S. 183

Die Wärmedehnung oberhalb der Transformationstemperatur ist wichtig für das Zustandekommen thermischer Konvektionsströmungen in der Schmelze.

Leider sind wenig Meßwerte bekannt. Als Richtwert kann für ein Alkali-Erdalkali-Silikatglas gelten:

bei 1200 °C $\varrho \approx$ 2,37 g cm^{-3}
bei 1400 °C $\varrho \approx$ 2,34 g cm^{-3}
(d. h. $\beta \approx 5,5 \times 10^{-5}$ K^{-1}).

Für Duran (Borosilikatglas) kann man mit folgenden Werten rechnen:

bei 600 °C $\varrho \approx$ 2,22 g cm^{-3}
bei 1000 °C $\varrho \approx$ 2,19 g cm^{-3}
(d. h. $\beta \approx 3,5 \times 10^{-5}$ K^{-1}).

Für Tafelglas findet man auch die Faustformel

$$\Delta\varrho = -\frac{1}{6} \Delta T \tag{6}$$

wobei ΔT in K und Δϱ in kg m^{-3} anzugeben sind.

Tabelle 12 Wärmeausdehnungskoeffizienten für die wichtigsten Glastypen

Glastyp	Ausdehnungskoeffizient in 10^{-7} K^{-1}
Alkali-Erdalkali-Silikatgläser	90 . . . 105
Borosilikatgläser	32 . . . 50
Bleisilikatgläser	85 . . . 100
Alumosilikatgläser	40 . . . 60

1.2.2.3 Rheologisches Verhalten

Gläser sind im Sinne der Rheologie in guter Näherung MAXWELL-Körper. Im Falle einer Belastung durch reinen Schub wird das Fließverhalten eines MAXWELL-Körpers durch die folgende Gleichung beschrieben:

$$\frac{d\gamma}{dt} = \frac{\tau}{\eta} + \frac{1}{G}\frac{d\tau}{dt} \tag{7}$$

Hierin bedeuten η die Viskosität, G den Schubmodul, die Schubspannung und γ die Schubverformung (Abb. 12).

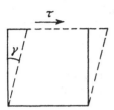

Abb. 12 Verformung durch Schub
   τ Schubspannung; γ Schubverformung
   (Scherungswinkel)

Wir wollen zwei Grenzfälle betrachten:

$$\frac{\tau}{\eta} \gg \frac{1}{G} \frac{d\tau}{dt} \qquad (8)$$

gilt für kleine Viskosität. Die Fließgleichung verkürzt sich zu

$$\frac{d\gamma}{dt} = \frac{\tau}{\eta} \qquad (9)$$

und beschreibt so das reine viskose Fließen und damit den NEWTONSCHEN Körper. Es handelt sich um den Grenzfall der Flüssigkeit.

Der zweite zu betrachtende Grenzfall soll der Fall

$$\frac{\tau}{\eta} \ll \frac{1}{G} \frac{d\tau}{dt} \qquad (10)$$

sein. Die Fließgleichung vereinfacht sich zu

$$\frac{d\gamma}{dt} = \frac{1}{G} \frac{d\tau}{dt} \qquad \text{oder} \qquad \dot{\gamma} = \frac{\dot{\tau}}{G} \qquad (11)$$

Sie beschreibt so die reine elastische Verformung und damit den *HOOKESCHEN Körper*. Dieser Grenzfall tritt bei großen Laständerungsgeschwindigkeiten (d. h. Schlagbeanspruchung) oder bei großer Viskosität auf. Es handelt sich um den Grenzfall des Festkörpers.

Der offensichtliche Flüssigkeitscharakter der Glasschmelze bei hoher Temperatur und der offensichtliche Festkörpercharakter des Glases bei Zimmertemperatur sind also als Grenzfälle des MAXWELL-Verhaltens des Glases zu verstehen. Durch die starke Temperaturabhängigkeit der Viskosität werden beide Grenzfälle erreichbar. Charakteristisch für das MAXWELL-Verhalten

der Gläser ist aber der nur in einem relativ schmalen Viskositätsintervall zu beobachtende Fall, in dem sowohl der viskose als auch der elastische Anteil in der Fließgleichung wirksam werden. Wir betrachten den Fall der zeitlichen Veränderung einer inneren Spannung ohne jede Verformung (dγ/dt=0). Die Fließgleichung lautet in diesem Fall

$$\frac{\tau}{\eta} + \frac{1}{G} \frac{d\tau}{dt} = 0 \qquad (12)$$

und die Lösung dieser Differentialgleichung erfolgt sehr einfach durch Integrieren. Man erhält als Lösung

$$\tau = \tau_0 \cdot \exp\left(-\frac{t}{t_R}\right) \qquad (13)$$

mit τ_0 als Integrationskonstante, sie bedeutet die Spannung zur Zeit t=0. t_R ist nur die Abkürzung für die Zeit η/G, sie heißt *Relaxationszeit*. Diese Gleichung beschreibt ein exponentielles Abklingen der Spannung. Diese Erscheinung heißt Relaxation und ist typisch für MAXWELL-Körper. In den beiden betrachteten Grenzfällen geht die Relaxationszeit gegen Null (Flüssigkeit) bzw. gegen unendlich (Festkörper).

Das rheologische Verhalten des Glases hat für seine Herstellung und Verwendung große Bedeutung:

– Glas bei Zimmertemperatur ist zwar offensichtlich ein elastischer Festkörper, bei Langzeitversuchen unter Last beobachtet man aber doch viskoses Fließen, das sog. *Kriechen*.
– Glas ist zwar bei Schmelz- und Formgebungstemperaturen offensichtlich eine viskose Flüssigkeit, aber bei Schlagbeanspruchung kann man elastisches Verhalten und u.U. Sprödbruch beobachten.
– Die Formgebung des Glases hat als viskoses Fließen zu erfolgen. Während der Formgebung ist die Temperatur so zu senken, d. h. die Viskosität ist so zu erhöhen, daß am Ende der beabsichtigten Verformung keine endliche Deformation durch weiteres, unbeabsichtigtes Fließen mehr erfolgt.
– Durch eine Wärmebehandlung des Glases in dem Temperaturbereich, in dem die Relaxationszeit in einer technisch brauchbaren Größenordnung liegt (Minuten oder Stunden), ist eine Entspannung, ein Abbau innerer mechanischer Spannungen möglich. Solch eine Wär-

mebehandlung nennt man *Kühlung* oder *Kühlen*.

Es ist nachgewiesen, daß Gläser nur näherungsweise MAXWELL-Körper sind. Die wichtigsten Abweichungen sind das Auftreten von verzögerter Elastizität sowie von elastischer und thermischer Nachwirkung. Derartige Komplikationen treten deshalb auf, weil der *Kühlbereich*, das ist der Temperaturbereich mit endlichen Relaxationszeiten, sich überschneidet mit dem Transformationsbereich. In demselben Temperaturbereich treten also sowohl die *Spannungsrelaxation* als auch die *Strukturrelaxation* auf (s. Seite 22). Es ist verständlich, daß die komplizierten, aber auch interessanten Probleme des Glasübergangs Gegenstand vieler aktueller Forschungen sind.

1.2.2.4 Viskosität

Die Viskosität ist Proportionalitätsfaktor zwischen der Schubspannung τ und der dadurch verursachten Schubgeschwindigkeit $d\gamma/dt$:

$$\tau = \eta \cdot \frac{d\gamma}{dt} \tag{14}$$

Beim Dehnungsversuch mit einem viskosen Stab ergibt sich als Zusammenhang zwischen der Spannung σ und der relativen Längungsgeschwindigkeit $d\varepsilon/dt$

$$\sigma = 3\eta \frac{d\varepsilon}{dt} \tag{15}$$

Für kompressible Stoffe nimmt der Zahlenfaktor in der letzten Gleichung nicht den Wert 3 an. Die SI-Einheit der Viskosität ist N s m^{-2} oder Pa s (Pascalsekunde). In älterer Fachliteratur findet man die cgs-Einheit der Viskosität, das Poise oder dyn s cm^{-2}. Zur Umrechnung dient 1 Poise = 0,1 Pa s (=1 dPa s).

Die Viskosität ist bei Gläsern außerordentlich stark temperaturabhängig. Bei Zimmertemperatur schreibt man den Gläsern eine Viskosität von etwa 10^{18} Pa s zu. Bei den wichtigsten in technischem Maßstab hergestellten Gläsern ist die niedrigste in den Schmelzaggregaten bei den höchsten angewandten Temperaturen auftretende Viskosität etwa 10 Pa s. Damit sind im technisch interessierenden Bereich Viskositätsänderungen um 17 Zehnerpotenzen möglich.

Bei extremen Gläsern treten natürlich u.U. an-

Tabelle 13 Viskositätsfixpunkte

Viskosität in Pa s	Bezeichnungen
$10^{13,5}$	Untere Kühltemperatur 15-h-Entspannungspunkt Strain-Point
10^{12}	Obere Kühltemperatur 15-min-Entspannungspunkt Annealing-Point
$10^{6,6}$	LITTLETON-Temperatur Softening-Point
10^4	Fließtemperatur Flow-Point
10^3	Einsink-Temperatur Working-Point

dere Verhältnisse auf. So erreicht man bei der Herstellung von Kieselglas keinen so dünnflüssigen Zustand, einige Lotgläser sind dagegen im Herstellungsprozeß viel dünnflüssiger als 10 Pa s. Zur Charakterisierung der Viskosität bei verschiedenen Temperaturen verwendet man sog. *Viskositätsfixpunkte*. Dabei gibt man diejenige Temperatur an, bei der das Glas eine bestimmte Viskosität hat. In Tabelle 13 sind die wichtigsten Fixpunkte und synonyme Bezeichnungen angegeben. Der Transformationstemperatur kann keine bestimmte Viskosität zugeschrieben werden, sie ist als Viskositätsfixpunkt ungeeignet. Trotzdem wird dies immer wieder gemacht, dann schreibt man ihr Werte von 10^{12} bis $10^{12,3}$ Pa s zu.

Tabelle 14 enthält Zahlenwerte für einige Gläser.

Die Viskosität ist für die Herstellung und die Verarbeitung des Glases eine überaus bedeutsame Eigenschaft. Besonders in der Formgebung spielt sie eine große Rolle. Die Formgebung geschieht bei sinkender Temperatur, d. h. bei steigender Viskosität. Die beabsichtigte Verformung muß genau dann beendet sein, wenn keine weitere, unbeabsichtigte Verformung (z. B. durch das Eigengewicht) mehr erfolgen kann. Die Temperaturabhängigkeit der Viskosität von Gläsern kann oberhalb des Transformationsbereiches durch die VOGEL-FULCHER-TAMMANN-Gleichung mit guter Genauigkeit beschrieben werden. Sie lautet:

Tabelle 14 Beispiele für Viskositätsfixpunkte wichtiger Glastypen in °C.

Glastyp	T bei $10^{13,6}$ Pa s	T bei 10^{12} Pa s	T bei $10^{6,6}$ Pa s	T bei 10^3 Pa s
Alkali-Erdalkali-Silikatglas	520	550	730	1010
Borosilikatglas	540	585	800	925
Bleisilikatglas	460	495	670	925
Alumosilikatglas	665	715	940	1200

$$\eta = \eta_0 \cdot \exp\left(\frac{b}{T - T_0}\right) \tag{16}$$

worin η die Viskosität, T die Temperatur und η_0, b und T_0 Konstanten bedeuten. Es ist üblich, aber natürlich nicht korrekt, diese Gleichung in der zur Basis 10 logarithmierten Form hinzuschreiben:

$$lg\ \eta = A + \frac{B}{T - T_0} \tag{17}$$

Hierin sind A, B und T_0 Konstanten. Man kann sie aus drei Meßpunkten (η, T) berechnen und verfügt damit über eine Interpolationsformel für den Bereich zwischen den am weitesten voneinander entfernten Meßpunkten.

Im Abschnitt 4.1.5 sind Hinweise und ein Beispiel für die Benutzung der VOGEL-FULCHER-TAMMANN-Gleichung gegeben.

Flüssigkeiten, deren Viskosität von der Belastung bzw. von der Verformungsgeschwindigkeit unabhängig ist, nennt man NEWTONsche Flüssigkeiten. Erst bei sehr großen Lasten wurden bei Gläsern Abweichungen vom NEWTONschen Verhalten beobachtet [19]. Mit wachsender Deformationsgeschwindigkeit verkleinert sich die Viskosität, das ist sog. strukturviskoses Verhalten.

1.2.2.5 Elastizität

Mit τ als Schubspannung und γ als Schub(verformung) bezeichnet man den Proportionalitätsfaktor zwischen diesen Größen als Schubmodul

$$G = \frac{\tau}{\gamma} \tag{18}$$

Der Elastizitätsmodul E ist der Proportionalitätsfaktor zwischen der Spannung σ und der durch sie hervorgerufenen relativen Dehnung ε.

$$E = \frac{\sigma}{\varepsilon} \tag{19}$$

Diese Beziehung beschreibt die Vorgänge bei der Zugbeanspruchung des elastischen Stabs. Beim Zugversuch am Stab kann man die Querkontraktionszahl (POISSONsche Konstante) μ als das Verhältnis der relativen Durchmesseränderung zur relativen Längenänderung einführen.

$$\mu = \frac{\Delta d/d}{\Delta l/l} \tag{20}$$

Damit gilt zwischen E und G die Beziehung

$$E = 2 \cdot (1 + \mu) \cdot G \tag{21}$$

Für inkompressible Stoffe nimmt μ den Wert 0,5 an, dann ist also $E = 3 \cdot G$. Das steht in völliger Analogie zur Viskosität.

Bei Gläsern sind folgende Grenzwerte für die elastischen Konstanten erreichbar:

Schubmodul G $15 \ldots 36 \cdot 10^3$ N mm^{-2}
Elastizitätsmodul E $40 \ldots 90 \cdot 10^3$ N mm^{-2}
Querkontraktion μ $0,13 \ldots 0,32$

Zum Vergleich seien die entsprechenden Werte für die Aluminiumlegierung Dural angegeben:

$E = 74 \cdot 10^3$ N mm^{-2}

$G = 27 \cdot 10^3$ N mm^{-2}

$\mu = 0,34$

Diese Werte sind mit denen von Gläsern vergleichbar. Gläser sind damit verhältnismäßig „biegeweiche" Werkstoffe: Für bestimmte Belastungen ergeben sich relativ große elastische Verformungen.

Die elastischen Konstanten lassen sich meßbar beeinflussen durch die Größe des Prüflings und durch seine Wärmevergangenheit (Stabilisierung).

Mit der Temperatur ändern sich die elastischen Konstanten nur wenig. Im Transformationsbereich fallen dann aber die Moduln E und G steil auf kleine Werte ab [20]. Trotz des Abfalls der Moduln verkleinern sich mit wachsender Temperatur die Relaxationszeiten. Das ist möglich, weil die Werte für E und G mit wachsender Temperatur langsamer abnehmen als die Werte der Viskosität.

1.2.2.6 Oberflächenspannung

Meistens versteht man unter *Oberflächenspannung* eines Glases oder einer Schmelze die spezifische Grenzflächenenthalpie der Oberfläche gegen irgend eine Gasatmosphäre. Die so verstandene Oberflächenspannung hängt natürlich auch von der Zusammensetzung der Gasatmosphäre ab, ist also nicht nur eine Eigenschaft der Schmelze.

Die Oberflächenspannung der Gläser beträgt etwa 0,3 bis 0,4 J m^{-2}. Sie erniedrigt sich mit wachsender Temperatur nur um etwa 10^{-4} K^{-1}. Natürlich hängt sie auch von der Zusammensetzung ab, aber da schon geringe Gehalte bestimmter oberflächenaktiver Komponenten erhebliche Änderungen der Oberflächenspannung bewirken können, hat die Angabe konkreter Werte wenig Sinn. So kann z.B. schon 1% SO_3 in der Schmelze die Oberflächenspannung um mehr als 10% erniedrigen. Ebenso wirken Wassergehalte in der angrenzenden Atmosphäre stark erniedrigend auf die Oberflächenspannung.

Die Oberflächenspannung hat Bedeutung für den Schmelzprozeß und die Formgebung.

An der Oberfläche der Schmelze finden Veränderungen der Zusammensetzung der Schmelze statt, vor allem durch Verdampfung. Solche oberflächlichen Veränderungen führen zu lokalen Änderungen der Oberflächenspannung, wodurch oberflächliche Fließvorgänge, Spreitung und Zusammenziehen von Oberflächenbezirken, zustande kommen. Diese Vorgänge werden unter dem Namen Dynaktivität zusammengefaßt.

1.2.2.7 Bruchverhalten und Festigkeit

Der Bruch des Glases erfolgt unmittelbar aus der elastischen Deformation heraus. Es gibt also keinerlei plastisches Fließen als Folge einer mechanischen Überlastung. Eine bleibende Verformung kann durch mechanische Überlastung nicht erzielt werden. Dieses Bruchverhalten nennt man Sprödbruch. Das Sprödbruchverhalten schließt viskoses Fließen nicht aus.

Die Zugfestigkeit ist bei allen Belastungsarten festigkeitsbestimmend. Sie beträgt bei Glaserzeugnissen üblicher Zusammensetzung, üblicher Abmessungen und üblicher Vorgeschichte σ_{ZB} = 50 bis 90 N mm^{-2}.

Die Meßwerte zeigen eine außerordentlich große Streuung. Außerdem hängen sie stark von der Qualität der Oberflächen ab. Deshalb hat eine Diskussion von Festigkeitswerten aus der Sicht des Herstellers wenig Sinn.

Wichtig ist allerdings, daß im Vergleich zu anderen, insbesondere metallischen Werkstoffen nur geringe Zugfestigkeit erreicht wird. Deshalb müssen Glaserzeugnisse im Herstellungsbetrieb und beim Einsatz schonend behandelt werden. In der geringen Festigkeit und dem Sprödbruchrisiko liegt auch der Grund für die häufig anzutreffende Meinung, Glas sei kein Konstruktionswerkstoff.

Die niedrigen und stark streuenden Zugfestigkeitswerte werden durch die Existenz von Oberflächendefekten erklärt. Darum ist die Vergrößerung der Festigkeit von Glaserzeugnissen durch die Erzeugung tangentialer Druckspannung in der Glasoberfläche möglich. Hierauf beruhen das *thermische Härten* und die *chemische Verfestigung* von Glaserzeugnissen.

Besser ist es, anstelle der Festigkeitswerte Bruchquoten zu diskutieren, thermisches Härten und chemische Verfestigung sind in diesem Sinne Maßnahmen zur Senkung der Bruchquote von Glaserzeugnissen.

1.2.2.8. Härte

Die Eindruckhärte, gemessen an der Spur, die eine aufgesetzte und belastete Diamantpyramide auf der Glasoberfläche hinterläßt, ist häufig untersucht worden. Man findet Werte um H_V = $5 \cdot 10^3$ N mm^{-2}.

Bei wachsender Temperatur nimmt die Eindruckhärte ab. Für praktische Zwecke hat die Eindruckhärte wenig Bedeutung.

Die Ritzhärte kann verschieden definiert werden. Bekannt ist die Härteskala von MOHS. Gläser besitzen die MOHS-Härte 6, aber alle Gläser sind gegeneinander ritzbar; deshalb ist eine Unterscheidung der Gläser anhand der MOHS-Härte unmöglich. Die Ritzhärte kann trotzdem zur Kennzeichnung der Gläser verwendet werden, wenn man eine Diamantspitze zum Anlegen der Ritzspur verwendet und die Form, die Belastung und die Geschwindigkeit der Diamantspitze vorschreibt. Zur Charakterisierung der Ritzhärte sind dann Tiefe und Breite der Ritzspur auszumessen. Die Ritzhärte besitzt für das Schneiden von Glas praktische Bedeutung.

Die Schleifhärte, gemessen an der Abtragsgeschwindigkeit beim Schleifen unter definierten Bedingungen, ist bei den Gläsern deutlich verschieden. Alkalireiche und bleireiche Gläser haben kleine Schleifhärte, Borosilikatgläser gelten als schleifhart.

1.2.3 Optische Eigenschaften

Das Licht ist eine elektromagnetische Wellenstrahlung, die durch die Frequenz ν und die Ausbreitungsgeschwindigkeit c charakterisiert werden kann. Im Vakuum hat c den Wert $c_0 = 2,9979 \cdot 10^8$ m s^{-1}. In allen Stoffen ist die Fortpflanzungsgeschwindigkeit der Strahlung kleiner. Das Verhältnis

$$n = \frac{c_0}{c} \geq 1 \qquad (22)$$

heißt *Brechzahl* oder *Brechungsindex*. Es ist von der Frequenz abhängig. Diese Erscheinung heißt *Dispersion*.

Die *Wellenlänge* der Strahlung beträgt

$$\lambda = \frac{c}{\nu} = \frac{c_0}{n\,\nu} \qquad (23)$$

Beim Übergang des Lichts von einem Medium in ein anderes, z. B. von Luft in Glas, ändern sich seine Geschwindigkeit und seine Wellenlänge, aber nicht seine Frequenz. Oft wird jedoch nicht die Frequenz, sondern die Wellenlänge im Vakuum zur Charakterisierung der Strahlung benützt. Man meint meist die Vakuumwellenlänge, wenn man von Wellenlänge schlechthin spricht. Auch wir verfahren im folgenden in dieser Weise.

Das sichtbare Licht hat eine Frequenz zwischen $384 \cdot 10^{12}$ s^{-1} (rot) und $789 \cdot 10^{12}$ s^{-1} (violett)

bzw. eine Vakuumwellenlänge von 380 bis 780 nm. Das menschliche Auge nimmt Licht unterschiedlicher Frequenz mit unterschiedlicher Empfindlichkeit und als unterschiedliche Farben wahr. Liegt die Lichtstrahlung nur in einem schmalen Wellenlängenbereich, so hat man den Eindruck einer reinen *Spektralfarbe*. Der Farbeindruck von Mischlicht verschiedener Wellenlängen ist ein physiologisches Problem. Auch weißes Licht ist Mischlicht.

Elektromagnetische Strahlung größerer Wellenlänge (Ultrarotstrahlung) und Licht kürzerer Wellenlänge (Ultraviolettstrahlung) kann vom menschlichen Auge nicht wahrgenommen werden.

Elektromagnetische Wellenstrahlung hat auch Eigenschaften einer Korpuskelstrahlung, die sich um so deutlicher bemerkbar machen, je höher die Frequenz der Strahlung ist. Dabei kommt jedem sich mit Lichtgeschwindigkeit bewegenden Photon die Energie

$$W = h \cdot \nu \qquad (24)$$

zu. Die Naturkonstante h = $6,6262 \cdot 10^{-34}$ J s ist das PLANCKsche Wirkungsquantum.

Jedem Photon entspricht ein Wellenzug endlicher Länge.

Die im Wellenlängenbereich $d\lambda$ liegende Strahlung, die durch die Fläche dA diffus in den Raumwinkel $d\Omega$ hineinstrahlt, transportiert in der Zeit dt eine Energiemenge dW, die proportional zu $d\lambda$, dA, $d\Omega$ und dt ist:

$$dW = I_\lambda \, d\lambda \, dA \, d\Omega \, dt \qquad (25)$$

Den Proportionalitätsfaktor I_λ nennt man *spektrale Intensität* der Strahlung. Die Intensität hängt mit ihr nach

$$I = \int_0^\infty I_\lambda \, d\lambda \qquad (26)$$

zusammen.

Jeder einem Photon entsprechende Wellenzug hat eine transversale Schwingungsrichtung, z. B. für die magnetische Feldstärke. Die durch diese Richtung und die Fortpflanzungsrichtung gegebene Ebene heißt *Polarisationsebene*. Natürliches Licht enthält Wellenzüge mit allen möglichen Polarisationsebenen. Es gibt Vorrichtungen, sog. *Polarisatoren*, die nur solches Licht ungeschwächt hindurchlassen, dessen Polarisationsebene eine ganz bestimmte Richtung hat.

Liegt die Polarisationsebene des Lichts um einen Winkel gegen diese Vorzugsrichtung des Polarisators geneigt, so geht nur die dem Kosinus dieses Winkels proportionale Komponente durch den Polarisator hindurch. Ein Polarisator erzeugt also aus natürlichem Licht ein solches, in dem alle Wellenzüge eine einheitliche Polarisationsebene haben. Man nennt es *linear polarisiertes* Licht.

Zwei sich überlagernde Wellenstrahlungen, die gleiche Frequenz und definierte Phasenbeziehungen zueinander aufweisen, zeigen *Interferenz*. Stimmen beide Polarisationsebenen überein, so gibt es bei dem Phasenwinkel $\pi/2$ und gleicher Intensität vollständige gegenseitige Auslöschung. Schließen die beiden Polarisationsebenen einen Winkel ein, so entsteht im allgemeinen elliptisch polarisiertes Licht. Es läßt sich auch als aus zwei senkrecht zueinander linear polarisierten Strahlen bestehend beschreiben. Haben diese den Phasenunterschied $\pi/2$ und gleiche Intensität, so hat man den Sonderfall zirkular polarisierten Lichts.

1.2.3.1 Brechung

Brechzahl und Dispersion

Trifft ein Lichtstrahl unter einem Winkel φ_1 gegen das Einfallslot auf eine Glasoberfläche, so wird er zum Einfallslot hin gebrochen. Der im Glas verlaufende Lichtstrahl hat gegen das Einfallslot nur noch den Winkel φ_2. Das Brechungsgesetz heißt

$$\frac{\sin \varphi_1}{\sin \varphi_2} = n \qquad (27)$$

darin ist n die Brechzahl des Glases, wenn das an das Glas angrenzende Medium, aus dem der Lichtstrahl in das Glas eindringt, Luft ist.

Die Brechzahl ist von der Frequenz ν bzw. von der Wellenlänge λ des Lichts abhängig. Diese Erscheinung heißt Dispersion. In Wellenlängenbereichen ohne besondere Absorption nimmt die Brechzahl mit wachsender Wellenlänge ab. Diesen Fall nennt man normale Dispersion. In Wellenlängenbereichen mit starker selektiver Absorption trifft der umgekehrte Fall der anomalen Dispersion zu. Zur Charakterisierung optischer Gläser werden üblicherweise nur für drei verschiedene Wellenlängen die Brechzahlen benötigt:

$n_{C'}$ bei $\lambda_{C'}$ = 643,85 nm (rote Cadmiumlinie)

n_e bei λ_e = 546,07 nm (grüne Quecksilberlinie)

$n_{F'}$ bei $\lambda_{F'}$ = 479,99 nm (blaue Cadmiumlinie)

Außerdem benutzt man als daraus abgeleitete Größen die *Hauptdispersion*

$$d = n_{F'} - n_{C'} \qquad (28)$$

und die ABBEsche Zahl

$$\nu_e = \frac{n_e - 1}{n_{F'} - n_{C'}} \qquad (29)$$

Ursprünglich wurden von ABBE andere Spektrallinien zur Definition dieser Zahl benützt. Die Änderung erfolgte aus meßtechnischen Gründen.

Die Brechzahlen sind natürlich Gegenstand von Liefervereinbarungen für optische Gläser. Sie lassen sich verhältnismäßig gut aus der chemischen Zusammensetzung errechnen. In geringem Maße läßt sich die Brechzahl eines Glases durch Stabilisierung beeinflussen. Davon wird bei der Herstellung optischen Glases zur Korrektur der Brechzahl durch *Feinkühlung* oder *Brechzahlkühlung* Gebrauch gemacht.

ABBE-Diagramm

Kennzeichnet man die optischen Gläser durch die Brechzahl n_D und die ABBEsche Zahl, so ist im mit diesen Achsen bezeichneten Diagramm (ABBE-Diagramm) jedes einzelne Glas durch einen Punkt darzustellen. Die üblichen Gläser liegen in diesem Diagramm dicht beieinander. Tabelle 15 enthält einige Beispiele. Werte für die ABBEsche Zahl dieser Gläser sind nicht angegeben, aber auch sie unterscheiden sich nicht wesentlich.

Abb. 13 gibt einen Überblick über die heute herstellbaren Gläser. Die üblichen Massengläser erscheinen darin als mittlere Krongläser.

Spannungsdoppelbrechung

Glas ist amorph und isotrop. Erst unter mechanischer Deformation entsteht eine strukturelle Anisotropie, die eine optische Anisotropie, d. h. eine Doppelbrechung des Lichts zur Folge hat.

Die Doppelbrechung verursacht eine Aufspaltung des auf den anisotropen Stoff auffallenden Lichts in zwei Wellenzüge, die senkrecht zueinander polarisiert sind und die Schicht mit unter-

Tabelle 15 Brechzahl von technischen Gläsern

Glastyp	n_D
Alkali-Erdalkali-Silikatglas	1,52
Borosilikatglas	1,48
Bleisilikatglas (30% PbO)	1,56
Alumosilikatglas	1,54

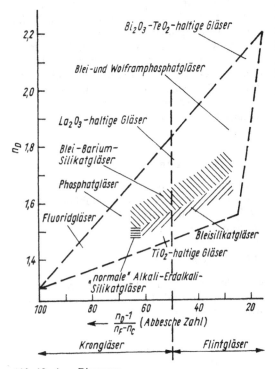

Abb. 13. Abbe-Diagramm

schiedlicher Geschwindigkeit durchlaufen. Beim Verlassen der Schicht anisotropen Materials haben beide Wellenzüge einen Gangunterschied, eine Phasenverschiebung gegeneinander. Dieser Gangunterschied ist mit polarisationsoptischen Geräten meßbar. Man bezieht ihn auf die Schichtdicke. Dieser (spezifische) Gangunterschied wird mit dem Symbol Γ bezeichnet, seine Einheit ist nm cm^{-1} (Gangunterschied/Schichtdicke). Hat man einen einachsigen Spannungszustand mit der Spannung σ, so ist der senkrecht zur Spannungsrichtung gemessene Gangunterschied der Spannung proportional. Das Verhältnis

$$S = \frac{\Gamma}{\sigma} \tag{30}$$

heißt *spannungsoptische Konstante*. Sie nimmt mit wachsendem PbO-Gehalt ab und kann auch Null werden und ihr Vorzeichen umkehren. Mit der Temperatur nimmt S bis T_G schwach zu, steigt dann aber stärker an. Für ein Alkali-Erdalkali-Silikatglas ist $S \approx 0,27$ nm cm^{-1}/N cm^{-2}.

1.2.3.2 Reflexion

Ein Teil des auf die Glasoberfläche treffenden Lichts wird reflektiert. Wenn die Oberfläche glatt ist, erfolgt die Reflexion gerichtet, d. h. der auffallende und der reflektierte Strahl schließen gegen das Einfallslot den gleichen Winkel ein (Reflexionsgesetz).

Bei senkrechtem Einfall kann man das *Reflexionsvermögen* einer Glasoberfläche als das Verhältnis der reflektierten zur auffallenden spektralen Intensität nach folgender einfacher Beziehung berechnen:

$$r_\lambda = \frac{I_{\lambda R}}{I_{\lambda R}} = \frac{(n_\lambda - 1)^2}{(n_\lambda + 1)^2} \tag{31}$$

Das Reflexionsvermögen der Fläche hängt also von der Wellenlänge des Lichts ab, es ist aber unabhängig davon, ob die Reflexion beim Eintritt in das Glas oder beim Austritt aus dem Glas stattfindet.

Bei den üblichen Gläsern ergibt sich für sichtbares Licht nach obiger Beziehung ein Reflexionsvermögen von ungefähr r = 0,04 bis 0,05, etwa 4% des auffallenden Lichts werden reflektiert.

Bei schrägem Auffall des Lichts auf die Glasoberfläche sind die Verhältnisse wesentlich komplizierter, dann hängt die reflektierte Intensität von dem Winkel zwischen der Einfallsebene und der Polarisationsebene des Lichts ab, natürliches, unpolarisiertes Licht ist nach der Reflexion mehr oder weniger polarisiert. Diese Zusammenhänge werden durch die sog. Fresnel-Gleichungen beschrieben. Von etwa 20° ($\pi/9$) an kann man mit der obigen Gleichung das Reflexionsvermögen berechnen.

Betrachtet man einen Lichtstrahl, der schräg aus dem Glas austritt, so liefert ein Einfallswinkel

$$\varphi_1 = \text{arc sin } \frac{1}{n} \tag{32}$$

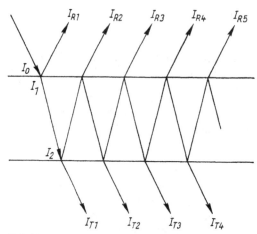

Abb. 14 Schematische Darstellung der Reflexion und der Transmission an einer planparallelen Platte
I_0 auffallende Intensität; I_{Ri} reflektierte Intensitäten; I_{Ti} transmittierte Intensitäten; I_1 Anfangsintensität nach dem Eintreten in die Platte an der ersten Grenzfläche; I_2 Intensität beim Erreichen der zweiten Grenzfläche

nach dem Brechungsgesetz einen Ausfallswinkel $\varphi_2 = \pi/2$. Der Lichtstrahl verläßt also das Glas streifend parallel zur Glasoberfläche. Noch größere Einfallswinkel führen zur Totalreflexion, d. h. die gesamte auffallende Intensität wird nach dem Reflexionsgesetz reflektiert.

Bild 14 zeigt die Verhältnisse bei einer von Licht der spektralen Intensität $I_{\lambda 0}$ getroffenen planparallelen Probe. Durch Mehrfachreflexion ist die gesamte reflektierte Intensität

$$I_{\lambda R} = I_{\lambda R1} + I_{\lambda R2} + I_{\lambda R3} + \dots \qquad (33)$$

Als *Reflexionsgrad* der Probe wird das Verhältnis von reflektierter zu auffallender spektraler Intensität bezeichnet.

Der Reflexionsgrad

$$R_\lambda = \frac{I_{\lambda R}}{I_{\lambda 0}} \qquad (34)$$

einer Probe endlicher Dicke und endlicher Durchlässigkeit ist wegen der Mehrfachreflexion stets größer als das Reflexionsvermögen einer Oberfläche. Bei dünnen Proben gut durchlässigen Glases kann man nahezu den doppelten Wert

von r_λ für R_λ ansetzen. Infolge der Frequenzabhängigkeit des Reflexionsvermögens und des Absorptionskoeffizienten ist auch der Reflexionsgrad frequenzabhängig.

In komplizierten optischen Instrumenten sind oft viele Glasoberflächen hintereinander angeordnet. Obwohl der Intensitätsverlust an *einer* Grenzfläche infolge der Reflexion nur rund 4% beträgt, kann der gesamte Intensitätsverlust im Strahlengang wegen der Vielzahl der reflektierenden Glasoberflächen beträchtliche Beträge annehmen. Außerdem verschlechtert sich die Qualität der Abbildung infolge der Mehrfachreflexion. Durch Aufbringen einer dünnen Schicht, deren Brechungsindex zwischen denen der Luft und des Glases liegt, kann man die Reflexionsverluste verringern. Eine besonders wirksame *optische* Oberflächenvergütung erreicht man durch Aufbringen mehrerer Schichten übereinander, die den Sprung der Brechzahl in mehrere kleine Stufen aufteilen.

1.2.3.3 Absorption

Geht man davon aus, daß in einer differentiellen Schicht der Dicke dx ein Lichtstrahl der Intensität I_λ einen Intensitätsverlust $-dI_\lambda$ erleidet, der proportional zu dx ist,

$$-dI_\lambda = \alpha_\lambda I_\lambda \, dx \qquad (35)$$

so erhält man für den Intensitätsverlust in der endlichen Schichtdicke x durch Integration das Absorptionsgesetz

$$a_\lambda = \frac{I_{\lambda 1} - I_{\lambda 2}}{I_\lambda 1} = 1 - e^{-\alpha \lambda x} \qquad (36)$$

α_λ wird als *spektraler Absorptionskoeffizient* bezeichnet, a_λ als *Absorptionsvermögen*. Beide Größen sind wellenlängen- und temperaturabhängig, a_λ ist außerdem schichtdickenabhängig. Das Produkt $\alpha_\lambda x$ heißt auch Extinktion.

Für ungefärbte Gläser beträgt im sichtbaren Wellenlängenbereich und bei Zimmertemperatur $\alpha_\lambda \approx 10$ bis 50 m^{-1}.

Für Glas bei Zimmertemperatur und Strahlung aus dem sichtbaren und ultravioletten Spektralbereich ist die Erwärmung des Glases durch die Absorption der Strahlung meistens vernachlässigbar gering. Die auf Glas auftreffende Wärmestrahlung (Ultrarotstrahlung) kann allerdings das

Glas erheblich erwärmen. Bei hohen Temperaturen entsteht im Glas ein Strahlungsfeld, dessen Wechselwirkung mit dem Glas berücksichtigt werden muß. Darauf wird im Abschnitt 1.2.4.5, S. 45 eingegangen.

Bei der Absorptionsmessung an realen Proben, bei denen an den Oberflächen Reflexion auftritt, kann man das *Absorptionsvermögen* nicht unmittelbar messen. Auch auf dem durch Mehrfachreflexion verursachten längeren Weg durch das Glas findet noch Absorption statt. Da man zur Bestimmung des *Absorptionsgrades* A der Probe aber den Intensitätsverlusts $I_{\lambda A}$ infolge Absorption zur *auffallenden* Intensität $I_{\lambda 0}$ ins Verhältnis setzt, erhält man dafür meist etwas kleinere Werte als für das *Absorptionsvermögen* der Schicht (vergleiche Abb. 14), bei dem ja der Intensitätsverlust zur *eindringenden* Intensität ins Verhältnis gesetzt wird.

1.2.3.4 Transmission

Als Transmissionsgrad einer Probe wird das Verhältnis von durchgehender zu auffallender Intensität bezeichnet:

$$T_\lambda = \frac{I_{\lambda T}}{I_{\lambda 0}} \tag{37}$$

Die transmittierte Intensität $I_{\lambda T}$ setzt sich, wie Abb. 14 verdeutlicht, im Ergebnis der Mehrfachreflexion aus mehreren Anteilen zusammen.

Wenn die Eigenstrahlung der Probe keine Rolle spielt, d. h. bei niedriger Temperatur, verteilt sich die auffallende Intensität auf die Reflexion, die Absorption und die Transmission:

$$I_{\lambda R} + I_{\lambda A} + I_{\lambda T} = I_{\lambda 0} \tag{38}$$

$$\frac{I_{\lambda R}}{I_{\lambda 0}} + \frac{I_{\lambda A}}{I_{\lambda 0}} + \frac{I_{\lambda T}}{I_{\lambda 0}} = 1 \tag{39}$$

$$R_\lambda + A_\lambda + T_\lambda = 1 \tag{40}$$

Wie der Reflexionsgrad R_λ und der Absorptionsgrad A_λ ist auch der Transmissionsgrad T_λ eine *Probeneigenschaft*. Häufig wird als *Stoffeigenschaft* der sog. Reintransmissionsgrad eingeführt, unter dem man die Größe

$$\vartheta_\lambda = \frac{I_{\lambda 2}}{I_{\lambda 1}} = e^{-\alpha_\lambda x} = 1 - a_\lambda \tag{41}$$

versteht (Bezeichnungen siehe Abb. 14).

Wenn man insgesamt nur zwei Reflexionen berücksichtigt, also $I_{\lambda T} \approx I_{\lambda T1}$ annimmt, so genügt zur Umrechnung die Beziehung

$$T_\lambda = (1 - r_\lambda)^2 \, \vartheta_\lambda \tag{42}$$

wovon man sich leicht selbst überzeugen kann. Der Transmissionsgrad und der Reintransmissionsgrad hängen selbstverständlich von der Wellenlänge bzw. der Frequenz des Lichts ab, in völliger Entsprechung zur Reflexion und zur Absorption. Abb. 15 enthält die Abhängigkeit des spektralen Transmissionsgrades von der Wellenlänge für einige Farbgläser.

Will man nicht den *spektralen* Transmissionsgrad angeben, sondern einen *Licht*transmissionsgrad für mehr oder weniger „weißes" Licht, so hat man zwei Komplikationen zu bewältigen:

- Der spektrale Strahlungsfluß des „weißen" Lichts muß bekannt sein, z. B. durch eine Funktion Φ_λ. Dazu verwendet man reproduzierbare Lichtquellen mit sorgfältig vermessenen Spektren (sog. Normlichtarten).

- Die spektrale Empfindlichkeit des „normalen" menschlichen Auges muß definiert sein, z. B. durch eine Funktion V_λ, die auf der Basis der Untersuchung einer Vielzahl von Menschen und anschließender Vereinbarung definiert ist.

Damit und mit dem spektralen Transmissionsgrad T_λ erhält man

$$\tau = \frac{\displaystyle\int\limits_{380\,nm}^{780\,nm} \Phi_\lambda T_\lambda V_\lambda d\lambda}{\displaystyle\int\limits_{380\,nm}^{780\,nm} \Phi_\lambda V_\lambda d\lambda} \tag{43}$$

Hierzu vergleiche Seite 40.

1.2.3.5 Farben

Farbige Gläser spielen sowohl für technisches Glas als auch für Wirtschaftsglas eine bedeutende Rolle.

Für die Bewertung der Farbe gibt es zwei Wege:

- die Beschreibung durch die Transmissionskurve

- die Beschreibung durch Farbkoordinaten.

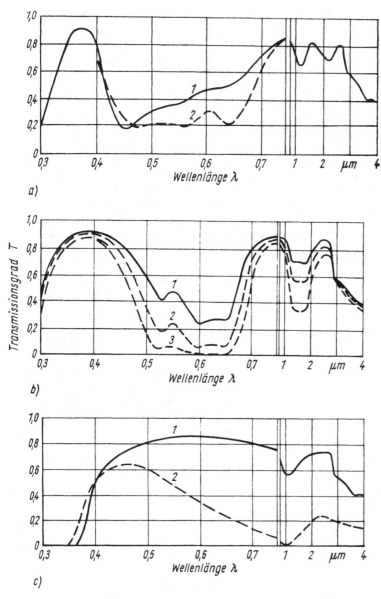

Abb. 15
a) Transmissionsgrad einer
2 mm dicken Glasprobe mit
0,25% NiO
1: 75,3% SiO_2, 11,7% CaO,
13% Na_2O
2: 70,6% SiO_2,
11% CaO, 18,4% K_2O

b) Transmissionsgrad einer
2 mm dicken Glasprobe
(70,6% SiO_2, 11% CaO,
18,4% K_2O) mit CoO
1: 0,05% CoO
2: 0,1% CoO
3: 0,2% CoO

c) Transmissionsgrad einer
2 mm dicken Glasprobe
(75,3% SiO_2, 11,7% CaO,
13% Na_2O) mit FeO/Fe_2O_3
1: 2% Fe_2O_3-Zusatz bei oxidierenden Bedingungen
2: 2% FeO-Zusatz bei reduzierenden Bedingungen

Der erste dieser beiden Wege gestattet eine exakte meßtechnische und mathematische Behandlung, der zweite hat den physiologischen Farb-
reiz zum Inhalt. Wegen der individuellen Streuung physiologischer Effekte führt dieser Weg
schließlich zur Mittelung des menschlichen
Farbsinns, zur Konvention über das „normalsich-
tige" menschliche Auge und zum Anschluß der
Farbkoordinaten an die Transmissionskurve
durch Vorschrift (DIN 5033). Dabei ist die Re-
konstruktion der Transmissionskurve aus den
Farbkoordinaten nicht möglich.

Standardwerke über Farbglas sind [21] und
[22].

Transmissionskurve

Im Wellenlängenbereich des ultravioletten
Lichts steigt die Absorption in Oxidgläsern so
stark an, daß man meist nur die Lage der *Absorptionskante* angibt und auf die Angabe von Absorptionskoeffizienten verzichtet. Diese Absorption wird durch die äußeren Elektronen des
Sauerstoffs verursacht. Bei sehr reinem Kiesel-

glas liegt diese Absorptionskante bei etwa 160 nm, mit wachsenden Netzwerkwandlergehalten kann sie sich bis etwa 220 nm verschieben. Bei normal hergestellten Gläsern liegt die Absorptionskante allerdings bei etwa 300 nm. Das wird durch die bei großtechnisch hergestellten Gläsern unvermeidlichen Verunreinigungen, vor allem durch Fe_2O_3, verursacht.

Im Ultraroten steigt die Absorption in Silikatgläsern sehr stark an, was durch die möglichen SiO-Schwingungen verursacht wird. Diese Absorptionskante liegt bei einer Wellenlänge von ungefähr 4,5 μm. Der in auf übliche Weise hergestellten Gläsern vorhandene Wassergehalt verursacht Absorption zwischen etwa 2,8 μm und 4,5 μm. Verunreinigungen, z. B. durch FeO, verursachen zusätzliche Absorption im nahen Ultrarot (FeO um 1,1 μm). Ungefärbte Silikatgläser sind also nur im Wellenlängenbereich von rund 300 nm bis rund 2,8 μm gut durchlässig für elektromagnetische Strahlung. Für $\lambda < 300$ nm und $\lambda > 4,5$ μm können sie als opak gelten.

Einige Kationen zeigen mit ihren äußeren Elektronenschalen gerade im sichtbaren Wellenlängenbereich intensive Wechselwirkung mit der Strahlung. Diese Ionen führen wegen ihrer selektiven Absorption im sichtbaren Spektralbereich zur Färbung des Glases, sie besitzen daher praktische Bedeutung (Ionenfarben). Besonders wichtig ist in dieser Hinsicht das Eisen, weil es wegen seines Auftretens in der ganzen Erdrinde in allen natürlichen Rohstoffen vorkommt und als Abrieb von Anlagenteilen ebenfalls ins Glas gelangt. Deshalb ist in allen großtechnisch hergestellten Gläsern eine gewisse Eisenfärbung nachweisbar. Spezielle optische Gläser weisen selbstverständlich im Ergebnis besonderer Aufwendungen extrem niedrige Eisengehalte auf.

Wenn ein Element mehrere Oxidationsstufen einnehmen kann, so hat jede Oxidationsstufe ein eigenes charakteristisches Absorptionsspektrum. In derart gefärbten Gläsern bestehen immer beide Oxidationsstufen nebeneinander, das Ionenverhältnis hängt vom Redoxzustand des Glases ab. Jedenfalls sind Ionenfarben oftmals Mischfarben, die von zwei oder sogar mehreren Ionen unterschiedlicher Oxidationsstufen zustande kommen. So existieren bei der technisch wichtigen Eisenfärbung immer zugleich FeO und Fe_2O_3 nebeneinander im Glas. Durch oxidierende Bedingungen beim Schmelzen entsteht ein mehr gelbgrünes Glas, mit reduzierenden Bedin-

gungen beim Einschmelzen des Gemenges erhält man ein mehr blaugrünes Glas.

Enthält ein eisenoxidhaltiges Glas S^{2-}-Ionen, so treten neben Fe^{3+}-Ionen, die mit vier Sauerstoffen koordiniert sind, auch solche auf, die mit drei O^{2-}-Ionen und einem S^{2-}-Ion koordiniert sind. Letztere wirken als gelbfärbender Amberchromophor [23]. Dieser führt zusammen mit der Fe^{2+}-Färbung zu der typischen Farbe brauner Behältergläser.

Tabelle 16 enthält einige für die Herstellung von Ionenfarben wichtige Oxide und ihre Farbwirkung.

Tabelle 16 Farbstoffkonzentration c_i in Masse-% für eine Gesamtextinktion von 0,1 (entsprechend der Augenempfindlichkeit). Grundglas: 74,3% SiO_2; 14,1% Na_2O; 4,1% K_2O; 4,5% CaO; 3,0% MgO; oxidierende Bedingungen; 10 mm Probendicke

Farbstoff	Konzentration	Farbton
CoO	0,002	blau
NiO	0,008	fast neutralgrau
Cr_2O_3	0,032	gelbgrün
CuO	0,12	blau
MnO	0,21	violett
Fe_2O_3	0,38	graugrün
V_2O_3	0,65	gelbgrün
U_3O_8	0,38	grüngelb, grün fluoreszierend
Nd_2O_3	0,92	blauviolett, rot floreszierend

Abb. 15 zeigt einige Beispiele für den Transmissionsgrad von Farbgläsern. Dieses Bild illustriert auch den Einfluß der Grundglaszusammensetzung, der Farbstoffmenge und der Redoxbedingungen während der Schmelze auf die Färbung. Da die Ionenfärbung durch Wechselwirkung des Lichts mit den Valenzelektronen hervorgerufen wird, ist natürlich die Ionenkonzentration des färbenden Ions für den Farbeffekt maßgeblich und nicht die Konzentration des färbenden Elements einschließlich der anderen eventuell noch vorhandenen Oxidationsstufen. Andererseits ist wegen der unvollkommenen Abschirmung der Kationen im Glas der Farbton eines Ions doch nicht ganz unabhängig von weiteren Koordinationspartnern. So erklärt sich der in Abb. 15 a) erkennbare Einfluß der Grundglaszusammensetzung.

Durch Färbung mit *Komplementärfarben* werden graue Gläser, sog. *Rauchgläser* hergestellt.

Ein Komplementärfarbenzusatz zur Fe_2O_3-Färbung aus Verunreinigungen in passender Dosierung führt zu einer *Entfärbung*. Gut entfärbte Gläser zeigen zwar insgesamt stärkere Absorption, aber keinen Grünstich. Da hierbei eine Entfärbung durch den physikalischen Effekt der Komplementärfärbung erfolgt, heißt diese Maßnahme *physikalische* Entfärbung. Im Gegensatz dazu versteht man unter *chemischer* Entfärbung das oxidierende Schmelzen zum Zwecke der Verschiebung des FeO-Fe_2O_3-Verhältnisses zugunsten des Fe_2O_3.

Farbgläser mit steilen Absorptionskanten im sichtbaren Spektralbereich lassen sich durch Ausscheidungen von CdS, CdSe, und CdTe sowie von Mischkristallen dieser Chalkogenide untereinander und mit ZnS im Glas erzeugen. Die genannten Ausscheidungen werden durch eine Wärmebehandlung in der Nähe des Transformationsbereiches herbeigeführt, nachdem zuvor bei Schmelztemperatur der Farbstoff in der Schmelze in Lösung gebracht wurde. Bei den niedrigeren Temperaturen ist die Löslichkeit für den Farbstoff geringer, er scheidet sich allmählich aus. Solange die Farbstoffausscheidungen klein gegen die Lichtwellenlänge sind, bleibt das Glas ungetrübt. Erst bei zu weit fortgeschrittenem Wachstum der Ausscheidungen tritt Trübung auf, das Glas wird *lebrig*. Man nennt solche Gläser, deren Absorptionseigenschaften erst während einer Wärmebehandlung entstehen, *Anlaufgläser*. Das CdS und die anderen genannten Farbkörper absorbieren Licht im kurzwelligen Teil des Spektrums. Die damit gefärbten Gläser sind also rot, orange oder gelb mit relativ steiler Absorptionskante. Mit Fortschreiten des Anlaufvorganges verschieben sich die Steilkanten in Richtung zum Langwelligen (die Farben werden tiefer) bis zu einer Endlage, die für die färbende Verbindung charakteristisch ist.

Zu den Anlaufgläsern gehören auch die sog. *Rubingläser*. Bei ihnen wird die Färbung aber durch *Lichtstreuung* an Gold-, Kupfer- oder Selenausscheidungen hervorgerufen *(Kolloidfarben)*.

Der Absorptionskoeffizient eines Farbglases ist proportional zur Konzentration des farbaktiven Stoffes. Dies ist die Aussage des LAMBERT-BEER-Gesetzes

$$\alpha_\lambda = k_\lambda \cdot c \qquad (44)$$

worin k_λ eine für die färbende Substanz typische Funktion von der Wellenlänge, der *Extinktionskoeffizient* ist. Als farbaktiver Stoff ist in diesem Sinne bei ionengefärbten Gläsern das färbende Ion und bei Anlaufgläsern die Menge des *ausgeschiedenen* Farbstoffs ohne die noch gelösten Anteile zu verstehen. Nach den weiter oben gemachten Ausführungen hängt der Extinktionskoeffizient u.U. auch vom Lösungsmittel, d. h. von der Grundglaszusammensetzung ab. Bei Anlaufgläsern ist der Extinktionskoeffizient auch von der Größe der ausgeschiedenen absorbierenden bzw. streuenden Teilchen abhängig. Farbvergleiche anhand von Extinktionskoeffizienten verlangen also einige Vorsicht.

Farbkoordinaten

Zum tieferen Verständnis der Farbmetrik ist zu empfehlen, sich mit der Spezialliteratur zu beschäftigen. Dazu könnte z. B. [24] dienen.

Die Wirkung des Lichts auf das menschliche Auge läßt sich mit der Funktion nur dreier Rezeptoren oder Sensoren mit unterschiedlicher spektraler Empfindlichkeit schon befriedigend erklären. Sie sind als drei in unterschiedlicher Weise farbempfindliche chemische Verbindungen in den sog. Zäpfchen des Auges nachweisbar.

Andererseits genügen drei Farbreize, um alle möglichen Farben unterscheiden zu können. Man verwendet drei Farbreize mit durch Definition festgelegter spektraler Empfindlichkeit für die Farbeindrücke rot, grün und blau. Diese werden mit den Buchstaben X, Y und Z bezeichnet und *Normfarbwerte* genannt. Ihre spektralen Empfindlichkeiten mögen $\bar{x}_\lambda$, $\bar{y}_\lambda$ und $\bar{z}_\lambda$ heißen. Sie ergeben zusammen die spektrale Helligkeitsempfindlichkeit V_λ, wie sie in Gleichung 43 verwendet wurde. Eine Lichtquelle mit dem spektralen Strahlungsfluß Φ_λ erzeugt dann die Normfarbwerte (Farbreize)

$$X = \int_{380\,nm}^{780\,nm} \Phi_\lambda \bar{x}_\lambda d\lambda$$

$$Y = \int_{380\,nm}^{780\,nm} \Phi_\lambda \bar{y}_\lambda d\lambda$$

$$Z = \int_{380\,nm}^{780\,nm} \Phi_\lambda \bar{z}_\lambda d\lambda \qquad (45)$$

Wie alle menschlichen Merkmale weisen auch die spektralen Empfindlichkeitskurven individuelle Unterschiede auf, darunter erbliche und pathologische. Deshalb sind die spektralen Empfindlichkeitskurven des „normalsichtigen" menschlichen Auges durch Vereinbarung durch die CIE (Commission Internationale de l'Eclairage) festgelegt (Tabelle 17).

Die Größen

$$x = \frac{X}{X + Y + Z}$$

$$y = \frac{Y}{X + Y + Z}$$

$$z = \frac{Z}{X + Y + Z} \qquad (46)$$

bezeichnet man als *Normfarbwertanteile*. Definitionsgemäß ist x + y + z = 1.

Die Normfarbwertanteile enthalten keine Information über die empfundene Helligkeit, sondern nur über den Farbton. Man kann alle Farbtöne in einem Diagramm darstellen, in dem y als Ordinate und x als Abszisse aufgetragen werden. Dieses Diagramm heißt CIE-*Farbtafel*, x und y sind die sog. *Farbkoordinaten* und die Lage einer Farbe in der CIE-Farbtafel wird *Farbort* genannt. Der Kurvenzug in Abb. 16 zeigt die Farborte der reinen Spektralfarben, d. h. für jeweils monochromatisches Licht. Die roten Spektralfarben bleiben ohne Wirkung auf den blauen Farbsensor, denn ihre Farborte liegen auf der Geraden x + y = 1, es ist also z = 0. Monochromatische Strahlung von $\lambda = 505$ nm hat keine Wirkung auf den Rot-Sensor (x = 0). Am kurzwelligen Rand des sichtbaren Spektrums ist der Grün-Sensor am unempfindlichsten (y = 0). Den Farbort von Licht mit drei gleichen Normfarbwerten nennt man *Unbuntpunkt* (x = 0,333; y = 0,333).

Der Farbort kennzeichnet also die Farbe einer Lichtstrahlung. Der Farbeindruck, den ein Licht im menschlichen Auge hervorruft, kann durch

Tabelle 17 Normspektralwerte für 2°-Gesichtsfeldgröße (nach DIN 5033)

λ in nm	x (λ)	y (λ)	z (λ)
380	0,0014	0,0000	0,0065
400	0,0143	0,0004	0,0679
420	0,1344	0,0040	0,6456
440	0,3483	0,0230	1,7471
460	0,2908	0,0600	1,6692
480	0,0956	0,1390	0,8130
500	0,0049	0,3230	0,2720
520	0,0633	0,7100	0,0782
540	0,2904	0,9540	0,0203
560	0,5945	0,9950	0,0039
580	0,9163	0,8700	0,0017
600	1,0622	0,6310	0,0008
620	0,8544	0,3810	0,0002
640	0,4479	0,1715	0,0000
660	0,1649	0,0610	0,0000
680	0,0468	0,0170	0,0000
700	0,0114	0,0041	0,0000
720	0,0029	0,0010	0,0000
740	0,0007	0,0002	0,0000
760	0,0002	0,0001	0,0000
780	0,0000	0,0000	0,0000

einen Punkt in der CIE-Farbtafel beschrieben werden. Man hat sog. *Normlichtarten* für die Verwendung in der Farbmetrik definiert:

- Normlichtart A: Licht einer gasgefüllten Wolframlampe, die bei einer Farbtemperatur von 2854 K betrieben wird (x = 0,4476; y = 0,4075).
- Normlichtart B: Direktes Sonnenlicht mit der Farbtemperatur 4900 K (x = 0,3484; y = 0,3516).

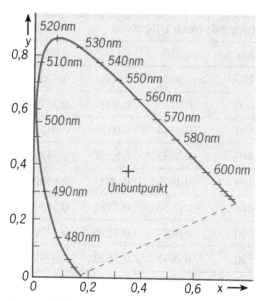

Abb. 16 CIE-Farbtafel
Linie der Farborte der reinen Spektralfarben
Alle realen Farben liegen innerhalb der durch diese
Linie begrenzten Fläche

– Normlichtart C: Zum Licht des bedeckten Nordhimmels äquivalentes Licht der Farbtemperatur 6700 K (x = 0,3101; y = 0,3162).

Die Farbtemperatur einer Strahlung ist die Temperatur des schwarzen Körpers mit dem gleichen Farbort. Da die Farborte der schwarzen Strahlung von Quellen verschiedener Temperatur einen Kurvenzug in der CIE-Farbtafel bilden, kann nicht jedem Licht eine Farbtemperatur zugeordnet werden. Manchmal gelingt diese Zuordnung nur näherungsweise.

Die spektrale Intensität des Lichts der Lichtquelle wird beim Durchgang des Lichts durch eine Glasprobe verändert. Nach dem Verlassen der Glasscheibe ist die Farbe des Lichts entsprechend der Transmissionskurve der Probe verändert:

$$X = \int_{380\,nm}^{780\,nm} T_\lambda \Phi_\lambda \bar{x}_\lambda d\lambda \qquad (47)$$

$$Y = \int_{380\,nm}^{780\,nm} T_\lambda \Phi_\lambda \bar{y}_\lambda d\lambda \qquad (48)$$

$$Z = \int_{380\,nm}^{780\,nm} T_\lambda \Phi_\lambda \bar{z}_\lambda d\lambda \qquad (49)$$

Damit ändern sich auch die Normfarbwertanteile, der Farbort der Strahlung ist ein anderer. Nur eine weiße oder graue Probe verändert den Farbort des Lichts nicht.

Verbindet man in der CIE-Farbtafel den Farbort der Lichtquelle S geradelinig mit dem Farbort des Lichts nach dem Durchgang durch die Glasprobe C und verlängert diese Gerade SC bis zum Schnitt D mit der Kurve der Farborte der reinen Spektralfarben, so kann man dort die sog. *dominierende Wellenlänge* ablesen. Man verwendet sie gern zur Charakterisierung der Glasfärbung. Als *Farbreinheit* der Glasfärbung bezeichnet man das Verhältnis der Strecke SC zur Strecke SD. Diesen Quotienten kann man je nach der Zweckmäßigkeit wegen des Strahlensatzes natürlich auch aus den Ordinaten- oder den Abszissendifferenzen der drei Farborte errechnen. Ein Farbglas, das nur monochromatisches Licht einer einzigen Wellenlänge hindurchließe, hätte die Farbreinheit 1. Ein weißes oder graues Glas (unbuntes Glas), das den Farbort des Lichts nicht verändert, hätte die Farbreinheit Null.

Wie die Farbkoordinaten, so enthalten auch die dominierende Wellenlänge und die Farbreinheit keine Aussage über die *Helligkeit*. In der Farbmetrik benutzt man Y als Maß für die Helligkeit – den Normfarbwert für Grün. Er hat als einziger für das ganze sichtbare Spektrum endliche Werte.

1.2.4 Thermische Eigenschaften

1.2.4.1 Spezifische Wärmekapazität

Führt man einem Körper Energie zu oder entzieht man ihm welche, so verteilt sich die Änderung des Energieinhalts auf eine Änderung der spezifischen inneren Energie dU und eine Ausdehnungsarbeit pdv.

$$dh = dU + pdv \qquad (50)$$

bezeichnet man als Änderung der spezifischen Enthalpie. Sie kennzeichnet die Veränderung des gesamten Energieinhalts des Systems.

So erhält man die *spezifischen* Wärmekapazitäten

$$c_p = \left(\frac{\delta h}{\delta T}\right)_p \qquad (51)$$

$$c_v = \left(\frac{\delta u}{\delta T}\right)_v \qquad (52)$$

Der Zusammenhang zwischen c_p und c_v ist

$$c_{\mathrm{p}} - c_{\mathrm{v}} = \frac{T\,\beta^2}{\varrho\,\kappa} \qquad (53)$$

Hierin bedeuten

T   KELVIN-Temperatur

β kubischer Ausdehnungskoeffizient

ϱ Dichte

κ Kompressibilität.

Für Glas ist normalerweise nur c_{p} von Interesse (kondensierte Systeme). Von praktischer Bedeutung für die Berechnung des Zusammenhangs zwischen dem Enthalpieinhalt und der Temperatur ist c_{p}:

$$\Delta h = \int_{T_1}^{T_2} c_{\mathrm{p}}\,(T)dT \qquad (54)$$

Mit der sog. *mittleren spezifischen Wärmekapazität* kann man einfacher rechnen:

$$\Delta h = \bar{c}_{\mathrm{p}}\,(T_1, T_2) \cdot (T_2 - T_1) \qquad (55)$$

Aber so, wie man zur Ermittlung der fühlbaren Wärme c_{p} oder $\bar{c}_{\mathrm{p}}$ messen oder aus der chemischen Zusammensetzung nach Abschnitt 4.1.3 berechnen müßte, kann dies natürlich auch gleich für Δh geschehen.

Ein Alkali-Erdalkali-Silikatglas hat etwa folgende Werte:

$\bar{c}_{\mathrm{p}20\dots200} \approx 0{,}85\ \mathrm{kJ\ kg^{-1}\ K^{-1}}$

$\bar{c}_{\mathrm{p}20\dots1400} \approx 1{,}25\ \mathrm{kJ\ kg^{-1}\ K^{-1}}$

Die spezifischen Wärmekapazitäten anderer üblicher Gläser sind hiervon um nicht mehr als 10% verschieden.

1.2.4.2 Wärmeleitfähigkeit

Bei der Wärmeleitung ist die Wärmestromdichte $\dot{q}_{\mathrm{L}}$ dem Temperaturgefälle proportional:

$$\dot{q}_{\mathrm{L}} = -\lambda\ \mathrm{grad}\ T \qquad (56)$$

λ ist die Wärmeleitfähigkeit. Die Wärmeleitfähigkeit von Gläsern liegt bei $\lambda \approx 0{,}9\ \mathrm{W\ m^{-1}\,K^{-1}}$ und ist nur geringfügig von der Temperatur und der Zusammensetzung abhängig. In der Literatur angegebene Werte für die Wärmeleitfähigkeit von Gläsern bei Temperaturen über 300 °C sind meist zu groß, da die Beteiligung der Strahlung am Wärmetransport die Messung der Wärmeleitfähigkeit erschwert.

1.2.4.3 Temperaturwechselbeständigkeit

Unter der *Temperaturwechselbeständigkeit* (TWB) versteht man den gerade noch ertragenen Temperaturunterschied bei schroffer Abkühlung eines Erzeugnisses. Will man die Temperaturwechselbeständigkeit als *Stoffeigenschaft* erfassen, so muß man genormte Prüfkörper im Temperaturwechsel prüfen.

Nach folgender Beziehung hängt die Temperaturwechselbeständigkeit eines Erzeugnisses nach WINKELMANN ab:

$$\Delta T = n\ \frac{\sigma_{\mathrm{ZB}}}{\alpha E}\ \sqrt{\frac{\lambda}{c_{\mathrm{p}}\,\varrho}} \qquad (57)$$

Hierin bedeuten

ΔT Temperaturunterschied, der bei schroffer Abkühlung gerade noch ertragen wird (Temperaturwechselbeständigkeit)

σ_{ZB} Zugfestigkeit

α linearer Ausdehnungskoeffizient

E   Elastizitätsmodul

λ Wärmeleitfähigkeit

c_{p} spezifische Wärmekapazität

ϱ Dichte

n   form- und größenabhängiger Faktor.

Alle diese Eigenschaften lassen sich durch eine Variation der Glaszusammensetzung nur geringfügig beeinflussen, lediglich der Ausdehnungskoeffizient variiert mit der chemischen Zusammensetzung erheblich. Beim Vergleich der verschiedenen Gläser bezüglich ihrer Temperaturwechselbeständigkeit findet man darum nur zum Ausdehnungskoeffizienten einen Zusammenhang. Deshalb sind auch wesentlich einfachere Formeln zur Berechnung der Temperaturwechselbeständigkeit versucht worden, z. B.

$$\Delta T = 1{,}1 \cdot 10^{-3} \cdot \frac{1}{\alpha} \qquad (58)$$

Für typische Gläser liegen die Werte der TWB etwa wie in der Tabelle 18.

1.2.4.4 Wechselwirkung mit Wärmestrahlung

Gläser sind für Wärmestrahlen (ultraroter Teil des Spektrums) mehr oder weniger durchlässig,

Tabelle 18 Richtwerte der Temperaturwechselbeständigkeit (TWB) für die wichtigsten Glastypen

Glastyp	TWB in K
Alkali-Erdalkali-Silikatglas	110
Borosilikatglas (Duran)	280
Bleisilikatglas	100
Alumosilikatglas	185

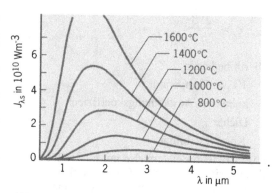

Abb. 17 PLANCKsche Funktion
λ Wellenlänge der Strahlung; $I_{\lambda S}$ spektrale Intensität der Temperaturstrahlung

sie sind *semitransparent*. Daraus ergeben sich einige für die Glasherstellung wesentliche Effekte:

- In einen Glasgegenstand von außen eindringende Wärmestrahlung kann auf ihrem Weg durch das Glas teilweise oder ganz absorbiert werden und so zur Erwärmung des Glases dienen.

- Heißes Glas kann Wärmestrahlen emittieren, die je nach ihrer Reichweite und dem Ort der Emission das Glas verlassen können, um erst außerhalb des Glases irgendwo in der Umgebung absorbiert zu werden.

- Die von heißem Glas im Innern emittierte Wärmestrahlung wird zum Teil noch innerhalb des Glases absorbiert. So kann Wärme über endliche Distanzen im Glas direkt von einem Ort zum andern übertragen werden. Das ist zur Wärmeleitung ein zusätzlicher Wärmetransport, der einen zusätzlichen Temperaturausgleich bewirkt, allerdings nur in *heißem* Glas.

Die Wechselwirkung zwischen Glas und Wärmestrahlung beruht auf den beiden Vorgängen Emission und Absorption.

Jeder Körper emittiert eine elektromagnetische Strahlung, die um so intensiver ist, je höher seine Temperatur ist. Die Strahlung heißer Wärmequellen kann man mit dem Wärmesinn der Haut und das Glühen als sichtbares Licht mit dem Auge wahrnehmen.

Die Emission hängt nur von Stoffeigenschaften und von der Temperatur des Volumenelements, aus dem die Strahlung emittiert wird, ab. Die spektrale Intensität der im Volumenelement vorhandenen Strahlung ist im isotropen Medium in alle Richtungen des Raumes völlig gleich, sie ist unpolarisiert und hat den Wert

$$I_\lambda = n_\lambda^2 \cdot I_{\lambda S} \tag{59}$$

mit

$$I_{\lambda S} = \frac{2hc_0^2\lambda^{-5}}{exp\left(\frac{hc_0}{\lambda kT}\right)} \tag{60}$$

$I_{\lambda S}$ wird *PLANCKsche Funktion* genannt und ist in Abb. 17 graphisch dargestellt [25]. In Gl. (60) bedeuten

$c_0 = 2,9979 \cdot 10^8$ m s^{-1} die Lichtgeschwindigkeit im Vakuum

$h = 6,6262 \cdot 10^{-34}$ J s das PLANCKsche Wirkungsquantum

$k = 1,3807 \cdot 10^{-23}$ J K^{-1} die BOLTZMANN-Konstante

λ ist die Vakuumwellenlänge und T die KELVINtemperatur.

Die Emission bedeutet eine Umwandlung von Enthalpie (fühlbare Wärme) in Strahlungsenergie. Die Leistungsdichte dieser Energieumwandlung beträgt

$$\dot{u}_e = 4\pi \int_0^\infty \alpha_\lambda n_\lambda^2 I_{\lambda S} d\lambda \tag{61}$$

Sie ist proportional zum Absorptionskoeffizienten α_λ des Glases. Das ist auf den ersten Blick überraschend, erklärt sich aber leicht daraus, daß im Gleichgewicht die spektrale Leistungsdichte der Absorption gerade gleich der spektralen Leistungsdichte der Emission sein muß.

Absorption ist eine Wechselwirkung zwischen dem Glas und einem im Glas vorhandenen Strahlungsfeld. Diesem Strahlungsfeld wird durch den Absorptionsvorgang ständig Energie entzogen, die dem Glas als Enthalpie zugeführt wird. Die Leistung dieser Umwandlung von Strahlungsenergie in fühlbare Wärme je Volumen, d. h. die thermische Leistungsdichte der Absorption ist

$$\dot{u}_a = \oint\limits_{4\pi} \int\limits_0^\infty \alpha_\lambda \, I_\lambda d\lambda d\Omega \qquad (62)$$

wenn α_λ der spektrale Absorptionskoeffizient und I_λ die spektrale Intensität in eine Richtung ist.

Im thermodynamischen Gleichgewicht wird genau so viel Leistung aus dem Volumenelement emittiert, wie von der aus der ganzen Umgebung herrührenden Strahlung in diesem Volumenelement absorbiert wird. Im thermodynamischen Gleichgewicht hat die ganze mit dem betrachteten Volumenelement in Wechselwirkung stehende Umgebung dieselbe Temperatur wie das Volumenelement.

In allen praktischen Fällen, in denen das thermodynamische Gleichgewicht nicht besteht, richtet sich die Emission nach Gleichung (61), die Absorption aber nach Gleichung (62), d. h. nach der tatsächlich vorhandenen Intensität. Sie kann auch aus der Umgebung und von Fremdstrahlern herrühren.

1.2.4.5 Wärmetransport im Glas durch Strahlung

Jedes Volumenelement im Glas emittiert entsprechend seiner Temperatur und absorbiert entsprechend der im Volumenelement vorhandenen Intensität.

Ist der Absorptionskoeffizient bei allen Wellenlängen groß, so wird nach Gleichung (61) mit großer Leistungsdichte Energie emittiert, aber die entstehende Strahlung wird in unmittelbarer Nachbarschaft wieder vollständig absorbiert. In diesem Fall spielt der Wärmetransport durch Strahlung keine Rolle, es dominiert die Wärmeleitung.

Ist der Absorptionskoeffizient bei allen Wellenlängen klein, so wird nach Gleichung mit kleiner Leistungsdichte Energie emittiert, aber die entstehende Strahlung wird durch die Absorption nur wenig geschwächt und hat eine große Reichweite. Die Strahlung zeigt wenig Wechselwirkung mit dem Glas. Das Temperaturfeld im Glas richtet sich hauptsächlich nach der Wärmeleitung, obwohl möglicherweise ein großer Energiestrom das Glas (mit geringer Wechselwirkung) durchdringen könnte, z. B. in Form einer Fremdstrahlung.

Für den Wärmetransport innerhalb des Glases wird also die Strahlung gerade bei mittleren Absorptionskoeffizienten Bedeutung haben. Dann hat sie eine endliche Reichweite und führt dazu, daß im Innern heißen Glases die Temperatur einheitlicher ist und sich die Temperatur in der Randschicht heißer Glasposten steiler ändert, als man nach der Wärmeleitung erwartet. Abb. 18 zeigt ein Beispiel für gemessene Absorptionskoeffizienten im langwelligen Teil des Spektrums. Man kann erkennen, daß eine Annäherung der Kurven durch eine Stufenfunktion möglich ist.

Ein Maß für die Reichweite der Strahlung im Glas ist $1/\alpha_\lambda$. Nach Gleichung klingt die spektrale Intensität einer Strahlung nach dem Wege $1/\alpha_\lambda$ auf $1/e = 0,37$ ihres Wertes ab. Für den Wellenlängenbereich A mit $\lambda > 4,5\ \mu m$ beträgt $\alpha_\lambda \approx 10^4$ bis $10^6\ m^{-1}$, danach liegt $1/\alpha_\lambda$ in diesem Spektralbereich in der Größenordnung einiger μm. In allen praktischen Fällen kann man Gläser für solche Strahlung als undurchlässig betrachten. In diesem Wellenlängenbereich A spielt die Wärmestrahlung für den Wärmetransport im Glas keine Rolle, obwohl die PLANCKsche Funktion dort beträchtliche Werte haben kann (vgl. Abb. 17).

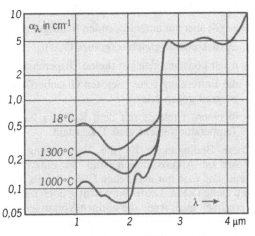

Abb. 18 Spektraler Absorptionskoeffizient von Fensterglas

Im Wellenlängenbereich B mit 2,8 μm < λ < 4,5 μm beträgt α_λ 500 m^{-1}, also $1/\alpha_\lambda \approx 2 \cdot 10^{-3}$ m in der Größenordnung einiger Millimeter.

Im Wellenlängenbereich C mit λ < 2,8 μm ist $\alpha_\lambda \approx$ 10 bis 50 m^{-1}, $1/\alpha_\lambda$ liegt mit 10^{-1} bis 2×10^{-2} m also in der Größenordnung von einigen Zentimetern oder Dezimetern.

Vergleicht man diese Wellenlängenbereiche mit unterschiedlicher Strahlungsreichweite mit der PLANCKschen Funktion, die ja das Spektrum der Wärmestrahlung beschreibt, so erkennt man, daß bei hoher Temperatur die Strahlung zusätzlichen Wärmetransport zur Wärmeleitung über größere Strecken bewirken kann.

Wenn die zu berücksichtigende Umgebung nicht einheitliche Temperatur aufweist, ist die Berechnung der Strahlungsintensität durch Integration über die ganze Umgebung vorzunehmen. Dazu müßte das Temperaturfeld in dieser Umgebung bekannt sein. Die Berechnung von Temperaturfeldern und Strahlungsflußdichten im Glas ist eine anspruchsvolle Aufgabe und gelingt nur numerisch.

Unter einigen sehr einschränkenden Bedingungen läßt sich der Wärmetransport im Glas durch Strahlung formal wie Wärmeleitung behandeln, man addiert zur Wärmeleitfähigkeit dann eine sog. Strahlungsleitfähigkeit λ_S [26], um als Summe eine sog. *effektive* Wärmeleitfähigkeit λ_{eff} zu erhalten. Für die Strahlungsleitfähigkeit wird häufig die ROSSELAND-Approximation [27]

$$\lambda_S = \frac{32\pi^5 n^2 k^4 T^3}{45 c_0^2 h^3 \alpha} = \frac{16 n^2}{3\alpha} \, c_S \left(\frac{T}{100} \right)^3 \quad (63)$$

mit c_S = 5,77 W m^{-2} K^{-4} verwendet.

Dies gilt aber nur unter folgenden Bedingungen:

- α_λ ist konstant gleich α (graues Glas)
- n_λ ist konstant gleich n (keine Dispersion)
- die Entfernung r zur nächsten Glasoberfläche ist groß gegen $1/\alpha$
- in einem Umkreis mit dem Radius r ist der Temperaturgradient grad T konstant.

Diese Bedingungen für die Verwendung der ROSSELAND-Approximation sind so einschränkend, daß man nur in seltenen Fällen daraus Nutzen ziehen kann. Leider wird häufig doch mit ihr gerechnet, auch wenn die nötigen Voraussetzungen nicht im geringsten erfüllt sind.

Bildet man ganz formal zur Auswertung entspre-

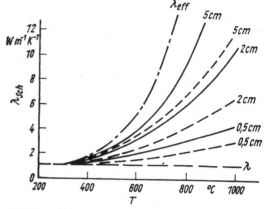

Abb. 19 Scheinbare Wärmeleitfähigkeit als Funktion der Temperatur für Fensterglas verschiedener Dicke durchgezogene Linie: benetzte Thermoden gestrichelt: nicht benetzte Thermoden

chender Meßergebnisse das Verhältnis der Wärmestromdichte zum mittleren Temperaturgradienten, so erhält man die sog. *scheinbare* Wärmeleitfähigkeit, die nur den Wärmedurchgang beschreibt und für jeden praktischen Fall einen anderen Betrag annimmt, also von der Geometrie, d. h. der Form und den Abmessungen, von der Absorption des Glases und sogar von der Umgebung abhängt (Abb. 19) [28].

1.2.4.6 Wärmeübergang

Der Wärmeübergang durch die Grenzfläche zwischen zwei sich innig berührenden Stoffen wird wie die Wärmeleitung berechnet. Die Gleichheit der Wärmestromdichten auf beiden Seiten der Grenzfläche führt wegen der im allgemeinen unterschiedlichen Wärmeleitfähigkeit zu unterschiedlichen Temperaturgradienten.

Der Wärmeübergang durch Konvektion wird nach der bekannten Beziehung

$$\dot{q} = k \, (T_1 - T_2) \quad (64)$$

für die Wärmestromdichte berechnet. Dabei ist k der sog. Wärmeübergangskoeffizient. Dieser Berechnung liegt die ziemlich willkürliche Annahme zugrunde, daß dem an die betrachtete Wand mit der Temperatur T_1 angrenzenden Medium, in dem die Konvektion stattfindet, eine einheitliche Temperatur T_2 zugeschrieben werden kann. Bei freier Konvektion in Luft kann man mit k ≈ 3 bis 8 W m^{-1} K^{-1}

rechnen. Mit irgendeiner Glaseigenschaft hat dies aber nichts zu tun.

Anders beim Wärmeübergang durch Strahlung: Hier kann der spektrale Absorptionskoeffizient von erheblicher Bedeutung sein.

Die über die Glasoberfläche nach außen emittierte Strahlung entstammt einer endlich dicken Glasschicht hinter der Oberfläche. Diese Schichtdicke ist entweder durch die Probendicke oder, falls die Probe dicker ist, durch die Reichweite der Strahlung gegeben. Setzen wir einheitliche Temperatur in dieser Schicht voraus, so ist die über die Glasoberfläche austretende Strahlungs-Energiestromdichte

$$\dot{q} = \pi \int_0^\infty A_\lambda I_{\lambda S} d\lambda \qquad (65)$$

und A_λ ist der Absorptionsgrad der Probe bei der Wellenlänge λ.

$A_\lambda = 1$ kennzeichnet den schwarzen Körper. Für ihn läßt sich die Integration ausführen und man erhält

$$\dot{q} = \pi \int_0^\infty I_{\lambda S}\, d\lambda = \frac{2\pi^5\, k^4\, T}{15\, c_0^2\, h^3} = c_S \left(\frac{T}{100}\right)^4 \qquad (66)$$

c_S = 5,77 W m^{-2} K^{-4} heißt deswegen Strahlungskoeffizient des schwarzen Körpers.

Wenn der Absorptionsgrad tatsächlich wellenlängenabhängig ist, so führt die Integration nicht auf die Abhängigkeit der Wärmestromdichte von der vierten Potenz der KELVIN-Temperatur. Wenn man trotzdem die Schreibweise

$$\dot{q} = c \left(\frac{T}{100}\right)^4 \qquad (67)$$

beibehält, muß man temperaturabhängige Strahlungskoeffizienten c erwarten.

Einen Anhaltspunkt für praktische Überschlagsrechnungen kann man dem für ein Fensterglas zutreffenden Diagramm Abb. 20 [29] entnehmen. Man erkennt, daß bei hinreichend großer Glasschichtdicke der Strahlungskoeffizient unabhängig von der Temperatur etwa c = 0,96 × c_S wird, eine Folge des nur wenig wellenlängenabhängigen Reflexionsvermögens der Glasoberfläche.

Eine Glasschicht ausreichender Dicke absorbiert

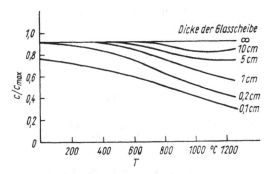

Abb. 20 Strahlungskoeffizient von Fensterglas

alle *eindringende* Strahlung. In diesem Fall wird der Absorptionsgrad ungefähr 0,96 sein, da ungefähr 4% reflektiert werden. Sonst ist

$$A_\lambda \approx 0.96\, (1 - e^{-\alpha_\lambda x}) \qquad (68)$$

mit x als Glasdicke.

Für die Berechnung der Wärmestromdichte nach Gleichung (65) ist es zweckmäßig, die Integration stückweise für die Spektralbereiche A, B und C vorzunehmen, wenn man innerhalb dieser Bereiche mit konstanten Absorptionskoeffizienten α_A, α_B und α_C rechnen kann (vgl. Abb. 18). Gegebenenfalls muß $I_{\lambda S}$ über noch kleinere Bereiche stückweise integriert werden. Die Teilintegrale

$$\int_{\epsilon_1}^{\lambda_2} I_{\lambda S} d\lambda \qquad (69)$$

führen nach Division durch das Integral über alle Wellenlängen auf die sog. *Bruchteilfunktionen* b. Sie sind natürlich temperaturabhängig. Die Bruchteilfunktionen b_A, b_B und b_C sind in Abb. 21 darge-

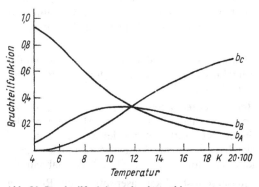

Abb. 21 Bruchteilfunktionen b_A, b_B und b_C

stellt. Mit ihnen kann man die Strahlungskoeffizienten berechnen:

$$\frac{c}{c_S} = 0{,}96 \left[b_A \left(1 - e^{-\alpha_A x}\right) \right.$$

$$\left. + b_B \left(1 - e^{-\alpha_B x}\right) + b_C \left(1 - e^{-\alpha_C x}\right) \right] \quad (70)$$

Diese Strahlungskoeffizienten gelten natürlich nur, wenn die Glasschicht einheitliche Temperatur hat.

Die vom heißen Glas ausgehende Wärmestrahlung kann mit Hilfe von Pyrometern zur Messung der Temperatur des Glases verwendet werden. Allerdings müssen dabei die Zusammenhänge mit der Glasdicke und der Reichweite der Strahlung im Glas bedacht werden. Dann aber können sowohl Temperaturen der Glasoberfläche und des Glasinnern gemessen werden [30].

1.2.5 Chemische Beständigkeit

1.2.5.1 Beständigkeit gegen Säuren

Der Angriff von Glas durch Säuren ist im Idealfall ein oberflächlicher Austausch von Kationen. Da Kieselglas keine wanderungsfähigen Kationen enthält, ist es gegen Säuren (außer gegen Flußsäure) praktisch beständig.

Bei Anwesenheit von Alkaliionen vollzieht sich der Ionenaustausch praktisch nur mit diesen, da sie im Konzentrationsgefälle etwa 10mal schneller diffundieren als die Erdalkaliionen.

Die Einführung von Al_2O_3, B_2O_3, MgO und ZnO verbessert die Beständigkeit gegen Säuren, allerdings verschlechtert sich die Säurebeständigkeit bei sehr hohen Gehalten an Al_2O_3 und B_2O_3 sehr rasch wieder. Deshalb haben z. B. Alumosilikatgläser nur bescheidene Beständigkeit gegen Säuren.

Man unterscheidet drei *Säureklassen*, wobei die Säureklasse 1 die resistentesten Gläser enthält (vgl. Tabelle 19).

Bei fortschreitendem Säureangriff verarmt die oberflächennahe Schicht an Alkaliionen, dadurch verbessert sich mit der Zeit die Säurebeständigkeit. Von der Art der Säure und der Säurekonzentration ist der Angriff nahezu unabhängig.

Flußsäure löst Silikatgläser infolge der Reaktion

Tabelle 19 Beständigkeit der wichtigsten Glastypen gegen Säuren

Glastyp	Säureklasse
Alkali-Erdalkali-Silikatglas	2 oder 3
Borosilikatglas (Duran)	1
Bleisilikatglas	3
Alumosilikatglas	3

$$SiO_2 + 6\,HF \rightarrow H_2[SiF_6] + 2\,H_2O$$

sehr rasch auf.

1.2.5.2 Beständigkeit gegen Laugen

Der Laugeangriff besteht in einer Reaktion zwischen den OH-Ionen und dem SiO_2-Netzwerk. Dabei bilden sich Alkalisilikate und Kieselsäuren. Die Auflösung des Glases in Laugen verläuft zeitproportional (es entsteht keine Schutzschicht wie beim Säureangriff). Die Auflösungsgeschwindigkeit wächst mit steigendem p_H-Wert der Lauge. Man unterscheidet drei *Laugeklassen*, die Laugeklasse 1 enthält die beständigsten Gläser (vgl. Tabelle 20).

1.2.5.3 Beständigkeit gegen Wasser

Der Angriff auf Glas durch Wasser beruht zunächst auf dem Kationenaustausch Na^+ gegen H^+. Dadurch nimmt die H^+-Ionenkonzentration des angreifenden Wassers ab, die Alkaliionenkon-

Tabelle 20 Beständigkeit der wichtigsten Glastypen gegen Laugen

Glastyp	Laugeklasse
Alkali-Erdalkali-Silikatglas	2
Borosilikatglas (Duran)	2
Bleisilikatglas	3
Alumosilikatglas	3

Tabelle 21 Beständigkeit der wichtigsten Glastypen gegen Wasser

Glastyp	Hydrolytische Klasse
Alkali-Erdalkali-Silikatglas	5
Alkali-Erdalkali-Silikatglas mit erhöhtem Al_2O_3-Gehalt	4
Borosilikatglas	1
Alumosilikatglas	1
Bleisilikatglas	3 bis 4

zentration nimmt zu, das Wasser wird basisch. Der chemische Angriff durch Wasser ähnelt also zunächst dem Säureangriff, wird aber im Laufe des Korrosionsfortschritts mehr und mehr zum Laugeangriff, wenn sich das Lösungsmittel Wasser währenddessen nicht erneuert.

Je resistenter das Glas ist, um so mehr gleicht der Wasserangriff dem Säureangriff; je weniger resistent das Glas ist, um so mehr gleicht der Wasserangriff dem Laugeangriff.

Man unterscheidet fünf hydrolytische Klassen, in der hydrolytischen Klasse 1 sind die beständigsten Gläser (vgl. Tab. 21).

1.2.5.4 Verwitterung

Die Verwitterung des Glases beruht auf seiner Reaktion mit adsorbiertem oder kondensiertem Wasser. Wegen der geringen daran beteiligten Wassermengen entstehen sehr hohe (alkalische) pH-Werte. Meist bleiben die Reaktionsprodukte auf der Glasoberfläche, so daß Trübungen und weißliche Niederschläge darauf entstehen.

Wo durch größere Wassermengen Reaktionsprodukte abgewaschen werden oder durch Luftzirkulation Taupunktunterschreitungen selten vorkommen, unterbleibt eine sichtbare Verwitterung. Deshalb verwittert Flachglas meist nur im Stapel und Hohlglas meist nur von innen.

1.2.6. Elektrische Eigenschaften

Gläser sind elektrolytische Leiter. Den Ladungstransport im elektrischen Feld besorgen überwiegend Alkaliionen, fehlen sie, so können auch Erdalkaliionen als Ladungsträger fungieren. Da Na^+ die höchste Beweglichkeit im SiO_4-Netzwerk besitzt, hängt die elektrische Leitfähigkeit eines Glases besonders von seinem Na_2O-Gehalt ab. Schwere, unbewegliche Ionen wie Pb^{2+} und Ba^{2+} verringern die Beweglichkeit der Na^+-Ionen und setzen daher die Leitfähigkeit herab.

Der spezifische Widerstand gut stabilisierten Glases kann bis dreimal so groß wie der des abgeschreckten Glases sein. Sorgfältige Entgasung kann bis zum 2,5fachen elektrischen Widerstand führen. Diese starke Veränderlichkeit der elektrischen Leitfähigkeit bedeutet, daß nur Messungen über ihre Größe Aufschluß geben können. Man kann sie nicht aus der chemischen Zusammensetzung berechnen.

Für die Temperaturabhängigkeit der elektrischen Leitfähigkeit gilt unterhalb des Transformationsbereichs die sog. RASCH-HINRICHSEN-Gleichung:

$$\kappa = A \cdot e^{-\frac{B}{T}} \tag{71}$$

Es bedeuten

κ elektrische Leitfähigkeit

T KELVIN-Temperatur

A, B Konstanten.

Von der chemischen Zusammensetzung ist A erheblich, B aber nur wenig abhängig. Im Diagramm, in dem lg κ in Abhängigkeit von $1/T$ dargestellt ist, ergeben sich für verschiedenste Silikatgläser Geraden, die einigermaßen gleiche Steigung besitzen, aber gegeneinander verschoben sind. Darum ist es möglich, das Leitfähigkeitsverhalten eines Glases durch die Angabe der zu einer bestimmten Leitfähigkeit gehörenden Temperatur brauchbar zu beschreiben. Man gibt die zu $\kappa = 10^{-6}$ A V^{-1} m^{-1} gehörende Temperatur an und nennt sie $T_{\kappa 100}$ (Tab. 22).

Als Elektrolyte zeigen Gläser beim Durchgang von Gleichstrom elektrolytische Erscheinungen. Eine direkte elektrische Beheizung einer Glasschmelze über Elektroden ist deshalb nur mit einer Wechselspannung möglich.

1.2.7 Abhängigkeit der Stoffwerte von der Zusammensetzung

Die Abhängigkeit der Eigenschaftswerte der Gläser von ihrer chemischen Zusammensetzung wurde seit Jahren und umfassend untersucht.

Tabelle 22 $T_{\kappa 100}$-Werte einiger Gläser

Glastyp	$T_{\kappa 100}$ in °C
Alkali-Erdalkali-Silikatglas	130
Alkali-Erdalkali-Silikatglas mit BaO	230
Bleisilikatglas	310
Borosilikatglas	230
Blei-Borosilikatglas	275
Alumosilikatglas	500

Darum findet man zusammenfassende Darstellungen dieser Zusammenhänge in verschiedenen Monographien und Lehrbüchern, z. B. in [17] und [31].

Nur ausnahmsweise sind solche Zusammenhänge linear, d. h. nur ausnahmsweise gelten einfache Mischungsregeln für die Interpolation von irgendwelchen Eigenschaftswerten zwischen zwei Gläsern unterschiedlicher Zusammensetzung. In einigen Fällen durchlaufen die Eigenschaften von Mischungen zweier Gläser aber sogar auffällige Minima oder Maxima. Dann spricht man von Anomalien, so gibt es die sog. Borsäureanomalie und den sog. Mischalkalieffekt.

Unter *Borsäureanomalie* versteht man das Auftreten eines solchen Extremums in Abhängigkeit vom Alkalioxid-B_2O_3-Verhältnis in Borat- und in Borosilikatgläsern bei einem Molverhältnis Alkalioxid:B_2O_3 von etwa 0,14 für K_2O, 0,16 für Na_2O und 0,22 für Li_2O. Für den Wärmedehnungskoeffizienten liegt bei diesen Zusammensetzungen ein Minimum. Sonst beobachtet man immer wachsenden Ausdehnungskoeffizienten mit wachsendem Alkaligehalt. Man erklärt sich diese Erscheinung mit dem Koordinationswechsel des Bors infolge der Anwesenheit von Alkalien. Bor ist in Gläsern in der Regel mit drei Sauerstoffen koordiniert, wenn Alkalien fehlen. Anwesende Alkaliionen bringen Borionen in Viererkoordination [32].

Ähnlich auffällige Erscheinungen treten auch in Gläsern mit zwei Alkalioxiden, z. B. mit Na_2O und K_2O auf. Dieser *Mischalkalieffekt* betrifft u. a. die elektrische Leitfähigkeit. Beim Austausch von Na_2O gegen K_2O in Alkali-Silikat-Gläsern tritt ein tiefes Minimum in der elektrischen Leitfähigkeit auf. Bis in die jüngste Zeit gibt es Deutungsversuche für solche Anomalien.

Für die Berechnung der Eigenschaften eines Glases aus den Konzentrationen seiner Hauptbestandteile mit einem linearen Ansatz findet man immer nur einen beschränkten, mehr oder weniger schmalen Gültigkeitsbereich. Manche Eigenschaften lassen sich sehr gut linear von der Zusammensetzung abhängig darstellen (z. B. die Brechzahl), manche sind für ihren Kehrwert besser darstellbar (z. B. die Dichte), im Bereich von Erscheinungen wie der Borsäureanomalie sind nur schmale Bereiche linear darstellbar.

Wir betrachten ein Glas, das n Komponenten enthält, die mit den Zahlen i = 1, 2, 3, ... n durchnumeriert sein sollen. Die Konzentration der i-ten Komponente im Glas sei c_i, meist wird man die Konzentrationsangaben als Massenbruch oder Molenbruch vornehmen. Dann gilt

$$\sum_{i=1}^{n} c_i = 1 \qquad (72)$$

Der einfachste Ansatz zur Berechnung einer Eigenschaft g aus den Konzentrationen der Komponenten ist der lineare Ansatz:

$$g = \sum_{i=1}^{n} a_i \cdot c_i \qquad (73)$$

Die Koeffizienten a_i müssen experimentell bestimmt werden. Der lineare Ansatz entspricht dem der linearen Mehrfachregression, und wir sind es gewöhnt, solchen Ansätzen um so eher zu vertrauen, je kleiner der Anwendungsbereich ist. Hier bedeutet das: Die Berechnung einer Eigenschaft aus der Zusammensetzung mit einem linearen Ansatz ist für die nahe Umgebung *einer* Zusammensetzung sicher möglich, wenn die Koeffizienten für *diese* Zusammensetzung bekannt sind. Leider kann man bei kleinen Zusammensetzungsbereichen die Konstanten a_i nicht sehr genau bestimmen, weil sich die Meßfehler des Eigenschaftswertes in einem kleinen Variationsbereich der Eigenschaftswerte auswirken.

Legt man der Bestimmung der Koeffizienten a_i Eigenschaftsmessungen an Gläsern aus einem größeren Zusammensetzungsbereich zugrunde, so kann man mit diesen Koeffizienten oftmals nur ungenaue Resultate erhalten, weil ja der lineare Ansatz nur für kleine Variationen zuverlässig ist (wenn er nicht streng gilt).

Deshalb ist die Berechnung von Eigenschaftswerten aus der Zusammensetzung mit dem linearen Ansatz in *allen* Fällen nur mit beschränkter Genauigkeit möglich. Eigenschaften, die bei üblichen Gläsern nur wenig unterschiedlich sind und gut reproduzierbar meßbar sind, kann man besser aus der Zusammensetzung berechnen als solche, die sehr verschiedene Werte annehmen können (z. B. Viskosität), die stark streuen (z. B. Festigkeit) oder stark von Nebenbestandteilen abhängen (z. B. Oberflächenspannung).

Seit den ersten von SCHOTT und WINKELMANN um die Jahrhundertwende angegebenen Koeffizienten gab es viele Bemühungen, für alle Eigenschaften in größeren Zusammensetzungsbereichen besser zutreffende Koeffizienten zu finden. So gibt es heute eine große Auswahl von möglichen Koeffizienten (s. Abschnitt 4.1.).

Die Bedeutung dieser Berechnungsmethoden für die glastechnische Praxis besteht weniger darin, daß man für eine konkrete Glaszusammensetzung irgendeinen Eigenschaftwert vorausberechnen kann. Wichtiger ist, daß man sich über die Auswirkung von Änderungen der Zusammensetzung leicht Klarheit verschaffen kann. In der Praxis tritt meist einer der folgenden drei Fälle auf:

Fall 1

Zwei Gläser sollen sich bei allen Komponenten um kleine Konzentrationsunterschiede, die voneinander unabhängig sind, unterscheiden. Um wieviel unterscheidet sich die Eigenschaft g? Bezeichnet man kleine Veränderungen mit dem Buchstaben δ, so gilt

$$\delta g = \sum_{i=1}^{n} a_i \cdot \delta c_i \qquad (74)$$

Fall 2

Die Zusammensetzung ändert sich durch teilweisen Austausch der Komponente j gegen die Komponente k. Wie ändert sich dadurch die Eigenschaft g?

$$\delta g = (a_k - a_j) \cdot \delta c_k \text{ mit } \delta c_j = -\delta c_k \qquad (75)$$

Der Austausch zweier Komponenten wirkt sich um so stärker auf eine Eigenschaft aus, je größer der Unterschied zwischen den Koeffizienten für diese beiden Komponenten ist.

Fall 3

Die Zusammensetzung ändert sich durch Hinzufügen einer Komponente k. Wie ändert sich dadurch die Eigenschaft g?

$$\delta g = \frac{a_k - g}{1 - c_k} \, \delta c_k \qquad (76)$$

Das Hinzufügen einer Komponente wirkt sich um so stärker auf eine Eigenschaft aus, je stärker der Koeffizient dieser Eigenschaft von dem Eigenschaftswert verschieden ist und je höher die Konzentration dieser Komponente im Glas ist.

Einige Koeffizientensätze erheben den Anspruch, für breitere Zusammensetzungsbereiche gültig zu sein. Man muß aber wissen, daß diese weniger zuverlässige Rechenergebnisse liefern als solche, die speziell für einen Glastyp erarbeitet wurden. Außerdem werden oftmals Vorschriften für die Berechnung von *Koeffizienten* aus der Zusammensetzung angegeben, das ist ein Ausdruck dafür, daß der lineare Ansatz nicht ausreicht.

2 Verfahrenstechnik

Die Verfahrenstechnik ist eine Ingenieurwissenschaft mit integrierendem Charakter. Ihr Gegenstand ist die industrielle *Stoffwandlung*. Sie untersucht, beschreibt, begründet und entwickelt stoffwandelnde Prozesse und Mikroprozesse. Sie behandelt die Kombination von einzelnen Prozessen zu Verfahren und von Apparaten zu Anlagen. Sie setzt sich auch mit dem Verhalten von Verfahren und Anlagen im Betrieb, beim Anfahren und beim Stillsetzen auseinander. Insbesondere befaßt sich die Verfahrenstechnik auch mit der Optimierung und Rationalisierung von Prozessen, Verfahren und Anlagen. Im Vordergrund der Gegenstandsbestimmung der Verfahrenstechnik steht aber immer die Stoffwandlung, die geometrische Form der erzeugten Stoffe besitzt in der Verfahrenstechnik keine primäre Bedeutung. Insbesondere sind Formgebungsprozesse und Formgebungsverfahren (Urformung und Umformung) nicht Gegenstand der Verfahrenstechnik.

Der typische stoffwandelnde Schritt in der Glasherstellung ist zweifellos das Schmelzen. Beim Schmelzen wird das Glasrohstoffgemenge zum Werkstoff Glas umgewandelt; chemische Reaktionen, Restquarzlösung und Läuterung sind dabei wesentliche Prozesse. Dem geht die Gemengebereitung voraus, dabei dominieren mechanische Prozesse.

2.1 Gemengeherstellung

Die Qualität der Rohstoffe und die Exaktheit der Gemengeherstellung sind für den Prozeß der Glasherstellung von ausschlaggebender Bedeutung. Fehler bei der Beschaffenheit der Rohstoffe oder bei der Gemengeherstellung können nicht nur Glasfehler wie Schmelzrelikte, Blasen und Schlieren hervorrufen, sondern sich auch auf die Gleichmäßigkeit der Bedingungen für die Formgebung auswirken. Derartige Fehler sind dadurch oftmals die Ursache für Formgebungsfehler, besonders bei modernen leistungsfähigen Maschinen.

2.1.1 Rohstoffe

Die im folgenden angegebenen Forderungen an die Rohstoffe reichen nicht aus, um sie für die Praxis ausreichend zu charakterisieren. Für jeden Rohstoff gibt es eine Fülle von in Standards und Liefervereinbarungen festgelegten Qualitätsmerkmalen. Hier werden entsprechend dem Charakter dieses Buches nur die wichtigsten und grundlegenden Probleme besprochen. Die Standards und andere Qualitätsfestlegungen erfahren ständige Präzisierung und Aktualisierung. Bei natürlichen Rohstoffen werden oft mehrere Qualitäten nebeneinander angeboten, und dieses Rohstoffangebot unterliegt auch gewissen zeitlichen Veränderungen. Für den konkreten Fall wird man also die konkrete betriebliche Erfahrung oder wenigstens das einschlägige Fachschrifttum zu Rate ziehen [33].

Für die Hauptkomponenten großtechnisch hergestellter Gläser müssen die Rohstoffe in ausreichender Menge und zu niedrigen Preisen erhältlich sein. Als SiO_2-Komponente kommt deshalb nur Quarzsand als Rohstoff in Betracht. Damit ist das Glasrohstoffgemenge zunächst als *Schüttgut* festgelegt.

Betrachtet man den Glasschmelzprozeß als einen Homogenisierungsprozeß, der vom heterogenen Gemenge zum homogenen Glas führt, so leuchtet ein, daß jede vor dem Einlegen des Gemenges in den Ofen erreichte Homogenisierung den eigentlichen Schmelzprozeß entlastet. Daraus ergibt sich die Forderung nach weitgehender Zerkleinerung der Rohstoffe und sorgfältiger Vermengung.

Rohstoffe in wäßriger Lösung sollten zwar eine homogene Verteilung ermöglichen, aber nur im Ausnahmefall wird dieser Weg technisch genutzt, denn Wasser im Hochtemperaturprozeß zu verdampfen führt leicht zu ökonomischen Verlusten. Enthält das Gemenge soviel freies Wasser, daß es seine Eigenschaften als loses Schüttgut verliert und klebrig oder breiig wird, so entstehen erhebliche Schwierigkeiten bei der Handhabung des Gemenges. Kleine Wassermengen wirken sich aber verkürzend auf den Schmelzprozeß aus.

Feinere Rohstoffe ermöglichen eine homogenere Verteilung im Gemenge und führen zu größeren Oberflächen für die Reaktionen zwischen den Rohstoffen im Schmelzprozeß, sie verkürzen den Schmelzprozeß. Andererseits werden Verstaubungs- und Verdampfungsverluste mit wachsender Rohstoffeinheit größer, und man rechnet bei zu feinen Rohstoffen mit Läuterungsschwierigkeiten. Deshalb fordert man für die meisten Glasrohstoffe Korndurchmesser zwischen 0,05 und 0,5 mm. Bei manchen Rohstoffen ergeben sich durch den Herstellungsprozeß kleinere Korndurchmesser (z. B. bei Mennige); bei solchen Rohstoffen, die nur in kleinsten Mengen verwendet werden (z. B. manche Farboxide), kann ein kleinerer Korndurchmesser im Interesse homogenerer Verteilung im Gemenge erwünscht sein.

Die Probleme bei der Lagerung und beim Umgang mit Glasrohstoffen sind vielfältig:

- die benötigten *Mengen* sind bei den Rohstoffen stark unterschiedlich (z. B. Quarzsand - Farbrohstoff).

- die *Handelsformen* der Rohstoffe sind sehr verschieden (z. B. Fässer, Säcke, lose in Fahrzeugen).

- einige Rohstoffe sind *giftig* oder gesundheitsschädlich, sie verlangen sorgsamen Umgang und unterliegen der Gefahrstoffverordnung.

- einige Rohstoffe neigen sehr zur *Verstaubung* (z. B. leichte Soda oder Mennige).

- einige Rohstoffe sind *hygroskopisch* (z. B. kalzinierte Pottasche), andere nehmen während der Lagerung u.U. Wasser auf (z. B. manche Borrohstoffe), wieder andere haben von Lieferung zu Lieferung schwankenden Wassergehalt (z. B. Quarzsand).

- mit einigen Rohstoffen muß sehr sorgfältig umgegangen werden, z. B. mit stark färbenden Oxiden oder mit Reduktionsmitteln bei sulfathaltigen Gemengen, weil Unsauberkeiten Verfärbungen oder andere Störungen verursachen können.

- das *Fließverhalten* der Rohstoffe ist unterschiedlich. Feuchter Quarzsand neigt bei der Lagerung in Bunkern zur Brückenbildung, feine Rohstoffe können zum Schießen neigen.

Glasrohstoffe müssen arm an gewissen *Verunreinigungen* sein. Das sind besonders die färbenden Verunreinigungen. Vor allem die Eisenverbindungen spielen eine große Rolle, da sie schon in kleiner Konzentration zu einer sichtbaren Grünfärbung des Glases führen. Andererseits tritt Eisen sehr verbreitet auf, sowohl in den Lagerstätten natürlicher Rohstoffe als auch infolge des Eisenabriebs von Anlagen bei der Herstellung oder beim Transport der Rohstoffe. Andere sehr häufige Verunreinigungen durch SiO_2 und Al_2O_3, vorzugsweise in natürlichen Rohstoffen, stören im Glas in der Regel nicht, da sie meist ohnehin in das Glas eingeführt werden sollen.

Weil die Glasherstellung kein extraktiver, sondern ein synthetisierender Produktionsprozeß ist, bestehen objektiv besonders günstige Bedingungen für den Einsatz komplex zusammengesetzter Rohstoffe, also für den Einsatz natürlicher Rohstoffe und sogar von Gesteinsmehlen, für den Einsatz von Glasscherben und von Abfallstoffen anderer Industriebetriebe, sofern nur der Gehalt störender Komponenten erträglich ist.

Enge Toleranzen der Zusammensetzung der Rohstoffe sind für die Glasindustrie natürlich vorteilhaft. Sie tragen wesentlich zur Sicherung einer stabilen Technologie und Erzeugnisqualität bei. Es ist der Trend zu erkennen, daß moderne Hochleistungsverfahren und automatisierte Produktionslinien in der Glasindustrie und in der glasverarbeitenden Industrie zunehmend engere Toleranzen bei Rohstoffen und Erzeugnissen verlangen.

Im Widerspruch dazu zeichnet sich ab, daß die Rohstofflagerstätten nicht nur schwerer zugänglich, sondern auch weniger einheitlich und homogen werden. Die besten und am leichtesten erreichbaren Rohstoffvorkommen werden stets bevorzugt abgebaut und darum zuerst erschöpft. So kommt es, daß auf lange Sicht die Aufwendungen für die Gewinnung steigen. Außerdem sinkt die Rohstoffqualität oder die Aufwendungen für die Aufbereitung usw. steigen ebenfalls. Die Lösung dieses Widerspruchs ist schwierig und wird sicher auf differenzierte Weise versucht werden müssen. Die verschiedenen Branchen und Erzeugnisgruppen werden verschiedene Wege gehen müssen.

Die wichtigsten technischen Möglichkeiten sind:

- *Vergleichmäßigung* des bergbaulichen Produkts und andere aufbereitungstechnische Maßnahmen

- *Umarbeitung* natürlicher komplex zusammengesetzter Rohstoffe zu Einkomponenten-Rohstoffen durch chemische Prozesse

- exakte und schnelle *Rohstoffkontrolle* und Berücksichtigung der Rohstoffanalyse im Gemengesatz unter Verwendung moderner Analysentechnik und Rechentechnik.

Außerdem haben aber auch andere Einflüsse Bedeutung für die Lösung der sich verschärfenden Rohstoffprobleme, z. B. vernünftige Qualitätsforderungen an Glaserzeugnisse und die Verwendung sehr hochwertiger Rohstoffe ausschließlich für sehr hochwertige Glaserzeugnisse.

Die meisten Rohstoffe haben die Aufgabe, diejenigen Komponenten, die in dem beabsichtigten Glas enthalten sein sollen, in die Schmelze einzubringen, also die angestrebte Synthese zu sichern. Das sind Rohstoffe für die Hauptkomponenten, also z. B. für SiO_2, Na_2O, K_2O, CaO, MgO, Al_2O_3, aber auch Farbrohstoffe oder Trübungsmittel. Man bevorzugt Oxide, Karbonate und Hydrate.

Einige Rohstoffe werden aber nur deshalb in das Gemenge eingeführt, weil sie bestimmte Funktionen im Einschmelzprozeß verrichten sollen. Dazu gehören Oxidationsmittel, Reduktionsmittel und Läutermittel. Unter Läuterung der Schmelze versteht man die Entfernung von Blasen aus der Schmelze. Man unterstützt das Aufsteigen der Blasen in der Schmelze, indem man sie zum Wachsen bringt, denn große Blasen steigen natürlich schneller auf als kleine. Als Läutermittel sind solche Stoffe geeignet, die sich im Schmelzprozeß zunächst in der Schmelze lösen und dann über lange Zeit allmählich unter Gasabspaltung zersetzen. Läutermittel sind Arsenik, Antimonoxid, Sulfate, Chloride und Fluoride. Als Oxidationsmittel dienen bevorzugt Nitrate, als Reduktionsmittel hauptsächlich Kohle unterschiedlichster Beschaffenheit.

Im Abschnitt 4.2 ist die Tabelle 39 mit Angaben über eine Reihe von Rohstoffen zu finden. Dort angeführte Zahlenwerte können nur als eine grobe Orientierung betrachtet werden. Für Aufgaben in der industriellen Praxis muß man sich nach Analysenwerten richten, die besonders bei natürlichen Rohstoffen erheblich von den hier angegebenen Werten abweichen können.

Generell gewinnen Stoffkreisläufe in der Stoffwirtschaft an Bedeutung. Unter dem Gesichtspunkt der Umweltbelastung durch die bei der Produktion und dem Verbrauch der Produkte entstehenden Abfälle besteht die Aufgabe der aus der Erdrinde gewonnenen Rohstoffe nur darin

- den Zuwachs der Produktion

- die im Produktionsprozeß auftretenden Stoffverluste und

- den nicht rückführbaren Teil verbrauchter Erzeugnisse

zu ersetzen. Die stets unvollkommene Erfüllung dieser Forderungen ist je nach dem Stand der Kosten und der staatlichen Förderung mehr oder weniger fortgeschritten.

Für die Glasindustrie ergibt sich daraus hauptsächlich, mehr Scherben einzusetzen. Der Einsatz von Eigenscherben, d. h. von Scherben, die im eigenen Betrieb anfallen, ist seit Jahr und Tag üblich und wird sogar aus technischen Gründen für erforderlich gehalten. Der Einsatz von Fremdscherben, vor allem von Abfallglas, ist bisher nur für die Herstellung von Behälterglas wirklich verbreitet. Heute sind in mehreren europäischen Ländern schon über 50% des Behälterglasabsatzes aus Recycling-Glas geschmolzen.

Das Problem der Farbreinheit der Scherben aus der Abfallwirtschaft wird sich zuspitzen. An weiße und braune Scherben müssen zukünftig strengere Anforderungen an die Verunreinigung mit grünen Scherben gestellt werden, wenn mehr Scherben bei der Weiß- bzw. Braunglasschmelze verwendet werden sollen. Der steigende Chromoxidspiegel führt zu Mißfärbungen.

Scherben sind wertvolle Rohstoffe, sie sind deshalb ebenso sorgfältig zu behandeln und zu lagern wie andere Rohstoffe auch, und sie haben die gleiche Bedeutung für die Prozeßstabilität und Erzeugnisqualität. Es gibt in der Handhabung nur einen Ausnahmefall: Wenn das zu produzierende Glas die gleiche Zusammensetzung haben soll, wie die Scherben sie schon aufweisen, dann genügt ihre Zerkleinerung auf Walnußgröße oder sogar größer und dann kann man auf eine intensive Vormischung der Scherben mit dem Gemenge verzichten, u. U. sogar Gemenge und Scherben separat in den Schmelzofen einlegen. Wenn aber Scherbenglas mit deutlich abweichender Zusammensetzung verwendet werden soll, dann muß es auf die übliche Rohstoffeinheit zerkleinert werden und mit der üblichen Intensität unter das Gemenge gemischt werden.

Bei Rohstoffen und Scherben ist eine gewisse Vorratshaltung unverzichtbar. Sie muß einerseits eine angemessene Störreserve ergeben, andererseits muß sie die Untersuchung der Rohstoffe und die Freigabe zur Verarbeitung oder die Reklamation beim Lieferanten ermöglichen. Da eine solche Rohstoffbevorratung hohe Kosten verursacht und das Risiko ungenügend hoher Vorräte schlecht kalkulierbar ist, sind diese Forderungen meistens nicht erfüllt. Dann wirken sich unregelmäßige oder nicht qualitätsgerechte Rohstofflieferungen voll auf den Produktionsprozeß und die Qualität der Produkte aus.

Für die Kontrolle der Rohstoffe gibt es einschlägige Fachliteratur, z. B. [34] zur Probenahme mit weiterführenden Literaturangaben und [32] zur Rohstoffuntersuchung.

2.1.2 Gemengesatz

Die Rezeptur, nach der die Gemenge aus den Rohstoffen zusammengesetzt werden, nennt man *Gemengesatz*. Der Gemengesatz einerseits und die Prozeßparameter andererseits bestimmen die Glaszusammensetzung einschließlich der Ionenverhältnisse der polyvalenten Elemente. Von den Prozeßparametern hängt ab, wie groß die Stoffverluste beim Einschmelzen des Gemenges sind, wie weit also die tatsächlich zustande kommende Glaszusammensetzung von der aus dem Gemengesatz auszurechnenden theoretischen Glaszusammensetzung abweicht.

Wegen des Einflusses der Prozeßparameter auf das Schmelzergebnis können verschiedene Öfen trotz gleichen Gemenges etwas unterschiedliche Gläser liefern. Für die Herstellung gleicher Gläser in unterschiedlichen Öfen mit voneinander verschiedenen Prozeßparametern können demnach durchaus unterschiedliche Gemenge erforderlich sein. Das wirkt sich besonders bei den Läutermitteln sowie den Oxidations- und Reduktionsmitteln aus.

Das ist einer der Gründe dafür, daß einerseits in zwei Glashütten diesbezüglich völlig unterschiedliche Erfahrungen vorliegen, andererseits aber in jedem Betrieb auf die Konstanz des Gemenges sehr geachtet werden muß. Ein zweiter Grund liegt darin, daß die Zahl der Zielgrößen für die Glasbeschaffenheit in der Regel deutlich kleiner ist als die Zahl der Einflußgrößen.

In den Betrieben werden meist seit vielen Jahren festliegende Gemengesätze verwendet, die die gewünschte Glaszusammensetzung trotz ihrer Veränderung während des Schmelzprozesses garantieren. Diese Gemengesätze werden von Zeit zu Zeit korrigiert, wenn dies durch unbeabsichtigte Veränderung eines Rohstoffs oder eines Schmelzprozeßparameters erforderlich wird.

Eine Neuberechnung des Gemengesatzes ist erforderlich, wenn die Glaszusammensetzung grundsätzlich verändert werden soll und wenn ein Rohstoff durch einen anderen substituiert werden soll.

In der glastechnischen Praxis führt man Gemengesatzberechnungen nach einheitlichen formalen Regeln durch. Ein so berechneter Gemengesatz muß bezüglich solcher Glaskomponenten, deren Gehalte von den Parametern des Schmelzprozesses abhängen, nach der Erfahrung oder nach dem Schmelzergebnis korrigiert werden.

Sieht man davon ab, daß sich die Zusammensetzung einer Schmelze während des Schmelzprozesses (durch Verdampfung und Feuerfestauflösung) verändern kann, so besteht ein eindeutiger Zusammenhang zwischen der Zusammensetzung des Gemenges und der Zusammensetzung des daraus hergestellten Glases. Sind in einer Gemengecharge von den einzelnen Rohstoffen die Massen m_j enthalten, so liefert der Schmelzprozeß davon Glasoxide mit den Massen m_i. Zwischen diesen besteht der Zusammenhang

$$m_i = \sum_j y_{ij} \cdot m_j \qquad (77)$$

In dieser Gleichung sind die y_{ij} die Massenbrüche für die Gehalte der Komponenten i in den Rohstoffen j. So ergibt z. B. 1 kg Soda 0,575 kg Na_2O, hier wäre also $y_{ij} = 0{,}575$.

Von der Masse m_j gelangt der Bruchteil

$$\alpha_j = 1 - \sum_i y_{ij} \qquad (78)$$

nicht in das Glas, sondern in das gasförmige Reaktionsprodukt und schließlich in die Atmosphäre. Man nennt α_j den *Schmelzverlust des Rohstoffs* j. Konsequenterweise versteht man unter dem Schmelzverlust des *Gemenges* die Größe

$$\alpha = \frac{\sum_j m_j \alpha_j}{\sum_j m_j} \qquad (79)$$

Es ist eine leichte Aufgabe, aus dem Gemengesatz m_j die m_i zu berechnen, woraus man auch sofort die *theoretische Glaszusammensetzung* (die sog. *Glassynthese*) y_i nach

$$y_i = \frac{m_i}{\sum_i m_i} \tag{80}$$

ermittelt.

Der ins Glas gelangende Masseanteil des Gemenges

$$(1 - \alpha) = \frac{\sum_i m_i}{\sum_j m_j} \tag{81}$$

ist die sog. *Glasausbeute*.

Schwieriger als die Berechnung der Glassynthese ist aber die Aufgabe, für eine vorgegebene Glaszusammensetzung den erforderlichen Gemengesatz zu ermitteln. Gibt man die Glaszusammensetzung in Masse-Prozent vor, so ist es zweckmäßig, den Gemengesatz zunächst für 100 kg Glas zu berechnen. Dann sind nämlich die Prozentangaben unmittelbar als die m_i aufzufassen. Die Gemegesatzberechnung ist die Aufgabe, das lineare Gleichungssystem (77) nach den m_j aufzulösen. Dazu mag man irgendeinen der bekannten Algorithmen benutzen, z. B. den Gaußsschen Algorithmus. Ergibt die Berechnung negative m_j, so ist *kein* Gemengesatz *allein* mit den beabsichtigten Rohstoffen für die verlangte Gaszusammensetzung möglich. Wenn mehrere Rohstoffe, von denen jeder mehrere Komponenten ins Glas einbringt, einzusetzen sind, kann die Berechnung auf einem Rechner vorteilhaft sein.

Ist die Zahl der Rohstoffe größer als die Zahl der durch sie ins Glas eingebrachten Komponenten, so sind so viele m_j willkürlich zu wählen, daß die Zahl der verbleibenden Rohstoffe gleich der Zahl der Komponenten ist. Wenn mehrere Rohstoffe, die nur ein und dieselbe Komponente einbringen, nebeneinander einzusetzen sind, dann darf nur einer dieser Rohstoffe in die Rechnung eingehen. Man kann natürlich die Rechnung für nur einen dieser Rohstoffe anstellen und nachträglich auf den oder die anderen umrechnen. Will man z. B. 1 kg Natriumsulfat einsetzen, so ist hierin 0,436 kg Na_2O enthalten. Da in 1 kg Soda 0,575 kg Na_2O enthalten sind, muß man 0,436/0,575 kg weniger Soda einsetzen, als die Gemengesatzberechnug ergeben hat, um den Zusatz des 1 kg Natriumsulfat zu kompensieren.

Wenn die Zahl der Rohstoffe kleiner als die Zahl der durch sie eingebrachten Komponenten ist, so wird das Gleichungssystem im allgemeinen unlösbar sein, d. h. eine *beliebige* geforderte Glaszusammensetzung ist *nur mit diesen* Rohstoffen

nicht herstellbar. Nur *diskrete* Glaszusammensetzungen können unter diesen Umständen geschmolzen werden.

Es ist üblich, die Gemengesatzberechnung für die trockenen Rohstoffe durchzuführen, auch wenn dieser oder jener Rohstoff feucht eingewogen werden soll. Für feuchte Rohstoffe wird eine *Feuchtekorrektur* vorgenommen. Der Wassergehalt dieser Rohstoffe wird überwacht, der Wassergehalt (Massenbruch) sei y_{wj}. Wäre nach der Gemengesatzberechnung vom trockenen Rohstoff j die Menge m_j einzusetzen, so ist infolge seines Wassergehaltes y_{wj} eine größere Menge m_j' einzusetzen. Wegen des Zusammenhangs

$$y_{wj} = \frac{m_j' - m_j}{m_j'} \tag{82}$$

gilt

$$m_j' = \frac{m_j}{1 - y_{wj}} \tag{83}$$

Nach dieser Gleichung kann die in das Gemenge einzuführende Menge des feuchten Rohstoffs berechnet werden.

Läutermittel, Schmelzbeschleuniger, Farbrohstoffe, Oxidations- und Reduktionsmittel werden dem Gemenge nach der Erfahrung oder nach separater Überlegung zugesetzt. Es ist üblich und zweckmäßig, die Mengen dieser Rohstoffe auf 100 kg Glas zuerst festzulegen, um die von ihnen eingebrachten Glasoxide bei der Berechnung für die Hauptkomponenten zu berücksichtigen.

Die Ansichten über die erforderlichen Mengen an Läutermitteln usw. gehen weit auseinander. Als Richtwerte für je 100 kg Glas mögen gelten:

0,3 kg As_2O_3 + 2,0 kg KNO_3 oder

0,3 kg Sb_2O_3 + 2,0 kg KNO_3 oder

1,0 kg Na_2SO_4 oder

1,5 kg $NaCl$ oder

2,5 kg CaF_2

Zur Charakterisierung der Redoxverhältnisse stehen zwei etwas verschiedene Konzepte zur Verfügung.

Die *Redoxzahlen* (ähnlich: carbon number) sind Koeffizienten, die proportional zur Sauerstoffaufnahme oder -abgabe der Rohstoffe bei den glasbildenden chemischen Reaktionen sein sollen. Dabei liegen der Festlegung der Redoxzahlen die herkömmlichen Ansichten über die Art der Reaktionen und der Reaktionsprodukte zugrunde. Die vollständige Reaktion des Sulfats mit Kohlenstoff bis zum SO_2 und CO_2 ist die Hauptvoraussetzung für die Begründung des Systems der Redoxzahlen. Die verwendeten Zahlenwerte ergeben sich überwiegend aus der Stöchiometrie der Rohstoffe und ihrer Reaktionen im Gemenge. Dabei waren die Koeffizienten für die einzelnen Rohstoffe ursprünglich Kohlenstoffäquivalente für jeweils 1 lb (pound) des Rohstoffs in ozs (Unzen) Kohlenstoff [35]. Die Redoxzahlen von Gemengen wurden auf 2 000 lb Gemenge bezogen. Für kohlenstoffhaltige Rohstoffe und für Nitrate wurden allerdings später nach der Erfahrung zweckmäßig erscheinende Korrekturen vorgenommen. Wenn man die Tabelle 40 der Redoxfaktoren (s. S. 197) durch eigene stöchiometrische Überlegungen ergänzen will, muß man berücksichtigen, daß die Koeffizienten heute für eine Sandmenge von 2 000 kg angegeben werden und auf Rohstoffmengen in kg bezogen werden [36].

Zur Berechnung der Redoxzahl eines Gemenges geht man wie in Abschnitt 4.2.3 beschrieben, vor. Die so errechnete Redoxzahl des Gemenges soll für Weißglas zwischen +30 und –10 liegen, für Braunglas kleiner als –30 sein.

Ein zweites Konzept zur Charakterisierung des Redoxzustands von Rohstoffen und Gemengen ist das des chemischen Sauerstoffbedarfs (CSB) oder Chemical Oxygen Demand (COD) des Rohstoffs bzw. des Gemenges zur vollständigen Oxidation (mit Chromschwefelsäure). Für die Bestimmung des chemischen Sauerstoffbedarfs zur vollständigen Oxidation gibt es eine Analysenvorschrift. Man benutzt allerdings nicht unmittelbar die benötigten Sauerstoffmengen als COD, sondern Kohlenstoffäquivalente für die CO_2-Bildung. Die übliche Einheit für COD ist ppm C. Bezeichnet COD_j den COD des Rohstoffs j, so ist der COD_G des Gemenges

$$COD_G = \frac{\sum\limits_j m_j \cdot COD_j}{\sum\limits_j m_j} \qquad (84)$$

Für die praktische Gemengeberechnung ist die Benutzung des COD bequemer als die der Redoxzahlen, weil sich mit den COD wie mit den Komponenten rechnen läßt. Man muß nur die COD bei den Rohstoffanalysen mit angeben. Die

Redoxzahlen müssen wegen ihrer Bindung an 2 000 kg Sand separat nach der Gemengesatzberechnung gerechnet werden.

Man kann Redoxzahlen und COD-Werte nicht formal (ohne Kenntnis des Gemengesatzes) ineinander umrechnen. Deshalb kann man sich auch darüber streiten, welches der beiden Konzepte für die Beurteilung des Redoxzustands von Rohstoffen und Gemengen vernünftiger ist – und man tut es.

Die Gemengesätze werden auf Datenträgern gespeichert, für die manuelle Gemengeherstellung werden oftmals auf sog. Gemengekarten die Teilsummen der vorgeschriebenen Einzelwägungen in der Reihenfolge der durchzuführenden Wägungen aufgelistet, wenn das für die Sicherheit der Einhaltung des Gemengesatzes zweckmäßig erscheint. Die meisten Gemengehäuser sind aber rechnergesteuert und benutzen elektronische Datenträger.

Für die Gemengesatzberechnung enthält der Abschnitt 4.3. dieses Buchs ein Übungsbeispiel und für Übungszwecke geeignete Werte y_{ij} für einige Rohstoffe. In der Praxis verwendet man aber aktuelle Analysenwerte.

2.1.3 Prozesse

Die Herstellung von Glasrohstoffgemengen umfaßt ausschließlich mechanische Prozesse. Für eine gründlichere Beschäftigung mit solchen Fragen ist logischerweise das Studium eines Standardwerks über mechanische Verfahrenstechnik zu empfehlen [37]. Glastechnische Besonderheiten bestehen hauptsächlich durch die Auswahl der Glasrohstoffe und ihr Fließverhalten.

2.1.3.1 Lagern

Die wichtigsten Lageraufgaben in der Glasindustrie sind:

- Vorratslagerung von Rohstoffen und Scherben

- Rohstoff- und Scherbenbunkerung im Gemengehaus für die tägliche Gemengeherstellung (Arbeitsbunkerung)

- Zwischenlagerung von Gemenge bis zum Einlegen in den Schmelzofen.

- Auffanglagerung von anfallenden Scherben.

Rechnet man für die Vorratslagerung näherungsweise mit kontinuierlicher Entnahme (Verbrauch), so ist das gleiche Kapazitätsproblem auch bei der Zwischenlagerung von Gemenge bis

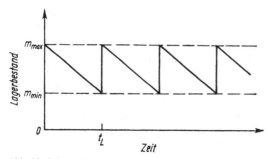

Abb. 22 Schematischer Verlauf des Bestands bei der Vorratslagerung

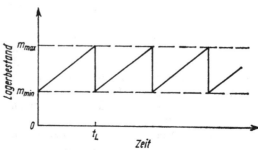

Abb. 23 Schematischer Verlauf des Bestands bei der Auffanglagerung

zum Einlegen zu lösen. Der Lagerbestand für solche Probleme ist in Abb. 22 dargestellt.

Der Lagerbestand für die Auffanglagerung von anfallenden Scherben verläuft entsprechend Abb. 23.

Bezeichnet man mit

t_L die Lieferperiode
m_L den Lieferumfang
m_{max} den Maximalbestand (Lagerkapazität)
m_{min} den Minimalbestand (vorgeschriebene Reserve)
$\dot{m}$ die Geschwindigkeit des Verbrauchs (bzw. die des Anfalls) als Massestrom

so gelten für alle genannten Lageraufgaben die Zusammenhänge

$$m_L = m_{max} - m_{min} = \dot{m} \cdot t_L \qquad (85)$$

Damit kann bei vorgegebenem (handelsüblichem) Lieferumfang die erforderliche Lieferperiode oder die erforderliche Lagerkapazität berechnet werden. Für die Auffanglagerung der anfallenden Scherben kann man natürlich $m_{min} = 0$ setzen.

Die Lagerkapazität sollte im realen Fall stets etwas größer sein, als sich aus obiger Rechnung ergibt, weil sonst der Lieferzeitpunkt mit dem Zeitpunkt des Erreichens des Minimalbestands (bzw. der Entleerungszeitpunkt mit dem Zeitpunkt des Erreichens des Maximalbestands) exakt übereinstimmen müßte.

Da der *Scherbenanfall* und der *Scherbenverbrauch* je nach dem produzierten Sortiment unterschiedlich sein können, ergibt sich für die Vorratslagerung der Eigenscherben meistens eine Kapazität, die mit den genannten Beziehungen auch nicht annäherungsweise berechnet werden

kann. Der Eigenscherbenverbrauch ist so zu bemessen, daß über lange Zeit, z. B. ein Jahr, die gesamte anfallende Scherbenmenge verbraucht wird. Es ist üblich, zeitlich konstanten Scherbenanteil am Einlegegut oder zeitlich konstanten Scherbendurchsatz zu fahren, jedenfalls den Scherbenverbrauch nach festen Gesichtspunkten und nicht nach dem Scherbenanfall festzulegen. Diese Festlegung sollte man aber nach gewissen Zeitabschnitten korrigieren, um über lange Zeit doch zu einem ausgeglichenen Scherbenhaushalt zu kommen.

Nach der Art der Lagerung unterscheidet man das Lagern in Verpackungseinheiten, in Halden, in Boxen und in Bunkern. Die Lagerung in Verpackungseinheiten kommt nur für die Vorratslagerung weniger spezieller Rohstoffe in Betracht. In offenen oder überdachten *Halden* werden vor allem Sand und gelegentlich Dolomit und Kalk gelagert. Außerdem erfolgt meist die Vorratslagerung von Scherben in Halden. Die Lagerung in *Boxen* findet man gelegentlich in älteren Gemengehäusern, in denen die Gemenge manuell hergestellt werden. In diesen Fällen kann man Boxen sowohl für die Vorratslagerung als auch für die Arbeitslagerung antreffen, die oft ohnehin nicht getrennt sind. Boxen werden auch für die Scherbenlagerung verwendet, vor allem in solchen Betrieben, die in diskontinuierlicher Schmelze und manueller Formgebung mehrere Glassorten nebeneinander produzieren.

In modernen Gemengeanlagen werden ausschließlich *Bunker* für die Lagerung von Rohstoffen verwendet, wenn man von der Vorratslagerung für Scherben und ggf. Sand absieht. Für die Gemengezwischenlagerung an kontinuierlichen Schmelzöfen werden grundsätzlich, auch in älteren und kleineren Betrieben Bunker verwendet. Lediglich für Hafenöfen und Tageswannen erfolgt die Gemengelagerung vor dem Einlegen in Behältnissen, d. h. in Mulden oder Kästen. In neuester Zeit werden auch geeignet gestaltete Transportcontainer für die kurzzeitige Gemengezwischenlagerung verwendet.

Die Hauptprobleme bei der Lagerung in Halden und Boxen sind folgende:

- Es ist schwierig, den gesamten Lagerinhalt im Laufe der Zeit durchzusetzen. Die zuletzt eingebrachten Massen werden zuerst entnommen. Gewisse Mengen können sehr lange in der Halde bzw. in der Box verbleiben und u.U. verderben (Verschmutzung, Wasseraufnahme usw.). Deshalb müssen solche Lager von Zeit zu Zeit restlos entleert und gesäubert werden.

- Die *Lagerverluste* betragen bis zu 7% bei freier Lagerung. Abgesehen von dem wirtschaftlichen Verlust verlangen die durch Regen und Wind verursachten Verschmutzungen der Umgebung zusätzliche Aufwendungen.

- Bei freier Lagerung kann hohe und wechselnde Feuchtigkeit aufgenommen werden, die herauszutrocknen oder wenigstens zu messen und zu berücksichtigen ist.

- In Halden und Boxen lose gelagerte Stoffe sind der Gefahr der Verschmutzung, auch der fahrlässigen oder absichtlichen Verunreinigung ausgesetzt.

Jedenfalls verlangen solche Lager besondere Aufsicht und Kontrolle.

Die Hauptprobleme bei der Lagerung in Bunkern entstehen durch *Entleerungsschwierigkeiten*.

Die Entleerung eines Bunkers vollzieht sich so, daß bei Freigabe des Bunkerverschlusses sich von unten nach oben ausbreitend eine aufgelockerte Zone im Schüttgut in Bewegung gerät. Nimmt diese Zone den ganzen Bunkerquerschnitt ein, so spricht man von einem *Massenflußbunker*. Dagegen nennt man solche Bunker, in denen die sich bewegende aufgelockerte Zone nur einen Teil des Bunkerquerschnitts ausfüllt, *Kernflußbunker*. Abb. 24 soll diese Grenzfälle veranschaulichen. Kernflußbunker sind für Glasrohstoffe und für Gemenge nicht gut geeignet, weil sie folgende Eigenschaften aufweisen:

- Das zuletzt eingefüllte Gut wird zuerst ausgetragen. Kernflußbunker müssen von Zeit zu Zeit vollständig entleert werden, wenn verhindert werden soll, daß Material außerhalb des Kerns im unteren Teil des Bunkers sehr lange verweilt.

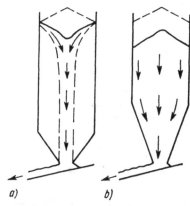

a)   *b)*

Abb. 24 Fließformen in Bunkern
a) Kernfluß; b) Massefluß

- Auf den Böschungen beim Füllen entstandene *Entmischungen* (besonders wichtig bei Gemenge!) können zu zeitlichen Veränderungen der Eigenschaften oder der Zusammensetzung des ausgetragenen Gutstroms führen.

- Bei feinkörnigen und nicht kohäsiven Schüttgütern (z. B. getrocknetes Quarzmehl) besteht bei Kernflußbunkern erhöhte Neigung zum *Schießen*. Darunter versteht man das plötzliche Auftreten großer Austragsgeschwindigkeiten durch ein flüssigkeitsähnliches Fließverhalten aufgelockerter Pulver.

Für die Lagerungsaufgaben in der Glasindustrie sind außer für Scherben grundsätzlich Massenflußbunker vorzuziehen. Häufig sind aber leider gerade die sog. *Einlegebunker*, das sind Gemengevorratsbunker direkt am Ofen, typische Kernflußbunker, obwohl sie in ihrer Funktionsweise für diesen Zweck besonders ungeeignet sind.

Massenflußbunker müssen ausreichend schmal und hoch sein, der Auslauftrichter muß einen hinreichend kleinen Winkel haben. Massenflußbunker verursachen wegen der größeren Bauhöhe höhere Investitionskosten. Für die konstruktive Sicherung des Massenflußverhaltens von Bunkern gibt es zuverlässige Dimensionierungsvorschriften.

Bei den sog. kohäsiven Schüttgütern (z. B. feuchter Sand) verursacht eine auf das Gut aufgebrachte Last (Spannung σ), z. B. infolge der Schütthöhe, eine gewisse Festigkeit f des Schüttguts. Abb. 25 zeigt den prinzipiellen Verlauf der Festigkeit f in Abhängigkeit von der Verfestigungsspannung. Bei solchen Schüttgütern können sich in Massenflußbunkern stabile Schütt-

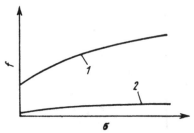

Abb. 25 Festigkeit f von Schüttgütern in Abhängigkeit von
ihrer Druckbelastung
1 kohäsives Gut; 2 leicht fließendes Gut

gutbrücken bilden. Das ist dann der Fall, wenn
die Spannung in der Brücke kleiner ist als die
Festigkeit. Deshalb kann man Brückenbildung in
Massenflußbunkern bei kohäsiven Gütern nur
vermeiden, indem man genügend große Austragsöffnungen wählt, denn nur bei ausreichend
großer Spannweite der Brücke kann die Spannung größer als die Festigkeit werden. Damit
werden aber auch für kohäsive Schüttgüter die
Austragsöffnungen so groß, daß die ausfließenden Masseströme für eine anschließende Dosierung viel zu groß sind. Deshalb werden Rohstoffbunker fast ohne Ausnahme mit *Austragsorga-
nen* ausgerüstet, die den ausfließenden Massestrom zu steuern gestatten. Als Austragsorgane
werden Zellradschleusen, Förderschnecken und
Vibrationsrinnen eingesetzt. In älteren Gemengeanlagen gibt es solche Austragsorgane nicht,
dort werden *Bunkerverschlüsse* eingesetzt.

Ist die Schüttgutfestigkeit extrem hoch oder
wächst sie mit der Lagerzeit extrem an, so ist
eine selbständige Bunkerentleerung auch bei beliebig großer Austragsöffnung unmöglich (z. B.
bei feuchten Gemengen). Dann müssen *Austragshilfen* vorgesehen werden. Austragshilfen
sind z. B. aufblasbare Kissen oder Schläuche, die
sich im Bunker befinden und periodisch aufge-
blasen werden. Häufig werden auch außen auf
die Bunkerwand Klopf- oder Vibrationsvorrich-
tungen montiert, derartige Austragshilfen haben
aber nur dann einen Sinn, wenn die von ihnen
verursachten Erschütterungen nicht zu einer Zunahme der Festigkeit des Schüttguts führen. Es
gibt auch im Bunker angebrachte Schnecken
oder Mischwerkzeuge, die die Gutfestigkeit
klein halten sollen.

Für die Bunkerdimensionierung existieren
durchaus brauchbare Berechnungsgrundlagen.
Für Glasrohstoffe sind aber bisher keine syste-
matischen Messungen der in die Berechnungen

eingehenden Schüttguteigenschaften bekannt geworden. Deshalb erfolgt die Bunkerdimensionierung noch überwiegend auf der Grundlage von
Erfahrungen oder Versuchen.

2.1.3.2 Fördern

Der Stoffstrom zwischen verschieden Anlagenteilen wird durch Fördereinrichtungen bewerk-
stelligt. In der Herstellung von Glasrohstoffgemengen bestehen Förderaufgaben vor allem für

- das Entleeren der Transportmittel und das Füllen der Bunker bei der Anlieferung von Rohstoffen

- das Bunkerentleeren bzw. für das Füllen der
  Dosierwaagen

- das Entleeren der Dosierwaagen

- das Füllen der Mischer

- das Entleeren der Mischer

- das Bewegen des Gemenges vom Gemengehaus zum Einlegebunker am Schmelzofen

- das Beschicken des Schmelzofens (das Einlegen).

Die *Fördertechnik* in der Glasindustrie hat wenig
Besonderheiten, so daß überwiegend sehr ge-
bräuchliche und wenig spezifische Fördereinrichtungen für das Bewegen von Rohstoffen und
Gemengen eingesetzt werden. Es sind dies vor
allem

- Gurtbandförderer (für Steigungen bis etwa
  30°)

- Becherwerke (werden vorwiegend für Sand
  und Scherben eingesetzt)

- Schneckenförderer (für die Gutbewegung über
  kurze Strecken, z. B. zum Füllen und Entleeren der Dosierwaagen bei kohäsiven Rohstoffen)

- Schwingförderer (für die Gutbewegung über
  kurze Strecken, z. B. zum Füllen und Entleeren der Dosierwaagen bei leichtfließenden
  Rohstoffen)

- pneumatische Förderer.

Pneumatische Förderanlagen werden fast nur für
das Fördern von Rohstoffen und nur selten zum
Fördern von Gemengen benutzt. Bei Gemengen
befürchtet man *Entmischungserscheinungen*. In
der Literatur sind aber schon gelegentlich pneumatische Gemengeförderer beschrieben worden
[38], die festgestellten Probleme könnten aber
auch Probleme mit Bunkern sein und evtl. gar

nicht wirklich die pneumatische Förderung betreffen. Pneumatische Förderer gestatten verschiedene Betriebszustände, die nicht alle zur Gemengeförderung geeignet sind. Gemenge werden vorteilhaft in dem instationären Zustand der sog. Pfropfenströmung gefördert, dabei wechseln sich in Förderrichtung Zonen ohne Fördergut mit Zonen relativ dichter Gutpackung ab. Für diesen instationären Betriebszustand macht die Dimensionierung der Anlage gewisse Schwierigkeiten, so daß einige Erfahrung erforderlich ist, um funktionssichere pneumatische Gemengeförderungsanlagen zu entwerfen.

Bei allen Förderern spielt der Verschleiß durch Sand und Scherben eine Rolle. Bis zu einem Drittel des Eisengehalts großtechnisch hergestellter Gläser entstammt dem Abrieb aus der Rohstoff- und Gemengebehandlung.

2.1.3.3 Dosieren

Unter Dosieren versteht man die Einstellung eines Massestroms auf einen bestimmten Wert. Für die Herstellung des Gemenges bedeutet das vor allem das Wägen der Rohstoffe und die Einhaltung des vorgegebenen Gemengesatzes.

Da die moderne Glasherstellung ein kontinuierlicher Prozeß ist, wäre auch für die Gemengeherstellung und damit auch für die Rohstoffdosierung der kontinuierliche Prozeß naheliegend. Bisher sind aber kontinuierlich arbeitende Gemengeanlagen in der Glasindustrie nur ausnahmsweise anzutreffen. Für die Dosierung kämen Bandwaagen, Dosierteller oder ähnliche Einrichtungen in Betracht. Man spricht ihnen für die Gemengeherstellung die ausreichende Genauigkeit ab. Sicher kann für die Zukunft diese Einschränkung nicht aufrechterhalten werden. Heute werden Gemengehäuser in Glashütten grundsätzlich mit periodisch arbeitenden Waagen ausgerüstet.

Es gibt zwei verschiedene Konzepte für den Wägeprozeß. Beim *Einwägen* wird der Waagebehälter bis zur vorgesehenen Einstellung gefüllt. Nachdem das Füllen abgeschlossen ist, wird der Waagebehälter entleert, und die abgemessene Rohstoffmenge wird in den Mischer überführt. Dieser Vorgang hat den Nachteil, daß Anbackungen und Verschmutzungen im Waagebehälter zu Wägefehlern führen.

Aus Gründen der Wägegenauigkeit ist daher das sog. *Auswägen* vorzuziehen. Dabei wird der Waagebehälter zunächst reichlich gefüllt. Nach Beendigung des Füllvorgangs wird der Waagebehälter um die nach dem Gemengesatz vorgeschriebene Rohstoffmenge entleert. Dabei wird also mit Sicherheit die Dosiermenge zum Mischer weitergegeben.

In modernen Gemengehäusern kann man 1 ‰ Genauigkeit der Rohstoffdosierung erreichen. Dabei werden für das Füllen und Entleeren der Waagen steuerbare Fördereinrichtungen, vorwiegend Vibrationsförderer und Schnecken eingesetzt. Der Förderstrom wird kurz vor der Beendigung der Wägung auf einen sehr niedrigen Wert verkleinert, wodurch ein exaktes Abschalten der Förderung am Ende der Wägung erst möglich wird.

2.1.3.4 Mischen

Das Mischen dient der Homogenisierung des Gemenges. Da für die Qualität des herzustellenden Glases gerade seine Homogenität zu bewerten ist, bedeutet jede Verbesserung der Gemengehomogenität eine Entlastung der Homogenisierungsleistung im Schmelzprozeß.

Bei der Herstellung des Glasrohstoffgemenges gilt die erzielte Gemengehomogenität deshalb als besonders wichtig. Aus diesem Grund sind bisher nur diskontinuierliche Dosierungs- und Mischvorgänge in den Glashütten eingeführt.

Für Chargenbetrieb sind nur bestimmte Mischertypen geeignet. Aus der Gruppe der *Trommelmischer (Freifallmischer)* werden bevorzugt in älteren und kleinen Betrieben *Mulden-*, selten auch noch *Kastenmischer* verwendet. Bei ihnen ist ein Teil der Mischtrommel auswechselbar und wird als Mulde oder Kasten auch zur Lagerung und zum Transport des Gemenges benutzt. Diese Mulden (oder Kästen) können an dem am Mischer verbleibenden Teil der Mischtrommel so eingehängt werden, daß der Mischvorgang gewährleistet ist. Der am Mischer ständig verbleibende Teil der Mischtrommel enthält Einbauten, die für eine axiale Gutbewegung während der Drehung der Trommel sorgen.

Aus der Gruppe der *Trogmischer (Zwangsmischer)* werden vorwiegend solche Mischer eingesetzt, deren Mischwerkzeuge um senkrechte Achsen umlaufen. Heute werden Trogmischer gegenüber Trommelmischern bevorzugt.

Die durch den Mischvorgang erreichte Gemengehomogenität ist von der Mischzeit abhängig.

Mißt man die Gemengehomogenität durch die Standardabweichung eines Merkmals (z. B. Alkaligehalt oder Anteil des Wasserlöslichen) eines Kollektivs von Stichproben aus der Gemengecharge, so hängt die ermittelte Homogenität von folgendem ab:

- Art des untersuchten Materials
- Größe der Stichproben
- Größe der Charge
- Zusammensetzung und Korngröße der Bestandteile des Gemenges
- Art des benutzten Mischers
- Mischzeit.

Will man die Eignung eines Mischers beurteilen oder die erforderliche *Mischzeit* ermitteln, so muß man alle anderen Einflußfaktoren reproduzieren. Typische Kurvenverläufe für die Gemengehomogenität in Abhängigkeit von der Mischzeit für verschiedene Mischer zeigt Abb. 26. Man erkennt, daß die Standardabweichung auch nach langer Mischzeit endlich bleibt. Dafür gibt es zwei Ursachen. Erstens hat auch eine ideale Zufallsmischung eine endliche Streuung, und sie ist größer als bei der idealen und regelmäßigen Gleichverteilung. Zweitens finden im Mischer auch entmischende Vorgänge statt (z. B. eine Anhäufung von Teilchen mit größerer Dichte in Bodennähe). Abgesehen von den Auswirkungen unnötig langer Mischzeiten auf die Wirtschaftlichkeit und die Kapazität der Anlage und auf den Eisenabrieb kann also, wie Abb. 26 erkennen läßt, auch eine Verschlechterung der Homogenität eintreten. Es ist anzuraten, die Mischzeiten für jede Gemengeanlage nach vorausgegangener Untersuchung festzulegen.

Für das Mischen der Glasrohstoffe ist die Kenntnis folgender Zusammenhänge wichtig:

- Die erreichbare Homogenität ist um so besser, je feiner die Rohstoffe sind.

- Die erreichbare Homogenität ist um so besser, je einheitlicher die Korngröße der Rohstoffe ist.
- Die Feinheit und die Einheitlichkeit der Rohstoffe ist für solche Rohstoffe wichtiger, die in geringerem Anteil im Gemenge enthalten sind (z. B. Farboxide). Oft werden solche Rohstoffe vor ihrem Einsatz verdünnt (z. B. mit Sand vorgemischt).

Die angewandten Mischzeiten liegen je Charge bei 3 bis 5 Minuten. Oft erfolgt nach 1,5 bis 2 Minuten eine 3- bis 5prozentige Wasserzugabe. Werden dem Gemenge Scherben zugegeben, so erfolgt die Zugabe gegen Ende des Mischzyklus. Die Mischzeit mit Scherben bleibt unter einer Minute, um den Mischerverschleiß zu minimieren.

2.1.4 Gemengeanlagen

Für die räumliche Anordnung der Gemengeanlagen unterscheidet man *Reihenanlagen* von *Turmanlagen*. Bei Reihenanlagen sind die Rohstoffbunker in zwei Reihen aufgestellt, und zum Fördern der Rohstoffe von den Waagen zum Mischer wird ein Gurtbandförderer benötigt, ein sog. *Sammelband*. Bei Turmanlagen bringt man die Rohstoffbunker auf möglichst kleiner Grundfläche dicht nebeneinander unter, so daß die Förderwege von den Waagen zum Mischer kurz werden und dafür Schurren, Schnecken und Vibrationsförderer eingesetzt werden können. In der Praxis geht man aber oft Kompromisse ein, man kann häufig keine klare Zuordnung zu diesem oder jenem Anlagentyp treffen. Allgemein gilt selbstverständlich, daß der Reihencharakter bei vielen Rohstoffen und der Turmcharakter bei wenigen Rohstoffen dominiert.

Für die Anzahl der eingesetzten Waagen gilt die Regel, die Wägung möglichst im letzten Drittel des Wägebereichs vorzunehmen. Daraus ergibt sich, daß man wenigstens zwei Waagen mit unterschiedliche Wägebereichen braucht, um Haupt- und Nebenbestandteile mit gleicher Genauigkeit dosieren zu können.

Die Zahl der benötigten Mischer ergibt sich aus der Zahl und der Art der Gemengesätze. Für Farbglas- und Bleiglasgemenge sollten besondere Mischer verwendet werden, um gegenseitige Verunreinigungen zu vermeiden. Wenigstens zwei Mischer sind immer anzuraten, um Havarien und Reparaturen überbrücken zu können.

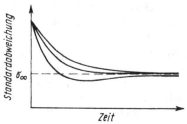

Abb. 26 Veränderung der Gemengehomogenität mit der Mischzeit

Die Verkettung der Prozesse erfolgt in modernen Gemengehäusern automatisch. Mit Lochkarten oder elektronischen Datenträgern wird der Gemengesatz in die Steuereinrichtung eingegeben, und auf ein Startsignal hin wird die Gemengeanlage zur Herstellung der vorgesehenen Anzahl von Gemengechargen in Betrieb gesetzt. Je nach Bedienungskomfort und Programm kommt die Gemengelinie nach Beendigung des Auftrags oder bei einer Fehlwägung automatisch zum Stehen.

Verständlicherweise sind bestimmte Regeln zu beachten. Zum Beispiel:

- Sicherung der richtigen Reihenfolge der Operationen, z. B. Waagenentleerung erst nach vollendeter Waagenfüllung, Waagenentleerung auf das Sammelband (sofern vorhanden) mit Sand beginnen, um Bandverunreinigungen gering zu halten. Es sollte auch gesichert sein, daß der Sandteppich auf dem Sammelband lang genug ist, um für alle anderen aufgelegten Rohstoffe Unterlage zu sein. Dann ist jede andere Verunreinigung des Sammelbands ausgeschlossen.

- Blockieren der Anlage und Signalgabe bei Störungen

- Übersichtliche Kontrolle des Betriebszustands der Anlage in der Steuerzentrale

- Alle Operationen müssen auch von Hand gefahren werden können. Das ist wichtig für das Betreiben der Anlage bei Störungen und Reparaturen

- Anzeige von Fehldosierungen und die Möglichkeit, sie durch Korrektur von Hand bei der nächsten Charge zu kompensieren oder die fehldosierte Charge zu verwerfen

Die Wiederverwendung von verworfenen Chargen und von durch die Entstaubungsanlage abgeschiedenen Rohstoffen ist oftmals problematisch. Die Zusammensetzung dieser Abfälle ist schwankend und darum unzuverlässig. Eine Vergleichmäßigung kann sehr aufwendig sein. Trotzdem sollte man die zulässigen Wägetoleranzen nicht unüberlegt so groß wählen, daß keine Fehlwägungen mehr auftreten.

Der Anteil an Scherbenglas an dem Einlegegut richtet sich über lange Zeiträume nach dem Scherbenaufkommen. Daraus können sich sehr unterschiedliche Scherbenanteile für die verschiedenen Betriebe der Glasindustrie ergeben. In Behälterglaswerken kann der Eigenscherben-anfall bei 10% liegen, in der Glühlampenkolbenherstellung bei 50% und darüber. In der Regel setzt man aber bei der Behälterglasschmelze Fremdscherben ein, z. T. sogar bis 100%. Scherben stellen immer eine Belastung der Gemengehäuser dar. Das betrifft sowohl den Transport der Scherben als auch die Dimensionierung der Mischer und der Gemengefördereinrichtungen und sogar den Verschleiß der Anlagenteile. Da die Scherben normalerweise nicht mit gleich guter Homogenität unter das Gemenge gemischt werden müssen wie die Rohstoffe, wenigstens wenn sie bereits die richtige Zusammmensetzung haben, wird man für jeden konkreten Fall entscheiden müssen, ob die Scherben überhaupt über das Gemengehaus geführt werden müssen. Diese Entscheidung hängt auch von solchen Umständen ab, wie der Zahl der zu versorgenden Öfen, ihrer Entfernung vom Gemengehaus und der durchzusetzenden Scherbenmenge. Kreislaufscherben, das sind Eigenscherben, die unmittelbar nach ihrem Anfallen in der Hütte ohne nennenswerte Zwischenlagerung wieder eingelegt werden, werden vernünftigerweise nicht über das Gemengehaus geführt, sondern verlassen das Hüttengebäude gar nicht.

Ein häufig diskutiertes Problem ist das der erforderlichen Verkehrsgenauigkeit der Gemengeherstellung. Dafür gibt es bisher keine brauchbare allgemeingültige Lösung. Deshalb findet man in der Praxis gleichermaßen unverantwortliche Sorglosigkeit bei der Gemengeherstellung und auch übertriebene Genauigkeitsforderungen an Projektanten und Lieferanten von Gemengeanlagen. Jedenfalls muß die Genauigkeit der Gemengeherstellung im Zusammenhang mit den Mischereigenschaften der Schmelzaggregate betrachtet werden.

2.1.5 Einlegemaschinen

Das *Einlegen* des Gemenges und der Scherben in Häfen und Tageswannen wird noch oft rein manuell mit einer Schaufel vorgenommen. Abgesehen von der Belastung des damit betrauten Personals treten dabei auch erhöhte Verstaubungsverluste mit ihren negativen Auswirkungen auf die Ofenstandzeit auf. Eine gewisse Besserung tritt bei der Verwendung einer *Einlegekelle* ein, die immerhin eine gewisse Mechanisierung des Einlegens ermöglicht (Abb. 27). Die mit Gemenge oder Scherben (u. U. sogar aus einem Gemengebunker) gefüllte Kelle wird durch die

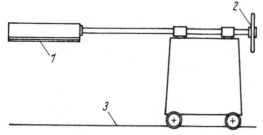

Abb. 27 Einlegekelle
  1 Kelle; 2 Handrad; 3 Gleis

Einlegeöffnung des Ofens über den Glasspiegel gebracht. Durch Drehen der Kelle um 180° wird sie entleert und dann wieder aus dem Ofen herausgezogen.

Einlegemaschinen sind speziell gestaltete und bemessene Förderer. Meistens werden die der Hitze ausgesetzten Teile mit einer Wasserkühlung versehen. Man rüstet sie stets so aus, daß sie zurückgefahren werden können, wenn das Einlegen vorübergehend (z. B. bei einer Havarie) eingestellt wird. Die Einlegeöffnung wird dann durch das Herablassen einer Blende verschlossen oder zugestellt.

In der Regel wird in einen speziellen Einlegevorbau, das sog. Doghouse, eingelegt. Das ist ein 50 cm bis 1 m vorgezogener Teil des Wannenbassins, der manchmal weiter vorgezogen ist als der entsprechende Teil des Ofengewölbes. Bei hochbelasteten Wannen reicht der Einlegevorbau fast über die ganze Wannenbreite. Dies geschieht im Interesse der angestrebten Dünnschichteinlage. Manchmal werden die Scherben und das Gemenge getrennt mit verschiedenen Einlegemaschinen eingelegt.

Abb. 28 zeigt schematisch eine solche Maschine. Es handelt sich dabei um einen normalen (kur-

zen) Schneckenförderer mit meist rechteckigem Kanal und wassergekühltem Mundstück. Der Fülltrichter muß so angeordnet sein, daß er sich gerade unter der Entleerungsöffnung des Gemengebunkers befindet.

Diese Einlegeschnecken haben die Nachteile, daß sie starken Verschleiß zeigen und keine größere Einlegebreite ermöglichen. Ihr Einsatz ist darum auf kleine Wannen mit geringer Schmelzleistung beschränkt.

Das Prinzip der *Kolben-* oder *Stößeleinlegemaschine* ist in Abb. 29 dargestellt. Über einen Exzenter wird ein Stößel angetrieben, der das Gemenge durch einen rechteckigen Kanal schiebt. Bei der Rückkehr des Stößels wird die Öffnung zum Fülltrichter freigegeben, so daß dann Gemenge in den freigewordenen Raum des Kolbenkanals nachrutschen kann. Der Kolben und der Kanal können sehr viel breiter als hoch ausgelegt werden, und es werden durchaus Maulbreiten von 1 m realisiert. Drei oder vier solcher Einlegemaschinen nebeneinander sind eine brauchbare Lösung für hochbelastete Wannen.

Vibrationsförderer sind für den Einsatz als Einlegemaschine sehr gut geeignet (Abb. 30). Sie las-

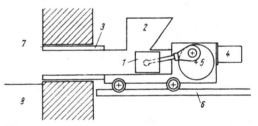

Abb. 29 Kolbeneinlegemaschine
  1 Kolben (Stößel); 2 Fülltrichter; 3 wassergekühltes Mundstück; 4 Antrieb; 5 Exzenter; 6 Gleis; 7 Feuerraum; 8 Glasbad

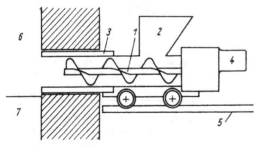

Abb. 28 Schneckeneinlegemaschine
  1 Förderschnecke; 2 Fülltrichter; 3 wassergekühltes Mundstück; 4 Antrieb; 5 Gleis; 6 Feuerraum; 7 Glasbad

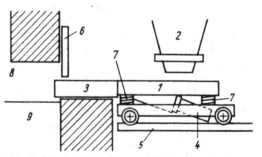

Abb. 30 Schwingrinneneinlegemaschine
  1 Schwingrinne; 2 Bunkerauslauf; 3 wassergekühltes Mundstück; 4 Schwingantrieb; 5 Gleis; 6 Blende; 7 Aufhängung; 8 Feuerraum; 9 Glasbad

sen sich mit großer Einlegebreite herstellen und sind wartungsarm und zeigen nur geringen Verschleiß. Sie haben sich auch an vollelektrischen Wannen bewährt. Bei ihnen ist ja das Gemenge auf die ganze Fläche des Ofens zu verteilen, damit eine geschlossene Gemengeschicht über dem Glasbad erhalten bleibt. Schwingrinnen lassen sich bequem vor und zurück, aber auch seitwärts verfahren, wenn sie dafür lang genug gestaltet sind.

Schubförderer werden in verschiedenen Ausführungen zum Einlegen benutzt. Bei diesen Maschinen führt das Mundstück über der Glasoberfläche ungefähr horizontale Bewegungen aus. In der einen Bewegungsphase wird das vor dem Mundstück liegende Gemenge in den Ofen hineingeschoben, in der Rückkehrphase rutscht Gemenge aus dem Einlegebunker nach.

Es gibt Maschinen, bei denen wie in Abb. 31 die Förderung über eine flache Rinne vorgenommen wird, und solche, bei denen das Gemenge aus dem Bunker durch einen flachen Trichter zur Glasbadoberfläche gleitet.

Bandförderer sind zum Einlegen für (brennstoffbeheizte) Herdöfen nicht gut geeignet. Dagegen können sie für die VES (im Schachtofen) eingesetzt werden, da infolge der vollständigen Bedeckung der Glasbadoberfläche mit Gemenge die thermische Belastung der Einlegemaschine nicht besonders hoch ist. Diese Maschinen sind auch gut geeignet, die Verteilung des Gemenges auf die ganze Fläche vorzunehmen, sie lassen sich leicht in zwei Richtungen verfahren.

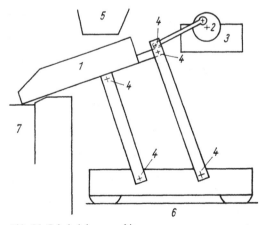

Abb. 31 Schubeinlegemaschine
1 Einlegeschurre; 2 Exzenter; 3 Antrieb; 4 Drehpunkt; 5 Bunkerauslauf; 6 Gleis; 7 Glasbad

2.2 Schmelzen

Die Stoffwandlung des Gemenges zum blanken, verarbeitungsbereiten Glas geschieht durch *Schmelzen*. Dies ist keine bloße Änderung des Aggregatzustands, sondern ein mehrstufiger, komplizierter Vorgang. Eine Reihe einzelner Prozesse muß ablaufen, damit aus dem Rohstoffgemenge eine homogene verarbeitungsfähige Schmelze wird. Bei der Herstellung homogener Gläser sind andererseits Entmischungsprozesse, wie z. B. die Kristallisation zu vermeiden. Dabei spielen Grenzflächen zwischen Phasen eine große Rolle, so daß Gleichgewichte und Ungleichgewichte an Phasengrenzen gewisse Bedeutung besitzen.

2.2.1 Vorgänge an Phasengrenzflächen von Schmelzen

Im Kapitel 1. (Stoffeigenschaften) wurde das Glas als ein Einstoffsystem behandelt. Bei Temperaturen über dem Transformationsbereich kann man dabei mit spontaner Einstellung des Zustands der Schmelze oder unterkühlten Schmelze rechnen, wenn man die Glastemperatur ändert. Bei Temperaturen unter der Temperatur des Glasübergangs sind die Strukturmerkmale sämtlich eingefroren, Vernetzung und Redoxverhältnisse sind temperaturunabhängig. Allerdings können in der Nähe der Temperatur des Glasübergangs gewisse Relaxationsvorgänge in der Glasphase ablaufen.

In der Regel steht aber die Glasschmelze mit einer zweiten Phase in Wechselwirkung, z. B. mit Feuerfestmaterial, mit einer Ofenatmosphäre, mit kristallinen oder flüssigen Einschlüssen oder auch mit Blasen.

Ein homogenes Stoffsystem, in dem alle intensiven Zustandsvariablen (im Gleichgewichtsfall) ortsunabhängig oder wenigstens stetig (im Ungleichgewichtsfall) sind, nennt man eine Phase. Für einen chemisch einheitlichen Stoff (ein Element oder eine Verbindung) verwendet man den Begriff Komponente. Eine Phase (z. B. eine Flüssigkeit) kann also mehrere Komponenten (z. B. gelöste Stoffe) enthalten. Zwischen zwei verschiedenen Phasen gibt es eine Trennfläche, eine sog. Phasengrenzfläche, an der mindestens eine Zustandsvariable, z. B. die Konzentration eine Unstetigkeitsstelle hat. Bezeichnet man in einem System die Zahl der Phasen mit dem

Buchstaben P, die Zahl der Komponenten mit K, so gilt für die Zahl der Freiheitsgrade, d. h. für die Zahl möglicher verschiedenartiger Zustandsänderungen die GIBBSsche *Phasenregel*

$$F = K - P + 2 \qquad (86)$$

Die Phasenregel gilt für das Gleichgewicht. Beobachtet man eine Abweichung von der Phasenregel, so hat man es sicher mit einem Ungleichgewichtszustand zu tun. In zähen Schmelzen (Glasschmelzen) können vorübergehend oder metastabil mehr Phasen nebeneinander gefunden werden, als die Phasenregel erlaubt.

Für sog. *kondensierte Systeme*, bei denen man nur Zustände unter konstantem Normaldruck betrachtet, Druckänderung also keine mögliche Zustandsänderung ist, ist die Zahl der möglichen Zustandsänderungen natürlich um 1 kleiner. Die Phasenregel sollte für derartige Überlegungen also in der Form

$$F = K - P + 1 \qquad (87)$$

verwendet werden.

Meistens liegen Ungleichgewichtszustände zwischen den verschiedenen Phasen vor, d. h. die Glasschmelze nimmt aus der Umgebung oder aus den Einschlüssen Stoffe auf oder gibt Stoffe in sie ab. Im folgenden werden die für die Glasherstellung wichtigsten Erscheinungen dieser Art behandelt.

2.2.1.1 Grenzflächenthermodynamik

Phasengrenzflächen besitzen eine Enthalpie. Diese Enthalpie ist proportional zur Größe der Phasengrenzfläche, der Proportionalitätsfaktor ist die *spezifische Grenzflächenenthalpie*. Für sie werden sehr verschiedene, z. T. irreführende Bezeichnungen verwendet. So heißt sie oft *Grenzflächenspannung oder im Fall einer Grenzfläche zwischen einer Flüssigkeit und einer Gasphase Oberflächenspannung*. Diese Bezeichnung sollte, wenn überhaupt, auch nur für die spezifische Grenzflächenenthalpie einer Grenzfläche zwischen einer reinen Flüssigkeit und ihrem gesättigten Dampf benutzt werden. Besser ist es, die damit im Zusammenhang stehenden Phänomene so zu diskutieren, daß jede Veränderung der Größe einer Phasengrenzfläche mit einer Enthalpieänderung verknüpft ist.

Für das Verständnis des Verhaltens und der Ei-

genschaften von Glasschmelzen hat der Fall eines festen oder flüssigen Teilchens (Kristall oder Tröpfchen) oder einer Blase in der sonst homogenen Schmelze besondere Bedeutung. Vor allem sind die Wachstumsbedingungen eines Keimes einer derartigen Fremdphase in einer sonst homogenen Schmelzphase interessant. Im folgenden erörtern wir diesen Fall etwas eingehender.

Nehmen wir zur Vereinfachung der Berechnung der Oberfläche und des Volumens des betrachteten Keimes zunächst an, daß er die Form einer Kugel habe. Der Keimradius sei r und die freie Enthalpie ΔG. Für sie gilt

$$\Delta G = \Delta G_V + \Delta G_S \qquad (88)$$

$$= -\frac{4\pi r^3}{3} \cdot \frac{\Delta\mu}{v} + 4\pi\sigma r^2 \qquad (89)$$

Hierin bedeuten außerdem

ΔG_V den volumenproportionalen Anteil der freien Enthalpie des Keims
δG_S den oberflächenproportionalen Anteil der freien Enthalpie des Keims
μ die Potentialdifferenz
v das spezifische Volumen
σ die spezifische Grenzflächenenergie.

$\Delta\mu/v$ ist die Änderung der freien Volumenenthalpie beim Phasenübergang. Abb. 32 zeigt den grundsätzlichen Verlauf der freien Enthalpie für die verschiedenen Keimradien. Die Gesamten-

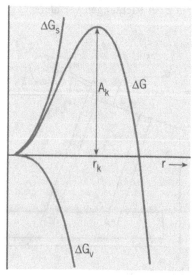

Abb. 32 Freie Enthalpie bei der Keimbildung
r_k kritischer Keimradius; A_k Keimbildungsarbeit

thalpie des Keims hat ein Maximum bei dem *kritischen Keimradius* r_k, der Wert dieses Maximums ist die *Keimbildungsarbeit* A_k. Aus der obigen Gleichung gewinnt man leicht für diese Größen die Beziehungen.

$$A_K = \frac{16\pi\sigma^3 v^2}{3 (\Delta\mu)^2} \tag{90}$$

$$r_k = \frac{2\sigma v}{\Delta\mu} \tag{91}$$

Ein Keim mit $r > r_k$ wird weiter wachsen, weil sich dabei die freie Enthalpie verringert. Dagegen wird sich ein kleinerer Keim wieder auflösen, weil sich der Enthalpieinhalt des Systems in diesem Fall nur so verringern kann. Nur Keime, die größer als eine kritische Keimgröße sind, sind wachstumsfähig.

Für die Bildung eines wachstumsfähigen Keims muß die Keimbildungsarbeit aufgebracht werden. Infolge von Energiefluktuationen ist die Häufigkeit der Entstehung wachstumsfähiger Keime um so größer, je größer die Potentialdifferenz $\Delta\mu$ ist, d. h. je weiter man von dem Gleichgewicht zwischen den beiden Phasen entfernt ist. Die *Keimbildungsrate* oder *Keimbildungsgeschwindigkeit* I ist näherungsweise nach der ARRHENIUS-Gleichung temperaturabhängig:

$$I = I_0 \cdot \exp\left(-\frac{A_K}{kT}\right) \tag{92}$$

Man beachte aber, daß schon die Keimbildungsarbeit temperaturabhängig ist. Die genannte Beziehung ist darum nicht besonders hilfreich.

An schon vorhandenen fremden Phasengrenzen kann die spezifische Grenzflächenenergie σ kleiner sein und damit auch die Keimbildungsarbeit. Solche Phasen können als *Fremdkeime* wirken und die Kristallisation erleichtern.

In der oben angegebenen Potentialdifferenz $\Delta\mu$ ist die Triebkraft für den Stoffübergang zwischen den zwei betrachteten Phasen enthalten, zwischen der homogenen Schmelzphase und sich aus ihr ausscheidenden und wachsenden Keimen oder in ihr auflösenden Keimen, je nachdem, ob sie größer oder kleiner als die kritische Keimgröße sind.

Die heterogene Keimbildung (an vorhandenen Fremdkeimen) verläuft im allgemeinen schneller als die homogene Keimbildung. Das liegt an der in einem solchen Fall geringeren spezifischen

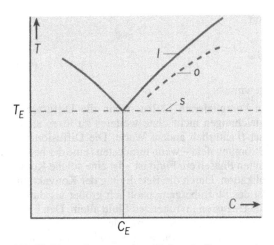

Abb. 33 Phasendiagramm eines binären Stoffsystems mit einem Eutektikum
T Temperatur; T_E eutektische Temperatur; c Konzentration; c_E eutektische Zusammensetzung; l Liquiduslinie; s Soliduslinie; o Grenze des OSTWALD-MIERS-Bereichs der metastabilen Unterkühlung (Übersättigung)

Grenzflächenenthalpie zwischen der Fremdkeimphase und der sich ausscheidenden, z. B. kristallisierenden Phase.

2.2.1.2 Stoffübergang an Phasengrenzen

In der Verfahrenstechnik ist es üblich, Fragen des Stoffübergangs über eine Phasengrenzfläche anhand der Stoffübergangsgleichung und mit Hilfe dimensionsloser Kennzahlen zu diskutieren [39].

Die Stoffübergangsgleichung lautet in der allgemeinsten Form

$$\dot{m} = \beta \cdot A \cdot \Delta c \tag{93}$$

$\dot{m}$ ist der Massestrom des Stoffübergangs, A ist die Fläche, über die der Stoffübergang stattfindet, Δc ist die Triebkraft für den Stoffübergang, meist der den Stoffübergang antreibende Konzentrationsunterschied. β heißt Stoffübergangskoeffizient.

Für den Stoffübergang durch Diffusion und bei einfacher Geometrie können die Diffusionsgleichungen unmittelbar analytische Lösungen liefern, so kann man aus der ersten FICKschen Gleichung für den ebenen (eindimensionalen) Fall einer Schicht der endlichen Dicke L sofort die Beziehung

$$\dot{m} = \frac{D \cdot A \, \Delta c}{L} \tag{94}$$

mit

$$\beta = \frac{D}{L} \qquad (95)$$

gewinnen.

In komplizierten Fällen, wenn die Diffusionsgleichungen nicht ohne weiteres zu lösen sind, hat β natürlich andere Werte. Die Diffusion im Strömungsfeld – wenn mindestens eine der beteiligten Phasen ein Fluid ist – ist eine solche Komplikation. Durch die Beteiligung der Konvektion ist der Stoffübergang natürlich größer als durch die Diffusion im ruhenden Fluid allein. Den Faktor, der angibt, wieviel mal der Stoffübergangskoeffizient mit Konvektion größer ist als ohne Konvektion, nennt man SHERWOOD-Zahl (Sh). Es gilt also bei Beteiligung der Konvektion

$$\beta = Sh \cdot \frac{D}{L} \qquad (96)$$

Die dargestellten Größen und Beziehungen benutzt man auch in anderen, auch in ganz unübersichtlichen Fällen. Dann abstrahiert man weitgehend von der Herkunft der Größen und Beziehungen und versteht unter L nur eine für das zu untersuchende Problem charakteristische Länge, z. B. eine Grenzschichtdicke oder einen Kugeldurchmesser. Wenn man über einen experimentell gewonnenen Wert für den Stoffübergangskoeffizienten β verfügt, kann man sogar eine SHERWOOD-Zahl gewinnen:

$$Sh = \frac{\beta \cdot L}{D} \qquad (97)$$

Zur Charakterisierung der Strömung findet unter anderem die allgemein bekannte REYNOLDS-Zahl (Re)

$$Re = \frac{\varrho w \cdot L}{\eta} \qquad (98)$$

Verwendung, zur Charakterisierung des Verhältnisses der Stoffströme durch Strömung und Diffusion das Produkt Re · Sc, Sc ist die sog. SCHMIDT-Zahl (Sc)

$$Sc = \frac{\eta}{\varrho \cdot D} \qquad (99)$$

Stoffübergangsprobleme an Teilchen und Blasen kann man in einiger Allgemeinheit durch Funktionen

$$Sh = f(Re \cdot Sc) \qquad (100)$$

darstellen, insbesondere versucht man Potenzgesetze für den Zusammenhang der dimensionslosen Kennzahlen.

Für Diffusion an kugelförmigen Partikeln in ruhender Umgebung wird die SHERWOOD-Zahl Sh = 2, wenn man als charakteristische Länge den Kugeldurchmesser verwendet.

Für den Fall des Stoffübergangs zwischen einem Fluid und einer in dem Fluid bewegten starren Kugel bei Re < 1 gilt sehr allgemein die Gleichung

$$Sh = 2 + \frac{0{,}333 \cdot (Re \cdot Sc)^{0{,}840}}{1 + 0{,}331 \cdot (Re \cdot Sc)^{0{,}507}} \qquad (101)$$

mit den Grenzfällen

$$Re \cdot Sc \to 0: \quad Sh = 2 \qquad (102)$$

$$Re \cdot Sc \to \infty: \quad Sh = 1{,}0007 \cdot (Re \cdot Sc)^{\frac{1}{3}} \qquad (103)$$

Charakteristische Länge ist der Kugeldurchmesser, charakteristische Geschwindigkeit ist z. B. die Steig- oder Sinkgeschwindigkeit der Kugel im Fluid.

2.2.1.3 Phasengrenze liquid-solid

Der Stoffübergang zwischen der Schmelze und einer festen Phase betrifft die Kristallisation und die Auflösung einer kristallinen Substanz in der Schmelze.

Das Kristallisationspotential ist

$$\Delta\mu = \frac{H_S (T_L - T)}{T_L} \qquad (104)$$

H_S ist die Kristallisationsenthalpie (Schmelzwärme), die Unterkühlung unter die Liquidustemperatur ist also als Triebkraft für die Kristallisation anzusehen. Man kann aber auch die Übersättigung, d. h. die Überschreitung der Gleichgewichtkonzentration als Triebkraft der Kristallisation ansehen. Wie Abb. 33, das Phasendiagramm für ein einfaches binäres Stoffsystem mit einem *Eutektikum* zeigt, sind beide Darstellungen völlig gleichwertig.

Die thermodynamischen Zusammenhänge für die Kristallisation sind in [40] und [41] dargestellt.

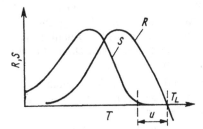

Abb. 34 Temperaturabhängigkeit der Kristallwachstumsgeschwindigkeit R und der Keimbildungsgeschwindigkeit S (nach TAMMANN)
T_L Liquidustemperatur; u metastabiler Bereich der Unterkühlung

Die Kinetik der Kristallisation wurde von TAMMANN beschrieben [2], [8], [42]. Danach sind die Kristallwachstumsgeschwindigkeit und die Kristallkeimbildungsgeschwindigkeit in charakteristischer Weise temperaturabhängig. Dies ist in Abb. 34 schematisch dargestellt. Beide Kurven besitzen ein Maximum, beide gehen bei der Liquidustemperatur T_L durch Null. Diese Temperatur ist die des Gleichgewichts zwischen der kristallinen und der flüssigen Phase. Unter der Liquidustemperatur tritt Kristallwachstum auf, über der Liquidustemperatur lösen sich die Kristalle auf. Unmittelbar unter der Liquidustemperatur gibt es einen mehr oder weniger schmalen Temperaturbereich, in dem die Keimbildungsgeschwindigkeit so kleine Werte hat, daß praktisch keine Keimbildung stattfindet. Er heißt OSTWALD-MIERS-Bereich und charakterisiert, wie weit eine Flüssigkeit unter ihre Liquidustemperatur unterkühlt werden kann ohne Kristallisation.

Das Abfallen der Kurven in Abb. 34 nach höheren Temperaturen ist energetisch bedingt, das Abfallen nach niederen Temperaturen ist kinetisch zu erklären. Als Formulierung der Abhängigkeit der Kristallwachstumsgeschwindigkeit von der Temperatur wird die Gleichung

$$R = \frac{K}{\eta^a} \cdot (T_L - T) \qquad (105)$$

angegeben.

R   Kristallwachstumsgeschwindigkeit
T   Temperatur
T_L Liquidustemperatur
η Viskosität
a, K Konstanten

T_L, a und K sind von der Zusammensetzung der Schmelze abhängig, es soll a $\approx$ 1 sein.

Wenn t die Zeit, l die Kristallänge und v_k eine konstante Abkühlgeschwindigkeit bedeuten, so folgt aus den Definitionsgleichungen R=dl/dt und v_k=-dT/dt für die Größe der Kristalle, die nach diesem Abkühlungsprozeß vorliegen, die einfache Beziehung

$$l = \int_0^\infty R\,dt = -\frac{1}{v_K}\int_{T_L}^0 R\,dT = \frac{1}{v_K}\int_0^{T_L} R\,dT \qquad (106)$$

Das letzte Integral bedeutet die Fläche unter der Kurve der Kristallwachstumsgeschwindigkeit. Nennen wir sie A, so ist die Größe der Kristalle nach der Abkühlung der Schmelze

$$l = \frac{A}{v_K} \cdot \qquad (107)$$

Ist die Abkühlgeschwindigkeit der Schmelze groß genug gewählt, so liegt die Kristallgröße unterhalb der Grenze der Nachweisbarkeit, d. h. die Kristallisation ist praktisch unterblieben, die Schmelze ist also amorph oder glasig erstarrt. Läßt man für ein herzustellendes Glas eine maximale Kristallgröße l zu (z. B. 200 nm), so ist zu seiner Herstellung als minimale Abkühlgeschwindigkeit v_k = A/l notwendig.

So wie wir die Kristallgröße aus der Kurve R(T) diskutiert haben, kann man die Anzahl der Kristalle aus der Kurve S(T) diskutieren. Dabei ergibt sich völlig analog die Anzahl der Kristalle nach der Abkühlung der Schmelze als Quotient aus der Fläche unter der Kurve der Keimbildungsgeschwindigkeit und der Abkühlgeschwindigkeit. Die oben angestellte Überlegung für die Kristallgröße trifft demnach für die größten Kristalle zu. Keime, die nicht sogleich nach dem Unterschreiten der Liquidustemperatur entstanden sind, führen nach der Abkühlung zu kleineren Kristallen. Für die Glasbildung ist also auch wichtig, wie weit die Maxima der Kristallwachstumsgeschwindigkeit und der Keimbildungsgeschwindigkeit gegeneinander verschoben sind, wie breit der OSTWALD-MIERS-Bereich der metastabilen Unterkühlung ist.

Aus der TAMMANNschen Kristallisationskinetik ergibt sich die interessante Feststellung, daß im Ergebnis der Abkühlung einer Schmelze immer eine Kristallkeimbildung stattgefunden hat, auch wenn kein Kristallwachstum beobachtet werden konnte. Darin liegt der Grund dafür, daß in vielen Fällen beim Erwärmen eines Glases in den Temperaturbereich mit endlicher Kristallwachstumsgeschwindigkeit Kristallisation auftritt, zumal man ja beim Erwärmen nochmals durch den

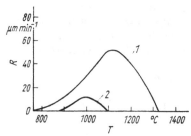

Abb. 35 Abhängigkeit der Kristallwachstumsgeschwindigkeit R von der Temperatur T
Glas 1 80% SiO_2, 12% Na_2O, 8% CaO
Glas 2 76% SiO_2, 16% Na_2O, 8% CaO

Temperaturbereich mit endlicher Keimbildungsgeschwindigkeit muß.

Abb. 35 zeigt die Kristallwachstumsgeschwindigkeit von zwei Gläsern im Dreistoffsystem Na_2O-CaO-SiO_2. Für das Glas 1 beträgt A etwa $1,4 \cdot 10^4$ K μm min^{-1}. Mit l = 200 nm erhält man $v_k = 7 \cdot 10^4$ K min^{-1}. Mit dieser Geschwindigkeit müßte der Temperaturbereich zwischen 1 330 °C und 760 °C durchlaufen werden, d. h. in etwa 0,5 s müßte eine Temperatursenkung um 570 K erreicht werden. Nur eine sehr kleine Menge Schmelze kann so schnell abgekühlt werden; für die Produktion von Glaserzeugnissen dürfte die betrachtete Zusammensetzung ungeeignet sein.

Normalerweise ist die Kristallisation ein Produktionsfehler. In diesem Sinne nennt man den Vorgang auch Entglasung und die Liquidustemperatur die *obere Entglasungstemperatur*.

Die Art der sich bei der Entglasung bildenden Kristalle läßt sich aus den *Phasendiagrammen* ablesen. Von technischer Bedeutung sind aber nicht nur die möglichen Entglasungsprodukte für die jeweils erschmolzene Glaszusammensetzung, sondern auch für solche Zusammensetzungen, die durch Anreicherung der Schmelze mit Bestandteilen der feuerfesten Materialien des Ofens oder des Schmelzgefäßes entstehen. Solche Bestandteile sind vorzugsweise SiO_2, Al_2O_3 und ZrO_2. Wenn nicht Fehler in der Prozeßführung vorliegen, führen nur solche Änderungen der Glaszusammensetzung zu Entglasungen, bei denen sich die Liquidustemperatur erhöht.

Die Abb. 7 und 9 bis 11 zeigen die Phasendiagramme der für die Glasherstellung wichtigsten Dreistoffsysteme. Sie enthalten die Ausscheidungsfelder und die Linien gleicher Liquidustemperatur.

In der Praxis liegen nie exakt Dreistoffsysteme vor. Deshalb treten in komplizierter zusammen-

gesetzten Gläsern auch Entglasungskristalle auf, die aus den Abb. 7 und 9 bis 11 nicht ablesbar sind. Beispielsweise kann aus MgO-haltigen Alkali-Erdalkali-Silikatgläsern auch *Diopsid* (CaO · MgO · 2SiO_2) kristallisieren.

In der Praxis sind die Entglasungsprodukte je nach der Wärmevergangenheit des Glases sehr unterschiedlich beschaffen:

- Wird ein Glas sehr lange im Temperaturbereich der Unterkühlung gehalten, so entstehen nur wenige, aber sehr große kristalline Ausscheidungen, die kugelrund sind und deshalb Sphärolite genannt werden.

- Wird ein Glas in der Nähe der maximalen Keimbildungsgeschwindigkeit gehalten, wo die Kristallwachstumsgeschwindigkeit meist nicht besonders groß ist, so entstehen extrem viele und kleine Kristalle. Das Glas erscheint milchig trüb.

- Wird ein Glas zunächst bei der Temperatur der maximalen Keimbildungsgeschwindigkeit und danach bei der Temperatur der maximalen Kristallwachstumsgeschwindigkeit gehalten, so entstehen viele und große Kristalle. So scheidet sich die größte Menge kristalliner Substanz aus. Bei der Herstellung sog. *Vitrokeram*-Erzeugnisse wird von der Möglichkeit der weitgehend voneinander unabhängigen Beeinflussung der Keimzahl und der Kristallgröße bewußt Gebrauch gemacht.

Bei Glasschmelzen erreicht man durch hinreichend schnelle Abkühlung Zustände unterhalb der Liquidustemperatur ohne Kristallisation. Dieser Bereich heißt *Subliquidusbereich*. Auch in diesem Bereich sind Zustandsänderungen möglich, und zwar nicht nur die unterbliebene Kristallisation. Auch andere Kristallphasen als die nach dem üblichen Phasendiagramm erwarteten können auskristallisieren. Ob das im Einzelfall möglich ist, muß näher untersucht werden, denn diese Subliquiduserscheinungen sind spezifisch für das jeweilige Stoffsystem.

Für ein kugelförmiges Korn in ruhender Umgebung läßt sich die Diffusionsgleichung leicht lösen, und der Vergleich liefert für die Stoffübergangszahl

$$\beta = \frac{D}{r} \tag{108}$$

mit D als Diffusionskoeffizient und r als Kugelradius. Damit folgt aus der Stoffübergangsgleichung

$$\frac{dr}{dt} = -\frac{D \cdot (c_s - c)}{\varrho r} \qquad (109)$$

und bei c = const

$$r = \sqrt{r_0^2 - \frac{D \cdot (c_s - c)}{\varrho r} \cdot t} \qquad (110)$$

Das ist das sog. Wurzel-Zeit-Gesetz für diffusionskontrollierte Prozesse. Es gilt zunächst gleichermaßen für Wachstum und für Auflösung eines Korns.

2.2.1.4 Phasengrenze liquid-liquid

Manche Flüssigkeiten lassen sich in jedem Verhältnis homogen miteinander vermischen, andere haben in bestimmten Konzentrationsbereichen *Mischungslücken*, in denen zwei koexistierende flüssige Phasen mit einer sie trennenden Phasengrenze thermodynamisch stabil sind. Abb. 36 zeigt schematisch das Phasendiagramm eines Zweistoffsystems mit Eutektikum und Flüssig-Flüssig-Entmischung. Eine Schmelze mit der mittleren Zusammensetzung C liegt im Gleichgewicht in Form zweier durch Phasengrenzflächen getrennter Schmelzen vor, wenn sie eine entsprechende Temperatur hat. Die beiden Schmelzen haben die temperaturabhängigen Zusammensetzungen D und E.

Die Flüssig-Flüssig-Entmischung hat eine ähnliche Kinetik wie die Kristallisation, insbesondere gibt es auch hier einen metastabilen Bereich unmittelbar am Rand der Entmischungskuppel, in dem die Neubildung von Phasengrenzflächen ausbleibt, obwohl über eine einmal vorhandene Phasengrenzfläche die Phasentrennung fortschreitet. Beim Abkühlen der Schmelze tritt die Entmischung deshalb ohne Fremdkeime nur innerhalb einer etwas schmaleren Kuppel, der sog. *Spinodalen* (Abb. 37) auf, ähnlich wie beim Abkühlen der Schmelze die Kristallisation erst unterhalb des OSTWALD-MIERS-Bereichs beginnt.

Die Phasentrennung geschieht normalerweise zunächst als Ausscheidung einer Tröpfchenphase in einer Matrixphase. Je nach den Mengenverhältnissen können grundsätzlich beide Phasen als Tröpfchen- oder Matrixphase auftreten. Ob dieser Zustand beständig ist, oder ob die Tröpfchen sich rasch zu größeren Gebieten vereinigen, hängt von den Umständen ab. Dafür sind die spezifische Grenzflächenenergie zwischen den Phasen, die Viskositäten, eventuell auch die Dichten maßgeblich.

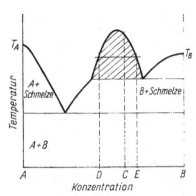

Abb. 36 Phasendiagramm eines Zweistoffsystems mit Eutektikum und Mischungslücke (schematisch). Im schraffierten Bereich koexistieren zwei flüssige Phasen im thermodynamischen Gleichgewicht

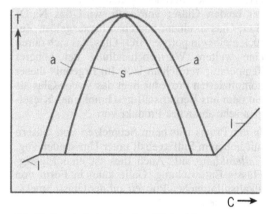

Abb. 37 Entmischungskuppel und Spinodale
a Entmischungskuppel; s Spinodale; l Liquiduslinie; c Konzentration; T Temperatur
Zwischen der Entmischungskuppel und der Spinodalen liegt der Bereich der Metastabilität nur *einer* flüssigen Phase

Bekannt sind vor allem Flüssig-Flüssig-Entmischungen im Subliquidusbereich. In vielen Glassystemen konnten in den letzten Jahren Tröpfchenphasen erzeugt und nachgewiesen werden. Man findet sie z. B. in binären Alkali-Silikatgläsern und in Alkali-Borat- und Alkali-Borosilikatgläsern. Diese Phasentrennung ist meistens als Produktionsfehler zu werten, wenigstens dann, wenn sie sich als unerwünschte Opaleszenz oder Trübung oder sogar durch eine Verschlechterung der chemischen Beständigkeit auswirkt. Lediglich in speziellen Fällen wird die Entmischung erwünscht sein, z. B. bei der Herstellung von Trübglas. Es gibt aber auch völlig klare Tyndall-Effekt-freie Gläser, in denen eine Mikrophasentrennung nachgewiesen wurde. Hierzu gibt es umfangreiche Fachliteratur, z. B. [43] und [44]. Nach mehrstufigem Tempern bei mehreren Temperaturen konnte auch Mehrfachentmischung gefunden werden, z. B. Tröpfchen in Tröpfchen [45].

Die Herstellung von *Vycor-Glas* nutzt die Subliquidus-Phasentrennung in einem komplizierten technologischen Verfahren. Dazu wird ein geeignetes Glas aus dem System Na_2O-B_2O_3-SiO_2 geschmolzen. Durch Wärmebehandlung erzeugt man eine Phasentrennung in ein Na_2O-B_2O_3-Glas und ein SiO_2-Glas. Nachdem die Ausscheidung vollständig erfolgt und das Tröpfchenwachstum bis zum netzartigen Verwachsen der Tröpfchenphase fortgeschritten ist, nachdem also zwei sich durchdringende räumliche Netze der beiden Gläser vorliegen, wird das Na_2O-B_2O_3-Glas in einem Säurebad herausgelöst. Zurück bleibt ein poröses SiO_2-Glas, das sich durch eine weitere Wärmebehandlung bei höherer Temperatur verdichten läßt. Im Ergebnis dieser komplizierten Prozedur liegt das Vycor-Glas als ein dem aus Bergkristall geschmolzenes Kieselglas sehr ähnliches Produkt vor.

In der Praxis tritt beim Schmelzen von Gäsern mit höherem Sulfatgehalt unter Umständen sog. *Gallebildung* auf. Auch dies ist eine Flüssig-Flüssig-Entmischung. Galle kann in Form von alkalisulfatreichen Pfützen auf der Glasschmelze schwimmen.

2.2.1.5 Phasengrenze liquid-gaseous

Die korrekte Behandlung des Stoffübergangs zwischen der Schmelze und einer angrenzenden Gasphase, das kann auch eine Blase sein, ist u. a. wegen der möglichen Beteiligung mehrerer Gase kompliziert [46].

Zunächst sei daran erinnert, daß man die Zusammensetzung einer Gasphase mit Hilfe der Partialdrucke der einzelnen Gase beschreibt. In der Schmelze kann man eines der üblichen Konzentrationsmaße verwenden, dann ist das Gleichgewicht durch das *Henrysche Gesetz*

$$P_G = k_H x_S \tag{111}$$

beschrieben. Darin ist x_S die Gaskonzentration gelöst in der Schmelze, p_G ist der Partialdruck

desselben Gases in der Gasphase, k_H ist die sog. Henry-Konstante. Oftmals gibt man aber auch anstelle der in der Schmelze gelösten Gaskonzentration einfach den Gleichgewichts-Partialdruck in der Gasphase an. Damit erspart man sich die Umrechnung mit dem Henry-Koeffizienten, aber man hat eigentlich noch keine Konzentrationsangabe für das Gas in der flüssigen Phase.

Bei nur einem zu berüchsichtigenden Gas ist der Zusammenhang übersichtlich. In der Potentialdifferenz $\Delta\mu$ taucht als Triebkraft für das Blasenwachstum, genauer für die Aufnahme des betrachteten Gases in die Blase die Übersättigung ε auf. Der kritische Blasenradius schreibt sich zu

$$r_k = \frac{2v_m\sigma}{RT \; 1n(\varepsilon)} \tag{112}$$

mit

$$\varepsilon = \frac{p_S}{p_G} \tag{113}$$

v_m ist das Molvolumen, R die allgemeine Gaskonstante und σ die spezifische Grenzflächenenthalpie (Oberflächenspannung). Die Übersättigung ε ist das Verhältnis des Partialdrucks p_S, mit dem die Schmelze im Gleichgewicht wäre, zu dem aktuellen Partialdruck p_G in der angrenzenden Gasphase. Für eine homogene Blasenkeimbildung müßte sie Werte von 5 bis 7 annehmen, also ganz beträchtliche Werte. Es gibt somit auch für den Stoffübergang flüssig-gasförmig einen deutlichen Bereich der Übersättigung, in dem zwar Blasenwachstum, nicht aber Blasenneubildung aus der homogenen Schmelze zu erwarten ist. Abb. 38 zeigt schematisch die Zusammenhänge, das Phasendiagramm heißt in diesem Fall *Siedelinie*.

Ist das Partialdruckverhältnis kleiner als Eins, so verläuft der Stoffübergang in die umgekehrte Richtung, der Gasinhalt der Blase wird resorbiert.

Blasen in einer Schmelze steigen nach oben. Dabei kommen sie in immer neue Flüssigkeitsschichten mit dem ursprünglichen Gasgehalt in der Flüssigkeit. Unter diesen Umständen klingt die Blasenwachstumsgeschwindigkeit nicht ab, sondern bleibt konstant. Bei gleicher Übersättigung haben auch unterschiedlich große Blasen während des Aufsteigens gleiche Wachstumsge-

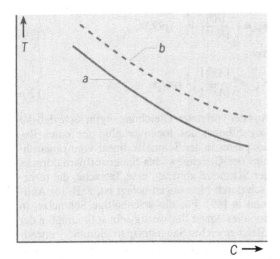

Abb. 38 Siedelinie (schematisch)
c Gaskonzentration in der Flüssigkeit; T Temperatur; a Siedelinie; b Grenze des Bereichs der metastabilen Gasübersättigung

schwindigkeit. Wohl aber ist die Blasenwachstumsgeschwindigkeit temperaturabhängig. Bei einem gegebenen Partialdruck in der Blase und einer gegebenen in der Schmelze gelösten Gaskonzentration steigt mit steigender Temperatur der Partialdruck, mit dem die Schmelze im Gleichgewicht wäre. Umgekehrt sinkt mit sinkender Temperatur die Übersättigung, die Blasenwachstumsgeschwindigkeit kann sogar negativ werden, d. h. die Blase wird resorbiert.

Wenn mehrere Gase beteiligt sein können, gelten die zum Stoffübergang gemachten Aussagen uneingeschränkt, aber das muß natürlich dann nicht unbedingt auch Blasenwachstum oder -resorption bedeuten, denn bei dem zweiten Gas kann ja die Richtung des Stoffübergangs umgekehrt sein wie beim ersten.

Andererseits kann für ein wenig lösliches Gas die Übersättigung trotz niedriger Konzentration sehr hoch sein und zur Blasenkeimbildung führen. Ein zweites Gas mit nur geringfügiger Übersättigung, aber mit großer Konzentration kann dann zu lang anhaltendem Blasenwachstum führen.

Die verschiedenen Gase sind in Glasschmelzen in sehr unterschiedlicher Menge löslich. Es ist üblich, zwischen *chemischer* und *physikalischer Löslichkeit* zu unterscheiden. Die Atome oder Moleküle physikalisch gelöster Gase sollen in den Hohlräumen des Netzwerkes Platz finden,

sich aber nicht an dem Aufbau des Netzwerks beteiligen.

Einige Gase können aber doch in die Glasstruktur als Bestandteil des Netzwerks eingebaut werden, wenn es dafür einen Chemismus gibt. Dann, bei chemischer Löslichkeit, liegen die erreichbaren Konzentrationen um Größenordnungen über der physikalischen Löslichkeit.

Die Löslichkeit eines Gases hängt in jedem Fall vom Partialdruck des Gases in der angrenzenden Atmosphäre ab. Es hat deshalb keinen Sinn, von der Gaslöslichkeit schlechthin zu sprechen, ohne zugleich auch die Gasatmosphäre zu definieren, mit der die Schmelze ins Gleichgewicht gebracht werden soll.

Sauerstofflöslichkeit

Eine besondere Rolle spielt der Sauerstoff, der bei Anwesenheit polyvalenter Elemente in sehr unterschiedlicher Menge in der Schmelze gelöst sein kann. Enthält die Schmelze z. B. Arsen, so können die Oxide As_2O_3 und As_2O_5 in unterschiedlichem Mengenverhältnis vorliegen. Entsprechend der Reaktionsgleichung

$$As_2O_3 + O_2 \rightleftarrows As_2O_5 \qquad (114)$$

kann eine solche Schmelze Sauerstoff aufnehmen oder abgeben. Die Differenz zwischen dem maximal und dem minimal möglichen Sauerstoffgehalt ist gleich der Zahl der in der Schmelze enthaltenen Mole Arsenoxid. Je mehr Arsen eine Schmelze enthält, um so stärker kann ihr Sauerstoffgehalt variieren. Und eine konkrete arsenhaltige Schmelze könnte noch so viele Mole Sauerstoff aufnehmen, wie sie Mole As_2O_3 enthält, danach läge alles Arsen als As_2O_5 vor. Der Sauerstoffbedarf der Schmelze bis zur vollständigen Oxidation aller ihrer Bestandteile, d. h. ihr COD (**C**hemical **O**xygen **D**emand) ist die theoretische Obergrenze der noch aufzunehmenden Sauerstoffmenge. Der COD der Schmelze kann als theoretisches Maximum für die Sauerstofflöslichkeit gelten. Man beachte, daß hier unter dem COD etwas anderes zu verstehen ist als unter dem COD von Rohstoffen und Gemengen (vgl. Abschnitt 2.1.2)!

Für die Sauerstoffabgabe aus einer oxidischen Schmelze gibt es dagegen keine logische Grenze, da die Oxide alle einen endlichen Zersetzungsdruck haben.

Es sei betont, daß der COD einer Schmelze nicht von der Temperatur abhängt, sondern nur vom

Gehalt an oxidierbarer Substanz, in dem Fall der arsenhaltigen Schmelze also von der Konzentration des dreiwertigen Arsens. Eine konkrete Schmelze ändert ihren COD nur durch Sauerstoffabgabe oder Sauerstoffaufnahme, also durch Stoffübergang über eine Phasengrenzfläche.

Es ist üblich, den Redoxzustand von Glasschmelzen nicht durch ihren COD zu beschreiben, sondern durch die *Sauerstoffaktivität*, die *Sauerstofffugazität* oder ihren sog. *Sauerstoffpartialdruck*. Man mißt dazu in einer elektrochemischen Zelle das elektrische Potential zwischen Elektroden an einem sauerstoffionenleitenden Feststoffelektrolyten, der auf einer Seite von der zu untersuchenden Schmelze benetzt ist, auf der anderen Seite mit einer Gasatmosphäre mit bekanntem Sauerstoffpartialdruck (meist Luft) gespült wird. Eine solche Kette ist potentialfrei, wenn der Sauerstoffgehalt der Schmelze mit dem Sauerstoffpartialdruck der Atmosphäre im Gleichgewicht ist. Üblicherweise berechnet man aus dem gemessenen Potential den Sauerstoffpartialdruck einer Atmosphäre, mit der die Schmelze im Gleichgewicht wäre und bezeichnet ihn (stark vereinfachend) als den Sauerstoffpartialdruck pO_2 oder *Gleichgewichts-Sauerstoffpartialdruck* der Schmelze.

Der Zusammenhang zwischen dem Gleichgewichts-Sauerstoffpartialdruck von Glasschmelzen und den Ionenverhältnissen polyvalenter Elemente ist einfach und übersichtlich [47], [48]:

Irgendein polyvalentes Element R (z. B. As) habe die benachbarten Wertigkeiten x und y (im Beispiel 3 und 5), diese zwei Ionen bilden ein *Redoxpaar*. Die Reaktionsgleichung lautet

$$i\, R_oO_p + O_2 \rightleftarrows j\, R_qO_r \qquad (115)$$

bzw.

$$As_2O + O_2 \rightleftarrows As_2O_5 \qquad (116)$$

Man kann natürlich für diese Reaktionsgleichungen auch die Ionenschreibweise benutzen. Dann lautet sie

$$kR^x + O_2 \rightleftarrows k\, R^y + 2\, O^{2-} \qquad (117)$$

bzw.

$$2\, As^{3+} + O_2 \rightleftarrows 2\, As^{5+} + 2\, O^{2-} \qquad (118)$$

Mit n = y–x (Differenz der Wertigkeiten) liefert das *Massenwirkungsgesetz*

$$K_R = \left(\frac{[R^x]}{[R^{x+n}]} \right)^{\frac{4}{n}} \cdot (pO_2) \qquad (119)$$

bzw.

$$K_{As} = \left(\frac{[As^{3+}]}{[As^{5+}]} \right)^{\frac{4}{n}} (pO_2) \qquad (120)$$

Aus der vorletzten Gleichung ergibt sich, daß der Logarithmus des Ionenverhältnisses eines Redoxpaares in der Schmelze linear vom Logarithmus des Gleichgewichts-Sauerstoffpartialdrucks der Schmelze abhängt, eine Tatsache, die mehrfach durch Messungen belegt ist, z. B. für Antimon in [49]. Für die arsenhaltige Schmelze, in der alles Arsen fünfwertig sein sollte, müßte der Gleichgewichts-Sauerstoffpartialdruck unendlich groß sein. Sollte alles Arsen dreiwertig sein, müßte der Gleichgewichts-Sauerstoffpartialdruck Null sein.

In Abschnitt 1.1.6 (Seite 21) wurde schon festgestellt, daß das Ionenverhältnis eines Redoxpaares, wenn die Schmelze nur ein einziges polyvalentes Element enthält, von der Temperatur der Schmelze unabhängig ist. Nun sind aber die Gleichgewichtskonstanten durchaus temperaturabhängig, was nach den zuletzt dargestellten Gleichungen begründet, daß der Gleichgewichts-Sauerstoffpartialdruck temperaturabhängig ist. Er wächst mit steigender Temperatur. Bei ausreichend hoher Temperatur gibt jede oxidische Schmelze Sauerstoff an die angrenzende Gasatmosphäre ab, umgekehrt kann sie aus einer sauerstoffhaltigen Atmosphäre bei ausreichend niedriger Temperatur O_2 aufnehmen. Oder anders formuliert: Eine konkrete Schmelze wird Sauerstoff abgeben, wenn der Sauerstoffpartialdruck in der angrenzenden Atmosphäre klein genug ist und umgekehrt – falls sie ein polyvalentes Element oder mehrere enthält.

Der COD einer Schmelze und ihr Gleichgewichts-pO_2 sind miteinander verknüpft. Bei nur einem polyvalenten Element ist der COD der Konzentration des Elements in der Schmelze proportional und außerdem eindeutig von einer Funktion des Ionenverhältnisses abhängig. Sie hat bei dem Ionenverhältnis Eins die geringste Steigung. Vor allem bei hoher Konzentration des polyvalenten Elements können dann selbst größere Unterschiede des COD, d. h. des Sauerstoffgehalts, lediglich kleine Unterschiede im Gleichgewichts-pO_2 bewirken. Andererseits, wenn das Ionenverhälnis von eins sehr verschieden ist, können Unterschiede des Gleichgewichts-pO_2

von mehreren Zehnerpotenzen nur geringfügige COD-Unterschiede bedeuten.

Schwefellöslichkeit

Ähnlich wie für die Sauerstofflöslichkeit sind auch die Bedingungen für die Wechselwirkung zwischen dem Schwefelgehalt der Schmelze und einer mit ihr koexistierenden Gasatmosphäre bekannt [50].

Für SO_2 und SO_3 kann man lediglich physikalische Löslichkeit in Silikatgläsern voraussetzen, der meiste Schwefel wird in den Gläsern als SO_4^{2-} und als S^{2-} gelöst. Man nimmt an, daß das Sulfidion ein Sauerstoffion substituiert.

In der Gasatmosphäre können bei hohen Temperaturen SO_2 und S_2 nebeneinander in einem temperaturabhängigen Gleichgewicht existieren.

Ein Wertigkeitswechsel von Schwefel innerhalb der Schmelze ohne Beteiligung anderer polyvalenter Ionen ist nur in Verbindung eines Übergangs von Sauerstoff über die Phasengrenze zwischen der Schmelze und der angrenzenden Gasphase möglich. Dieser Übergang ist durch die Reaktion

$$Na_2SO_4 = Na_2S + 2\ O_2 \qquad (121)$$

zu beschreiben. Das Massenwirkungsgesetz verlangt für das Gleichgewicht dieser Reaktion

$$\frac{[Na_2SO_4]}{[Na_2S]} = K_o \cdot (pO_2)^2 \qquad (122)$$

Hierin bedeuten K_O die Gleichgewichtskonstante und eckige Klammern molare Konzentrationen. Dies entspricht völlig den oben dargestellten Zusammenhängen, die das Ionenverhältnis polyvalenter Elemente betrafen.

Der bloße SO_2-Übergang über die Phasengrenzfläche zwischen der Schmelze und angrenzender Gasphase ist an die Sulfat-Sulfid-Reaktion gebunden:

$$3\ Na_2SO_4 + Na_2S = 4\ SO_2 + 4\ Na_2O \qquad (123)$$

Im Gleichgewicht müßten die molaren Konzentrationen mit dem SO_2-Partialdruck nach dem Massenwirkungsgesetz nach der folgenden Beziehung zusammenhängen:

$$[Na_2SO_4]^3 \cdot [Na_2S] = K_S \cdot (pSO_2)^4 \qquad (124)$$

Hierin ist K_S die Gleichgewichtskonstante für die betrachtete Reaktion. Löst man die beiden erhaltenen Gleichungen nach den Konzentrationen für Sulfat und Sulfid auf, so erhält man

$$[Na_2SO_4] = K_O^{\frac{1}{4}} \cdot K_S^{\frac{1}{4}} \cdot (pSO_2) \cdot (pO_2)^{\frac{1}{2}} \qquad (125)$$

$$[Na_2S] = K_O^{-\frac{3}{4}} \cdot K_S^{\frac{1}{4}} \cdot (pSO_2) \cdot (pO_2)^{-\frac{3}{2}} \qquad (126)$$

Der Gesamtschwefelgehalt in der Schmelze ist danach im Gleichgewicht proportional zu dem SO_2-Partialdruck in der Gasatmosphäre und hat in Abhängigkeit vom Sauerstoffpartialdruck ein Minimum. Sucht man in bekannter Weise dieses Minimum auf, so findet man in diesem Fall ein Sulfat-Sulfid-Verhältnis von 3. Ein solches Minimum der Schwefellöslichkeit ist seit langem durch die BUDDsche Kurve bekannt [51].

Der bei reduzierenden Bedingungen in der Gasatmosphäre auftretende elementare Schwefel stört die beschriebenen Zusammenhänge überhaupt nicht, weil für die homogenen Gasreaktionen mit spontaner Gleichgewichtseinstellung gerechnet werden kann. Der Schwefel-Partialdruck in der Atmosphäre ergibt sich aus dem Sauerstoffpartialdruck und dem SO_2-Partialdruck zwangsläufig.

2.2.2 Prozesse

Die beim Glasschmelzen unterscheidbaren Etappen sind Silikatbildung, Glasbildung, Läuterung und Konditionieren. Die Silikatbildung umfaßt das Erwärmen des in den Ofen eingelegten Gemenges und die chemischen Reaktionen zwischen den Rohstoffen und führt zur Bildung einer Schmelzphase. Die Glasbildung ist im wesentlichen die Auflösung des bei den chemischen Reaktionen nicht verbrauchten Quarzes in der Erstschmelze. Unter Läuterung versteht man das Entfernen von Blasen aus der reliktfreien Schmelze. Schließlich faßt man die Vorbereitung der blasenfreien, d. h. blanken Schmelze auf die anschließende Verarbeitung der Glasmasse unter dem Namen Konditionierung zusammen. Die ablaufenden Prozesse sind in unterschiedlicher Weise und in unterschiedlichem Maße an der Homogenisierung der Glasmasse beteiligt, in besonderem Maße die Läuterung.

2.2.2.1 Erwärmen

Glasrohstoffgemenge sind fast immer trockene Schüttgüter, die infolge der eingeschlossenen Luft sehr geringe Wärmeleitfähigkeit aufweisen. Man kann damit rechnen, daß die Glasrohstoffe einschließlich der Scherben Wärmeleitfähigkeiten zwischen 0,2 W m^{-1} K^{-1} und 1,5 W m^{-1} K^{-1} besitzen. Da aber Gemenge bis zu 50% Hohlräume enthalten und die Wärmeleitfähigkeit der Luft nur etwa 0,03 W m^{-1} K^{-1} beträgt, liegt die Wärmeleitfähigkeit eines Glasrohstoffgemenges zwischen 0,1 W m^{-1} K^{-1} und 0,2 W m^{-1} K^{-1}.

Das sind sehr niedrige Werte, niedrigere als die von Isoliersteinen. Deshalb sind Gemenge gute Wärmeisolatoren. Sobald aber ihre Temperatur so hoch ist, daß schmelzflüssige Phasen auftreten, steigt die Wärmeleitfähigkeit rasch an, ungefähr auf 1 W m^{-1} K^{-1} [52].

Wird ein Gemenge in einen heißen Ofenraum eingebracht, so erwärmt es sich an seiner Oberfläche sehr viel schneller als in seinem Innern. Während der Erwärmung muß man mit erheblichen Temperaturunterschieden im Gemenge rechnen. Durch die sich beim Auftreten flüssiger Phase vergrößernde Wärmeleitfähigkeit sind die Temperaturgradienten in der allmählich verglasenden Außenschicht des Gemenges kleiner als im noch schüttfähigen Innern. Dies ist bei Temperaturen von 800 °C bis 900 °C der Fall.

Höhere Aufheizgeschwindigkeit, d. h. kürzere Aufheizzeit, erreicht man bei geringerer Schichtdicke des Gemenges. Deshalb strebt man die sog. *Dünnschichteinlage* an und sucht die *Haufeneinlage* zu vermeiden.

Brikettierung und *Pelletierung* des Gemenges vergrößern die Wärmeleitfähigkeit. Aus Kostengründen verzichtet man aber meistens auf den sich daraus ergebenden Vorteil, der wohl zu geringfügig ist, um den Aufwand zu rechtfertigen.

Das Gemenge ist normalerweise als Ganzes spezifisch leichter als die Glasschmelze. Auf Glasschmelze aufgelegtes Gemenge schwimmt in aller Regel auf dem Glasbad. Ab und zu wird zwar auch von sog. *abgesoffenem* Gemenge berichtet, aber so etwas scheint eher selten zu sein. Im Normalfall kann dem Gemenge sowohl von unten vom heißen Glasbad her und u. U. auch von oben vom heißen Oberofen her Wärmeenergie zugeführt werden. Das ist aber nicht bei allen Schmelzverfahren der Fall. Bei der vollelektrischen Schmelze mit direkter Beheizung mit Hilfe von Elektroden fehlt die Erwärmung des Gemenges von oben.

Jedenfalls liegen die üblichen Erwärmungszeiten des Gemenges in der Größenordnung einer Stunde bei Schichtdicken in der Größenordnung eines Dezimeters [53]. Damit ist die Erwärmung des Gemenges zeitbestimmend für die Silikatbildung.

2.2.2.2 Gemengereaktionen

Während der Erwärmung des Gemenges von der Einlegetemperatur bis zur Ofentemperatur laufen in ihm chemische Reaktionen ab, die zu einer silikatischen Schmelze führen, in der noch kristalline Relikte vorhanden sein können. Durch die Untersuchungen von KRÖGER und seinen Mitarbeitern [54] sind die Gemengereaktionen gut bekannt.

Wir betrachten als Beispiel die möglichen Reaktionen in einem Gemenge eines einfachen Alkali-Erdalkali-Silikatglases, nämlich eines sog. Soda-Kalk-Glases:

SiO_2 in der bei Zimmertemperatur stabilen Modifikation β-Quarz wandelt sich bei 573 °C spontan und vollständig in β-Quarz um. Die ab 870 °C stattfindende Umwandlung in Tridymit verläuft sehr langsam, ebenso die ab 1 050 °C mögliche Umwandlung von Quarz in Cristobalit. Cristobalit schmilzt erst bei 1 713 °C.

Na_2CO_3 schmilzt bei 851 °C, bis 1 500 °C findet keine Zersetzung des Karbonats statt.

Im Gemenge von SiO_2 und Na_2CO_3 läuft über 630 °C folgende Reaktion ab:

$$Na_2CO_3 + SiO_2 \rightarrow Na_2O \cdot SiO_2 + CO_2 \qquad (127)$$

Das gebildete Natriummetasilikat hat eine Schmelztemperatur von 1 089 °C, das tiefste Eutektikum Na_2O–SiO_2 liegt aber bei etwa 800 °C. Die Reaktion zwischen SiO_2 und Na_2CO_3 beginnt also in festem Zustand beider Partner. Mit dem Auftreten einer flüssigen Phase über der eutektischen Temperatur vergrößert sich die Reaktionsgeschwindigkeit erheblich, so daß die Reaktion bei üblicher Aufheizgeschwindigkeit bis etwa 930 °C vollständig abgelaufen ist.

Nach dem Phasendiagramm des Zweistoffsystems Na_2O–SiO_2 kann aber bei 930 °C nur eine Schmelze mit 57 bis 73 Masse-Prozent SiO_2 stabil existieren. Ist der nach der Gemengezusammensetzung erwartete SiO_2-Gehalt der Schmelze größer, so liegt bei dieser Temperatur noch SiO_2 kristallin vor, das bei der Reaktion nicht verbraucht wurde. Zur Auflösung dieses Restquarzes sind höhere Temperatur und längere Zeit erforderlich.

$CaCO_3$ allein zersetzt sich ab 700 °C zu CaO und CO_2. In einem Gemenge von $CaCO_3$ und SiO_2 tritt unter 1 400 °C keine Schmelzphase auf. Es bilden sich aber $2CaO \cdot SiO_2$ und $CaO \cdot SiO_2$ je nach dem vorhandenen Mengenverhältnis.

In einem Gemenge von Na_2CO_3 und $CaCO_3$ bildet sich schon unter 600 °C das Doppelkarbonat $Na_2Ca(CO_3)_2$, welches bei 813 °C schmilzt, aber mit Na_2CO_3 ein Eutektikum unter 800 °C hat.

In einem Gemenge von Na_2CO_3, $CaCO_3$ und SiO_2 beobachtet man zwischen 600 °C und 900 °C eine CO_2-Entwicklung als Zeichen einer silikatbildenden Reaktion. Hierfür kommen alle schon genannten CO_2-abspaltenden Reaktionen in Betracht. Eine Zuordnung der beobachteten Effekte zu den einzelnen Reaktionen ist bei einem realen Gemenge mit mehreren Rohstoffen aber nicht mehr möglich. Geringe Zusätze von Nitraten, Sulfaten und Flußspat beeinflussen den Reaktionsablauf zusätzlich und ganz erheblich.

Wir müssen also feststellen, daß viele der im Gemenge möglichen Reaktionen nebeneinander stattfinden, zumal das Reaktionsgut von vornherein heterogen ist. Man kann nicht die einzelnen Reaktionen, sondern nur eine Bruttoreaktion, z. B. an Hand der CO_2-Abgabe, untersuchen und beschreiben.

Die Zusammensetzung der während der Gemengereaktionen entstehenden Schmelzphase verschiebt sich im Verlaufe der Gemengereaktionen [55].

Bei Gemengen von üblichen Alkali-Erdalkali-Silikatgläsern ist die Silikatbildung bei etwa 900 °C abgeschlossen, in Gemengen für Bleisilikatgläser bereits bei etwa 800 °C. Dies gilt für nahezu beliebige Aufheizgeschwindigkeit des Gemenges. Der zeitliche Verlauf und auch die Temperaturabhängigkeit des beobachteten Karbonatumsatzes hängen von der Aufheizgeschwindigkeit ab, aber die Reaktionsgeschwindigkeit wächst mit zunehmender Temperatur auf sehr hohe Werte, so daß die Umsetzungen auf jeden Fall bei den genannten Temperaturen vollständig abgelaufen sind. Damit ist aber klar, der Zeitbedarf für die Gemengereaktionen wird nicht durch die Kinetik der chemischen Reaktionen, sondern durch den Zeitbedarf für die Erwärmung

des Gemenges bestimmt. Der Ablauf der Reaktionen beeinflußt den Zeitbedarf für diesen Abschnitt des Einschmelzens nur wegen der Veränderung der thermischen Eigenschaften des Gemenges durch die entstehenden Reaktionsprodukte, z. B. durch das Auftreten von Schmelzphase.

Es ist üblich, den Reaktionsfortschritt anhand des CO_2-Umsatzes zu messen. Für die Beurteilung des Schmelzfortschritts ist der SiO_2-Umsatz viel aussagefähiger, nur ist er schwierig zu messen. Der SiO_2-Reaktionsumsatz beträgt in traditionellen Gemengen

- bei Alkali-Erdalkali-Silikatgläsern rund 75%

- bei Borosilikatgläsern 0–5%

- bei Bleigläsern und Alumosilikatgläsern über 80%

der eingesetzten SiO_2-Menge. Diese Grenzen scheinen sich daraus zu ergeben, daß es in diesen Stoffsystemen keine SiO_2-reicheren Silikate gibt. Dabei wäre es für die anschließende Restquarzlösung außerordentlich wichtig, einen möglichst großen SiO_2-Umsatz durch Gemengereaktion zu erzielen, denn dann wäre der noch notwendige SiO_2-Umsatz durch den Löseprozeß entsprechend kleiner. Aus der Literatur ist ein einziger Ansatzpunkt für höheren Reaktionsumsatz erkennbar: Der Einsatz von Hydrosilikaten als Vorprodukt anstelle von Quarzsand [56].

Im Gemenge enthaltener Kohlenstoff reagiert mit dem in gewöhnlichen Gemengen in großer Menge frei werdenden CO_2 zu CO [57]. Schon bei 850 °C liegt das sog. BOURDOUARDsche Gleichgewicht der Reaktion

$$C + CO_2 = 2\ CO \qquad (128)$$

weit auf der Seite des CO. Im Ergebnis dieser Reaktion enthält die Gasatmosphäre in den Hohlräumen des reagierenden Gemenges neben CO_2 auch CO, so daß sich aufgrund der Reaktion

$$2\ CO + O_2 = 2\ CO_2 \qquad (129)$$

in dieser Reaktionsatmosähre entsprechend dem Massenwirkungsgesetz ein Sauerstoffpartialdruck

$$(pO_2) = K \cdot \left(\frac{(pCO_2)}{(pCO)} \right)^2 \qquad (130)$$

ausbildet. Man sollte erwarten, daß sich in Wechselwirkung mit dieser Atmosphäre der Redoxzustand der entstehenden Schmelze ergibt. Wenn sich diese Erwartung bestätigt, müssen die bisher bestehenden Vorstellungen über die Wirkung von Kohle im Gemenge revidiert werden.

Unabhängig davon kann man feststellen, daß die Ionenverhältnisse polyvalenter Elemente unter den Gemengereaktionen eingestellt werden. Natürlich können sie sich in nachfolgenden Abschnitten des Glasschmelzprozesses verschieben, insbesondere durch Wechselwirkung mit Blasen und Ofenatmosphäre.

2.2.2.3 Restquarzlösung

Bei Alkali-Erdalkali-Silikatgläsern werden 80% bis 90% der eingesetzten SiO_2-Menge bei den silikatbildenden Reaktionen verbraucht. Nur dieser Teil geht bis zum Erreichen der Prozeßtemperatur in die Schmelzphase. Von den nicht verbrauchten 10 bis 20% kristallines SiO_2 löst sich bis dahin nur wenig. Wenn im Gemenge vorhanden, gehen auch Korund (Al_2O_3), ZrO_2 und $ZrO_2.SiO_2$ nicht nennenswert in die Erstschmelzen, sondern müssen in einem langwierigen Löseprozeß in die Schmelze gebracht werden. In Borosilikatglasgemengen bilden sich mit den meist nur in geringen Mengen vorhandenen Alkalien und Erdalkalien bevorzugt Borate, so daß sich fast die gesamte eingesetzte SiO_2-Menge nachträglich in der Boratschmelze lösen muß. In Gemengen für Alumosilikatgläser bilden sich zwar erst spät Schmelzphasen aus, bei alkali- und borsäurefreien Alumosilikatgläsern sogar erst über 1 100 °C, aber die darin zurückbleibenden ungelösten SiO_2-Mengen sind nur gering, weil diese Glaszusammensetzungen meist in der Nähe niedrigschmelzender Eutektika liegen.

Der Auflösungsprozeß eines Quarzkorns in der silikatischen Schmelze ist ein Prozeß des Stoffübergangs, für den die Stoffübergangsgleichung zutrifft. In der ruhenden Schmelze sollte das sog. Wurzel-Zeit-Gesetz für diffusionskontrollierte Prozesse gelten.

Tatsächlich gilt das Wurzel-Zeit-Gesetz für die Restquarzlösung nicht streng. Der Anstieg der SiO_2-Konzentration in der Schmelze während der Restquarzlösung verlangsamt die Restquarzlösung, Konvektionsströmungen, insbesondere durch die Bewegung von Blasen, beschleunigen sie. Der Konvektionseinfluß auf die Restquarzlösung wurde noch nicht mit einer Sherwood-Zahl beschrieben, nicht einmal die Reynolds-Zahl

wurde für den Fall einer Partikel in der Scherströmung bislang modifiziert.

Betrachtet man einen diskontinuierlichen Schmelzprozeß, so sind eigentlich alle Größen zeitabhängig, und auch für einen kontinuierlichen Prozeß ist Δc etwas schwierig zu definieren.

Trotz dieser Unklarheit sind folgende Zusammenhänge leicht zu erkennen:

- Die Triebkraft Δc hängt von der Sättigungskonzentration für SiO_2 in der Schmelze ab (liegt an der Quarzkornoberfläche vor).
- Der Stoffübergang ist proportional zur effektiven Sandkornoberfläche: Die Auflösungsgeschwindigkeit ist bei feinem Quarz größer als bei grobem.
- Die Stoffübergangszahl ist zusammensetzungs- und temperaturabhängig, da sie vom Diffusionskoeffizienten bestimmt wird, und sie ist vom Strömungsfeld um das Sandkorn abhängig, da sie auch durch die Grenzschichtdicke bestimmt wird.

Über die Restquarzlösung liegen für den Typ der Alkali-Erdalkali-Silikatgläser umfangreiche Experimente mit Tiegelschmelzen vor. Nach [58] nimmt die Restquarzmenge exponentiell mit der Zeit ab:

$$m = m_0 \cdot e^{-kt} \qquad (131)$$

Die Größe k soll linear von der Temperatur abhängen. Das stimmt mit den in Abb. 39 dargestellten Ergebnissen ungefähr überein.

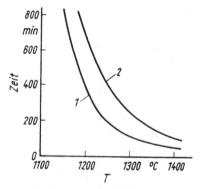

Abb. 39 Abhängigkeit der Schmelzzeit von der Temperatur; Glaszusammensetzung 73,5% SiO_2, 10% CaO, 16,5% Na_2O
1 Sandkorngröße 0,125 ... 0,150 mm
2 Sandkorngröße 0,25 ... 0,43 mm

Von Vofl stammt ein Versuch, den Einfluß der chemischen Zusammensetzung durch eine Größe *Schmelzbarkeit* zu charakterisieren. Die Schmelzbarkeit wird aus der Glaszusammensetzung berechnet:

$$S_V = \frac{y_{SiO_2} + y_{Al_2O_3}}{y_{Na_2O} + y_{K_2O} + 0,5y_{B_2O_3} + 0,125y_{PbO}} \quad (132)$$

Die y sind Masseanteile (Massenbrüche). Für Alumosilikatgläser ist diese Größe S_V völlig untauglich, denn sie müßten danach überhaupt nicht herstellbar sein. Tatsächlich ist aber bei Alumosilikatgläsern die Restquarzlösung von geringer Bedeutung, weil solche Gläser nahezu sog. eutektische Gläser sind.

Der Einfluß der Korngröße des eingesetzten Quarzsandes ist erheblich. Nach Laborversuchen läßt sich die Schmelzzeit um den Faktor 100 verkürzen, wenn der Sandkorndurchmesser um den Faktor 10 kleiner gewählt wird [59]. Der Einsatz von Quarzmehl anstelle von Quarzsand wirkt also schmelzzeitverkürzend. Man muß bei dieser Feststellung aber beachten, daß für die Restquarzlösezeit das Sandkorn mit dem größten Durchmesser maßgeblich ist. Von allen denkbaren Sanden mit gleichem Größtkorn führt der monodisperse zur kleinsten Einschmelzzeit [60]. Das ist leicht dadurch zu erklären, daß ein Feinkornanteil zu einem schnelleren Anstieg der SiO$_2$-Konzentration am Anfang führt, wodurch das die Lösezeit bestimmende Größtkorn schlechtere Bedingungen für *seine* Auflösung findet.

Der Zusatz von Quarzmehl zu üblichem Glassand ist also zweifelhaft und sogar abzulehnen. Der totale Ersatz von Sand durch Quarzmehl wird nicht nur aus Kostengründen, sondern auch wegen entstehender Schwierigkeiten auf Ausnahmefälle beschränkt bleiben. Man hat Läuterschwierigkeiten, Entmischungserscheinungen und Bildung schwerlöslicher Agglomerate beobachtet.

Das Verschwinden der letzten Restquarzkörner ist ein auffälliger und leicht zu ermittelnder Zeitpunkt während des Schmelzens. Bei diskontinuierlichem Schmelzen, z. B. im Hafenofen, läßt sich leicht eine fadenförmige Probe aus dem Schmelzgut entnehmen, an der mit bloßen Händen zu fühlen ist, ob dieser Zeitpunkt bereits erreicht ist. Den Abschnitt bis zur Beendigung der Restquarzlösung bezeichnet man als *Rauhschmelze*. Alle späteren Vorgänge faßt man unter

dem Namen *Blankschmelze* oder auch *Feinschmelze* zusammen.

2.2.2.4 Läutern

Nach Beendigung der Rauhschmelze liegt eine sehr inhomogene Schmelze vor. Die auftretenden SiO$_2$-Konzentrationen reichen von der Sättigungskonzentration bis wenigstens zur SiO$_2$-Konzentration in dem angestrebten Glas. Die Schmelze ist stark mit Blasen durchsetzt.

Diese Blasen enthalten Reaktionsgase aus den Gemengereaktionen und evtl. Reste der vom Gemenge eingebrachten Hohlraumluft. Sie sind z. T. sehr klein, da zu Beginn der Restquarzlösung die Gaslöslichkeit in der Schmelze mit dann noch niedrigerem SiO$_2$-Gehalt größer ist als in der zu Beginn der Läuterung vorliegenden Schmelze mit nun höherem SiO$_2$-Gehalt. Darum können sich schon gelöst gewesene Gase während der Restquarzlösung wieder ausscheiden. Sehr kleine Blasen können infolge ihrer geringen Aufstiegsgeschwindigkeit die Schmelze nicht in vertretbarer Zeit verlassen. Sie müssen also entweder resorbiert werden oder bis zu einer akzeptablen Größe wachsen.

Blasenwachstum setzt eine *Übersättigung* (siehe S. 72) der Schmelze mit gelösten Gasen voraus. Da in kleinen Blasen als Folge des Krümmungsdrucks ein größerer Druck herrscht als in großen Blasen, ist es denkbar, daß Blasen mit einem Radius über einem *kritischen* Radius r_k (siehe S. 67) wachsen, während kleinere Blasen mit r < r_k resorbiert werden. Je höher die Übersättigung der Schmelze ist, um so kleiner ist r_k. In den Bereich der Gasübersättigung kann man auf verschiedene Weise gelangen:

– Man kann sich aus dem Abschnitt Rauhschmelze noch in diesem Gebiet befinden. Das setzt hinreichend kleine Desorptionsgeschwindigkeit oder hinreichend große Erniedrigung der Gaslöslichkeit während der Restquarzlösung voraus.

– Eine während der Rauhschmelze nicht bis zum Gleichgewichtszustand abgelaufene gasbildende Reaktion kann zu ständiger Erneuerung der Gasübersättigung führen.

– Eine Temperaturerhöhung kann zu einer Verschiebung des chemischen Gleichgewichts einer (evtl. bereits zum Stillstand gekommenen) gasbildenden chemischen Reaktion in die

Richtung erneuter Übersättigung führen (Verringerung der chemischen Löslichkeit).

Zur Realisierung der für das Blasenwachstum während der Läuterung notwendigen Gasübersättigung setzt man dem Gemenge geeignete *Läutermittel* zu und stellt die maximale Prozeßtemperatur nach Abschluß der Restquarzlösung ein. Die *Blasenwachstumsgeschwindigkeit* in ordnungsgemäß läuternden Schmelzen ist

- zeitunabhängig,
- größenunabhängig,
- temperaturabhängig und
- konzentrationsabhängig [61].

Die *Steiggeschwindigkeit* einer Blase vom Radius r in einer Flüssigkeit der Dichte ϱ und der Viskosität η läßt sich nach

$$w = \frac{g\,r^2\,\varrho}{3\,\eta} \qquad (133)$$

berechnen. Hierin ist g die Erdbeschleunigung. Mit den Werten $\eta = 10$ Pa s und $\varrho = 2{,}4$ g cm^{-3} ergeben sich für

r = 3 mm: w = 430   mm min^{-1}
r = 0,3 mm: w = 260   mm h^{-1}
r = 0,03 mm: w =   2,6 mm h^{-1}

Unabhängig von den speziellen Umständen und Bedingungen bei der realen technischen Schmelze erkennt man an diesem Zahlenbeispiel doch, daß die Blasen im Glas von der Größenordnung Millimeter sein müssen, um in Stunden die Schmelze verlassen zu können.

Die von NĚMEC [61] nachgewiesene Unabhängigkeit der Blasenwachstumsgeschwindigkeit von der Blasengröße bei ordnungsgemäß läuternden Schmelzen spricht dafür, daß Läuterblasen als starre Kugeln angesehen werden können. Mit der Steiggeschwindigkeit und der sich aus für hinreichend große Werte von Re · Sc ergebenden Beziehung

$$Sh = (Re \cdot Sc)^{\frac{1}{3}} \qquad 134$$

folgt gerade die Unabhängigkeit der Blasenwachstumsgeschwindigkeit von der Blasengröße.

Die Aufgabe der Läuterung besteht also darin, die am Ende der Rauhschmelze noch vorhandenen Blasen bis auf die Größe einiger Zehntel Millimeter zu vergrößern. Das muß auch für die kleinsten Blasen gewährleistet sein, damit auch

diese die Schmelze verlassen. Für gute Läuterung ist also erforderlich, eine ausreichend große Blasenwachstumsgeschwindigkeit zu garantieren. Bei zu geringer Übersättigung wird das Blasenwachstum stagnieren, d. h. die Schmelze wird nicht blasenfrei. Bei sehr niedriger Temperatur werden Blasen kleiner, wenn Blaseninhalt von der Schmelze resorbiert werden kann. Das ist z. B. für Sauerstoffbläschen in arsenhaltiger Schmelze nachgewiesen [63].

Läutern mit Oxiden polyvalenter Elemente

Bei der *Arsenik-Nitrat-Läuterung* dient das Nitrat (meist Kalisalpeter, KNO$_3$) nicht, wie meist angenommen wird, zur Oxidation des Arseniks zum Arsenpentoxid nach der Gleichung

$$5\,As_2O_3 + 4\,KNO \rightarrow \\ 5\,As_2O_5 + 2\,K_2O + 2\,N_2 \qquad (135)$$

Vielmehr findet auch ohne Anwesenheit von Nitrat eine Reaktion mit Karbonat zunächst zum Arsenit (bis 350 °C) und dann zum Arsenat (bis 600 °C) statt [62]. Diese Umsetzung vollzieht sich zusammen mit den anderen Gemengereaktionen während der Erwärmung bis 900 °C. Das Nitrat scheint keine andere Funktion zu haben, als die die Oxidation des Arsens störenden reduzierenden Bestandteile des Gemenges beizeiten zu beseitigen. Jedenfalls ist in der Schmelze Arsen zunächst fünfwertig. In der Glasschmelze verschiebt sich bei wachsender Temperatur über 1 000 °C das chemische Gleichgewicht

$$As_2O_5 \rightleftarrows As_2O_3 + O_2 \qquad (136)$$

zur rechten Seite. Der frei werdende Sauerstoff dient als *Läutergas*. Die nach Beendigung der Läuterung vorgenommene Abkühlung kann wegen der dann eintretenden Gleichgewichtsverschiebung nach links zu einer Resorption kleiner Sauerstoffbläschen führen. Dabei entsteht wieder As$_2$O$_5$.

Der Chemismus der *Antimonoxid-Läuterung* entspricht in allen Einzelheiten der Arsenik-Nitrat-Läuterung.

In ähnlicher Weise wird bei Spezialgläsern Ceroxid als Läutermittel verwendet. Man kann auch erwarten, daß Eisenoxid und Chromoxid als Läutermittel wirken können, aber normalerweise dürften die auftretenden Konzentrationen zu klein sein.

Zum besseren Verständnis der Läuterung mit Oxiden polyvalenter Elemente sei an die auf S. 74 dargestellten Zusammenhänge erinnert.

Danach besitzt die Schmelze aufgrund ihrer Entstehungsgeschichte (Schmelzvergangenheit) ein bestimmtes Ionenverhältnis des benutzten polyvalenten Elements. Wegen der Temperaturabhängigkeit der Gleichgewichtskonstanten der Redoxreaktion steigt der Gleichgewichts-Sauerstoffpartialdruck der Schmelze mit wachsender Temperatur. Bei der zur Läuterung vorgesehenen Temperatur muß der Gleichgewichts-Sauerstoffpartialdruck der Schmelze über dem Sauerstoffpartialdruck in der Blase liegen, wenn sie denn wachsen soll. Bei ordnungsgemäßer Läuterung sollte ja auch eine anfangs sehr kleine Blase auf Millimetergröße wachsen. Eine solche Blase enthält am Ende fast nur Sauerstoff. Vereinfachend wollen wir annehmen, daß der Sauerstoffpartialdruck in dieser Blase am Ende rund 1 bar beträgt. Für ordnungsgemäße Läuterung (d. h. für ausreichendes Wachstum auch der kleinsten Blasen) muß der Gleichgewichts-Sauerstoffpartialdruck der Schmelze bei der Läutertemperatur größer als 1 bar sein, um das Blasenwachstum auch reiner Sauerstoffblasen zu sichern. Bei einem Gleichgewichts-Sauerstoffpartialdruck von mehr als 1 bar muß man allerdings auch mit spontaner Blasenbildung rechnen [63], wenigstens, wenn Blasenkeime in der Schmelze vorhanden sind, die auch aus der Übersättigung der Schmelze mit anderen Gasen als Sauerstoff herrühren können.

Für ordnungsgemäße Läuterung muß aber noch eine zweite Bedingung erfüllt sein. Die Gasübersättigung darf während der ganzen Läuterzeit nicht wesentlich abfallen. Das setzt voraus, daß das zum Blasenwachstum benötigte Gasvolumen ohne wesentlichen Abfall des Gleichgewichts-Sauerstoffpartialdrucks der Schmelze aus ihr freigesetzt werden kann. Und das wiederum setzt voraus, daß die Konzentration des zur Läuterung benutzten polyvalenten Elements groß genug ist, und daß das Ionenverhältnis nicht zu sehr von 1 verschieden ist. Abb. 40 zeigt die prinzipielle Abhängigkeit des COD der arsenhaltigen Schmelze vom dekadischen Logarithmus des Ionenverhältnisses. Eine Verkleinerung des Ionenverhältnisses um z. B. den Faktor 10 kann mehr als die Hälfte der gesamten disponiblen Sauerstoffmenge freisetzen, wenn das Ionenverhältnis von 3,16 auf 0,316 sinkt. Nur bei Ionenverhältnissen um 1 können endliche Mengen Sauerstoff

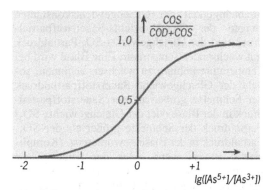

Abb. 40 Zusammenhang zwischen dem Ionenverhältnis eines polyvalenten Elementes (Arsen) und der möglichen Sauerstoffaufnahme bis zur vollständigen Oxidation der Schmelze

bei nur geringer Absenkung des Gleichgewichts-Sauerstoffpartialdrucks aus der Schmelze abgegeben werden.

Zusammenfassend sei nochmals festgestellt:

1. Zu jedem dieser Läutermittel gehört eine notwendige Mindestkonzentration.

2. Zu jedem dieser Läutermittel gehört eine optimale Redoxeinstellung des Gemenges, um in der Schmelze zu einem Ionenverhältnis in der Nähe von 1 zu gelangen.

3. Zu jedem dieser Läutermittel gehört eine optimale Läutertemperatur [64], bei der ein Gleichgewichts-Sauerstoffpartialdruck über 1 bar erreicht wird.

Die Auswahl des Läutermittels hat also nach der beabsichtigten Läutertemperatur zu erfolgen.

Läutern mit Sulfat:

Bei der *Sulfatläuterung* wird dem Gemenge Na_2SO_4 (oder ein anderes Sulfat) als Läutermittel zugesetzt. Im Maße seiner Löslichkeit (siehe S. 75) befinden sich Na_2SO_4 und Na_2S dadurch gelöst in der Schmelze. Ein nicht löslicher Überschuß von Na_2SO_4 befände sich als Salzschmelze (Sulfatgalle) auf der Glasschmelze.

Hat die Schmelze infolge des vorausgegangenen Einschmelzens einen bestimmten Sulfatgehalt und einen bestimmten Sulfidgehalt, so hat sie bei jeder Temperatur einen bestimmten Gleichgewichts-Sauerstoffpartialdruck nach Gleichung und einen bestimmten Gleichgewichts-SO_2-Partialdruck nach Gleichung. Infolge der Temperaturabhängigkeit der Gleichgewichtskonstanten steigen der Gleichgewichts-Sauerstoffpartialdruck und der Gleichgewichts-SO_2-Partialdruck mit wachsender Temperatur. Eine Blase wird bei Temperaturerhöhung zu wachsen beginnen, sobald der Gleichgewichts-Sauerstoffpartialdruck der Schmelze größer als der Sauerstoffpartialdruck in der Blase oder der Gleichgewichts-SO_2-Partialdruck der Schmelze größer als der SO_2-Partialdruck in der Blase geworden ist. (Komplizierter ist es, wenn eines der beiden Gase resorbiert wird, während das andere desorbiert wird.) Befriedigende Läuterung ist nur zu erwarten, wenn O_2 oder SO_2 gegen einen Blaseninnendruck von 1 bar aus der Schmelze in die Blase übergehen können (ggf. muß wenigstens die Summe beider Gleichgewichts-Partialdrucke größer als 1 bar sein).

Bei der Sulfatläuterung kann nicht Sauerstoff das alleinige Läutergas sein: Dann würde eine funktionierende Läuterung ein Ionenverhältnis des Schwefels nahe bei 1 verlangen, das nur unter extrem reduzierenden Bedingungen im Gemenge zu erreichen ist. SO_2 ist als alleiniges Läutergas denkbar: Bei konstantem Sulfat-Sulfid-Verhältnis müßte das SO_2 aus der Reaktion zwischen Sulfat und Sulfid produziert werden. Diese Konstellation ist zu erreichen durch das konstante Sulfat-Sulfid-Verhältnis von 3 : 1. Auch das ist nur mit einem stark reduzierend eingestellten Gemenge zu schaffen. Dieser Fall ist aber ein realistischer, er tritt bei der Schmelze von Braunglas und bei der Herstellung der Farbe *feuille morte* auf.

Sulfatläuterung mit oxidierenden und weniger reduzierenden Bedingungen im Gemenge findet also immer mit gleichzeitiger Beteiligung von O_2 und SO_2 als Läutergas statt.

Der Einsatz von Natriumsulfit Na_2SO_3 anstelle von Natriumsulfat wie auch der Einsatz von Kohle neben Sulfat, sogar das Einblasen von SO_2 in die Schmelze führen zu einer Verbesserung der Läuterung von Schmelzen aus nicht zu stark reduzierend eingestellten Gemengen [65]. Das bewirkt ein kleineres Sulfat-Sulfid-Verhältnis in der Schmelze und damit eine Bevorzugung des SO_2 als Läutergas.

Kochsalzläuterung beruht auf einer homogenen Auflösung des dem Gemenge zugesetzten NaCl in der Schmelze und seiner allmählichen Verdampfung in die Blasen.

Die *Flußspatläuterung* benutzt folgende Reaktion:

$$2\ CaF_2 + SiO_2 \rightarrow 2\ CaO + SiF_4 \qquad (137)$$

SiF_4 wirkt als Läutergas. Die Reaktionsgeschwindigkeit ist klein genug, um auch nach Abschluß der Rauhschmelze auf diese Weise läutern zu können. Bei Überdosierung kann während der Abkühlung zum Zwecke der Formgebung die CaF_2-Löslichkeit überschritten werden, so daß dann u. U. eine Trübung des Glases entsteht. Wie Flußspat wirken auch andere Fluoride, z. B. Natriumhexafluorosilikat Na_2SiF_6 als Läutermittel.

Die meisten Läutermittel haben noch weitere Wirkungen im Schmelzprozeß. Einige werden als *Schmelzbeschleuniger* angesehen, beispielsweise Sulfat.

Üblicherweise wird Na_2SO_4 benutzt, bei alkalifreien Gläsern werden auch $BaSO_4$ oder $(NH_4)_2SO_4$ eingesetzt. Man orientiert auf 0,3 bis 0,5 % SO_3 im Glas (aus Gemenge), so daß 0,5 bis 1,4 kg Na_2SO_4 auf 100 kg Glas erforderlich sind. Sulfatzugabe in dieser Größenordnung verkürzt die für die Restquarzlösung benötigte Zeit vor allem gegen Ende dieses Vorgangs. Das wird durch die oberflächenaktive Wirkung des SO_3 erklärt, wodurch Zusammenballen und Aufschwimmen der SiO_2-Körner verhindert werden sollen.

Die Wirkung von Flußspat (CaF_2) ist umstritten. Einerseits strebt man Fluorgehalte im Glas von 0,2 bis 1 % zur Beschleunigung der chemischen Reaktionen im Gemenge an, andererseits wird angegeben, daß sulfatfreie fluorhaltige Schmelzen aufschwimmende SiO_2-Körner und langwierige Restquarzlösung zeigen.

Für die überwiegend geschmolzenen Alkali-Erdalkali-Silikatgläser wird meistens der gleichzeitige Einsatz von Flußspat, Natriumsulfat und Kalisalpeter empfohlen. Es muß aber beachtet weren, daß hierbei Kalisalpeter nicht als Läutermittel angesehen werden darf. Sein Einsatz erfolgt hier wegen seiner Wirkung als Schmelzbeschleuniger (frühzeitige Bildung einer Schmelzphase).

Die Festlegung der Läutermittelmenge muß unter Berücksichtigung aller ihrer Auswirkungen erfolgen. Die in den verschiedenen Betrieben für unterschiedliche Gläser gesammelten Erfahrungen sind nicht einheitlich. Richtwerte S. 56.

Zur Vergrößerung der Blasen tragen außer der durch die mit den Läutermitteln hervorgerufenen Gasübersättigung noch folgende Erscheinungen bei:

- Vereinigung miteinander kollidierender Blasen *(Koaleszenz)*
- Zunahme des Blasenvolumens durch steigende Temperatur nach den Gasgesetzen
- Zunahme des Blasenvolumens durch fallenden Druck beim Aufsteigen der Blasen nach den Gasgesetzen.

Die durch das Aufsteigen der Blasen verursachten Strömungen tragen wesentlich zur Homogenisierung der Schmelze bei (siehe S. 84).

Läuterschwierigkeiten äußern sich in der Praxis entweder in Form weniger einzelner Blasen oder in Form sehr vieler sehr kleiner Blasen, sogenannter *Gispen*. Das Beheben solcher Störungen verlangt Erfahrung, weil sowohl Mangel als auch Überschuß an Läutermitteln zu Blasen führen kann. Außerdem können Blasen im Glas vielfältige andere Ursachen haben und müssen keineswegs immer auf Fehler der Läuterung zurückzuführen sein.

Blasige und auch gispige Scherben können durchaus wieder eingesetzt werden, wenn man den Läutermittelzusatz nicht nur für den Gemengeanteil, sondern auch für den Scherbenanteil bemißt. Nur extrem gispige Scherben, die infolge der hohen Gispenzahl trüb aussehen, sollte man besser nicht wieder verwenden.

Wenig untersucht ist die Rolle der Blasenkeimbildung während der Läuterung. Sicher ist die Blasenkeimbildungsgeschwindigkeit nicht Null, so daß man während der Läuterung auch mit einer gewissen geringen Blasenneubildung rechnen muß, die natürlich völlig unerwünscht ist. Das bedeutet aber, daß ein Glas nie ideal blasenfrei sein könnte – oder man müßte die Schmelze lange bei niedrigerer Temperatur abstehen lassen.

Sicher findet Blasenkeimbildung an Fremdkeimen statt, das kann Feuerfestmaterial, insbesondere an scharfen Kanten sein, aber natürlich sind auch sich auflösende Restquarzkörner Fremdkeime für eine ständige Blasenneubildung. Jedes Quarzkorn hat wenigstens eine Blase, unter Umständen kann ein Sandkorn mit seiner Blase, falls sie groß genug ist, wie in einer Ballonfahrt aufsteigen und so aufschwimmen. Dieser Effekt ist an der Bildung von *Pelz* beteiligt. Man muß damit rechnen, daß das letzte sich auflösende Quarzkorn die letzte durch die Läuterung zu entfernende Blase liefert.

Aus dem Glasschmelzsand sollte etwa vorhandenes Grobkorn abgesiebt werden. Wenn es schon nicht als Steinchen im Glas verbleibt, so verursacht es womöglich eine Blase im Erzeugnis.

2.2.2.5 Abstehen

Das mit Abschluß der Läuterung blankgeschmolzene Glas muß bis zur Verarbeitung eine gewisse Zeit abstehen. Das ist schon deshalb erforderlich, weil die Verarbeitung des Glases in fast allen Fällen mehrere 100 K unter der Läutertemperatur erfolgt. Da für die Verarbeitung auch gute Temperaturhomogenität vorliegen soll, dauert dieser Abkühlvorgang u. U. mehrere Stunden. Das Abkühlen des Glases auf die Verarbeitungstemperatur und den Ausgleich der Temperaturunterschiede zählt man heute zusammen mit den geometrischen Vorbereitungen auf die Formgebung meist zur *Konditionierung*.

Trotzdem scheint es gerechtfertigt zu sein, das Abstehen als letzten Prozeß des Schmelzens aufzufassen. Es finden während dieser Zeit sicher noch Vorgänge statt, die die Qualität der Glasmasse beeinflussen. Letzte Läutergasgispen können resorbiert werden, und Konzentrationsunterschiede können durch die Diffusion verringert werden.

2.2.2.6 Homogenisieren

Selbst ein äußerlich blankes Glas ohne kristalline Schmelzrelikte und ohne Blasen ist mehr oder weniger inhomogen. Solche Inhomogenitäten in Gläsern sind immer faden- oder schichtenförmig, man bezeichnet sie als *Schlieren*. Ihre Entstehung kann in folgender Weise erklärt werden:

Die in Glasschmelzen auftretenden Strömungen sind laminare, d. h. Schichtenströmungen. In Glasschmelzen gibt es infolge der hohen Viskosität und der deshalb kleinen REYNOLDS-Zahl keine turbulenten Strömungen. Diese Feststellung widerspricht scheinbar dem Vorhandensein von Strömungswalzen in Schmelzgefäßen. Tatsächlich ist aber die laminare Strömung keinesfalls drehungsfrei. Strömungen in Glasschmelzen sind stets Schichtenströmungen ohne Quervermischung der aneinander vorbeigleitenden Schichten.

In Abb. 41 ist zur Veranschaulichung der Homogenisierung der Schmelze ein zunächst würfelförmiges Volumen dargestellt, dessen Verformung im laminaren Strömungsfeld diskutiert werden soll. Die Geschwindigkeit soll die

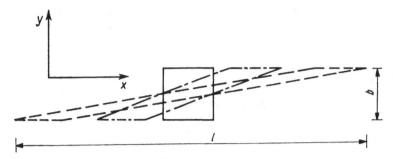

Abb. 41 Verformung von Inhomogenitäten in der laminaren Strömung (Bildung von Schlieren)

x-Richtung haben und sich nur in der y-Richtung verändern. Das zunächst würfelförmige Volumen verformt sich in dieser Strömung zu einem Parallelepiped. Seine Höhe b bleibt unverändert, aber seine Ausdehnung l in x-Richtung nimmt ständig zu. Das betrachtete Volumenelement wird also in Strömungsrichtung immer länger. Dabei wird aber die kleinste Abmessung des Volumens quer dazu im gleichen Verhältnis verkleinert.

Aus dieser Überlegung erkennen wir: Durch die Strömungen werden Inhomogenitäten zu flächen- und fadenförmigen Gebilden, den sog. Schlieren ausgezogen. Diese Schlieren sind um so dünner und länger, je größer das Geschwindigkeitgefälle war, in dem sie entstanden sind, und je länger sie sich in diesem Geschwindigkeitgefälle aufhielten. Bei komplizierten Strömungswegen im Schmelzgefäß ist die Schmelze mit *Knäueln* von Schlieren durchsetzt.

Das hat für den Konzentrationsausgleich durch Diffusion große Bedeutung, weil sich quer zur Schliere die Diffusionswege stark verkürzen. Trotzdem ist die Schlierigkeit für Gläser eine so typische Erscheinung, daß selbst in sehr gut homogenisierten Gläsern Schlieren nachgewiesen werden können, wenn man nur eine ausreichend empfindliche Nachweismethode benutzt. Je feiner eine Schliere durch die Strömung ausgezogen ist und je früher vor der Entnahme aus dem Ofen dies geschieht, um so kleiner ist ihr Konzentrationsunterschied gegen ihre Umgebung. Sehr spät in die Schmelze gelangte Inhomogenitäten verursachen scharf begrenzte auffällige Schlieren im Erzeugnis. Frühzeitig entstandene Schlieren sind unscharf und verwaschen.

Für die Strömungen, die für die *Homogenisierung* der Glasmasse im technischen Schmelzprozeß von Bedeutung sind, muß man die folgenden Ursachen nennen:

- Durch horizontale Temperaturunterschiede im Glasbad kommt eine freie Konvektion zustande. Sie hat in modernen, thermisch gut isolierten Schmelzöfen geringere Bedeutung für die Homogenisierung, da in ihnen die Temperaturgradienten in der Schmelze nur klein sind.

- Durch das Aufsteigen der Läuterblasen wird eine erzwungene Konvektion hervorgerufen. Beim Aufsteigen der Blasen wird Flüssigkeit mit nach oben transportiert (durch die Kopfströmung und durch die Nachlaufströmung). Dabei treten in unmittelbarer Nähe der Blasen sehr große Geschwindigkeitsgefälle auf. Dadurch zieht jede aufsteigende Blase einen Faden hinter sich her, der konzentrisch aus allen durchfahrenen Glasschichten zusammengesetzt ist. In Abb. 42 ist dies zu erkennen. Es leuchtet ein, daß die große Zahl der Läuterblasen von großem Einfluß auf die Homogenisierung ist. In diesem Sinne wird die Homogenisierung gelegentlich sogar mit zur Läuterung gezählt.

- Das Aufsteigen von Luftblasen, die duch den Boden des Schmelzgefäßes in das Glas geblasen werden (Bubbling), kann man erzwungene Konvektion erzeugen.

- Eine durch Werkzeuge (Rührer) erzwungene Konvektionsströmung hat nur in speziellen Fällen praktische Bedeutung (vor allem für die

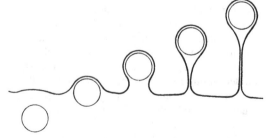

Abb. 42 Verformung einer horizontalen Schicht durch aufsteigende Blasen

Herstellung optischen Glases). Wegen der Problematik geeigneter Rührermaterialien wird in diesen speziellen Fällen nicht bei den höchsten Prozeßtemperaturen gerührt, sondern bei möglichst niedrigen Temperaturen unmittelbar vor der Verarbeitung, d. h. vor dem Gießen oder vor der Formgebung.

Da die Glasherstellung immer die Herstellung eines möglichst homogenen Glases zum Ziel hat, spielt die Homogenisierung im Herstellungsprozeß eine wichtige Rolle. COOPER nennt den ganzen Glasherstellungsprozeß einen Homogenisierungsprozeß [66], weil aus dem heterogenen Rohstoffgemenge ein homogenes Glas herzustellen ist. In diesem Sinne setzt sich die gesamte vorzunehmende Homogenisierung aus zwei deutlich unterscheidbaren Anteilen zusammen: der auf Strömung und Diffusion beruhenden Homogenisierung im Ofen einerseits und der vor dem Einlegen des Gemenges in den Ofen durchzuführenden Homogenisierung im Gemenge andererseits. Darum ist die Homogenität des fertigen Glases maßgeblich durch die Sorgfalt und den Aufwand bei der Vorbereitung der Rohstoffe und der Herstellung der Gemenge mitbestimmt.

Leicht zu verstehen ist dieser Zusammenhang für die *Feinheit und Gleichmäßigkeit der Verteilung der Rohstoffe* im Gemenge. Ganz ähnlich wirken sich aber *zeitliche Veränderungen des Einlegeguts* aus: Jedes Schmelzaggregat bietet dem Glas eine endliche Verweilzeit. Kontinuierlich betriebene Schmelzaggregate haben eine Verweilzeitverteilung, die bis zu recht großen Verweilzeiten, bis zu mehreren Tagen oder auch Wochen reicht. Verändert sich die Zusammensetzung des Einlegeguts mit der Zeit, so bedeutet dies das gleichzeitige Vorhandensein unterschiedlicher Glaszusammensetzungen im Glasschmelzofen örtlich nebeneinander. Sie stammen aus Einlagen in einem Zeitbereich, der so groß ist wie die maximale Verweilzeit. Die Strömungen verteilen diese Konzentrationsunterschiede schlierenförmig, sie werden schließlich durch die Diffusion abgebaut, wenn sie fein genug ausgezogen sind. So belasten zeitliche Änderungen der Zusammensetzung des Einlegeguts die Homogenisierungsleistung des Schmelzaggregats und verschlechtern die Homogenität des fertigen Glases. Leider sind die Homogenisierungsvorgänge in Glasschmelzöfen nicht ausreichend untersucht, so daß keine quantitative Bewertung der Öfen bezüglich der Homogenisierung möglich ist.

Der Vollständigkeit halber sei erwähnt, daß Schlieren und Knoten im Glas auch aus der Auflösung von Feuerfestmaterial herrühren können.

2.2.3 Theoretischer Wärmebedarf

Erwärmt man das Gemenge der Rohstoffe j von der Temperatur T_1 auf die Temperatur T_R, bei der Umwandlungen oder Reaktionen l mit der Enthalpieänderung $R_l(T_R)$ ablaufen, und erwärmt man die Reaktionsprodukte weiter auf die Temperatur T_2, so ist die bei diesem Vorgang insgesamt auftretende Enthalpieänderung [67]

$$\Delta H_{12} = \sum_j m_j \int_{T_1}^{T_R} c_{pj} dT + \sum_l R_l(T_R) + \sum_k m_k \int_{T_R}^{T_2} c_{pk} dT \quad (138)$$

Hierin sind die c_{pj} die spezifischen Wärmekapazitäten der einzelnen Rohstoffe und die c_{pk} die der Reaktionsprodukte. Die beim Einschmelzen entstehenden Reaktionsgase zählen mit zu den Reaktionsprodukten.

Der *KIRCHHOFFsche Satz* drückt aus, daß es energetisch gleichwertig ist, ob man die Rohstoffe von T_1 auf T_R erwärmt und dann reagieren läßt oder ob man die Rohstoffe bei T_1 reagieren läßt und die Reaktionsprodukte anschließend auf T_R erwärmt:

$$\sum_j m_j \int_{T_1}^{T_R} c_{pj} dT + \sum_l R_l(T_R) =$$

$$\sum_l R_l(T_1) + \sum_k m_k \int_{T_1}^{T_R} c_{pk} dT \quad (139)$$

Damit vereinfacht sich die oben genannte Enthalpieänderung:

$$\Delta H_{12} = \sum_l R_l(T_1) + \sum_l m_k \int_{T_1}^{T_2} c_{pk} dT \quad (140)$$

Nach dem HESSschen Satz lassen sich die Umwandlungs- und Reaktions-Wärmetönungen R_l durch die Bildungsenthalpien der Rohstoffe und der Reaktionsprodukte darstellen:

$$\sum_l R_l(T_1) = \sum_k B_k(T_1) - \sum_j B_j(T_1) \quad (141)$$

Damit wird schließlich

$$\Delta H_{12} = \sum_k B_k(T_i) - \sum_j B_j(T_1) + \sum_k m_k \int_{T_1}^{T_2} c_{pk} dT \quad (142)$$

Um die Enthalpieänderung im konkreten Fall berechnen zu können, benötigt man also die folgenden Daten:

- Bildungswärmen der Rohstoffe
- Bildungswärme des Glases
- Bildungswärmen der Reaktionsgase
- spezifische Wärmekapazität des Glases
- spezifische Wärmekapazität der Reaktionsgase.

Die Bildungswärmen der verschiedenen Gläser sind nicht oder nicht sehr genau bekannt. Ihre Ermittlung stößt auch auf Schwierigkeiten. Zwar lassen sich die Enthalpien für Modifikationsänderungen und die chemischen Umwandlungen ermitteln, aber die verschiedenen Lösungswärmen und Mischungswärmen sind unbekannt.

Deshalb gelingt die Berechnung von ΔH_{12} nur näherungsweise, und man kann die Qualität der erhaltenen Näherungswerte nur schlecht beurteilen.

Man kann aus dieser Überlegung leicht folgende Kenngrößen gewinnen:

$$q_R = \frac{\sum_k B_k(T_1) - \sum_j B_j(T_1)}{m_0} \qquad (143)$$

Dies ist als die spezifische Reaktionsenthalpie (bezogen auf die Menge m_0 erschmolzenen Glases) zu bezeichnen. q_R gibt den theoretischen Wärmebedarf für den isotherm bei T_1 stattfindenden Prozeß an. Es kann keinen realen Prozeß geben, dessen Energieverbrauch kleiner als q_R ist.

Weiter läßt sich definieren

$$q_N = \frac{\sum_k B_k(T_1) - \sum_j B_j(T_1) + m_0 \int_{T_1}^{T_2} c_{pk} dT}{m_0} \qquad (144)$$

$$q_N = q_R + \int_{T_1}^{T_2} c_p dT \qquad (145)$$

Wir bezeichnen q_N als spezifische Nutzwärme. Dabei soll T_2 die Temperatur sein, mit der das Glas den Ofen verläßt (Entnahmetemperatur), und c_p soll die spezifische Wärmekapazität des Glases sein. Damit ist in q_N nur der Teil der fühlbaren Wärme enthalten, der mit dem heißen Glas den Ofen verläßt. Es muß aber darauf aufmerksam gemacht werden, daß im Schrifttum auch völlig andere Definitionen für die Nutzwärme angegeben werden.

Oft wird als theoretischer Wärmebedarf die Größe

$$q_T = \frac{\sum_k B_k(T_1) - \sum_j B_j(T_1) + \sum_k m_k \int_{T_1}^{T_{max}} c_{pk} dT}{m_0} \qquad (146)$$

verstanden. Hierin soll T_{max} die maximale Prozeßtemperatur sein. Hier wird allerdings vorausgesetzt, daß alle Reaktionsprodukte, d. h. das Glas ebenso wie die Reaktionsgase, während des Prozesses diese Temperatur T_{max} erreichen. Das ist zwar nicht bei allen technischen Prozessen der Fall, aber wenn, dann charakterisiert q_T die Wärmemenge, die zunächst einmal für den Prozeß aufgebracht werden muß, wenn auch ein Teil davon nochmals im Prozeß genutzt werden kann.

Tabelle 23 enthält einige nach [68] berechnete Zahlenwerte. Ihnen liegen zwei Alkali-Erdalkali-Silikatgläser (Wirtschaftsglas und Flachglas), ein als Geräteglas bezeichnetes Borosilikatglas und ein Bleikristallglas mit 19% PbO zugrunde.

Man erkennt zunächst, daß die spezifische Reaktionsenthalpie, die die größte Unsicherheit der Ermittlung enthält, wesentlich kleiner als die fühlbare Wärme des Glases ist. Auch die fühlbare Wärme der Reaktionsgase ist klein dagegen.

Die Nutzwärme hängt definitionsgemäß sehr stark vom speziellen Prozeß ab, weil die Glastemperatur des den Ofen verlassenden Glases eingeht. So beruhen die in Tabelle 23 angegebenen Werte für q_N darauf, daß Flachglas im FOURCAULT-Prozeß bei etwa 1 000 °C verarbeitet wird, während die Glastemperatur am Speisereintritt einer Wirtschaftsglaswanne rund 1 300 °C beträgt.

Ähnlich willkürlich ist auch die Annahme von 1 500 °C als maximale Prozeßtemperatur für die Berechnung des theoretischen Wärmebedarfs q_T. Diese Temperatur liegt in technischen Anlagen zwischen etwa 1 450 °C und 1 550 °C, und man trachtet im Interesse der Intensivierung des Schmelzprozesses danach, bei noch höheren Temperaturen zu schmelzen.

Man erkennt an dieser Diskussion, daß man die Bedeutung und die Genauigkeit der Zahlenangaben für diese Kenngrößen nicht überbewerten darf. Es sollen deshalb für die meistgeschmolzenen Gläser die folgenden Werte akzeptabel sein:

Spezifische Reaktionswärme $\qquad q_R \approx 0{,}6$ GJ t^{-1}
Nutzwärme $\qquad\qquad\qquad\qquad q_N \approx 2{,}0$ GJ t^{-1}
Theoretischer Wärmebedarf $\qquad q_T \approx 2{,}8$ GJ t^{-1}

Tabelle 23 Theoretischer Wärmebedarf in GJ t^{-1} nach KRÖGER

	Wirtschafts-glas	Flachglas	Geräteglas	Bleiglas
Spezifische Reaktionsenthalpie q_R	0,48	0,71	0,41	0,40
Fühlbare Wärme der Reaktionsgase (1 500 °C)	0,29	0,39	0,14	0,16
Fühlbare Wärme des Glases (1 500 °C)	1,85	1,84	1,70	1,69
Fühlbare Wärme des Glases (1 300 °C)	1,59	-	-	-
Fühlbare Wärme des Glases (1 000 °C)	-	1,19	-	-
Spezifische Nutzwärme q_N	2,07	1,90	-	-
Theoretischer Wärmebedarf q_T	2,62	2,94	2,25	2,25

[68] enthält eine Reihe von Daten, die man ggf. für eigene Rechnungen benötigt.

2.2.4 Schmelzöfen

Im Laufe der Entwicklung der Verfahren zum Glasschmelzen ist eine große Anzahl von Ofentypen entstanden. Gegenwärtig wird der größte Teil des produzierten Glases in kontinuierlich arbeitenden Öfen mit Tagesleistungen von 10 bis 200 t/d geschmolzen. Es gibt aber auch Wannen mit Schmelzleistungen von mehr als 700 t/d (Floatglas). Einen Teil der Spezialgläser, die nur in geringen Mengen benötigt werden, sowie manche Farbgläser und Bleikristallgläser, die manuell verarbeitet werden sollen, schmilzt man in periodisch arbeitenden Hafenöfen und Tageswannen. Als Energieträger werden Heizöl, Erdgas, Stadtgas und Elektroenergie eingesetzt. Die mit fossilen Brennstoffen beheizten Anlagen können sich grundlegend von den elektrisch beheizten Öfen unterscheiden.

Das Gemenge wird mit Einlegevorrichtungen oder -maschinen auf die Glasbadoberfläche aufgelegt und schwimmt darauf. Das Wannenbassin ist an der Einlegestelle meist besonders gestaltet. Der Einlegevorbau heißt auch Doghouse.

Die bei weitem überwiegende Menge des Glases wird in kontinuierlich betriebenen Wannenöfen hergestellt. *Wannenöfen* sind dadurch gekennzeichnet, da das Schmelzgefäß Bestandteil der Ofenkonstruktion ist. In der Regel besteht das *Bassin* oder *Wannenbecken* aus einem horizontalen mit Platten von feuerfestem Material beleg-

ten *Wannenboden* und den etwa 1 m hohen senkrechten *Bassinwänden*. Im Betrieb ist das Bassin randvoll mit Schmelze gefüllt. Das Bassin wird von einem *Oberofen überwölbt*.

Überwiegend verwendet man heute *zweiräumige* Wannen, bei denen das Bassin deutlich zweigeteilt ist, in eine sog. *Schmelzwanne* und eine sog. *Arbeitswanne* oder *Abstehwanne*. Die Schmelzwanne und die Arbeitswanne sind durch einen bodennahen rechteckigen Kanal, den sog. *Durchlaß* miteinander verbunden. Ausnahmsweise gibt es auch drei- und mehrräumige Wannenöfen.

Der Oberofen kann sich über einen oder mehrere Räume erstrecken. Ein Wannenofen mit nur einem ungegliederten Oberofen heißt *einhäusig*, unabhängig davon, ob dieser ungegliederte Oberofen einen oder mehrere *Räume* bedeckt. Viele Öfen sind aber zweiräumig und zweihäusig, d. h. die Schmelzwanne und die Arbeitswanne haben jede einen eigenen Oberofen.

Die Energiezufuhr aus Brennstoffen zur Schmelze erfolgt von oben her, die Flammen liegen über der Glasbadoberfläche. Liegen Brenneröffnung und Abzugsöffnung gegenüber, so daß die Flammen quer über der Glasbadoberfläche liegen, so spricht man von einem *Querflammenofen*. Liegen Brenner und Abzugsöffnung nebeneinander in der selben Oberofenwand, dann hat die Flamme die Form des Buchstaben U, solch ein Ofen wird *U-Flammenofen* genannt. Ist Brennstoffbeheizung das dominierende Beheizungsprinzip, so spricht man auch von einem *Herdofen,* in dem die Beheizung des Guts von oben über die sog. Herdfläche erfolgt. Grundsätzlich kann man natürlich auch mit elektrischen Heizelementen die Energiezufuhr von oben her vornehmen. Für die Beheizung mit Elektroenergie bietet sich aber auch die Verwendung von in der Glasschmelze befindlichen Elektroden an. Über sie wird der elektrische Strom direkt in die Glasschmelze eingespeist, die Stromwärme wird in der Schmelze entbunden, weil der Strom durch die Schmelze fließt.

Wannenöfen für periodischen Schmelzbetrieb heißen *Tageswannen*.

Als *Hafen* bezeichnet man Schmelzgefäße, die in einen Ofen eingesetzt oder eingetragen werden, die also beweglich und nicht fester Bestandteil des Ofens sind. Für das Schmelzen in Häfen bestimmte Öfen nennt man konsequenterweise Hafenöfen. Sehr kleine Schmelzgefäße, etwa unter 10 kg Inhalt sind *Tiegel*. Die entsprechenden Öfen heißen natürlich Tiegelöfen.

Größere brennstoffbeheizte Öfen besitzen fast immer Einrichtungen zur Wärmerückgewinnung aus dem Rauchgas. Traditionell wird mit Rauchgaswärme die dem Ofen zuzuführende Verbrennungsluft vorgewärmt. Die dazu verwendeten Wärmeübertrager sind *Regeneratoren* oder *Rekuperatoren*, erstere sind periodisch betriebene, letztere kontinuierlich betriebene Wärmetauscher. Seit einigen Jahren gewinnt die Rauchgaswärmenutzung zur Scherben- und Gemengevorwärmung Bedeutung.

Zu den Glasschmelzöfen gehören selbstverständlich auch Einrichtungen zur Zuführung der Medien und zur Abgasreinigung.

2.2.4.1 Ofenbau

Wannenbassin

Das Wannenbecken oder Wannenbassin nimmt die Glasschmelze auf. Es ist aus feuerfesten Steinen aufgebaut, die direkten Kontakt mit der Glasschmelze haben und von der Schmelze korrodiert werden. An den Kanten und Fugen der Zustellung ist der Glasangriff stärker als an den ebenen Flächen. Darum bevorzugt man für die Zustellung des Bassins möglichst großformatige Steine. Um horizontale Fugen zu vermeiden, sollte man möglichst *Palisaden* verwenden, nur bei sehr großer Tiefe des Bassins wird man man auf den Einsatz von *Ringlagen* angewiesen sein. Wannensteine werden ohne Mörtel aneinander

gestellt. Das erfordert gute Maßhaltigkeit und gute Oberflächenbeschaffenheit der Steine.

Der Wannenboden wird meist zweilagig hergestellt, die obere Lage besteht aus korrosionsbeständigem Material, die untere aus einem Material mit geringerer Wärmeleitfähigkeit.

Die Last des Bassins wird von einem *Wannenrost* aufgenommen, der von Säulen getragen wird. So bleibt der Raum unter der Wanne zugänglich. Wannenrost und Ankersäulen sind wichtige Teile der aus Stahl bestehenden *Verankerung*.

Die Glasschmelze dringt in die Fugen zwischen den Bassinsteinen und zwischen den Bodenplatten ein und erstarrt, wo die Temperatur der Steine ausreichend tief ist. Dadurch dichten sich die Fugen selbst ab. Wenn nur die Außenseite der Steine kalt genug ist, ist sogar eine Fuge von 1 cm Breite noch dicht. Man verwendet aber große Sorgfalt auf gut zusammenpassende Steine. Oft werden sie geschliffen und vor der Auslieferung probeweise aufgestellt. Das ist wichtig, weil Wannen außen eine Wärmedämmung erhalten, dadurch ist eine so niedrige Temperatur der Fugen nicht immer zu garantieren.

Die Höhe des Bassins, die dem Glasstand entspricht, richtet sich bei brennstoffbeheizten Wannen nach der Art der zu schmelzenden Gläser, vor allem nach der Färbung. In Grün- und Braunglaswannen ist der Glasstand wegen der stärkeren Absorption der Wärmestrahlung und der daraus folgenden schlechten Erwärmung der bodennahen Glasschichten geringer. Der Glasstand liegt zwischen 0,6 und 1,5 m, meist bei 1 m.

Bei vollelektrischen Wannen ist das Bassin im Prinzip ebenso aufgebaut wie bei brennstoffbeheizten. Sehr oft werden stabförmige Elektroden verwendet, die durch Bohrungen in den Wannensteinen in die Schmelze eingeführt werden. Wegen des hohen Verschleißes der Steine in Elektrodennähe werden dafür großformatige Steine verwendet. Natürlich hat die elektrische Leitfähigkeit der Steine bei hohen Temperaturen für die Auswahl des feuerfesten Materials große Bedeutung. Besonders beim Schmelzen alkaliarmer Gläser, deren elektrische Leitfähigkeit in der Nähe der Leitfähigkeit der häufig verwendeten schmelzflüssig gegossenen Steinen liegt, tritt ein beachtlicher Stromfluß auch in den Steinen auf. Dadurch werden die Steine aufgeheizt und die Korrosion vergrößert sich außerordentlich.

Der *Durchlaß* ist der Verbindungskanal zwischen Schmelz- und Arbeitswanne. Er befindet sich unterhalb des Glasspiegels am Boden, eventuell mit einer Stufe abgesetzt. Die Abmessungen des Durchlasses können zwar sehr verschieden sein, aber Breiten von 0,4 bis 0,8 m und Höhen von 0,2 bis 0,4 m mögen zur Vorstellung der Größenordnung brauchbar sein. Wegen der hohen Strömungsgeschwindigkeit und der hohen Temperatur der Glasschmelze im Durchlaß wird das Feuerfestmaterial vor allem auf der Einströmseite, d. h. der Schmelzwannenseite unter dem Deckstein stark angegriffen, dort ist der Einsatz hochwertigen Materials besonders wichtig. Abb. 43 zeigt einen Durchlaß vor Beginn der Wannenreise, Abb. 44 zeigt denselben Durchlaß nach der Wannenreise. Die Standzeit des Durchlaßdecksteins kann durch eine Auskragung auf der Schmelzwannenseite (sog. Opferstein) verlängert werden.

Durchlässe können von außen mit Luft gekühlt sein.

Skimmings sind seitliche Ausstülpungen des Wannengrundrisses vor dem Ende des Schmelzteils bei einräumigen Wannen, wie sie z. B. bei Flachglaswannen verwendet wurden. An den Wänden der Skimmings sinkt das sich dort abkühlende Glas nach unten. Dadurch strömt an der Badoberfläche Glas in die Skimmings. Eventuell auf der Glasbadoberfläche schwimmende Verunreinigungen werden so in die Skimmings befördert und können dort abgeschöpft werden.

Alle Wannenöfen besitzen im Boden oder in der Wand direkt am Boden eine für das Ablassen der Glasschmelze vorgesehene Öffnung. Sie ist natürlich während der Wannenreise verschlossen. Erst zur Reparatur des Bassins wird sie benötigt.

Abb. 43 Durchlaß. Der Durchlaßdeckstein wird möglichst ohne Fugen auf die Durchlaßseitensteine aufgelegt

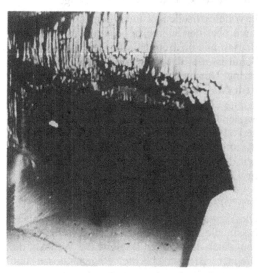

Abb. 44 Derselbe Durchlaß wie in Bild 43 von der Schmelzwanne her gesehen am Ende der Wannenreise

Oberofen

Der Oberofen besteht aus einem *Gewölbe* und den *Seitenwänden*. Bei brennstoffbeheizten Öfen enthält der Oberofen den Flammenraum. Diese Ofenteile sind am stärksten der Wirkung der Flammen ausgesetzt, sie müssen gute Beständigkeit gegen die strömenden Gase und gegen die verdampfenden und verstaubenden Gemengebestandteile haben.

Die Wände und das Gewölbe ruhen nicht auf dem Bassin, sondern werden von der *Verankerung* des Ofens getragen. Die Lasten werden durch senkrecht stehende Ankersäulen auf den Wannenrost übertragen, die Ankersäulen besitzen für die Oberofenseitenwand und für das Gewölbe separate Konsolen zur Aufnahme der Lasten des Mauerwerks. Die horizontalen Kräfte aus dem Schub des Gewölbes werden von Zugankern aufgenommen, die die Köpfe der Ankersäulen über dem Gewölbe miteinander verspannen.

Dieses Konzept der voneinander unabhängigen Lastaufnahme der drei Teile des Ofens gestatten es, bei Reparaturen das Bassin oder die Oberofenseitenwände auszuwechseln, ohne das Gewölbe abzureißen.

Die Gewölbe der Öfen werden aus sog. *Ganzwölbern*, das sind leicht keilige Steine, aufgebaut. Sie werden als *Stichbögen*, d. h. als Abschnitte von Kreisbögen ausgeführt. Gewölbe werden durch ihre *Spannweite* und ihren *Stich* (das Verhältnis der größten Gewölbehöhe zur Spannweite) charakterisiert. Der seitliche Gewölbeschub wird über speziell geformte *Widerlagersteine* auf die Verankerung übertragen.

Größere Gewölbe erhalten alle 3 bis 6 m eine Dehnungsfuge, die sich beim Tempern des Ofens schließt.

Bleibende Öffnungen im Oberofen, z. B. für Thermoelemente und Schaulöcher sind Schwachstellen, vor allem wenn aus ihnen Rauchgas austreten kann. Problemzone ist bei querbeheizten Wannen auch die Stelle zwischen Brennerwölber und Gewölbewiderlager.

In vollelektrischen Wannen liegen die Temperaturen über der Schmelze bei ordnungsgemäßem Betrieb nur im Bereich von 200 °C bis 300 °C. Somit ist die Beanspruchung des Steinmaterials gering. Dennoch muß der Oberofen aus feuerfestem Material bestehen, da bei der Inbetriebnahme einer vollelektrisch über Elektroden beheizten Glasschmelzanlage das Glas durch Brenner oder elektrische Heizelemente so weit erwärmt werden muß, bis die elektrische Leitfähigkeit des Glases groß genug für den zur direkten Erwärmung notwendigen Stromfluß ist.

Verankerung

Die *Verankerung* hat die Aufgabe, das Wannenbassin, die Seitenwände und das Gewölbe zu tragen. Auch die anderen Bauteile der Wannen, die Brenner, Brennerschächte, Regeneratoren und Rekuperatoren werden von der Verankerung zusammengehalten. Die wichtigsten Teile der Verankerung (Abb. 44) sind ein Rost aus Doppel-T-Trägern, der auf gemauerten oder betonierten Säulen liegt, die Ankersäulen, die an dem Rost befestigt sind und den Oberofen tragen und den Zugankern, die den Schub des Gewölbes aufnehmen. Die Wannensteine werden durch Andrückbolzen gegen die Ankersäulen gehalten. Sie müssen den Druck der flüssigen Glasmasse auf die Bassinwand aufnehmen. Zuganker und Andrückbolzen sind zum Nachstellen eingerichtet, um die Bewegungen durch Wärmedehnung des Feuerfestmaterials beim An-oder Abtempern ausgleichen zu können.

Wärmedämmung

Bei Wannen ohne zusätzliche Wärmedämmung betragen die Wandverluste 35 bis 60% der zugeführten Wärme. Die größten Verluste treten dabei im Bereich der Schmelzwanne auf, da dort die höchsten Temperaturen herrschen. Darum ist es besonders zweckmäßig, diese Bereiche mit einer *Wärmedämmung* zu versehen. Die Wärmestromdichte der Verluste von der Außenseite der Wand an die Umgebung ist

$$\dot{q} = k \, (T_\text{a} - T_\text{u}) \tag{147}$$

dabei ist k der Wärmeübergangskoeffizient, T_a die Wandoberflächentemperatur und T_u die Umgebungstemperatur. Es wird deutlich, daß die Oberflächentemperatur zur Verringerung der Wandverluste herabgesetzt werden muß.

Betrachten wir eine zweischichtige Wand, die aus dem Stein der Dicke l mit der Wärmeleitfähigkeit λ und einer Dämmschicht der Dicke l_s mit der Wärmeleitfähigkeit λ_s besteht und nehmen wir zunächst an, daß der Kontakt zwischen dem Stein und der Dämmschicht ideal sei. Wir bezeichnen noch die Innentemperatur des Steins am Glas mit T_i und die Temperatur der Kontaktfläche zwischen dem Stein und der Dämmschicht mit T_s. Nun gilt für die Wärmestromdichte des Wandverlusts nicht nur Gleichung (147), sondern auch

$$\dot{q} = \frac{\lambda}{l}(T_\text{i} - T_\text{s}) = \frac{\lambda_\text{s}}{l}\,(T_\text{s} - T_\text{a}) \tag{148}$$

Aus diesen drei Gleichungen lassen sich leicht folgende drei gewinnen:

$$\dot{q} = \frac{T_\text{i} - T_\text{u}}{\dfrac{1}{k} + \dfrac{l}{\lambda} + \dfrac{l_\text{s}}{\lambda_\text{s}}} \tag{149}$$

$$T_\text{a} = T_\text{u} + \frac{\dot{q}}{k} \tag{150}$$

$$T_\text{s} = T_\text{i} - \dot{q}\;\frac{l}{\lambda} \tag{151}$$

Sie sagen folgendes aus: Die Wärmestromdichte des Wandverlusts läßt sich durch Wärmedämmung senken. Je besser die Wärmedämmung ist, um so näher liegt T_a bei T_u und T_s bei T_i.

Wenn die Wärmedämmung durch Vorsetzen von sog. Isoliersteinen vorgenommen wird, ist der Kontakt zum Stein nicht ideal. Die dazwischenliegende Fuge bedeutet einen zusätzlichen Wärmewiderstand, d. h. noch bessere Wärmedämmung. Zwischen Stein und Dämmschicht gibt es einen Temperatursprung, aber auch eine noch höhere Steinoberflächentemperatur.

Letzten Endes verringert die Wärmedämmung nicht nur die Wandverluste, sondern sie vergrößert auch das Risiko für das feuerfeste Ofenmaterial. Eine gute Wanneisolierung setzt größte Sorgfalt bei der Bauausführung und beim Tempern und Betreiben des Ofens voraus, zumal hinter der Wärmedämmschicht keine visuelle Kontrolle der Steine möglich ist.

Man kann durch Wärmedämmung eine Senkung der Wandverluste auf etwa ein Drittel des ursprünglichen Werts erreichen.

Bei der Auslegung und Gestaltung der Verankerung muß berücksichtigt werden, daß die zusätzlichen Leichtsteinschichten der Isolierung ebenso mit getragen werden müssen. Die Ankersäulen und der Trägerrost für den Wannenboden müssen sich außerhalb der Isolierung befinden. Sonst besteht die Gefahr der Überhitzung und Deformation der Stahlteile.

Innerhalb isolierter Wannen treten kleinere Temperaturunterschiede auf. Im Glasbad steigen die Boden- und in geringem Maße auch die Wandtemperaturen.

Bei modernen Wannenöfen besteht das Bassin aus schmelzflüssig gegossenen Steinen mit guter Korrosionsbeständigkeit, aber hoher Wärmeleitfähigkeit.

Ihre Isolierung bringt erhebliche wärmetechnische und funktionelle Vorteile. Die Isolierung erfolgt meist in zwei Schichten, innen mit Schamotte, außen mit Schamotteleichtsteinen. Bei der Bassinisolierung ist wichtig, daß die Fugen der Palisadensteine möglichst schmal sind (Verwendung geschliffener Steine) und nicht mit wärmedämmendem Material verdeckt werden. Das verlangt, jeden Palisadenstein einzeln zu isolieren. Im Bereich der Glasspiegellinie, der sog. *Spülkante oder Schwappkante*, ist eine Kühlung mit Luft zur Verlangsamung der dort besonders intensiven Korrosion üblich. Diese Zone wird natürlich nicht isoliert. Der Wannenboden ist wegen seiner großen Fläche für die Höhe der Wandverluste besonders wichtig. Er wird meist dreischichtig ausgeführt, ganz unten befindet sich eine Schicht von Schamotteleichtsteinen, darüber eine Schicht gut maßhaltiger Schamottesteine (schmale Fugen!), die schließlich mit schmelzgegossenen Platten abgedeckt werden als eigentliche Verschleißschicht.

Durchlässe verbinden die Schmelzwanne und die Arbeitswanne, sie haben die Aufgabe, das Glas auf dem Weg von der Schmelzwanne in die Arbeitswanne abzukühlen. Richtig dimensionierte Durchlässe sind deshalb nicht isoliert.

Die Wärmedämmung für das Gewölbe wird meist erst im Verlaufe des Temperns des Ofens aufgebracht. Ihre unterste Schicht besteht aus Silikaleichtsteinen. Darüber können eine oder zwei Schichten Schamotteleichtsteine liegen. Meßlochsteine sollen von Wärmedämmung frei gehalten werden. Sehr wichtig ist, daß kein Gemengestaub in Fugen oder Spalten der Wärmedämmung des Gewölbes eindringen kann. Mit den Silikasteinen des Gewölbes könnten dünnflüssige Schmelzen entstehen, die das Silkamaterial schnell zerstören würden. Eine Abdeckung mit Aluminiumfolie kann dies verhindern. Auch bei Brennern, Brennerschächten, Regeneratoren und Rekuperatoren kann eine Wärmedämmung vorgesehen werden. Allerdings sind die Erfolge wegen der kleineren Temperaturen dieser Ofenteile geringer. Wie bei der Zustellung des Ofens überhaupt, so ist auch bei der Auswahl der Materialien für die Wärmedämmung darauf zu achten, daß Kontaktreaktionen zwischen den einzelnen Materialien vermieden werden.

Speiser

Speiser sind Vorrichtungen zwischen Ofen und Formgebungsmaschine, die der Maschine das geschmolzene und konditionierte Glas zuführen. In der Hohlglasindustrie und beim Rohrziehen dominieren Rinnenspeiser. Die Rinnen bestehen aus speziellen Formsteinen, die isoliert sind und von einem Stahltrog getragen werden. Die Speiserrinne ist abgedeckt und in aller Regel beheizt, direkt oder indirekt elektrisch oder mit Gasbrennern. Während Rinnenspeiser noch als konstruktiver Bestandteil des Ofens anzusehen sind, sind die Saugspeiser und die Kugelspeiser schon Verarbeitungsmaschinen, wie auch der die Speiserrinne abschließende Speiserkopf bei Tropfenspeisern.

Speiserrinnen werden oft auch als Vorherd bezeichnet. Diese Bezeichnung ist allgemeiner für jeglichen Ofenteil zwischen Arbeitswanne und Formgebungsmaschine zu verwenden.

Brenner

Glasschmelzöfen werden mit Gas, Öl, selten mit Kohlestaub beheizt. Diese Brennstoffe werden dem Feuerungsraum über spezielle Brenner zugeführt. Öl-und Staubbrenner sind so konstruiert, das die Verteilung des Brennstoffs im Brennraum durch Versprühen mit Druckluft gesichert wird. Die dazu aufgewendete Luftmenge reicht für die Verbrennung nicht aus, so daß die eigentliche Verbrennungsluft über viel größere Querschnitte dem Brennraum zu geführt werden muß. Dies geschieht über sog. Brennermäuler. Bei Öfen mit regenerativer Rauchgaswärmenutzung sind die Brennermäuler immer paarweise vorhanden. Jeweils ein Brennermaul dient als Rauchgasabzug, das andere für die Zufuhr der vorgewärmten Verbrennungsluft. Beide Brennermäuler eines Paares tauschen ihre Funktion ungefähr halbstündlich. Die Brennerlanzen, die den Brennstoff zuführen, können an unterschiedlichen Stellen durch die Wandungen des Brenners hindurchgeführt sein, man findet die Brennstoffeinspeisung unter der Brennerbank, durch die Brennerseitenwand oder durch die Brennerrückseite.

Erdgasflammen sind weitgehend strahlungsdurchlässig, sie leuchten und emittieren wenig, denn sie besitzen ein Linienspektrum. Den Wärmübergang durch Strahlung von der Flamme an die Glasbadoberfläche kann man bei solchen Brennstoffen verbessern, indem man die Mischung des Brenngases mit der Verbrennungsluft verzögert, dann können die im Gas enthaltenen Kohlenwasserstoffe bei hoher Temperatur Kohlenstoff abspalten. Die in der Flamme glühenden Kohlenstoffteilchen emittieren Festkörperstrahlung, d. h. ein kontinuierliches Spektrum. Zum gleichen Ergebnis wie diese Eigenkarburierung führt auch eine Zumischung von Öl zum Brenngas (Fremdkarburierung). Allzu „dichte" Flammen sind aber auch nicht erwünscht, weil die vom glühenden Gewölbe ausgehende Strahlung sonst das Glasbad nicht erreicht, sondern von der Flamme schon absorbiert wird.

Das Flammenbild und die Flammenlage sind für den Erfolg des Glasschmelzens kritisch. Die Projektierung, die Bauausführung und die Betriebsführung setzen Erfahrung und Sorgfalt voraus. Das Flammenbild ist regelmäßig zu kontrollieren.

Rekuperatoren

Rekuperatoren sind kontinuierlich arbeitende Wärmeübertrager zur Vorwärmung der Verbren-

nungsluft unter Ausnutzung von Rauchgaswärme. Beide Medien fließen durch Strömungswege des Rekuperators, die durch eine möglicht gut wärmeleitende Wand voneinander getrennt sind.

Es gibt eine große Zahl verschiedener Bauformen. Keramische Rekuperatoren besitzen aufgrund der notwendigen Wanddicke der Spezialsteine oder Spezialrohre und wegen ihrer geringen Wärmeleitfähigkeit eine größere Heizfläche und damit deutlich größere Abmessungen als Stahlrekuperatoren. Gegenüber Temperaturschwankungen und Verschmutzung durch Gemengestaub und Kondensationsprodukte sind keramische Rekuperatoren sehr empfindlich. Es bilden sich Risse durch Temperaturwechsel und Undichtigkeiten an den Fugen zwischen den Steinen. Durch Verkrustung nimmt der Wärmedurchgang mit der Zeit ab. Durch stehende Rohre wird das Rauchgas von oben nach unten geführt. Die Luft umströmt im Kreuzstrom die Rohre und wird mehrfach umgelenkt. Ein so aufgebauter Rekuperator läßt sich gut reinigen.

Metallrekuperatoren bestehen meistens aus Stahlblech. Die Baugrößen sind kleiner als bei üblichen keramischen Rekuperatoren bei gleicher Leistung. Die erreichbare Lufttemperatur liegt bei 600 bis 800 °C und damit etwas niedriger als bei keramischen Rekuperatoren. Man unterscheidet nach der Art des dominierenden Wärmeübergangs Konvektions- und Strahlungsrekuperatoren. In der Glasindustrie findet man vorzugsweise Strahlungsrekuperatoren wegen der hohen Abgastemperaturen. Sie bestehen aus einem weiten Stahlblechrohr, durch das das Rauchgas geführt wird. Durch Strahlung kann man einen guten Wärmeübergang nur bei hoher Temperatur erreichen. Da bei Temperaturen unter 650 °C der Wärmeübergang schon gering ist, verlassen die Rauchgase den Strahlungsrekuperator mit relativ hoher Temperatur. Andererseits vertragen selbst hitzebeständige Stahlsorten nicht so hohe Temperaturen wie sie im Rauchgas von Glasschmelzöfen auftreten. Deshalb ist es durchaus nicht ungewöhnlich, dem Rauchgas vor dem Eintritt in einen Strahlungsrekuperator Frischluft zuzumischen, um Überhitzungen des Stahls zu vermeiden.

Konvektionsrekuperatoren sind wegen der unzureichenden Hitzebeständigkeit des Stahls nicht für sehr hohe Rauchgastemperaturen geeignet. Bei niedrigen Rauchgastemperaturen sind sie aber wesentlich wirksamer als Strahlungsrekuperatoren. Darum ist es eine günstige Lösung, einem Strahlungsrekuperator einen Konvektionsrekuperator nachzuschalten.

Regeneratoren

Regeneratoren sind diskontinuierlich arbeitende Wärmetauscher. Sie bestehen aus einem Raum, in dem feuerfeste Steine so aufgestapelt sind, daß Kanäle frei bleiben, durch die das Rauchgas strömt und dabei Wärme auf die Steine überträgt. Wenn die Steine eine bestimmte Temperatur erreicht haben, etwa nach 30 Minuten, wird der Rauchgasstrom auf eine andere Regeneratorkammer umgelenkt, und die kalte Verbrennungsluft strömt in entgegengesetzter Richtung durch die aufgeheizte Kammer. Dabei geben die heißen Steine die Wärme an die Luft ab. Es arbeiten immer zwei Kammern wechselweise zusammen. In regenerativ befeuerten Anlagen wird die Flammenrichtung nach jeweils etwa 30 Minuten gewechselt. Dieser Wechsel und die sich periodisch ändernde Vorwärmtemperatur der Verbrennungsluft haben zur Folge, daß die Verbrennung und die Flammenlage nicht so gleichmäßig sind wie bei rekuperativer Befeuerung. Die Vorteile der Regeneratoren gegenüber Rekuperatoren liegen vor allem in der höheren erreichbaren Vorwärmtemperatur (über 1100 °C), der guten Wärmeausnutzung der Rauchgase und in der Robustheit der Anlagen.

Um eine gute Wärmeausnutzung zu erreichen, werden heute große, bis zu den Brennern hochgezogene stehende Kammern bevorzugt. Die Gitterung kann aus Normalformatsteinen und Kammersteinen (doppelte Länge des Normalformats) aufgebaut sein. In wachsendem Maße werden aber speziell geformte Steine verwendet, mit denen man bessere wärmetechnische Ergebnisse erreichen will [69]. In [70] findet man einen Vergleich unterschiedlicher Kammerpackungen.

Das Abgas tritt durch den Brenner in die Kammer ein, strömt nach unten und wird über einen Kanal und den *Wechsel* in den Schornstein geführt. Bei stehenden Kammern treten in den oberen Steinlagen sehr hohe Temperaturen auf. Das muß bei der Auswahl der feuerfesten Steine berücksichtigt werden. Fehlt für stehende Kammern der Platz, so werden liegende Kammern gebaut.

Das Speichervermögen der Kammer hängt vom Volumen und von der Besatzdichte ab. Für die Wärmeaufnahme und -abgabe sind die wirkliche Austauschfläche, die Steindicke und in bestimmten Maße auch die Art der Packung der Gitterung, die die Umströmung der Steine und damit den Wärmeübergang beeinflußt, bestimmend. Der Wärmeübergang hängt außerdem von der Wärmekapazität der Steine, von ihrer Wärmeleitfähigkeit und von der Strömungsgeschwindigkeit des Mediums ab.

Neben diesen Werten spielen noch der freie Querschnitt für die Strömung, die Standsicherheit des Gitters, die Verschmutzungsgefährdung und die Reinigungsmöglichkeiten eine wesentliche Rolle für die Auslegung von Regeneratorkammern. In den Kammern setzen sich Staub und Kondensationsprodukte ab, die die Gittersteine verschleißen und die Zugquerschnitte verändern. Gegebenenfalls müssen Kammern während der Wannenreise gereinigt werden können. Für die mit der Wannenreise sich verändernden Leistungs- und Verbrauchsparameter von Glasschmelzöfen sind die Veränderungen der Eigenschaften der Kammern mitverantwortlich.

Das in der Regel alle 30 Minuten notwendige Wechseln der Richtung der Brennstoff-, Luft- und Rauchgasströme erfordert geeignete Umsteuereinrichtungen, die *Wechsel* genannt werden. Beim Wechseln wird zunächst der Brennstoffstrom gesperrt, danach der Luftstrom auf die gegenüberliegende Kammer umgesteuert. Wenn die Luftumsteuerung abgeschlossen ist, wird der Brennstoffstrom umgesteuert. Der Brennstoff entzündet sich sofort wieder in dem heißen Ofen.

Heizöl, Erdgas und Stadtgas werden über übliche Ventile (Rohrleitungsarmaturen) umgesteuert. Die Verbrennungsluft und das Rauchgas können mit großen Flachschiebern oder Tellerventilen, die meist in die unter dem Kellerfußboden geführten *Kanäle* eingebaut sind, umgesteuert werden. Es gibt auch spezielle Konstruktionen, von denen der Glockenwechsel und der ältere Trommelwechsel erwähnt seien. Beiden verlangen, daß die Kanäle zu nebeneinander befindlichen senkrechten Schächten führen, die oben durch eine aufgesetzte Trommel oder Glocke in der erforderlichen Weise miteinander verbunden werden. Die Trommel bzw. die Glocke sitzt gasdicht in Wasserrinnen, sie müssen also während des Wechselns angehoben werden. Abb. 45 zeigt einen Glockenwechsel. Abb. 46 läßt erkennen, wie kompliziert eine vollständige Wechselanlage für eine größere Wanne ist. Selbstverständlich werden in modernen Anlagen alle Wechselfunktionen automatisch ausgeführt. Man kann den

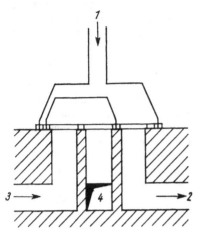

Abb. 45 Glockenwechsel
1 vom Gebläse; 2 zu den Kammern rechts; 3 von den Kammern links; 4 zur Esse
Beim Wechseln wird die innere Glocke auf die Schächte 2 und 4 gesetzt, dadurch kehren sich die Verhältnisse in den Kanälen 2 und 3 um

Wechselzeitpunkt nach den gemessenen Kammertemperaturen automatisch auslösen.

Elektroheizung

Die Energie kann dem Glas mit stab- oder haarnadelförmigen Heizelementen über die Glasbadoberfläche oder über Elektroden direkt in das Glas unter Ausnutzung seiner elektrischen Leitfähigkeit zugeführt werden.

Heizelemente bestehen überwiegend aus $MoSi_2$ oder SiC und werden vorzugsweise in Hafenöfen sowie zur Arbeitswannen- und Speiserbeheizung verwendet.

Die Beheizung von Schmelzwannen erfolgt in der Regel mit Hilfe von Elektroden, sowohl bei der vollelektrischen Schmelze (VES), als auch bei der elektrischen Zusatzheizung (EZH) brennstoffbeheizter Wannenöfen.

In der Nähe der Elektroden tritt die höchste Stromdichte und damit die höchste Temperatur in der Schmelze auf. Der direkte Glaskontakt und die hohen Temperaturen stellen an das Elektrodenmaterial hohe Ansprüche. Als Elektrodenwerkstoffe sind Graphit, Molybdän, Platin und Zinndioxid (SnO_2) von technischer Bedeutung.

Graphit besitzt eine hohe Temperaturbeständigkeit, ist jedoch in einer oxidierenden Umgebung wenig beständig. Durch die reduzierende Wirkung des Graphits kann unter Umständen bei

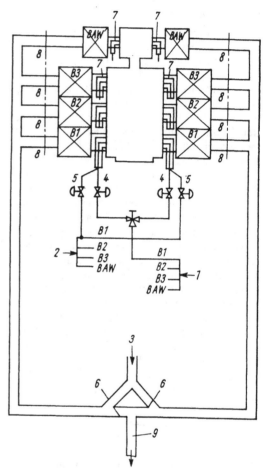

Abb. 46 Wechselanlage einer ölbeheizten Wanne
B 1 Brenner; B 2 Brenner; B 3 Brenner; BAW Brenner Arbeitswanne; 1 Ölzufuhr; 2 Zufuhr der Zerstäubungsluft; 3 Zufuhr der Verbrennungsluft; 4 Ölwechsel für B 1; 5 Zerstäubungsluftwechsel für B 1; 6 Verbrennungsluftwechsel für alle Brenner; 7 Brennerlanzen; 8 Kammerschieber; 9 Essenschieber

Verwendung von Graphitelektroden eine Verfärbung des Glases entstehen (z. B. Kohlegelbfärbung).

Molybdän wird durch Sauerstoff ebenfalls oxidiert, so daß sauerstoffabspaltende Läutermittel die Elektrodenkorrosion beschleunigen. Eine Verfärbung des Glases tritt aber nicht auf. An heißen Stellen oxidiert Molybdän wie auch Graphit durch den Luftsauerstoff der Atmosphäre. Deshalb werden die Elektroden durch wassergekühlte Elektrodenhalter in das Glasbad eingeführt oder werden selbst wassergekühlt. Der

Stromanschluß erfolgt direkt an der Elektrode außerhalb des Ofens. Heute werden überwiegend stabförmige Molybdän-Elektroden eingesetzt. Man findet sowohl waagerecht angeordnete Elektroden als auch lotrechte. Letztere sind durch den Wannenboden geführt oder als sog. Tauchelektroden von oben durch die Gemengedecke.

Platin und Platinlegierungen sind gegen den Glasangriff sehr gut beständig und besitzen auch eine ausreichende Temperaturbeständigkeit. Ihr hoher Preis begrenzt aber die Anwendungsbreite. Die Platinkorrosion ist bei Wechselstrom höherer Frequenz größer, darum verwendet man beim Einsatz von Platinelektroden oft Mittelfrequenz mit etwa 8 kHz.

Zinndioxidelektroden eignen sich gut für die Schmelze von Bleigläsern und für die Speiserbeheizung.

Bubbling

Durch Einblasen von Luft durch den Wannenboden ist es möglich, eine Konvektionsströmung mechanisch anzutreiben. Durch die Anordnung der Düsen im Wannenboden kann man die Lage der Quellzone festlegen. Diese Methode wird Bubbling genannt. Wenn man die Bubblingdüsen an der Stelle der Quellzone der thermischen Konvektion anbringt, kann man die „normale" Quellzone der Wanne stabilisieren und intensivieren, obwohl durch das mechanische Anheben kälteren Bodenglases die Quellzone kälter wird, wodurch der thermische Antrieb der Konvektion verringert oder sogar umgekehrt wird. Bei Bubblinganlagen bringt man in der Quellzone der Wanne eine oder zwei Reihen von Blasdüsen durch den Boden der Schmelzwanne ein. Es sind Abstände von 30 bis 60 cm bei Reihenanordnung und 60 bis 80 cm Abstand bei zweireihigen Anordnungen üblich. Bei zweireihigen Anordnungen bilden immer drei Blasdüsen ein gleichseitiges Dreieck. Der Abstand zur Wand sollte groß genug gewählt werden, damit keine bedeutende Erhöhung der Korrosion der Bassinsteine durch die Vergrößerung des Geschwindigkeitsgefälles an der Wand verursacht wird. Er darf jedoch auch nicht zu groß gewählt werden, weil sonst reagierendes Gemenge über die durch die Bubblingreihe gegebene Strömungsbarriere an den Seiten hinwegschwimmen kann. Wichtig für den Einbau ist die genaue Kenntnis der notwendigen Lage der Quellzone. Sie kann durch Messung der Oberflächenströmung durch Schwimmkörper

oder am Ähnlichkeitsmodell bestimmt werden. Werden die Blasdüsen zu nahe an die Einlegezone gebracht, wird die wirksame Schmelzfläche verringert. Sind sie zu weit davon entfernt, so wird der Wärmeübergang von der Flamme in das Glasbad zu klein. Die Düsen zum Einblasen der Luft bestehen meist aus Sinterkorund oder temperaturbeständigen Metallen. Eine Blasdüse hat meist 10 bis 20 Bohrungen von 0,2 bis 0,7 mm Durchmesser. In diese kleinen Bohrungen dringt kaum Glas ein, so daß die Düsen nach nicht zu langem Stillstand der Anlage wieder freigeblasen werden können. Die Blasdüsen ragen etwa 2 cm aus dem Boden heraus. Da der Wannenboden in der Umgebung erhöhtem Verschleiß unterliegt, wird dort manchmal ein dickerer Bodenbelag gewählt als im übrigen Teil der Wanne.

Der Druck, der für den Betrieb der Anlage notwendig ist, ist relativ niedrig und liegt bei 125 bis 180 kPa. Die gesamte Anlage, die die Düsen versorgt, wird auf 600 bis 800 kPa ausgelegt. Der Blasdruck ist für jede Blasdüse einstellbar. Der Druck und damit die Luftmenge sollten so eingestellt werden, daß die Blasen an der Oberfläche der Wanne nacheinander platzen und einen nur geringen Blasenhof bilden. Wird zuviel Luft eingeblasen, kann die Glasqualität durch *Blasenbildung* verschlechtert werden. Blasdüsen, die durch Ausfall der Anlage nicht mehr durchlässig sind, können durch Anlegen des vollen Drucks, manchmal auch noch nach Tagen, wieder freigeblasen werden. Es gibt auch Bubblinganlagen, die mit *Druckimpulsen* arbeiten. Man will damit größere Blasen erzeugen, aber die Blasenzahl gering halten, um die oben genannten Fehler zu vermeiden. Bei Wannen mit gut eingestellten Bubblinganlagen kann eine Verbesserung der Glasqualität und eine Verminderung der Anfälligkeit der Anlage gegen Schwankungen in der Gemengeeinlage und Flammenführung festgestellt werden.

2.2.4.2 Feuerfeste Baustoffe

Glasschmelzöfen werden aus feuerfesten Baustoffen aufgebaut. Sie unterliegen einer vielfältigen Beanspruchung, die in unterschiedlichen Teilen des Ofens sehr verschieden ist. Aus diesem Grunde ist es notwendig, die einzelnen Baugruppen getrennt zu behandeln. Bei der Auswahl der Steine für die einzelnen Baugruppen muß man jedoch die gesamte Anlage betrachten, denn die Länge der Ofenreise wird durch die

Haltbarkeit des schwächsten Anlagenteils bestimmt.

Aus diesen Gründen ist es notwendig, den schwächsten Anlagenteilen die größte Aufmerksamkeit zu widmen. Im Laufe der Entwicklung der Glasschmelzöfen haben sich die *Schwachstellen* ständig verlagert. War anfangs die Haltbarkeit des Ofens durch die Wannensteinkorrosion bestimmt (solange Schamotte verwendet wurde), so waren es später das Gewölbe, die Brenner, die Regeneratoren bzw. der Durchlaß (seit der Verwendung schmelzflüssig gegossener Qualitäten für den Glaskontakt).

Es gibt eine Reihe von Bauteilen, z. B. die Arbeitswannen oder der Wannenboden, die unter bestimmten Bedingungen mehrere Wannenreisen überdauern. Aus Gründen der Wirtschaftlichkeit der Anlagen werden Schmelzwannen in der Regel nicht in allen Teilen so gut wie möglich zugestellt, sondern möglichst so, daß sich für die Standzeit aller verwendeten Feuerfestmaterialien die Dauer einer Wannenreise oder ganzzahlige Vielfache davon ergeben. Eine ständige Analyse des Verschleißzustandes der Anlagenteile während des Betriebs und bei den Reparaturen ermöglicht es, die Zustellung in diesem Sinn zu optimieren. Sind Anlagenteile bei einer Reparatur so weit verschlissen, daß sie eine ganze Wannenreise nicht mehr überstehen, werden sie erneuert. In diesem Falle muß überlegt werden, ob zukünftig eine bessere Qualität einzusetzen ist, die zwei Wannenreisen zuläßt. Man kann auch billigeres Material einsetzen, das aber so beschaffen sein muß, daß es länger steht als die schwächste Stelle, die ja die Wannenreparatur herbeiführt.

Der Verschleiß der Steine hängt sowohl von der Art des geschmolzenen Glases als auch von der Temperatur, der Ofenatmosphäre, der Gemengeverstaubung, der Verdampfung von Glasbestandteilen und anderen Faktoren ab, die an jeder Stelle des Ofens anders sein können und nicht immer vorher bekannt sind. In Abhängigkeit vom Verschleißzustand ändern sich auch andere Eigenschaften der Anlage. Vor allem steigen die Wärmeverluste. Durch die Verringerung der Steindicke erhöhen sich die Wandverluste. Verschleiß der Gitterung der Kammern bzw. Ansatzbildung oder Undichtwerden der Rekuperatoren führen zur Senkung der Vorwärmtemperatur der Verbrennungsluft und zu erhöhten Abgasverlusten. Auch diese Faktoren müssen bei der Optimierung der Zustellung berücksichtigt werden.

Eine Möglichkeit für die Verlängerung der Wannenreise und zur Wiederherstellung der Funktionstüchtigkeit teilweise zerstörter Bauteile sind *Heißreparaturen*. Um die Reisezeit der Wannen auf 4 bis 5 Jahre zu verlängern, was nach der Standzeit der überwiegenden Menge der eingesetzten feuerfesten Baustoffe wünschenswert wäre, wird man auf ein gut durchdachtes System von Heißreparaturen nicht verzichten können.

Als feuerfeste Baustoffe werden solche Werkstoffe bezeichnet, deren Pyrometerkegel-Fallpunkt über PK 158 liegt. Hohe Erweichungstemperaturen besitzen vor allem SiO_2, Al_2O_3, ZrO_2, Cr_2O_3, MgO, CaO sowie einige ihrer Verbindungen. Feuerfeste Baustoffe werden meist grobkeramisch hergestellt. Dazu wird ein Teil der Rohstoffe vorgebrannt, zerkleinert, in Konfraktionen von 0,5 bis 5 mm Korngröße sortiert und dann mit einem Bindeton oder anderen Stoffen zu einer trockenpreßfähigen oder plastischen Masse angemacht. Nach der Formgebung werden die Steine gebrannt und erhalten ihre spezifischen Eigenschaften. Spezialerzeugnisse werden auch durch Schmelzen und anschließendes Gießen hergestellt. Die Herstellungstechnologie beeinflußt neben der chemischen Zusammensetzung die Eigenschaften der feuerfesten Steine entscheidend.

Feuerfeste Erzeugnisse des Systems SiO_2-Al_2O_3 haben die größte Bedeutung. Abb. 47 zeigt das Phasendiagramm nach BOWEN und GREIG. Das reine SiO_2 als Silika- und Kieselgutstein hat einen Schmelzpunkt von 1 713 °C. Im Bereich von 20 bis 44% Al_2O_3 liegen die tonerdereichen Erzeugnisse wie Silimanit-, Mullit- oder Korundsteine. Das reine Al_2O_3 (Korund) hat einen Schmelzpunkt von 2 050 °C.

Silikasteine

Silikasteine bestehen überwiegend aus SiO_2 (93 bis 98%). Sie werden aus Quarziten, Flintsteinen und z. T. Sand hergestellt. Wie aus dem Phasendiagramm (Abb. 47) hervorgeht, setzt Al_2O_3 den Schmelzpunkt im SiO_2-reichen Gebiet stark herab, so daß als Bindephase nicht Ton, sondern Kalkmilch eingesetzt wird. Beim Brennen der Silikasteine wandelt der in der Natur vorkommende Tiefquarz (β-Quarz) bei 573 °C in α-Quarz um. Diese Umwandlung ist reversibel und führt zu einer Volumenzunahme von 4,8%. Der α-Quarz wandelt sich im Temperaturbereich von 1 000 °C bis 1 400 °C in α-Cristobalit um. Die Temperatur und die Geschwindigkeit dieser irreversiblen Umwandlung hängen von der Korn-

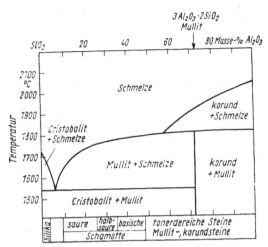

Abb. 47 Phasendiagramm des Systems SiO_2-Al_2O_3

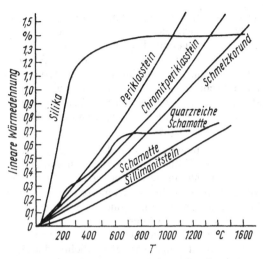

Abb. 48. Wärmedehnung verschiedener feuerfester Baustoffe

größe und der Beschaffenheit des Quarzes ab. Diese Umwandlung ist mit einer Volumenzunahme von 15% verbunden. Für die Anwendung von Silikasteinen ist es deshalb notwendig, daß gut umgewandelte Steine eingesetzt werden, da sonst noch ein Wachsen der Steine im Betrieb eintritt. Bei Normaltemperaturen liegt β-Cristobalit vor. Beim Aufheizen des Ofens muß die Wärmedehnung des Silikamaterials beachtet werden. Infolge der β-α-Cristobalitumwandlung bei etwa 230 °C tritt eine große Ausdehnung in diesem Temperaturgebiet auf. Abb. 48 zeigt die Ausdehnung des Silikamaterials im Vergleich zu anderen feuerfesten Steinen. Bei Temperaturen über 600 °C tritt keine Ausdehnung mehr ein, so daß die Temperaturwechselbeständigkeit dieser Materialien im Bereich hoher Temperaturen sehr gut ist. Eine weitere wichtige Eigenschaft ist die hohe Feuerbeständigkeit. Silikasteine können bis nahe an die Schmelztemperatur belastet werden (Abb. 48), ohne daß Deformation eintritt.

Schamottesteine

Schamottesteine werden aus gebranntem feuerfestem Ton (Rohschamotte) und ungebranntem plastischem Ton hergestellt. Je nach der Zusammensetzung des Tons erhält man saure, halbsaure oder basische Schamotte. Der maximal erreichbare Al_2O_3-Gehalt ergibt sich aus dem Gehalt an Tonmineralen, z. B. dem Kaolinit des Tons. Es kann 45% Al_2O_3 bei reinem Kaolinit erreicht werden. Als *Verunreinigungen* treten SiO_2 (Schluffsand), Fe_2O_3, Alkalien, Erdalkalien u. a.

auf. SiO_2-reiche Tone ergeben eine saure Schamotte. Im gebrannten Schamottestein liegt neben Mullit (bei sauren Schamotten auch Cristobalit oder Quarz) auch Glasphase vor. Die Glasphase wird aus SiO_2 und den Verunreinigungen gebildet. Das hat zur Folge, daß Schamottematerialien unter Belastung hoher Temperaturen allmählich erweichen. Abb. 49 zeigt Druckerweichungskurven verschiedener feuerfester Materialien. Zur Prüfung der Druckfeuerbeständigkeit werden zylindrische Proben mit 19,6 N cm^{-2} belastet, in einem Ofen definiert aufgeheizt und die Längenänderung gemessen. Als Erweichungsbeginn wird die Temperatur $T_{0,6}$ angegeben, bei der der Prüfkörper um 0,6%, vom Punkt der größten Ausdehnung gemessen, zusammengesunken ist. Als Ende der Erweichung ist T_{20} festgelegt, bei der die Probe um 20% zusammengedrückt ist. Je

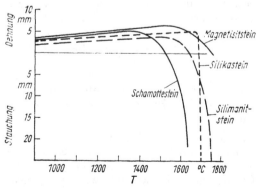

Abb. 49 Druckfeuerbeständigkeit verschiedener feuerfester Baustoffe

höher die Viskosität der Glasphase ist, um so größer ist auch die Temperaturdifferenz (T_{20}–$T_{0,6}$). Die Temperatur $T_{0,6}$ sollte nicht überschritten werden, wenn der ganze Stein diese Temperatur erreicht. Im Mauerwerk, wo ein Temperaturunterschied zwischen innen und außen besteht, kann $T_{0,6}$ an der heißen Seite bei Schamotte durchaus überschritten werden, während z. B. Silika dann schon fließt.

Saure Schamottemassen werden häufig zur Herstellung von Häfen, Ringen, Kränzen und anderem Verschleißmaterial benutzt. Gegenüber Wirtschafts- und Bleiglasschmelzen sind sie relativ gut beständig. Auf Grund der Volumendehnung des Quarzes während der Umwandlung in Cristobalit, die der Schwindung der Schamotte entgegenwirkt, erhält man relativ dichte Materialien, die sich gleichmäßig in der Schmelze auflösen.

Je nach Brenntemperatur, Vorbrenntemperatur der Rohschamotte und deren Anteil in der Masse schwinden Schamottematerialien beim Brand bis zu 15%. Das muß bei der Herstellung berücksichtigt werden. Schamotte ist stets porös. Die Eigenschaften einiger ausgewählter Qualitäten zeigt Tabelle 24.

Tonerdereiche Erzeugnisse

Eine Erhöhung des Al_2O_3-Gehalts der Schamottematerialien führt zur Verbesserung der Feuerfestigkeit und auch der Korrosionsbeständigkeit. Man kann das durch Einsatz von natürlichen Aluminiumsilikaten wie Silimanit, Andalusit oder Cyanit ($Al_2O_3 \cdot SiO_2$), von synthetischem Mullit ($3\ Al_2O_3 \cdot 2\ SiO_2$) oder von Korund bzw. Tonerde erreichen. Eine bedeutende Verbesserung der Qualität erzielt man bei Al_2O_3-Gehalten von 60% bis 70%. Dabei wird der Mullitgehalt bedeutend erhöht und der Anteil an Glasphase gesenkt. Die Temperaturen des Druckerweichungsbeginns $T_{0,6}$ steigen auf 1 550 °C bis 1650 °C. Wegen des nadligen, verzahnten Gefüges und des niedrigen Ausdehnungskoeffizienten besitzen diese Steine eine ausgezeichnete Temperaturwechselbeständigkeit. Mulliterzeugnisse erfordern bei der Herstellung hohe Brenntemperaturen.

Verwendet man als Magerungsmittel Schmelzkorund, so erhält man *Korundschamotte*. Die ausgezeichnete Korrosionsbeständigkeit und Feuerfestigkeit des Korunds werden bei einer Einbindung mit Ton jedoch nicht voll ausgenutzt. In Glasschmelzen ist die Beständigkeit der Bindephase gegenüber der Körnung zu gering, so daß diese Steine zur Steinchenabgabe neigen. Korundsteine sind jedoch sehr abriebfest.

Zirkonhaltige Erzeugnisse

Neben Mullit besitzt auch Zirkonsilikat eine gute Beständigkeit gegenüber Glasschmelzen und eine hohe Feuerfestigkeit. Schlickergegossene oder gepreßte Zirkonsilikat- oder Zirkon-Mullit-Materialien werden vor allem für Speiserschüsseln, Plunger, Drehrohre, Brennersteine u. a. verwendet.

Schmelzgegossene Erzeugnisse

Wegen der Porosität keramisch hergestellter feuerfester Erzeugnisse werden diese durch Glasschmelzen stärker angegriffen als entsprechende dichte Steine. Durch das Schmelzen der Materialien und anschließendes Gießen in Formen können nahezu *porenfreie* Erzeugnisse hergestellt werden. Heute werden schmelzflüssiggegossene Erzeugnisse hauptsächlich auf der Basis von Korund, Korund-Zirkon sowie Mullit hergestellt. Reine Korundsteine bestehen fast vollständig aus Korund und β-Al_2O_3. Korund-Zirkon-Steine besitzen 30 bis 40% ZrO_2, das durch Zirkonsilikat und ZrO_2 eingeführt wird. Neben Korund und Baddeleyit (ZrO_2) enthalten diese Steine 15% bis 25% Glasphase, die hauptsächlich aus SiO_2 des Zirkonsilikats und Verunreinigungen der Rohstoffe besteht (siehe auch Tab. 24). Das ZrO_2, vor allem wenn es feinverteilt in Korund auskristallisiert ist (Siebstruktur), erhöht die Korrosionsbeständigkeit beträchtlich. In einigen Ländern werden auch Mullitsteine schmelzflüssig gegossen hergestellt, sie enthalten neben Mullit noch Korund, meist auch bis 10% Zirkon. Der hohen Korrosionsbeständigkeit schmelzflüssig gegossener Steine infolge der fehlenden offenen Porosität stehen die geringe Temperaturwechselbeständigkeit und hohe Wärmeleitfähigkeit als Nachteile gegenüber.

Ein weiteres, über die Schmelzphase hergestelltes Erzeugnis ist Kieselgut. Durch Schmelzen von Quarzsand erhält man ein glasiges Erzeugnis. Bei Temperaturen über 1 200 °C entglast das Kieselglas zu Cristobalit. Kieselgut ist wegen des geringen Ausdehnungskoeffizienten von $5 \cdot 10^{-7} K^{-1}$ sehr temperaturwechselbeständig. Nach der Entglasung jedoch wird das Verhalten durch den gebildeten Cristobalit bestimmt. Kieselgut ist vor allem gegenüber Borosilikatglas sehr beständig.

Tabelle 24 Richtwerte für einige Eigenschaften feuerfester Baustoffe

Bezeichnung	Zusammensetzung in Masse-%		Dichte in g cm^{-3}	offene Porosität in %	$T_{0,6}$ in °C
Silika SM 1	SiO_2 >	95			
	Al_2O_3 <	1,3			
	CaO	2,0	2,43	19	1670
Silika SM 0	SiO_2 >	96			
	Al_2O_3 <	0,8			
	CaO	2,0	2,36	22	1690
Schamotte I x	Al_2O_3 >	42	2,05	20	1450
Schamotte II x	Al_2O_3 >	37	2,0	22	1400
Schamotte III u	Al_2O_3 >	30	1,8	27	1250
Schamotte IV p	Al_2O_3 <	30	1,85	27	1300
Mullit Mx 70	SiO_2	30			
	Al_2O_3	70	2,43	24	>1600
Periklas spezial	SiO_2	1 ... 1,5			
	Al_2O_3	0,1			
	MgO	95			
	CaO	2 ... 3	2,98	15 ... 20	>1750
Periklas normal	SiO_2	1 ... 3			
	Al_2O_3	0,5 ... 2			
	MgO	80 ... 90			
	CaO	2 ... 3			
	Cr_2O_3	4 ... 8		15 ... 24	>1650
Periklas-Chromit	SiO_2	2 ... 4			
	Al_2O_3	1 ... 2			
	MgO	50 ... 80			
	CaO	2 ... 3			
	Cr_2O_3	7 ... 20		20 ... 23	>1450
Chromit	SiO_2	4 ... 8			
	Al_2O_3	10 ... 20			
	MgO	10 ... 25			
	CaO	1 ... 2			
	Cr_2O_3	35		12 ... 25	>1400
Forsterit	SiO_2	24 ... 34			
	Al_2O_3	2 ... 5			
	MgO	53 ... 60			
	CaO	1 ... 3			
	Cr_2O_3	0 ... 7		16 ... 22	>1550
SEPR 1681	SiO_2	16			
	Al_2O_3	50			
	ZrO_2	32			
	Glasphase	10 ... 20	3,45	0	>1700
SEPR 1711	SiO_2	12			
	Al_2O_3	45			
	ZrO_2	41			
	Glasphase	10 ... 15	3,65	0	>1700
Kieselgut	SiO_2	99,8			
	Al_2O_3	0,1	2,1	0	1700

Basische feuerfeste Erzeugnisse

Für die Glasindustrie sind vor allem Periklassteine (Magnesitsteine), Periklas-Chromit- ($MgO \cdot Cr_2O_3$), Chromit- ($FeO \cdot Cr_2O_3$) und Forsteritsteine ($2\,MgO \cdot SiO_2$) von Bedeutung. Periklassteine werden aus Sintermagnesit hergestellt. Gewöhnliche Periklassteine besitzen meist einen Fe_2O_3-Gehalt von 4 bis 7%. Für den Einbau in Regeneratorkammern werden jedoch eisenarme Steine benötigt. Periklas-Chromitsteine enthalten neben Magnesit Chromerz. Dadurch wird die Schlackenbeständigkeit verbessert. Periklassteine und Periklas-Chromitsteine werden wegen ihrer Alkalibeständigkeit und des guten Wärmespeichervermögens in den obersten Lagen von Regenerativkammern eingesetzt. Beim Einbau dieser Materialien im Kontakt mit Schamotte, Silika oder anderen Steinen müssen die Kontaktreaktionen beachtet werden. Eine Übersicht dazu gibt Abb. 50. Es ist ersichtlich, daß zwischen Periklassteinen und Schamotte bzw. Silika unbedingt Zwischenschichten aus Periklas-Chromitsteinen oder Chromitsteinen eingebracht werden müssen.

Forsteritsteine werden aus Magnesit und Talk, Serpentin oder Olivin hergestellt. Sie werden als Gittersteine für Regeneratoren oder als Rekuperatormaterial eingesetzt.

Wegen der intensiven Reaktion mit dem Glas sind basische Steine im Gewölbe oder im Glaskontakt nicht eingesetzt, obwohl sie für Gewölbe durchaus geeignet sein dürften.

Feuerbeton

Feuerbetone bestehen aus feuerfesten körnigen Stoffen wie Schamotte, Silika, Korund oder basischem Material, die mit einem chemischen oder hydraulischen Bindemittel angemacht werden und ohne Brennen erhärten. Nach der Betontechnologie zu großformatigen Bauteilen verarbeitet, gestatten sie die Anwendung der Montagebauweise im Ofenbau. Sie können auch auf der Baustelle gemischt und in Schalungen gestampft, gerüttelt oder gegossen werden. Die Anwendungstemperatur wird durch die Eigenschaften der Bindephase bestimmt. Mit Wasserglaslösung und Na_2SiF_6 gebundene Schamotte kann bis 900 °C, bei Verwendung von Portlandzement bis 1 150 °C eingesetzt werden. Aus Quarzit und Wasserglaslösung hergestellter Silikabeton ist bis 1 500 °C einzusetzen. Die Einsatzgrenze kann bei Schamotte durch die Verwendung

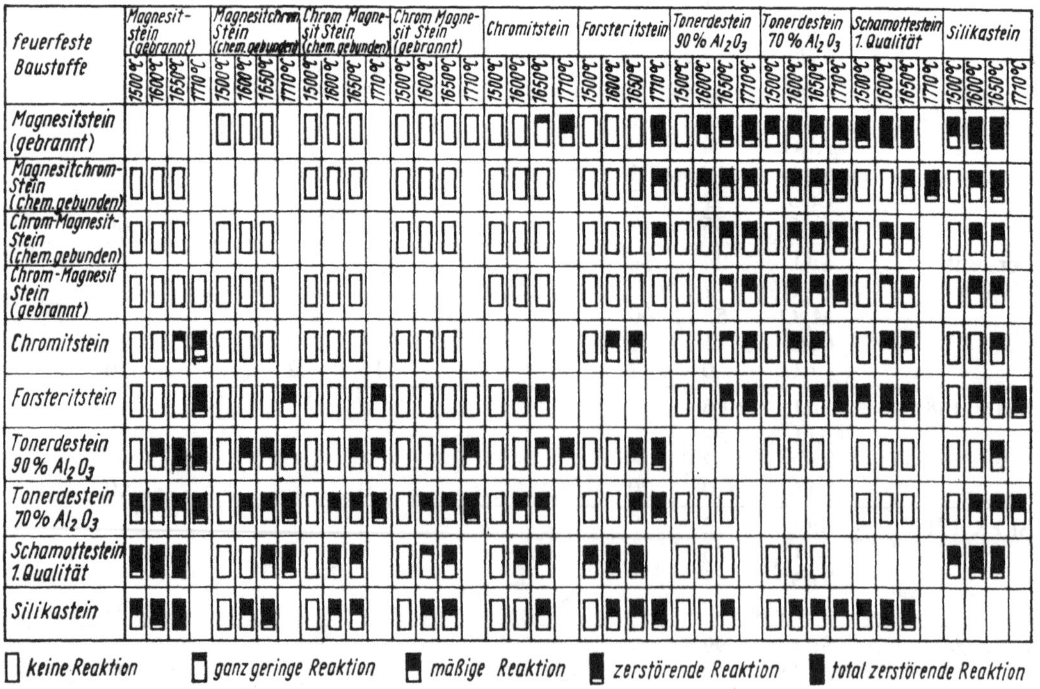

Abb. 50 Verträglichkeit von verschiedenen feuerfesten Baustoffen miteinander

von Tonerdeschmelzzement bzw. Al$_2$O$_3$-reichem Tonerdezement bis auf 1 400 °C gebracht werden. Bei der Verwendung von Korund als Körnung und Tonerdezement mit 65 bis 70% Al$_2$O$_3$ erreicht man Haltbarkeiten von 1 550 bis 1 750 °C. Beim Einsatz der Betone ist zu beachten, daß beim Erhitzen beim Übergang der hydraulischen in die keramische Bindung zwischen 600 und 800 °C ein Festigkeitsminimum auftritt, außer bei Wasserglasbeton. Die Beständigkeit gegenüber Schmelzen ist wegen der hohen Porosität von 25 bis 30% relativ gering. Im Glasofenbau ist Feuerbeton vor allem für Kanäle und für Wände von Regeneratoren und Rekuperatoren von Bedeutung. Die Entwicklung ist jedoch noch nicht abgeschlossen.

Isoliersteine

Zur Wärmeisolierung von Öfen werden feuerfeste Steine mit niedriger Wärmeleitfähigkeit benötigt. Sie wird durch die Erhöhung der Porosität (Leichtsteine) erreicht. Die hohe Porosität wird durch Zusatz von Ausbrennstoffen (z. B. Sägemehl) oder durch Schäumen bei der Formgebung der Steine erreicht. Abb. 51 zeigt die Wärmeleitfähigkeit verschiedener feuerfester Materialien, so auch die von Schamotteleichtsteinen verschiedener Porosität. Die Wärmeleitfähigkeit der Leichtsteine hängt stärker von der Porosität als von der chemischen Zusammensetzung ab. Schamotteleichtsteine können bis 1 200 °C, Silikaleichtsteine bis über 1 400 °C eingesetzt werden. Tonerdeleichtsteine erreichen Anwendungstemperaturen von 1 600 °C. Bei Langzeiteinsatz über 1 200 °C tritt jedoch bei fast allen Leichtsteinen eine Nachschwindung ein, so daß sich die Isolationseigenschaften durch Abnahme der Porosität verschlechtern. Die Beständigkeit gegen Schmelzen ist infolge der hohen Porosität extrem gering. Zur Isolierung werden auch Kieselgutsteine, die aber nur bis 1 000 °C raumbeständig sind, eingesetzt. Zunehmend gewinnen auch keramische Fasern, z. B. Kaolinwolle als Isolationsmaterial, an Bedeutung, die bis 1 250 °C einsetzbar sind.

Mörtel, Stampfgemenge und Plastiks

Zur Erzielung eines dichten Mauerwerks aus feuerfesten Steinen sind Mörtel notwendig. Der Mörtel hat die Aufgabe, die Fugen auszufüllen und die Steine fest miteinander zu verbinden. Für die Verarbeitung muß er genügend plastisch sein, und er muß eine geringe Schwindung beim

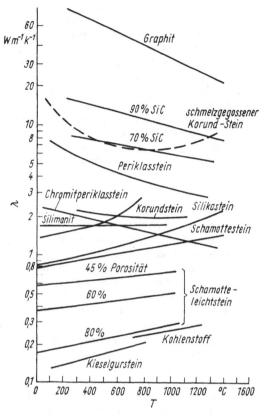

Abb. 51 Wärmeleitfähigkeit verschiedener feuerfester Baustoffe

Trocknen und während des im Einsatz stattfindenden Brennvorgangs haben. Die chemische Zusammensetzung wird der der feuerfesten Steine angepaßt, z. B. dürfen Silikasteine nicht mit Schamottemörtel bzw. tonhaltigem Mörtel vermauert werden. Der Al$_2$O$_3$-Gehalt des Tons setzt den Schmelzpunkt der Silikasteine stark herab. Bei der Verbindung von sauren Steinen (Silika, Schamotte) mit basischen Steinen (Periklas) sind Zwischenschichten z. B. aus Chromitstein vorzusehen. Der Mörtel ist entsprechend zu wählen (siehe dazu Abb. 50).

Stampfgemenge und Plastiks dienen zum Ausstampfen von Ofenteilen, um komplizierte Formate einzusparen, sie können aber auch für Heißreparaturen Verwendung finden. Es muß auch hier das Kontaktverhalten mit dem feuerfesten Material des Ofens beachtet werden. Feuerfeste Gemenge für Heißreparaturen werden entsprechend plastifiziert und durch Spritzen oder Stampfen in den Ofen eingebracht. Solche Massen enthalten Ton oder chemisch abbindende Plastifizierungsmittel. Stark beschädigte Ofenbauteile können so repariert werden. Die Verfestigung der Massen erfolgt im Laufe der Zeit durch Sinterung während des Einsatzes im Ofen. Für den Kontakt mit Glas sollte man Stampfmassen möglichst nicht einsetzen. Das gleiche gilt für Mörtel. Bassinsteine werden immer ohne Mörtel gesetzt. Stampfmassen und Mörtel haben immer größere Porosität als gleich zusammengesetzte Steine, sie werden besonders schnell vom Glas abgetragen und können Glasfehler verursachen.

Abb. 52 Wannensteinkorrosion

Platinmetalle

Platin und Platinlegierungen sind ausgezeichnete Feuerfestmaterialien für die Glasschmelze [71]. Sie verursachen nur sehr geringe Verunreinigungen des darin geschmolzenen oder konditionierten Glases. Bei optischen Gläsern kann die Graufärbung durch gelöstes Platin ein Fehler sein. Außerdem können u. U. Blasen als Folge elektrochemischer Vorgänge entstehen. Über den Einsatz entscheiden nur die Kosten. Platinwerkstoffe werden bevorzugt bei manchen Spezialgläsern, bei optischem Glas und bei der Herstellung von Filamenten (Glasseide) verwendet. Für hohe Ansprüche (bei teuren Erzeugnissen) findet man Platinüberzüge auch bei Rührern, Plungern und anderen mit Glasschmelze in Berührung kommenden Werkzeugen und Einbauten.

2.2.4.3 Zustellung von Öfen

Die einzelnen Bauteile von Glasschmelzöfen unterliegen sehr stark unterschiedlichen Belastungen. Im Bereich des Bassins steht die Korrosion durch die Glasschmelze im Vordergrund. Das Gewölbe wird vor allem durch verdampfende Gemengebestandteile und Staub beansprucht. In den Regeneratoren und Rekuperatoren sind Staub, kondensierende Dämpfe und der Wechsel der Atmosphäre von besonderer Bedeutung. Die feuerfesten Materialien sind entsprechend auszuwählen.

Die Geschwindigkeit der Korrosion feuerfester Materialien durch Glasschmelzen ist von der chemischen Zusammensetzung der Reaktionspartner, der Temperatur und der Viskosität der Schmelze, den physikalischen und mineralogischen Eigenschaften des Steins, wie Porosität und Gefügestruktur, und von den Strömungsverhältnissen abhängig. Der für die Korrosion maßgebliche Strömungsparameter ist das Geschwindigkeitsgefälle direkt am Stein. Die Bassinsteine werden am stärksten im Bereich der Spülkante und im Durchlaß, vor allem am Durchlaßdeckstein, angegriffen. Abb. 52 zeigt ein korrodiertes Wannenbassin. Die starke Korrosion an der Schwappkante (Dreiphasengrenze Schmelze-Stein-Atmosphäre) ist auf die dort sehr intensive Strömung zurückzuführen. Durch *Kühlung* der Steine in dieser Zone versucht man, die Korrosion zu vermindern. Eine ähnliche Erscheinung ist das Blasenbohren, das an der Unterseite horizontaler Steinflächen auftritt und den Stein schnell zerstört. Dem Blasenbohren versucht man durch Vermeiden horizontaler Fugen (Palisadenbauweise) oder durch Abschrägen z. B. des Durchlaßdecksteins (damit die Blasen aufsteigen können) zu begegnen. Der Durchlaß wird außerdem stark durch das durchströmende Glas korrodiert (Abb. 44), die Korrosion ist an der oberen Fläche des Durchlasses auf der Schmelzwannenseite besonders groß.

Die Zustellung des Bassins und des Durchlasses mit schmelzflüssig gegossenen Steinen ist heute allgemein üblich. Es werden vor allem Korund- und Korund-Zirkon-Steine für die Bassinzustellung verwendet. Dabei haben Korund-Zirkon-Steine mit Zirkonoxid-Gehalten von 30 bis 40% bei den meisten Gläsern eine bessere Beständigkeit als Korundsteine. Das ist auf die geringere Löslichkeit von ZrO_2 im Glas gegenüber Al_2O_3 zurückzuführen. An der Oberfläche der Steine bildet sich eine baddeleyitreiche Zone, die den Stein vor weiterer Korrosion schützt. Noch wirksamer ist ein Zusatz von Chromoxid bzw. die Verwendung von Chromoxidsteinen. Wegen der färbenden Wirkung von Chromoxid ist ihr Einsatz jedoch auf wenige Gläser beschränkt, z. B. E-Seidenglas. Als Nachteil von Korund-Zirkon-

Steinen wird der Gehalt an Glasphase angesehen. Die Glasphase tritt zu Beginn der Ofenreise verstärkt aus und kann zur Blasen- und Schlierenbildung führen. Sehr nachteilig ist sie bei der Elektroschmelze, da sie die Leitfähigkeit der Steine erhöht. Gute Eigenschaften besitzen auch Zirkonsilikatsteine. In alkalireichen Gläsern jedoch tritt eine Zersetzung des Zirkonsilikats in Baddeleyit und Schmelze auf, was die Steine schnell zerstört. Keramisch hergestellte Steine auf der Basis von Mullit bzw. Zirkon und Mullit besitzen ebenfalls gute Korrosionsbeständigkeit. Die Herabsetzung der Porosität durch isostatisches Pressen und hohe Brenntemperaturen wird die Voraussetzung für einen breiteren Einsatz schaffen.

Für die Bassinzustellung werden großformatige Steine eingesetzt, die geschliffen sind und ohne Mörtel verlegt werden.

Die *Gewölbesteine* sind bei flammenbeheizten Öfen der höchsten Temperatur ausgesetzt. Sie werden durch verdampfende Gemengebestandteile (Alkalioxide und Sulfat) und im Einlegeteil auch von Gemengestaub korrodiert. Wegen der hohen Temperaturen sind Silikasteine, Mullitsteine, schmelzflüssig gegossene Korund- oder Korund-Zirkon-Steine sowie auch Magnesitsteine geeignet. Bisher wurden aus Kostengründen vor allem Silikasteine verwendet. Bei der Reaktion mit den korrodierenden Medien bilden sich mit dem SiO_2 zähe Schmelzen, die das Eindringen der Reaktionspartner verhindern und nur sehr langsam abtropfen, so daß die Standzeit von Silikagewölben sehr gut ist. Silikasteine mit einem Al_2O_3-Gehalt unter 0,8% und guter Umwandlung in Cristobalit sowie bei guter Maßhaltigkeit und glatter Oberfläche gestatten Ofentemperaturen bis 1 650 °C. Höhere Temperaturen können mit Mullitsteinen erreicht werden, jedoch ist der Preis erheblich höher, so daß sie nur für besonders belastete Anlagen oder Anlagenteile eingesetzt werden. Das gleiche gilt für schmelzgegossene Steine. Für den Aufbau der Brennermäuler, Doghousebögen u. ä. werden jedoch schon bevorzugt schmelzflüssig gegossene Steine eingesetzt, da sie eine wesentlich bessere Haltbarkeit als Silika oder andere Materialien besitzen.

Die keramischen *Rekuperatoren* und die Gitterung und Seitenwände der *Regeneratoren* werden vor allem durch den Temperaturwechsel, den Gemengestaub, verdampfte Bestandteile des Gemenges und die wechselnde Atmosphäre belastet. Der Gemengestaub führt zur Ansatzbildung und damit zur Verschlechterung des Wärmeübergangs und der Zugverhältnisse. Die Ansatzbildung wird durch Reaktionen mit dem Feuerfestmaterial begünstigt. Auch Dämpfe von Alkalien, Sulfat und anderen Stoffen reagieren mit den Steinen, vor allem wenn sie kondensieren. Bei Schamottesteinen bilden sich mit Alkalien Nepheline, die nadelig kristallisieren und den Stein auftreiben, was zu Abplatzungen führt. Auch Silikasteine werden bei hohen Temperaturen stark angegriffen. In hochbelasteten Anlagen ist die Haltbarkeit dieser Steine gering. Mullitsteine und andere tonerdereiche Schamotte bringen eine starke Verbesserung. Gute Ergebnisse erreicht man aber vor allem mit basischen Materialien wie Periklas-, Periklas-Chromit- und Forsteritsteinen. Eisenarme Periklassteine mit geringem Silikatanteil (MgO über 95%) werden von Alkalien kaum angegriffen und erreichen die besten Ergebnisse. Auch das gute Speichervermögen wirkt sich positiv bei Gittersteinen aus. So werden in den oberen Lagen, über 1 200 °C bis 1 300 °C, eisenarme Periklassteine, bei 1 000 °C bis 1 200 °C gewöhnliche Periklas- oder Periklas-Chromit-Steine und bei niederen Temperaturen Schamottesteine eingesetzt. Auch die Wände und das Gewölbe der Kammern werden entsprechend zugestellt. Im unteren Teil der Kammerwände wird auch Feuerbeton anstelle von Schamotte eingesetzt.

In Rekuperatoren wird das Rauchgas meist in Rohren oder Kanälen geführt, die von der Luft umströmt werden, wegen der komplizierten Form der Spezialsteine werden diese meist aus Schamotte- oder Forsteritmaterial gefertigt. Mit Forsteritmaterial werden bessere Ergebnisse erzielt.

Häfen, Ringe, Schwimmer, Düsen und Speisermaterial

Diese Materialien stehen im direkten Kontakt mit der Schmelze und sollten eine möglichst hohe Korrosionsbeständigkeit besitzen. Sie werden jedoch auch durch Temperaturwechsel stark beansprucht, Häfen z. B. beim Einlegen von kaltem Gemenge stark abgekühlt. Ringe, Schwimmer und Düsen werden während der Ofenreise gewechselt u. ä. Außerdem ist das Glas, das im Kontakt mit diesen feuerfesten Materialien steht, bereits fertig geschmolzen. Mit der Zeit bildet sich an der Grenzschicht eine mit feuerfestem Material angereicherte Glasschicht, die bei entsprechender Dicke abgelöst wird und in die Entnahme gelangt. Sie verursacht Schlieren. Es wird deshalb angestrebt, solches Material zu verwenden, das sich gutartig auflöst, d. h., daß die abgelösten Schlieren möglichst wenig sichtbar sind. Diese Forderungen erfüllen vor allem saure Schamottemassen, die genügend temperaturwechsel beständig sind, relativ niedrige Brenntemperaturen erfordern und sich gutartig im Glas auflösen. Für Speisermaterial verwendet man jedoch bevorzugt schmelzgegossenes Material für Auskleidung, Speiserschüssel und dergleichen oder schlickergegossene Zirkon-Mullit- oder Mullit-Materialien. Auch für Dannerpfeifen haben sich diese Werkstoffe oder hochtonerdehaltige Schamottematerialien gut bewährt.

2.2.4.4 Funktion

Brennstoffbeheizte Schmelzwannen

Die Zuführung von Wärme über die Badoberfläche und das Auftreten von Wärmeverlusten über die Seitenwände des Bassins (und über den Wannenboden) führen zu einem Feld örtlich unterschiedlicher Temperaturen im Glasbad. Infolge seiner höheren Dichte sinkt das in der Nähe der Bassinwände befindliche kältere Glas ab, wodurch in den heißeren Zonen eine aufsteigende Bewegung der Glasmasse in Gang gesetzt wird. Dort entsteht eine Quellströmung zur Badoberfläche. Die Strömung an der Badoberfläche ist stets von dieser Quellzone (Quellpunkt) zu den Wänden hin gerichtet. Am Wannenboden entsteht eine Strömung von den Wänden zur Quellzone hin. Die Geschwindigkeiten der Rückströmung zum Quellpunkt sind allerdings sehr viel langsamer als die Oberflächenströmung und nehmen darum einen größeren Anteil an der Höhe des Glasstandes ein. Die Strömungsumkehr erfolgt also oberhalb der Hälfte der Badtiefe. Boden- und ecknahe Partien können so kleine Strömungsgeschwindigkeiten aufweisen, daß man von stagnierendem Glas spricht.

In kontinuierlichen Wannen ist die thermische Konvektionsströmung kompliziert, weil infolge der Teilung in Schmelz- und Arbeitswanne eine Vor- und eine Rückströmung im Durchlaß auftreten kann und weil sich der freien Konvektionsströmung infolge der kontinuierlichen Betriebsweise eine durch satzabhängige Entnahmeströmung überlagert. In den Abb. 53 und 54 ist die Wannenströmung schematisch dargestellt.

Von oben gesehen (Abb. 53) ist das Quellgebiet zu erkennen und die zu den kälteren Wänden hin gerichtete Bewegung des Glases sowohl in der Schmelzwanne als auch in der Arbeitswanne. Das auf der dem Durchlaß abgewandten Seite eingebrachte Gemenge schwimmt auf dem Glasbad. Die Quellströmung führt dazu, daß sich das reagierende Gemenge nur auf dieser Seite der Badoberfläche befindet.

Abb. 54 zeigt den Längsschnitt durch das Wan-

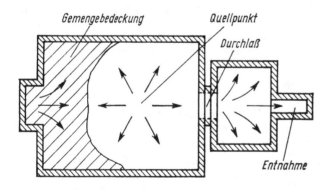

Abb. 53 Strömungsbild an der Badoberfläche einer zweiräumigen kontinuierliuch betriebenen brennstoffbeheizten Wanne (schematisch)

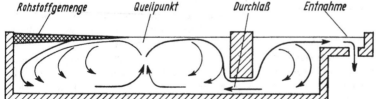

Abb. 54 Strömungsbild im Längsschnitt einer zweiräumigen kontinuierlich betriebenen brennstoffbeheizten Wanne (schematisch)

nenbassin. Zu erkennen ist auch die durch die freie Konvektion zustandekommende *Rückströmung* aus der Arbeitswanne in die Schmelzwanne.

Die Betrachtung der Abb. 53 und 54 lehrt, daß nur ein kleiner Teil des durch die freie Konvektion in Bewegung gesetzten Glases die Gelegenheit hat, auf kürzestem Wege in die Entnahme zu geraten.

Dieser kürzeste Weg ist in Abb. 54 durch stärker ausgezogene Pfeile angedeutet. Auf diesem Weg muß der Glasschmelzprozeß vollständig ablaufen.

Die silikatbildenden chemischen Reaktionen vollziehen sich in der auf dem Glasbad schwimmenden Gemengeschicht. Vor dem Abtauchen des Glases zum Durchlaß muß die Läuterung beendet sein, d. h., sie muß im Quellgebiet und auf dem Weg an der Glasbadoberfläche entlang bis zum Durchlaß ablaufen. Es verbleibt das Volumen unterhalb der Gemengeschicht für die Quarzlösung, das Volumen der Arbeitswanne steht für das Abstehen des Glases zur Verfügung, weshalb sie auch treffender „Abstehwanne" genannt wird.

Die Strömung der freien Konvektion in der Schmelzwanne ist für die Funktion der Wanne von großer Bedeutung. Die aus wärmewirtschaftlichen Gründen erforderliche und immer umfassender angewandte Isolierung des Wannenbassins führt zu einer Verringerung der thermischen Konvektionsströmung. Die im Sinne einer Intensivierung des Schmelzprozesses ständig zu erhöhende Schmelzleistung und die objektiv erforderliche Senkung des Energieverbrauchs zur Schmelze bedingen unvermeidlich Maßnahmen zur Stabilisierung der Quellströmung. Hierzu gibt es zwei Wege.

Die *elektrische Zusatzheizung* (EZH), auch Boosting genannt, ist ein Mittel, in die gewünschte Quellzone zusätzlich durch direkte Heizung mittels Elektroden Energie einzuspeisen. Dadurch entsteht eine die Quellströmung stabilisierende Konvektion.

Das Einblasen von Luft (Bubbling) durch im Wannenboden angebrachte Düsen führt zu einer erzwungenen Quellströmung. Die Bubblingdüsen werden meist in zwei Reihen quer über die ganze Wannenbreite installiert und tragen dann ganz wesentlich zum Strömungsantrieb bei. Durch den Bubblingeinsatz kann man erhebliche Leistungssteigerung oder bei überlasteten Wannen erhebliche Verbesserung der Glasqualität erreichen.

Die Wärmemenge für die Erwärmung des Einlegeguts und die Reaktionsenthalpie wird der Gemengeschicht zugeführt durch:

- das darunter strömende heiße Glas (Konvektion und Strahlung)
- die Strahlung der Flamme
- die Strahlung des Gewölbes
- Konvektion von den heißen Flammengasen.

Durch die Gestaltung des Einlegevorgangs trägt man Sorge für eine möglichst große Fläche des Wärmeübergangs (Dünnschichteinlage). Die Bedeckung der Glasbadoberfläche soll möglichst groß sein, so groß, daß gerade kein Gemenge über den Quellpunkt bzw. über die Bubblingreihe gelangt. Zwischen Quellzone bzw. Bubblingzone und der durchlaßseitigen Schmelzwannenbegrenzung soll der Glasspiegel völlig blank aussehen.

Die Überlastung einer Wanne durch übermäßige Steigerung des Durchsatzes macht sich zuerst in einer Ausbreitung von reagierendem Gemenge und Schaum über den Quellpunkt bzw. die Bubblingreihe hinaus bemerkbar. Daraus sollte man schließen können, daß die Begrenzung der Leistung der Wannen meist durch die Leistungsfähigkeit dieses „Teilreaktors" Gemengeschicht gegeben ist.

Man kann dem Hinausschwimmen des reagierenden Gemenges über die Quellzone außer durch Zurücknahme der Belastung (des Durchsatzes) nur durch Erhöhung der Energiezufuhr begegnen. Erfahrungsgemäß besteht in grober Näherung ein linearer Zusammenhang zwischen dem Brennstoffbedarf und dem Glasdurchsatz (vgl. Abschnitt 2.2.4.6). Es ist nicht ganz klar, welche Rolle der höheren Energiefreisetzung über der Gemengeschicht und welche Rolle der höheren Energiezufuhr über dem gemengefreien Teil der Glasbadoberfläche zukommt. Letztere ist ja für die Energiezufuhr zum Gemengeteppich von unten her maßgeblich. Die sehr positiven Erfahrungen mit dem Einsatz der elektrischen Zusatzheizung sprechen dafür, daß die Wärmezufuhr vom Glasbad zum Gemenge große Bedeutung hat. Wenn die EZH nicht zur Leistungssteigerung der Wannen benutzt wurde, konnte die Temperatur im Feuerraum erheblich gesenkt werden, kam man also mit einer verringerten Energiezufuhr von oben her aus. Das läßt wenigstens auf eine Austauschbarkeit der Energiezufuhr von oben und von unten schließen.

Für die *Restquarzlösung* steht das Volumen zwischen Quellzone und einlegeseitiger Stirnwand der Schmelzwanne zur Verfügung. Die Zeit, die vom Eintritt in dieses Volumen (über die untere Fläche der Gemengeschicht) bis zum Verlassen dieses Volumens (über die Quellzone) vergeht, muß ausreichen, um den bei den chemischen Umsetzungen in der Gemengeschicht nicht verbrauchten Quarz in Lösung zu bringen. Allerdings vollzieht sich dieser Lösungsvorgang in starker Verdünnung mit dem fertigen Glas, denn das unter die Gemengeschicht fließende heiße Glas der Quellzone führt ja gerade das frisch aufgeschollzene Glas in das zur Restquarzlösung verfügbare Volumen. Es ist noch unbekannt, wie stark diese „Verdünnung" des Reaktionsgutes mit fertigem Glas ist, und es ist auch unbekannt, ob diese Verdünnung sich auf die Quarzlösezeit verkürzend oder verlängernd auswirkt. Man hat keinerlei Möglichkeit, die Vorgänge in dieser Zone gezielt zu beeinflussen. Man hat schon versucht, in dem Gebiet unter der Gemengebedeckung Elektroden für eine elektrische Zusatzheizung einzubringen (also nicht wie üblich zur Stabilisierung der Quellströmung!), aber es ist unklar, ob die damit erreichten Erfolge auf eine günstige Beeinflussung der Vorgänge in der Gemengeschicht oder in dem Volumen darunter zurückzuführen sind.

Die *Läuterung* kann im ganzen Quellgebiet und im gemengefreien Teil der Badoberfläche ablaufen. Es ist denkbar, daß das Blasenwachstum schon vor dem Eintreten in die Quellzone beginnt. Die Blasen können aber wohl die Schmelze nur über die gemengefreie Badoberfläche verlassen. Die Rolle des Volumens unter diesem Teil der Oberfläche für die Läuterung und Homogenisierung ist nicht untersucht. Zweifellos wird über dieses Volumen die unter die Gemengeschicht zu führende Wärme transportiert. Durch die Einstrahlung der Wärme von oben und die Beteiligung der Wärmestrahlung an dem Wärmetransport im Glase entsteht eine wenige Zentimeter dicke, besonders heiße und deshalb besonders dünnflüssige Glasschicht, deren Strömungsgeschwindigkeit wohl auch wesentlich größer ist als die der darunterliegenden Glasschicht. Deshalb kann der in den Durchlaß gelangende Massenstrom überwiegend aus diesem oberflächennahen Strömungsquerschnitt stammen. Aber auch diese Dinge bedürfen weiterer Untersuchung.

Eine gezielte Beeinflussung der Restquarzlösung und der Läuterung durch die Betriebsweise des Ofens ist dem Technologen nicht möglich.

Vollelektrische Schmelze

Elektrisch beheizten Wannen wird die Energie überwiegend mit Hilfe von Elektroden direkt in das Glasbad zugeführt. Die Badoberfläche ist in solchen Öfen vollständig mit Gemenge bedeckt, und die Etappen des Schmelzprozesses laufen in horizontalen Schichten nacheinander ab. Das ist das Prinzip des Schachtofens, darum kann man das Schmelzen in solchen elektrisch beheizten Öfen auch als Schachtofenschmelze bezeichnen. Grundsätzlich kann man auch eine Herdofenschmelze mit über der Glasbadoberfläche liegenden elektrischen Heizelementen realisieren, das ist in der Praxis aber der Ausnahmefall. Die Schmelze in elektrisch beheizten Wannen wird *„vollelektrische Schmelze"* (VES) genannt.

Für die VES ist die vollständige Abdeckung des Glasbads mit Gemenge typisch. Unabhängig davon, ob die stromzuführenden Elektroden senkrecht, waagerecht oder schräg im Glas angeordnet sind, ist damit auch die obere Fläche strömungstechnisch eine kalte Randfläche, für die hohe Viskosität und niedrige Strömungsgeschwindigkeit typisch sind. Strenggenommen gilt sogar an dieser oberen Fläche die Haftbedingung, d. h., die Strömungsgeschwindigkeit ist dort Null. Nun ist aber durch den Glasdurchsatz und den Einlegevorgang natürlich eine Geschwindigkeitskomponente vorhanden. Abb. 55 zeigt die prinzipielle Anordnung einer vollelektrischen Wanne mit vertikalen Elektroden. In der Nähe der Oberfläche, also in der Schicht des reagierenden Gemenges, und in ihrer Nähe hat man geringe Strömungsgeschwindigkeit und den Charakter der Pfropfenströmung. Durch die Energiezufuhr über die Elektroden ergibt sich unterhalb der ruhigen oberen Schicht ein Volumen mit lebhaften Konvektionsströmungen. Dieses Volumen bringt eine Durchmischung des Glases und trägt zu seiner Homogenisierung bei.

In der Arbeitswanne, die oft zu einem sehr kleinen Quelltank entartet ist, findet man wohl näherungsweise laminare Rohrströmung. Die Existenz einer Rückströmung im Durchlaß ist umstritten.

Die Silikatbildung läuft in der Gemengeschicht ab, die die gesamte Schmelzfläche abdeckt. Diese Gemengeschicht erfüllt außerdem zwei wichtige Funktionen:

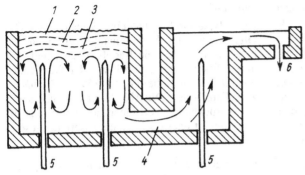

Abb. 55 Strömungsbild in einer vollelektrischen Wanne mit senkrechten Elektroden (schematisch)
1 Gemengeschicht; 2 Glasbildungszone; 3 Läuterzone; 4 Durchlaß; 5 Elektroden; 6 Glasentnahme

Sie ist eine wärmestrahlenundurchlässige Schicht, die auch mindestens ganz oben eine niedrige Wärmeleitfähigkeit aufweist. Diese Wärmeisolation ist für den Wärmehaushalt der Wanne außerordentlich wichtig. Reißt diese Schicht auf oder wird sie „durchsichtig", so steigen die Wärmeverluste der Wanne so stark an, daß ihre Funktionsfähigkeit eingeschränkt ist. Das begrenzt z. B. den Scherbenateil nach oben und die Schmelzleistung nach unten.

Zweitens muß die Gemengeschicht, möglichst ohne aufzureißen, durchlässig für die gasförmigen Reaktionsprodukte und auch für die Läutergase sein. Sie darf also nicht dichtsintern, es sei denn, der Sinter enthält nur dünnflüssige Schmelzphase.

In der obersten Zone, in der die Gutbewegung noch den Charakter der Pfropfenströmung hat, müssen auch die Restquarzlösung und die Läuterung stattfinden. Die nach der Restquarzlösung noch vorhandenen Blasen steigen zwar relativ zur Glasmasse durch den Auftrieb nach oben, aber da die Glasmasse sich nach unten bewegt, bewegen sich auch kleine Blasen mit dem Glas nach unten, solange ihre Steiggeschwindigkeit kleiner als die nach unten gerichtete Geschwindigkeitskomponente des Glases ist. Die zur Läuterung erforderliche Gasübersättigung muß also das Blasenwachstum auf eine solche Blasengröße ermöglichen, deren Steiggeschwindigkeit größer als die Sinkgeschwindigkeit des Glases ist. Es gibt einen unteren Blasenhorizont, in dem sich nur Blasen solcher Größe befinden, daß ihre resultierende Geschwindigkeit Null ist. Kleinere Blasen bewegen sich in der über diesem Horizont befindlichen Glasschicht nach unten, größere bewegen sich darin nach oben.

Der untere Blasenhorizont muß noch oberhalb des Volumens liegen, in dem durch die Energie-

zufuhr das Glas durchmischende Konvektionsströmung vorliegt. Blasen, die in dieses Gebiet gelangen, können es sicher nur mit der Entnahme wieder verlassen, würden sich also als Glasfehler auswirken. Nach den Erfahrungen der diskontinuierlichen Schmelze muß man annehmen, da auch oberhalb des unteren Blasenhorizonts hohe Temperaturen (über 1 500 °C) und lange Verweilzeiten (mehrere Stunden) zur Verfügung stehen.

Ist die Schmelzfläche A_S und die Schmelzleistung $\dot{m}_0$, so gilt

$$\dot{m}_0 = \varrho w A_S \qquad (152)$$

mit ϱ als Dichte der Glasmasse und w als Geschwindigkeit der Pfropfenströmung. Es folgt

$$w = \frac{1}{\varrho} \frac{\dot{m}_0}{A_S} = \frac{\mu}{\varrho} \qquad (153)$$

Beträgt die spezifische Schmelzleistung nur $\mu = 2,4$ t m^{-2} d^{-1}, so beträgt $w \approx 1$ m d^{-1} $\approx 0,04$ m h^{-1}.

Eine so große Steiggeschwindigkeit hätten schon Blasen von nur etwa 0,25 mm Durchmesser in einer Schmelze von $\eta = 10$ Pa s. Schätzt man einen Zeitbedarf von 5 h für den Ablauf aller Teilprozesse bis zu einer solchen Blasengröße, so kommt man auf eine Tiefe des unteren Blasenhorizonts unter der Gemengedecke von 20 cm. Selbstverständlich muß man allerdings wohl kompliziertere Verhältnisse, als diesem Zahlenbeispiel zugrunde gelegt wurden, erwarten.

Ein wesentliche Unterschied zur Herdofenschmelze besteht darin, daß die *Verdampfung* von Glasbestandteilen wesentlich geringer ist.

Es sollen Fluorverluste von 3%, Bleiverluste von 0,2% und Borverluste von 1% der eingesetzten

Menge erreicht werden,. Diese Werte betragen ungefähr nur ein Zwanzigstel der Verluste aus der Herdofenschmelze.

Dieser Effekt ist dadurch zu erklären, daß bei hohen Temperaturen flüchtige Bestandteile in der kalten Gemengeschicht wieder kondensieren. Dadurch erhöht sich der tatsächliche Gehalt dieser Komponenten im Gemenge. Ähnlich verhalten sich Läutermittel. Ein Teil der Läutermittel bewegt sich in einem Kreislauf: Im Glas gelöst (in Übersättigung) und solange die wachsenden Blasen klein genug sind, bewegen sich die Läutergase nach unten bis zum unteren Blasenhorizont, um dann mit den aufsteigenden Läuterblasen aufzusteigen bis zur Kondensation in der Gemengeschicht usw. Da man nicht weiß, wie hoch die in diesem Kreislauf auftretenden Konzentrationen sind, macht die richtige Bemessung der Mengen von Schmelzbeschleunigern und Läutermitteln im Gemengesatz beim Übergang von der traditionellen zur vollelektrischen Schmelze gewöhnlich Schwierigkeiten.

Konditionierung

Unter Konditionierung des Glases versteht man die Herstellung solcher Bedingungen, die für die Formgebung des Glases benötigt werden.

Die wichtigsten Bedingungen sind:

- *Temperatur*
  In diesem Sinne gehört das Abstehen des Glases in der Arbeitswanne durchaus zur Konditionierung.

- *Menge*
  Entweder benötigt man einen definierten und gleichmäßigen Massenstrom, oder es müssen Portionen (Tropfen oder Gobs) mit reproduzierbarer Masse und mit konstanter Frequenz abgegeben werden.

- *Geometrie*
  Für die Herstellung von Flachglas benötigt man über die ganze Blattbreite einen möglichst einheitlichen Zustand des Glases, für das Ziehen von Rohr und für Tropfen muß möglichst Rotationssymmetrie des strömenden Glases erzielt werden usw.

Obwohl durch die Vielfalt der Formgebungsprozesse auch eine Vielfalt spezieller Forderungen an die Konditionierung bedingt ist, existieren doch bestimmte Standardlösungen für wiederkehrende Probleme. Die wichtigsten dieser Standardlösungen sind:

Durchlaß

Durchlässe sind rechteckige Kanäle, die zwei Ofenteile abgetaucht miteinander verbinden. Sie haben also keine freie Badoberfläche, und ihre untere Fläche liegt so hoch wie der Wannenboden oder wenig höher (10 bis 15 cm). Sie haben zwei Funktionen: Die Abkühlung des Glases und das Zurückhalten von Oberflächenglas, das oft verunreinigt oder doch anders zusammengesetzt ist.

Der Wärmeentzug vollzieht sich über die Wandungen, und man kann sicher annehmen, daß ein Durchlaß eine bestimmte absolute Kühlleistung hat, die nicht besonders stark von dem Strömungszustand im Durchlaß abhängig ist.

Beim Durchlaß ohne Rückströmung bezieht sich diese Kühlleistung ganz auf den Entnahmestrom $\dot{m}_0$. Je größer der Durchsatz $\dot{m}_0$ ist, um so weniger verringert sich die Glastemperatur, weil ja die Kühlleistung als unabhängig von m_0 angesehen werden soll. Da aber eine bestimmte Temperatur in der Arbeitswanne erreicht werden soll, muß der Durchlaß für einen bestimmten Durchsatz bemessen werden. Oder: Jeder gegebene Durchlaß sichert nur für einen bestimmten Durchsatz die erwartete Arbeitswannentemperatur. Beim Durchlaß mit Rückströmung bewirkt die Kühlleistung des Durchlasses eine Abkühlung des Glases in beiden Strömungsrichtungen. Die Abkühlung des in der Rückströmung befindlichen Glases beansprucht einen Teil der Kühlleistung des Durchlasses, die Kühlwirkung auf den Entnahmestrom $\dot{m}_0$ ist also nur gering. Eine Vergrößerung des Durchsatzes $\dot{m}_0$ bewirkt eine Verringerung der Rückströmung und damit eine Vergrößerung des auf die Entnahme $\dot{m}_0$ entfallenden Teils der Kühlleistung des Durchlasses.

Durchlässe mit Rückströmung sind also weniger auf einen bestimmten Durchsatz festgelegt als Durchlässe ohne Rückströmung. Durchlässe mit Rückströmung sind aber energiewirtschaftlich ungünstiger als Durchlässe ihne Rückströmung, denn die Kühlleistung des Durchlasses kommt nicht nur dem beabsichtigten Effekt zugute. Das im Durchlaß abgekühlte Glas der Rückströmung muß in der Schmelzwanne wieder erwärmt werden.

Für hohe Arbeitswannentemperatur und für kleinen Durchsatz bevorzugt man den weiten Durchlaß mit Rückströmung, während für niedrige Arbeitswannentemperatur und hohen Durchsatz ein enger Durchlaß ohne Rückströmung zu wählen ist. Quantitativ sind diese Zusammenhänge nur ungenügend erfaßt.

Arbeitswanne

Arbeitswannen sind Wannenteile (also mit freier Glasbadoberfläche), deren Volumen dem Glas Verweilzeit vor allem für den Temperaturausgleich bietet. Die Arbeitswanne ist meistens über einen Durchlaß mit der Schmelzwanne verbunden, manchmal jedoch nur durch eine Einschnürung in der Breite, d. h. durch einen offenen Kanal. Sehr kleine Arbeitswannen nennt man *Quelltanks*. Im Sonderfall kann ein Quelltank auch einer Arbeitswanne über einen Durchlaß nachgeschaltet sein.

Offener Strömungskanal

Offene Strömungskanäle sind wannentief oder wenig flacher (10 bis 20 cm) und haben eine freie Glasoberfläche. Ihre Breite kann 1 m oder mehr betragen. Häufig sind sie in Flachglaswannen eingesetzt und führen das Glas z. B. den Ziehmaschinen zu. Man findet sie aber auch als Zuführung zu anderen (größeren) der Verarbeitung des Glases dienenden Ofenteilen.

Speiser

Speiser sind rinnen- oder seltener rohrförmige Zuteilorgane, die separaten Formgebungsmaschinen wie Hohlglasmaschinen, Pressen, DANNER-Anlagen usw. das Glas aus der Arbeitswanne zuführen. Speiser sind durch einen relativ kleinen Strömungsquerschnitt (einige Quadratzentimeter) gekennzeichnet und dadurch, daß sie entsprechend dem Glasspiegel in der Wanne eine freie Glasoberfläche haben (Rinnenspeiser) oder nur wenig (10 bis 15 cm) abgetaucht sind (Rohrspeiser). Bei Speisern unterscheidet man bis zu 3 Zonen: die *Kühlzone*, die *Ausgleichzone* und die *Kopfzone*. Kühlzone und Ausgleichzone werden zusammen als *Speiserkanal* und die Kopfzone auch als *Speiserkopf* bezeichnet.

Nur der Speiserkopf ist speziell nach dem Formgebungsprozeß gestaltet, weil in ihm die eigentliche Zuteil- und Dosierfunktion realisiert ist.

Auf den ersten Blick ist unverständlich, wozu man beim Speiser nochmals eine Kühlzone benötigt, wo doch bereits im Durchlaß die Glastemperatur heruntergekühlt wird und in der Arbeitswanne ein Temperaturausgleich für die Verarbeitung realisiert wird.

Tatsächlich steht man in der Praxis aber oft vor

der Aufgabe, mehrere verschiedene Erzeugnisse an derselben Maschine nacheinander oder an mehreren Maschinen, die von derselben Wanne gespeist werden, zu produzieren. Verschiedene Erzeugnisse verlangen meistens auch verschiedene Temperaturen und oft auch verschiedene Durchsätze, und dann werden in der Regel die höheren Durchsätze bei den niedrigeren Temperaturen benötigt. Diese Forderungen lassen sich mit der Arbeitswanne und dem Durchlaß nicht erfüllen, so daß man bestenfalls bei einem einzigen Erzeugnis (bei dem mit der höchsten Verarbeitungstemperatur) ohne Kühlzone im Speiser auskommt. Betrachten wir die Speisereintrittstemperatur T_1, d. h. die Arbeitswannentemperatur, als durch das am heißesten zu fahrende Erzeugnis festgelegt, so ergibt sich die Speiseraustrittstemperatur T_2 aus dem jeweilig am betrachteten Speiser zu produzierenden Erzeugnis. Mit dem ebenfalls durch die Formgebungstechnologie festgelegten Speiserdurchsatz ergibt sich die benötigte Kühlleistung des Speisers zu

$$\dot{Q}_K = \dot{m}c\,(T_1 - T_2) \qquad (154)$$

Diese Kühlleistung ist als Wärmeverlust des Speisers zu realisieren. Bei einer bestimmten Gestaltung des Speisers (z. B. Isolierung) ergibt sich für eine bestimmte Kühlleistung eine ganz bestimmte Länge der Kühlzone des Speisers. Will man über denselben Speiser ein anderes Erzeugnis, das nur eine kleinere Kühlleistung verlangt, produzieren, so benötigt man eine Beheizung des Speisers, die die Wärmeverluste teilweise auszugleichen gestattet. Normalerweise will man einen Speiser auch ohne jeden Durchsatz auf der üblichen Temperatur halten können, beim Anfahren der Anlage oder nach einer Speiserreparatur möchte man sogar den Speiser auf die Betriebstemperatur aufheizen können. Deshalb wird die Speiserbeheizung wenigstens so dimensioniert, daß sie die Speiserverluste vollständig decken kann. Heizt man den Speiser elektrisch, so muß die installierte Heizleistung also wenigstens so groß sein wie die benötigte maximale Kühlleistung des Speisers. Bei flammenbeheizten Speisern ist der Sachverhalt wegen der Abgasverluste etwas komplizierter.

Man erkennt, daß sich energiewirtschaftlich ungünstige Betriebszustände ergeben, wenn man mit Speisern, die auf große Kühlleistungen bemessen sind, Erzeugnisse produziert, die nur mit geringer Kühlleistung des Speisers gefahren werden. Es gelten also die folgenden Regeln:

– Die „am heißesten" zu fahrenden Erzeugnisse sind am kürzesten Speiser zu fahren.

– Das an einer Wanne produzierte Sortiment sollte möglichst einheitlich sein, um unnötig lange Speiser zu vermeiden.

– Das an einem Speiser produzierte Sortiment sollte möglichst einheitlich sein, um unnötige Speiserbeheizung zu vermeiden.

Bei flammenbeheizten Speisern gibt es Besonderheiten:

– Zusätzlich zu den Wandverlusten des Speisers (seiner Kühlleistung) treten der Brennstoffmenge proportionale Abgasverluste auf.

– Die Stabilität der Gemischbildung mit konstantem Luftfaktor λ und die Stabilität der Flamme sind nur bis zu einer endlichen Mindestlast technisch realisierbar. Es gibt also nur einen bestimmten Regelbereich

$$h = \frac{\dot{Q}_{Bmax}}{\dot{Q}_{Bmin}} \qquad (155)$$

für die Speiserbeheizung. $\dot{Q}_B$ ist die Heizleistung, $\dot{Q}_{Bmax}$ und $\dot{Q}_{Bmin}$ sind die mit der Anlage realisierbaren Grenzwerte der Heizleistung. Die Variabilität der Kühlleistung wird durch den endlichen Regelbereich h zusätzlich eingeengt, und um so stärker, je kleiner der Regelbereich ist.

– Die installierte Heizleistung muß größer sein, je kleiner der Regelbereich ist und je größer die Abgasmenge des Brennstoffs für die benötigte Heizleistung ist.

Abb. 56 zeigt einen Längsschnitt durch einen Speiser, Abb. 57 einen Querschnitt durch den Speiserkanal.

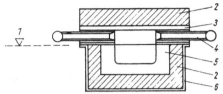

Abb. 57 Querschnitt durch einen Speiserkanal
1 Glasstand; 2 Wärmedämmung; 3 Speiserabdeckung; 4 Brenner; 5 Rinnenstein; 6 Stahltrog

Nach der Funktion kann man also zusammenfassen:

– Kühlfunktion haben Durchlässe und Kühlzonen von Speisern, u. U. auch offene Strömungskanäle.

– Dem Temperaturausgleich dienen Arbeitswannen, Quelltanks und Ausgleichzonen von Speisern.

– Unmittelbar für die Glasentnahme sind Speiserköpfe und andere Entnahmeteile wie Ziehkammern, Ziehherde, Düsenfelder usw. gestaltet.

– Manchmal verlangt auch die räumliche Anordnung der Formgebungsmaschinen einen reinen Transport des heißen Glases, der durch Speiser oder durch offene Strömungskanäle realisiert werden kann.

– Die Mengen- bzw. Durchsatzregulierung wird am Auslauforgan des Ofens, z. B. des Speiserkopfes, vorgenommen.

Die Strömung in Durchlässen und Rohrspeisern ist strömungstechnisch laminare Rohrströmung, die Strömung in offenen Kanälen und in Rinnen-

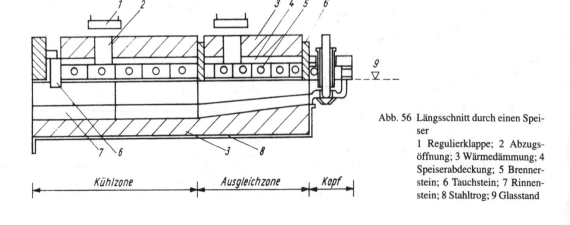

Abb. 56 Längsschnitt durch einen Speiser
1 Regulierklappe; 2 Abzugsöffnung; 3 Wärmedämmung; 4 Speiserabdeckung; 5 Brennerstein; 6 Tauchstein; 7 Rinnenstein; 8 Stahltrog; 9 Glasstand

speisern ist strömungstechnisch laminare Gerinnestömung. Beide unterscheiden sich dadurch, daß für die obere Begrenzung des Strömungsquerschnitts die Haftbedingung gilt bzw. nicht gilt. Das ist zwar für das Strömungsbild wesentlich, nicht aber für das Funktionsprinzip. Durch die Kühlung über die Kanalbegrenzung, sei sie beabsichtigt oder nicht, entsteht ein Temperaturfeld. Infolge dieses Temperaturfelds entsteht eine Konvektionsströmung, die sich der Entnahmeströmung überlagert. Zwei Erscheinungen der Konvektion sind in ihrer Wirkung voneinander zu unterscheiden: die Querkonvektion und die Längskonvektion.

Die Querkonvektion allein ergibt ein Strömungsbild, das dem in Abb. 68 gezeigten ähnelt (S. 128). An den (kühlenden) Seitenwänden sinkt Glasschmelze infolge der dort höheren Dichte nach unten, in der Mitte strömt Glasschmelze nach oben.

Die Längskonvektion wird durch das axiale Temperaturgefälle verursacht. Sie ist eine Strömung im oberen Teil vom heißen zum kälteren und im unteren Teil umgekehrt. Es gibt eine je nach der Viskositätsverteilung in der Mitte oder darüberliegende Zone mit der (Längs-) Geschwindigkeit Null. Da in Entnahmerichtung keine Wiedererwärmung des Glases zulässig ist, gilt in allen praktischen Fällen auch: Die Längskonvektion hat oben die Richtung der Entnahmeströmung, und unten ist sie entgegengesetzt gerichtet.

Die Überlagerung der Längskonvektion und der Entnahmeströmung ist für den Längsschnitt durch einen geschlossenen Kanal in Abb. 58 schematisch dargestellt. Man erkennt, daß die Rückströmung am Boden des Kanals bei großem Durchsatz unterdrückt ist.

Die Überlagerung der Längskonvektion und der Querkonvektion gibt ein kompliziertes Strö

mungsbild: Oben schräg von innen nach außen in Entnahmerichtung, unten schräg von außen nach innen entgegen der Entnahmerichtung, an den Seiten im oberen Teil schräg abwärts in Entnahmerichtung, im unteren Teil schräg abwärts entgegen der Entnahmerichtung und schließlich in der Mitte im oberen Teil schräg aufwärts in Entnahmerichtung, aber im unteren Teil schräg aufwärts entgegen der Entnahmerichtung. In einer bestimmten Höhe über dem Boden kehrt also die Strömungsrichtung um, an den Seiten gelangt Glas aus der Entnahmeströmung in die Rückströmung und in der Mitte aus der Rückströmung in die Entnahmeströmung.

Dieses komplizierte Strömungsbild tritt nur auf in weiten Strömungskanälen und in weiten, wenig abgetauchten und niedrig belasteten Durchlässen.

Das einfachere Strömungsbild ohne Rückströmung tritt auf in den engen Speiserkanälen und in engen stark abgetauchten und hoch belasteten Durchlässen.

Die Überlagerung der Querkonvektion mit der Entnahmeströmung führt in Speiserrinnen dazu, daß sich das Glas in einer Doppelspirale fortbewegt: In der Mitte strömt das Glas schräg aufwärts in Entnahmerichtung, an den Seiten strömt es schräg abwärts in Entnahmerichtung, am Boden strömt es schräg von außen nach innen in Entnahmerichtung und oben schräg von innen nach außen in Entnahmerichtung.

Die Gestaltung der für die Glasentnahme bestimmten Teile des Ofens oder Einrichtung ist so vielfältig, wie die speziellen Belange der Formgebung vielfältig sind.

Bei der Herstellung von Flachglas mit einer Walzanlage oder einer Floatanlage benötigt man breite Bänder ausfließenden Glases. In solchen Fällen gestaltet man die Arbeitswanne so, daß aus ihr über einen entsprechend breiten Auslauf

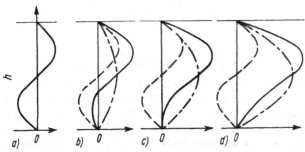

Abb. 58 Überlagerung der Längskonvektion und der Entnahmeströmung im Durchlaß (schematisch). Abszisse ist die horizontale Strömungsgeschwindigkeit in Abhängigkeit von der Höhe über dem Boden
Konvektionsströmung
—·—·— Entnahmeströmung
_____ resultierendes Geschwindigkeitsprofil
a) ohne Entnahme; b) geringere Rückströmung bei größerem Wannendurchsatz; c) fehlende Röckströmung bei großem Wannendurchsatz; d) wie c)

das Glas in gehöriger Menge und Breite auslaufen kann. Zur Einhaltung des beabsichtigten Massenstroms (Durchsatzes) genügt die Einhaltung des richtigen Glasstands. Im Bedarfsfall kann die Glasentnahme durch einen Flachschieber abgesperrt werden.

Es gibt auch Formgebungsverfahren, bei denen das Glas in Form eines Blatts oder Rohrs aus der freien Glasoberfläche nach oben abgezogen wird. Dabei gibt es überhaupt keine Werkzeuge oder Dosierorgane für den Massenstrom. Der Durchsatz richtet sich nach den Ziehbedingungen und kann nicht abhängig von diesen vorgewählt werden.

Die Sicherung der notwendigen Symmetrie kann bei solchen Verfahren erhebliche Schwierigkeiten bereiten. (Wenn erforderlich, werden dazu bei den einzelnen Formgebungsverfahren oder im Abschnitt über Öfen Ausführungen gemacht.)

2.2.4.5 Leistungskennziffern

Die Leistung des Wannenofens wird durch verschiedene Kennziffern charakterisiert, in erster Linie durch den *Glasdurchsatz, Durchsatz* oder die Wannenbelastung. Wir bezeichnen den Glasdurchsatz mit $\dot{m}_0$. Die dafür meist verwendete Einheit ist t d^{-1}. Die gesamte Zeit, während der die Wanne produziert (ohne die nach der Reparatur benötigte Zeit für die Inbetriebnahme und ohne die vor der nächsten Reparatur benötigte Zeit für die Stillsetzung), wird *Reisezeit* oder Wannenlaufzeit t_r genannt. Diese während einer *Wannenreise* der Wanne entnommene Glasmenge wird (nicht ganz exakt) *Reiseleistung* genannt:

$$m_{0r} = \int_0^{T_r} \dot{m}_0 dt \qquad (156)$$

Die Wannenlaufzeiten t_r liegen in der Größenordnung von 24 bis 60 Monaten.

Die *spezifische* Schmelzleistung ist

$$\mu = \frac{\dot{m}_0}{A_S} \qquad (157)$$

worin A_S die *Schmelzfläche* ist. Man muß bei der Benutzung dieses Begriffs und bei der Berechnung von Zahlenwerten darauf achten, daß nur auf die Schmelzfläche und nicht auf die gesamte Herdfläche bezogen werden muß. Als Schmelzfläche wird der einlegeseitige Teil der Herdfläche bis zur ersten mechanischen Absperrung be-

zeichnet. Bei zweiräumigen Wannen ist diese Definition eindeutig, unter A_S ist die Schmelzwannenfläche zu verstehen. Bei einräumigen Wannen müßte konsequenterweise die gesamte Herdfläche benutzt werden, wenn sie nicht durch Schwimmer oder dergleichen geteilt wird. Bei modernen Flachglaswannen führt diese Definition zu Schwierigkeiten, wenn sie ohne Schwimmer betrieben werden. Trotzdem sollte man die bei Flachglaswannen beträchtlichen unbeheizten Flächen nicht mit in die Ermittlung der spezifischen Schmelzleistung einbeziehen.

Der Begriff Schmelzleistung wird in zweierlei Hinsicht gebraucht, was Mißverständnisse verursachen kann. Zum einen versteht man darunter den *aktuellen* Durchsatz, der dem Ofen entnommen wird. In diesem Sinne spricht man z. B. davon, daß die Schmelzleistung vom produzierten Sortiment abhängig sein kann. Andererseits läßt sich der Durchsatz nicht beliebig verändern, weder unbegrenzt zu hohen Werten (dann würden Blasen oder Ungeschmolzenes im entnommenen Glas auftreten) noch zu beliebig kleinen Werten (das würde die Verarbeitbarkeit des Glases, bei vollelektrisch beheizten Wannenöfen die ganze Wärmebilanz, stören). Für jede Wanne gibt es einen optimalen Durchsatz oder wenigstens einen maximal zulässigen Durchsatz. Diesen Wert bezeichnet man korrekt als Nenndurchsatz oder Nennleistung, entsprechendes gilt für die spezifische Schmelzleistung.

Bei Behälterglaswannen erreicht man spezifische Schmelzleistungen von 1,8 bis 2,0 t m^{-2} d^{-1}, bei Tafelglaswannen rechnet man mit 0,9 bis 1,2 t m^{-2} d^{-1}. Bei Borosilikatgläsern muß man sich mit 0,5 bis 0,6 t m^{-2} d^{-1} zufriedengeben. Die erreichten Werte hängen nicht nur von der auf das Glas durch die Feuerung übertragbaren Wärme ab, sondern auch von dem Zeitbedarf der vom Gemenge zum Glas führenden Vorgänge, also von der Glaszusammensetzung und auch von der gewünschten Glasqualität. Die ständige Steigerung der spezifischen Schmelzleistung ist eine generelle Entwicklungstendenz.

2.2.4.6 Stoff- und Wärmebilanz

Durch die Ofenwandverluste und die Abgasverluste liegt der Wärmeverbrauch einer Glasschmelzwanne weit über der Nutzwärme, die sich aus der Umwandlungswärme für die silikat- und glasbildenden Vorgänge und der fühlbaren

Wärme des der Wanne entnommenen heißen Glases zusammensetzt. Zum Erkennen der Zusammenhänge ist es notwendig, die Stoff- und die Wärmebilanz des Ofens zu betrachten.

In der Stoffbilanz sind folgende Masseströme zu berücksichtigen:

$\dot{m}_S$ Scherben
$\dot{m}_G$ Gemenge
$\dot{m}_B$ Brennstoff
$\dot{m}_L$ Verbrennungsluft
$\dot{m}_0$ Glasentnahme
$\dot{m}_A$ Abgas
$\dot{m}_{AB}$ Rauchgas
$\dot{m}_{AG}$ gasförmige Reaktionsprodukte (einschließlich Gemengefeuchtigkeit)

Damit ergibt sich für die Stoffbilanz

$$\dot{m}_{AB} = \dot{m}_B + \dot{m}_L \tag{158}$$

$$\dot{m}_{AG} = \dot{m}_G - (\dot{m}_0 - \dot{m}_S) \tag{159}$$

$$\dot{m}_A = \dot{m}_{AB} + \dot{m}_{AG} \tag{160}$$

Wir führen noch folgende Koeffizienten ein:

l   Luftbedarf für vollständige Verbrennung
λ Luftüberschußfaktor (Luftfaktor) mit
$\lambda l = \dot{m}_L/\dot{m}_B$
α $= \dot{m}_{AG}/\dot{m}_G$ Schmelzverlust des Gemenges
s $= \dot{m}_S/\dot{m}_0$ Scherbenanteil am Glasdurchsatz

Damit schreiben sich obige Stoffbilanzgleichungen

$$\dot{m}_{AB} = \dot{m}_B(1 + \lambda l) \tag{161}$$

$$\dot{m}_{AG} = \dot{m}_0 \frac{\alpha(1-s)}{1-\alpha} \tag{162}$$

$$\dot{m}_A = \dot{m}_B(1 - \lambda l) + \dot{m}_0 \frac{\alpha(1-s)}{1-\alpha} \tag{163}$$

In der Wärmebilanz sind folgende Wärmeströme (thermische Leistungen) zu berücksichtigen:

$\dot{Q}_B$ Brennstoffwärme
$\dot{Q}_E$ elektrische Heizleistung
$\dot{Q}_R$ Umwandlungswärme für die silikat- und glasbildenden Vorgänge
$\dot{Q}_0$ fühlbare Wärme des entnommenen Glases
$\dot{Q}_{AG}$ Abgaswärmeverlust aus dem Schmelzverlust

$\dot{Q}_{AB}$ Rauchgasverlust
$\dot{Q}_V$ Wand- und sonstige Verluste

Es gilt als Bilanz

$$\dot{Q}_B + \dot{Q}_E = \dot{Q}_V + \dot{Q}_{AB} + \dot{Q}_{AG} + \dot{Q}_R + \dot{Q}_0 \tag{164}$$

Aus ihr folgt mit den Abkürzungen

$$H_u = \frac{\dot{Q}_B}{\dot{m}_B} \tag{165}$$

für den unteren Heizwert des Brennstoffs,

$$q_R = \frac{\dot{Q}_R}{\dot{m}_0 - \dot{m}_S} \tag{166}$$

für die spezifische Reaktionsenthalpie,

$$\varepsilon = \frac{\dot{Q}_E}{\dot{Q}_B + \dot{Q}_E} \tag{167}$$

für den Elektroenergieanteil und

$$\eta_B = \frac{\dot{Q}_B - \dot{Q}_{AB}}{\dot{Q}_B} = 1 - \frac{(1 + \lambda l)c_A T_A}{H_u} \tag{168}$$

für den Wirkungsgrad der Verbrennung.

Hierin bedeuten c_A die spezifische Wärmekapazität des Abgases und T_A die Abgastemperatur.

Schließlich ergibt sich für den spezifischen Energieverbrauch

$$\sigma = \frac{\dot{Q}_B + \dot{Q}_E}{\dot{m}_0} \tag{169}$$

und daraus

$$\sigma = \frac{1}{\eta_B + \varepsilon(1 - \eta_B)} \tag{170}$$

$$\cdot \left\langle \frac{\dot{Q}_V}{\dot{m}_0} + \left[c_0 T_0 + (1-s)\left(q_R + \alpha c_A \frac{T_A}{1-\alpha}\right)\right] \right\rangle$$

In dieser Gleichung treten c_0 als spezifische Wärmekapazität des Glases und T_0 als Glastemperatur bei der Entnahme aus dem Ofen neu auf. Faßt man nun wieder mehrere Größen zusammen, so kann man den einfachen Zusammenhang

$$\sigma = \frac{\dot{Q}_L}{\dot{m}_0} + \sigma_\infty \tag{171}$$

finden. $\dot{Q}_L$ heißt *Leerlaufverbrauch*, er ist der Wärmeverbrauch der unbelasteten Wanne (auch *„thermische Leerlaufleistung"* oder engl. *„holding heat"* genannt). σ_∞ ist der Grenzwert des spezifischen Energieverbrauchs für unendlich großen Durchsatz.

Der *Wärmeverbrauch* einer Wanne ist erfahrungsgemäß tatsächlich näherungsweise linear abhängig vom Glasdurchsatz, vor allem bei nicht zu großem Durchsatz.

Die Aufteilung der Verluste auf Wandverluste und Abgasverluste hängt von der Lage der Bilanzhülle ab. Legen wir die Bilanzhülle so, daß alle Anlagenteile, deren Temperaturen (und damit deren Wandverluste) unabhängig vom Durchsatz sind, außerhalb liegen, so ist das System der Wärmerückgewinnung (Regeneratoren und Wechsel oder Rekuperatoren) gerade noch innerhalb der Bilanzhülle.

Die hier angestellten Überlegungen sind nicht exakt. Es sind doch mehrere Vereinfachungen gemacht worden, die für genaue Untersuchungen nicht zulässig sind, u. a.:

- die Abhängigkeit der Abgaszusammensetzung vom Glasdurchsatz blieb unberücksichtigt
- es wurde dieselbe Abgastemperatur für alle Abgasströme angenommen
- die fühlbare Wärme des Brennstoffs und der Verbrennungsluft wurden vernachlässigt.

Es ist aber auch so zu erkennen, daß die wichtigsten Kennziffern Q_L, σ, σ_∞ und der thermische *Gesamtwirkungsgrad* des Prozesses

$$\eta_{ges} = \frac{q_N}{\sigma} \tag{172}$$

(q_N ist die spezifische Nutzwärme, vgl. S. 86) sowohl konstruktiv bedingt sind als auch vom Brennstoff und von der Betriebsweise abhängen. Und es ist auch zu erkennen, welche Reserven zur Verbesserung der wichtigsten aller genannten Kennziffern, zur Senkung des spezifischen Wärmeverbrauchs σ, bestehen.

Diese Möglichkeiten sind:

- *Auslastung des Ofens* durch Betreiben unter Nennbelastung, d. h. mit dem (ohne unzulässige Qualitätsverschlechterung des Glases) maximal erreichbaren Durchsatz. Wenn die Ka-

pazität der Formgebungslinie das Ausschöpfen der Schmelzkapazität nicht zuläßt und ihre Vergrößerung nicht möglich oder nicht erwünscht ist, ist der Ofen zu groß und sollte bei der nächsten Generalreparatur verkleinert werden.

- *Steigerung des Nenndurchsatzes* bei gleicher Wannengröße durch Vergrößerung der spezifischen Schmelzleistung und Verkleinerung der mittleren Verweilzeit. Hierzu sind Veränderungen der Teilprozesse Gemengereaktionen (z. B. Vergrößerung des Scherbenanteils), Restquarzlösung (z. B. Grobkornabsiebung beim Sand), Läuterung und Homogenisierung (z. B. Bubbling) erforderlich. Das kann auch durch eine *Temperaturerhöhung* in der Schmelzwanne erreicht werden, denn dadurch verbessert sich der Wärmeübergang, vergrößern sich die Restquarz-Lösegeschwindigkeit und die Blasenwachstumsgeschwindigkeit. Die Temperaturerhöhung verursacht zwar *absolut* höhere Wärmeverluste, aber der Gewinn an Nenndurchsatz ist so groß, daß man niedrigeren *spezifischen* Energieverbrauch erreichen kann, wenn man den durch die Temperaturerhöhung erreichbaren Schmelzleistungszuwachs tatsächlich ausschöpft.

- Senkung der Wandverluste durch *Isolierung* der Ofenanlagen.

- *Senkung der Abgastemperaturen* durch Verbesserung der Wärmerückgewinnung in Regeneratoren und Rekuperatoren sowie Nutzung von Abwärme für Zwecke außerhalb des Schmelzprozesses (z. B. zur Warmwasserbereitung) oder für die Scherben- oder Gemengevorwärmung [72].

- Verkleinerung der Abgasmenge durch Veränderung der Gemengezusammensetzung (z. B. Erhöhung des Scherbenanteils), durch Verwendung eines Brennstoffs mit höherem Heizwert oder durch Einsatz einer elektrischen Zusatzheizung (EZH). Einen ganz wesentlichen Effekt erzielt man mit Sauerstoffanreicherung der Verbrennungsluft [73] und mit der Verwendung von Sauerstoff anstelle von Luft [74].

Das Produkt $\mu\sigma$ bezeichnet die *spezifische Wärmebelastung* der Schmelzfläche, das ist die je m² Schmelzfläche aufgewandte thermische Leistung:

$$\mu \cdot \sigma = \frac{\dot{m}_0}{A_S} \cdot \frac{\dot{Q}_B}{\dot{m}_0} = \frac{\dot{Q}_B}{A_S} \tag{173}$$

Bei einem bestimmten technischen Stand der Ofen- und Feuerungstechnik, also beim Einsatz bestimmter Energieträger, bestimmter Ofentemperaturen, bestimmter Isolierung usw., hat die je m^2 Schmelzfläche technisch realisierbare thermische Leistung eine ganz bestimmte Größenordnung. Heute erreicht man etwa

$$\mu \approx 15 \text{ GJ m}^{-2} \text{ d}^{-1}.$$

Dieser Wert ist also bei vergleichbaren, nicht zu kleinen Wannenöfen ungefähr gleich groß. Darum richtet sich der spezifische Wärmeverbrauch der Glasschmelze nach der erreichbaren spezifischen Schmelzleistung. Und die spezifische Schmelzleistung hängt auch vom Zeitbedarf der Schmelze, d. h. auch von solchen Größen wie der Glaszusammensetzung, der für das jeweilige Erzeugnis erforderlichen Glasqualität usw. ab. Von der Feuerung her läßt sich die spezifische Schmelzleistung vorrangig durch den Wärmeübergang auf das Gemenge und das Glasbad (Konvektion, Strahlung) beeinflussen. Bei der Schmelze von Behälterglas erreicht man in modernen Wannen durchaus spezifische Schmelzleistungen um $\mu \approx 2$ t m^{-2} d^{-1}, und damit Werte für den spezifischen Wärmeverbrauch um $\sigma \approx$ 8 GJ t^{-1}. Der Gesamtwirkungsgrad beträgt hierfür $\eta_{ges} \approx 0.25$. Bei gezogenem Flachglas, das ja ebenfalls ein Alkali-Erdalkalisilikat ist, betragen die entsprechenden Werte $\mu \approx 1$ t m^{-2} d^{-1} und $\sigma \approx 14$ GJ t^{-1}.

Beim Einsatz einer EZH mit $\varepsilon = 0.1$ kann man eine Senkung des spezifischen Wärmeverbrauchs um 30 bis 35 % erwarten.

Der Brennstoffverbrauch jeder Wanne steigt im Laufe der Zeit an. Man kann 0,8 bis 1,2 % monatliche Zunahme des Brennstoffverbrauchs erwarten. Der Anstieg wird auf die Wannenkorrosion und Verschlechterung der Funktion der Regeneratoren bzw. Rekuperatoren zurückgeführt.

Bei der vollelektrischen Schmelze treten praktisch nur Wandverluste und Verluste durch die Wasserkühlung der Elektroden auf. Die Abgasverluste spielen keine Rolle, weil die Abgastemperaturen sehr niedrig und die Abgasmengen gering sind. Die Gewölbetemperaturen über dem Gemenge liegen bei etwa 200 °C bis 300 °C. Dadurch werden extrem niedrige Werte für den spezifischen Wärmeverbrauch erreicht. Bei Alkali-Erdalkali-Silikatglas sollen bei einer Schmelzleistung von 10 t d^{-1} 4,0 GJ t^{-1}, 25 t d^{-1} 3,2 GJ t^{-1}, 120 t d^{-1} 2,9 GJ t^{-1} erreicht werden. Diese günstigen Werte führen gelegentlich zu einer Überbe-

wertung des VES, nämlich dann, wenn nur die Elektroenergie und nicht die zur Erzeugung der Elektroenergie erforderliche Primärenergie in Rechnung gesetzt wird.

Der Wärmeverbrauch von Hafenöfen und Tageswannen hängt sehr wenig von der Menge des ausgearbeiteten Glases ab. Der Wärmeverbrauch ist daher durch die Verluste, d. h. durch die Temperaturen und die Flächen der Ofenwandungen und Gewölbe, bestimmt.

Durch den diskontinuierlichen Schmelzzyklus schwanken die Verluste natürlich periodisch. Während des Aufheizens erhöht sich die fühlbare Wärme, die im Feuerfestmaterial des Ofens und im Glas enthalten ist, während des Kaltschürens wird der Wärmeinhalt des Ofens wieder kleiner. So hängt der Wärmeverbrauch bei dem diskontinuierlichen Schmelzprozeß mehr von der Größe des Ofens und der Zeit ab als von der Menge des darin geschmolzenen Glases.

Bei Tageswannen für Alkali-Erdalkali-Silikatglas wurde folgender spezifischer Wärmeverbrauch (auf die ausgearbeitete Glasmenge bezogen) erreicht:

$\approx$ 25 GJ t^{-1} bei etwa 6 m^2 Schmelzfläche,

$\approx$ 50 GJ t^{-1} bei etwa 2,4 m^2 Schmelzfläche.

In der gleichen Größenordnung liegt der spezifische Wärmeverbrauch bei Hafenöfen für etwa 10 bis 15 Häfen.

Damit beträgt der spezifische Wärmeverbrauch das 10- bis 20fache des theoretischen Wärmebedarfs. Aus der Nutzwärme und dem Wärmeverbrauch ergibt sich ein Wirkungsgrad zwischen 4 % und 8 %.

Die bisherigen Betrachtungen zur Stoffbilanz setzte die Vereinfachung des Schmelzverlusts voraus, die auch bei der Berechnung der Gemengesätze vorgeschlagen wurde. Tatsächlich sind die Verhältnisse aber komplizierter.

Die chemische Zusammensetzung des geschmolzenen Glases weicht in der Praxis deutlich von der Zusammensetzung ab, die sich aus der chemischen Zusammensetzung des Einlegegutes (der sog. Synthese) errechnen läßt. Dafür gibt es drei Gründe: die Verstaubung von Rohstoffen aus dem Gemenge außerhalb und innerhalb des Ofens, den Übergang von Komponenten aus dem Reaktionsgut und der Glasoberfläche in die Ofenatmosphäre und schließlich die Aufnahme von Bestandteilen des Ofenbaumaterials ins Glas.

Die Verstaubung des Gemenges betrifft vor allem leichte und feinkörnige Rohstoffe. Es ist also vorzugsweise die Soda davon betroffen, ganz besonders dann, wenn es sich um die sog. leichte Soda handelt. Man kann die Verstaubung dadurch klein halten, daß man große Fallhöhen und Rutschen des Gemenges auf Böschungen möglichst vermeidet. Der Schaden durch im Ofen entstehende Verstaubung ist dadurch größer, daß die alkalihaltigen Stäube mit dem Steinmaterial des Ofens Schmelzflüsse bilden, die verstärkte Korrosion und vorzeitigen Verschleiß bedeuten.

Die Verdampfung von Gemengebestandteilen und Glasbestandteilen stellt einen Desorptionsvorgang dar, der bisher nur so wenig untersucht ist, daß man keine klaren und allgemeingültigen Zusammenhänge formulieren kann. Die Verdampfung betrifft am stärksten die Alkalioxide und B_2O_3, letzteres wahrscheinlich in Form von Alkaliboraten. Allerdings steigt der B_2O_3-Verlust aus dem Gemenge und der Schmelze auch mit dem Wasserangebot stark an. Aus Bleigläsern tritt beträchtliche PbO-Verdampfung auf. Der Verlust an Läutergasen ist ebenso dazu zu rechnen wie der Fluor- und SiO_2-Verlust über die Abgabe von SiF_4 beim Einsatz von Fluorverbindungen als Läutermittel oder als Trübungsmittel. Auch solche Farbstoffe wie CdS und CdSe können zu erheblichen Mengen aus der Schmelze verlorengehen. Aus Tiegelversuchen kann geschlossen werden, daß Verluste aus der Schmelze diffusionsbestimmt sind. Das hat ein Konzentrationsgefälle zur Glasoberfläche hin zur Folge. Das stimmt mit der Erfahrung überein, daß Ausbrandverluste die chemische Zusammensetzung des oberflächennahen Glases verändern und bei geringfügiger Vermischung mit anderen Zonen bis zur Entnahme des Glases aus dem Ofen Schlieren verursachen.

An kontinuierlichen Schmelzwannen wurden PbO-Verluste bis 10%, B_2O_3-Verluste bis 15% und F-Verluste bis 70% der eingesetzten Menge beobachtet. Diese Zahlen sind so groß und auch so stark von den Betriebsbedingungen abhängig, daß bei in technischem Maßstab geschmolzenen Gläsern die aus dem Gemengesatz berechnete Glaszusammensetzung immer deutlich von den Analysenwerten abweicht. Manche Schmelzverluste stellen eine beträchtliche Belastung der Umwelt dar.

Die Veränderung der Glaszusammensetzung durch sich auflösendes Feuerfestmaterial spielt bei Wannenöfen, deren Bassins heute mit schmelzflüssig gegossenen Steinen zugestellt werden, keine Rolle mehr. Dagegen kann natürlich nach wie vor eine Vielzahl von Glasfehlern und Betriebsstörungen durch die Auflösung von feuerfesten Steinen in der Glasschmelze verursacht werden.

2.2.4.7 Schadstoffemission

Beim Glasschmelzen mit Temperaturen von bis zu 1 600 °C sind alle Glasbestandteile mehr oder weniger flüchtig, auch SiO_2. Deshalb werden außer dem CO_2, H_2O, SO_2 und NO_x aus der Verbrennung auch alle Glasbestandteile, wenn auch in geringer Menge aus der Schmelze emittiert. Am intensivsten ist die Verdampfung der Alkalien, von Bor- und Fluorverbindungen und von PbO, sofern diese Stoffe in der Schmelze enthalten sind. Am ernstesten ist die Situation beim Schmelzen von Bleigläsern und einigen Farbgläsern (z. B. Cadmium, Selen) sowie bei Trübgläsern (Fluoride), aber auch als Läutermittel werden gelegentlich toxische Stoffe verwendet, z. B. Arsenik und Antimonoxid. An brennstoffbeheizten Glasschmelzwannen sind Rauchgasreinigungsanlagen obligatorisch. Bei der vollelektrischen Schmelze werden zwar nur 5 bis 20% der bei der brennstoffbeheizten Schmelze auftretenden Verdampfungsverluste erreicht, aber in jedem Fall ist die Notwendigkeit einer Abgasreinigung zu prüfen.

Wie bei jedem Verbrennungsprozeß tritt auch bei der Befeuerung von Glasschmelzanlagen eine unzulässige NO_x-Emmission auf [75]. Sie beruht bei den hohen Flammentemperaturen der Glasschmelzöfen hauptsächlich auf der Stickstoffmonoxidbildung durch die Oxidation des Stickstoffs der Verbrennungsluft. Die NO_x-Emission steigt daher mit höherer Temperatur mit wachsendem Sauerstoffüberschuß und zunehmender Verweilzeit in der Flamme an. Die zu bevorzugende primäre Maßnahme zur Senkung der NO_x-Emission ist daher eine möglichst stöchiometrische Verbrennung. Die Senkung der Flammentemperatur z. B. durch Verringerung der Luftvorwärmung vergrößert den Wärmeverbrauch und ist darum weniger gut. Sehr viel bessere Aussichten bietet die stufenweise Verbrennung, so daß bei hoher Verbrennungstemperatur nur ein niedriger Sauerstoffpartialdruck in der Flamme vorliegt. Sauerstoffanreicherung der Verbrennungsluft (d. h. die Senkung des Stickstoffpartialdrucks in der Flamme) oder gar der Einsatz von Sauerstoff für die Verbrennung verringern zwar die Abgasmenge, sind aber kein brauchbares

Mittel zur Senkung der NO_x-Konzentration im Abgas.

Sekundäre Maßnahme zur Senkung der NO_x-Emission ist die Reduktion der Stickstoffoxide zum Stickstoff. Das ist durch Einleiten von Ammoniak in den Rauchgasstrom bei 900 °C bis 1 000 °C oder bei tieferen Temperaturen durch geeignete Katalysatoren möglich.

2.2.5 Prozeßführung

In einer gegebenen Wanne bestimmter Konstruktion ist der gesamte Schmelzprozeß wenig zu beeinflussen, und die wenigen Möglichkeiten zur Beeinflussung kann man nur auf der Basis sicherer Erfahrung und mit Einfühlungsvermögen benutzen.

Bislang ist über die Zusammenhänge zwischen den beeinflußbaren Parametern des Ofenbetriebs und den für den Schmelzprozeß maßgeblichen Parametern noch wenig Fundiertes bekannt. Die Ursache dafür besteht vor allem in der Unzugänglichkeit des Innern des Glasbads für Meßsonden und Probenahmevorrichtungen. Aber auch die theoretische Durchdringung der Vorgänge im Glasbad befindet sich noch in einem unbefriedigenden Stadium.

2.2.5.1 Führungsgrößen

Temperatur

In gewissen Grenzen kann man die räumliche Verteilung der Energieentbindung im Feuerraum und damit die *Temperaturverteilung* über und in dem Glasbad beeinflussen, z. B. durch die Einstellung und Beaufschlagung der Brenner. Man sollte sich mit diesen bescheidenen Möglichkeiten darum bemühen, ein gut ausgeprägtes, etwa in Schmelzwannenmitte oder etwas in Richtung zum Durchlaß verschoben liegendes Temperaturmaximum zu erzeugen, um eine stabile Quellströmung zu sichern. Die immer besser werdende Wannenisolierung führt aber auch zu einer Verringerung der Temperaturunterschiede innerhalb des Feuerraums. Andererseits könnte man durch partielle Isolierung des Wannenbeckes ebenfalls die Strömung beeinflussen, beispielsweise lassen sich die Temperaturgefälle in der Wannenlängsachse und die Temperaturgefälle quer dazu durch Flammenlage und Isolierung verändern und damit Längskonvektion und Querkonvektion im Glasbad. Man kann anhand des Abb. 65 einschätzen, welch große Bedeutung diese Dinge

haben, aber leider sind die Zusammenhänge noch zu wenig bekannt, um praktischen Nutzen daraus zu ziehen. So beschränkt sich die Prozeßführung darin, die erfahrungsgemäß geeigneten Parameterwerte einzuhalten.

Herdraumdruck

Der *Herdraumdruck* soll am Glasspiegel einige Zehntel Millimeter Wassersäule (d. h. einige Pascal) betragen, damit einerseits keine Falschluft durch Öffnungen des Feuerraums eindringen kann und andererseits nicht übermäßiges Herausspitzen von Flammen aus diesen Öffnungen auftritt und so hohe Ausflammverluste entstehen.

Abb. 59 zeigt ein Beispiel für den Druckverlauf in der Luft- und Abgasführung bei einer Regenerativwanne. Man beachte dabei die Wirkung des Auftriebs in den Regeneratorkammern. Durch diesen *Kammerauftrieb* ist es möglich, auch ohne Luftgebläse auszukommen, wenn man durch eine Öffnung möglichst nahe bei der Wechselvorrichtung die Möglichkeit schafft, daß sich die Wanne selbst die Verbrennungsluft ansaugt. In diesem Sinne unterscheidet man diese „Primärluft" von der „Sekundärluft", die mit einem Gebläse in die Wanne gedrückt wird. Moderne Wannen haben aber alle Sekundärluftbetrieb.

Anhand Abb. 59 wird verständlich, daß sich beim Drücken oder Ziehen des Essenschiebers die einströmende Luftmenge mit verändert. Umgekehrt beeinflußt eine Verstellung des Luftschiebers auch den Herdraumdruck, wodurch sich eine Verstellung des Essenschiebers nötig macht. Diese gegenseitige Beeinflussung der Parameter muß im praktischen Wannenbetrieb berücksichtigt werden und spielt auch für die eingesetzte Regeltechnik eine Rolle. Betreibt man eine gemeinsame Rauchgasreinigung für mehrere Öfen, so können sich sogar die Regelkreise dieser Öfen gegenseitig beeinflussen.

Glasstand

Die Höhe der Glasbadoberfläche (der *Glasstand*) ist auf einige Zehntel Millimeter konstant zu halten, weil Glasspiegelschwankungen zu starker Qualitätsverschlechterung des Glases führen können. Die sehr hohe Temperatur des Glasbads in der Oberflächenschicht, die dort hohen Strömungsgeschwindigkeiten und die physiko-chemischen Besonderheiten in der Dreiphasengrenze am Feuerfestmaterial des Bassins und an der Glasbadoberfläche verursachen einen extremen Verschleiß des Feuerfestmaterials an

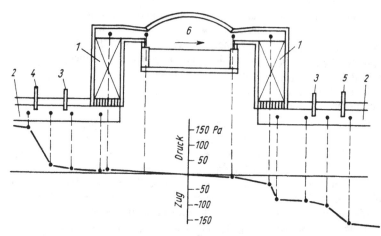

Abb. 59 Druckverlauf in der Luft- und Abgasführung bei einer Regenerativwanne
1 Regenerator; 2 Kanal; 3 Wechsel; 4 Luftschieber; 5 Essenschieber; 6 Feuerraum

dieser Linie. Es bildet sich dabei eine charakteristische „Spülkante" oder „Schwappkante" aus, die während der Wannenreise immer weiter nach außen vordringt, bis die Bassinsteine an dieser Spülkante nahezu völlig verbraucht sind. Da das Wannenbassin bis 1 bis 2 cm unter der Oberkante der Wannensteine mit Glas gefüllt ist, bleibt gerade noch eine nur 1 bis 2 cm dicke Steinschicht über der Spülkante stehen (Abb. 52). Bei Schwankungen des Glasstands gelangen von diesem Grat Stücke in die Schmelze, die in die Entnahme kommen und als „Steine" Glasfehler darstellen.

Durchsatz

Normalerweise wird der Durchsatz durch die Einstellung der Entnahmevorrichtung festgelegt.

Gewissermaßen eine Standardlösung ist der *Tropfenspeiser.*

Der prinzipielle Aufbau des Kopfs eines Tropfenspeisers ist in Abb. 60 dargestellt. Der Auslauf am Boden der Schüssel ist mit einem Tropfring versehen, dessen Maße bestimmend für den Tropfendurchmesser sind. Für die Regulierung des Mengenstroms sind zwei Bauelemente vorgesehen: das *Drehrohr* und der *Plunger.*

Der Plunger führt vertikale periodische Bewegungen aus, so daß auch der durch den Tropfring austretende Massenstrom periodisch schwankt. Etwa beim Massenstromminimum wird der Glasstrang durch eine mit zwei Messern versehene Schere abgetrennt. Die Funktion Plungerstellung in Abhängigkeit von der Zeit, die sog. Plungerhubkurve, kann man wählen, so daß man sehr unterschiedlich geformte Tropfen herstellen kann. Es lassen sich auch negative Werte für den Massenstrom im Minimum realisieren (bei der Aufwärtsbewegung des Plungers). Dadurch er-

reicht man, daß sich das beim Schnitt oberhalb der Schere befindliche Glas nach dem Schnitt von der Schere abhebt.

Die Höhe des Drehrohrs legt den mittleren Massenstrom (d. h. die Tropfenmasse) fest. Wie der Name sagt, führt das Drehrohr eine Drehbewegung aus, wodurch man eine bessere thermische Rotationssymmetrie des Tropfens erhält. Der am Speiserende befindliche Kopf zeigt natürlich ganz wesentliche Abweichung von der Rotationssymmetrie, da das Glas ihm nur aus einer Richtung zuströmt.

In manchen Fällen kommt man ohne Drehrohr aus. Dann muß man der Hubbewegung des Plungers aber zur Symmetrisierung des Glasstroms eine zusätzliche Drehbewegung überlagern, und man muß den mittleren Massenstrom über die mittlere Plungerhöhe einstellen.

Wenn man nicht einzelne Tropfen, sondern einen

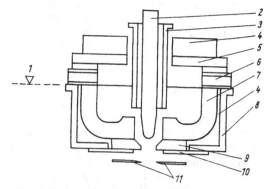

Abb. 60 Querschnitt durch den Kopf eines Tropfenspeisers
1 Glasstand; 2 Plunger; 3 Drehrohr; 4 Wärmedämmung; 5 Kopfabdeckung; 6 Brennerstein; 7 Schüssel; 8 Stahltrog; 9 Tropfring; 10 Halterung; 11 Schere

kontinuierlichen Strahl oder ein Band benötigt, so kann man auf die Drehbewegung und auf die periodische Hubbewegung verzichten, benutzt dann aber trotzdem gern einen ähnlichen Auslauf und einen Plunger zur Mengenstromeinstellung. Man kann dann aber auch den Kopf sehr viel einfacher als stärker eingeschnürte Rinne gestalten. Für die Mengenregulierung benutzt man dann einen einfachen Flachschieber, der den freien Rinnenquerschnitt in dem gewünschten Maße verkleinert.

Wo es möglich ist, läßt sich die Auslaufmenge auch sehr einfach und empfindlich durch die Glastemperatur beeinflussen.

Verweilzeitverteilung

Der Weg, den eine bestimmte eingelegte Partikel durch die Wanne nimmt, unterliegt dem Zufall. Auch die Verweilzeit , die sich die Partikel zwischen dem Einlegen und dem Entnehmen in der Wanne aufhält, ist eine Zufallsgröße. Die Verteilungsfunktion der Verweilzeit sei G(t), die zugehörige Verteilungsdichte heißt

$$\frac{dG}{dt} = g(t) \tag{174}$$

G(t) ist die Wahrscheinlichkeit für das Ereignis $\tau \leq t$, also die Wahrscheinlichkeit dafür, daß sich eine Partikel die Zeit t oder eine kürzere Zeit in der Wanne befindet.

Von der zu dem Zeitpunkt t = 0 eingelegten Glasmenge befindet sich zu einem späteren Zeitpunkt $t \neq 0$ der Anteil G(t) schon nicht mehr in der Wanne, sondern nur noch der Anteil [1 – G(t)]. Man kann die Sache natürlich auch umgekehrt betrachten: Von der zu einem bestimmten Zeitpunkt entnommenen Glasmenge wurde der Anteil G(t) später als die Zeitspanne *t* vor der Entnahme eingelegt und nur der Anteil [1 – G(t)] noch früher als der Zeitraum *t* vor der Entnahme.

Die Verweilzeitverteilung des Glases in der Wanne ist das Ergebnis der Strömungen des Glases. Man kann umgekehrt nicht eindeutig von der Verweilzeitverteilung auf den Strömungsverlauf schließen, weil sehr unterschiedliche Strömungen sehr ähnliche Verweilzeitverteilungen verursachen können.

Man begnügt sich deshalb damit, tatsächliche Verweilzeitverteilungen mit denen bestimmter Modellfälle zu beschreiben. Es dominieren zwei Methoden. Bei beiden spielt der ideale Mischer eine Rolle. Darunter versteht man einen Reaktor,

in dem ständig eine vollständige Durchmischung des gesamten Inhalts erreicht wird. Bei einer sprungförmigen Änderung am Eingang reagiert der Ausgang sofort, d. h. ohne jede Totzeit, nach einer Exponentialfunktion.

Beim *Kaskadenmodell* versucht man, die Verweilzeitverteilung eines realen Systems durch die einer Kaskade (Reihenschaltung) von n gleich großen idealen Mischern zu beschreiben. Man nennt ein solches System dann ein System n-ter Ordnung. Abb. 61 zeigt Sprungantworten und Abb. 62 Impulsantworten einiger solcher Systeme. Viele kontinuierliche Glasschmelzwannen sind in brauchbarer Näherung Systeme zweiter Ordnung.

Bei den *Mischmodellen* versucht man, durch Verbindungen weniger idealer Elemente eine ähnliche Verweilzeitverteilung zu synthetisieren, wie sie das zu beschreibende System aufweist. Die Elemente sind der ideale Mischer, die ideale Pfropfenströmung, der Kurzschluß und das Totwassergebiet. Der ideale Mischer ist systemtech-

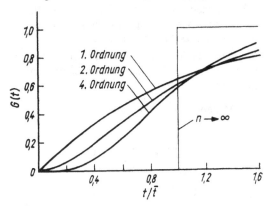

Abb. 61 Sprungantworten (Verweilzeitverteilungen) von Systemen unterschiedlicher Ordnung

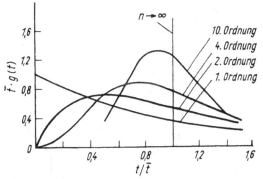

Abb. 62 Impulsantworten (Verweilzeitverteilungsdichten) von Systemen unterschiedlicher Ordnung

nisch ein Verzögerungsglied. Die ideale Pfropfenströmung stellt ein reines Totzeitglied dar, das Ausgangssignal ist ohne sonstige Veränderung nur zum Eingangssignal um die Totzeit t_t verschoben. Der Kurzschluß stellt eine direkte Verbindung zwischen Eingang und Ausgang her. Totwassergebiete kennzeichnen Volumina, die überhaupt nicht von der Entnahmeströmung durchsetzt werden. Bei der Glasschmelze wären echt stagnierendes Glas (der Glasstock) und auch geschlossene Strömungswalzen als Totwassergebiete zu bezeichnen.

Abb. 63 und 64 zeigen typische Fälle für Mischmodelle, die aus solchen Elementen zusammengesetzt sind. Totwassergebiete weisen sich darin nicht aus, sie hätten nur zur Folge, daß die aus der Verweilzeitverteilung ermittelte mittlere Verweilzeit kleiner ausfällt als das Entnahmeverhältnis. Glasschmelzwannen müssen ausreichende Totzeit haben, bedingt durch den endlichen Zeitbedarf für die glasbildenden Vorgänge. Sie sollen möglichst keinen Kurzschluß zeigen, auch nicht bei vorhandenen Totzeiten. Das Ausbreiten des Gemenges über die Quellzone hinaus wirkt sich wie eine Kurzschlußströmung aus.

Mit Mischmodellen kann man sehr gute Übereinstimmung mit gemessenen Verweilzeitverteilungen erreichen [76].

Der Mittelwert der Verweilzeit

$$\bar{t} = \int_0^\infty t \, g(t) \, dt \tag{175}$$

berechnet sich zu

$$\bar{t} = \frac{M}{\dot{m}_0} \tag{176}$$

wenn M den Wanneninhalt und $\dot{m}_0$ den gesamten Glasdurchsatz bedeuten. Die mittlere Verweilzeit des Glases in der Wanne nennt man auch ihr *Entnahmeverhältnis*. Behälterglaswannen haben eine mittlere Verweilzeit von etwa 2 Tagen, Flachglaswannen bis zu 10 Tagen. Borosilikatglaswannen können mittlere Verweilzeiten bis zu 30 Tagen haben, und bei vollelektrischen Wannen für Alkali-Erdalkalisilikat-Glas beträgt sie nur 10 bis 20 Stunden.

Die Abb. 65 macht auch deutlich, daß die Verweilzeitverteilung eines technischen Schmelzaggregats von seinem Betriebszustand abhängen kann. In dieser Abbildung sind gemessene Impulsantworten einer brennstoffbeheizten Querflammenwanne mit drei Brennerpaaren angegeben. Durch entsprechend veränderte Beaufschlagung wurde die Quellzone der Schmelzwanne im Laufe der Versuchszeit von der Einlegeseite bis hinter die Wannenmitte verschoben. Die Messung vom 24. 6 zeigt deutliches Kurzschlußverhalten. Dabei war der Ausschuß hoch.

Gegenwärtig liegen aber noch nicht genügend

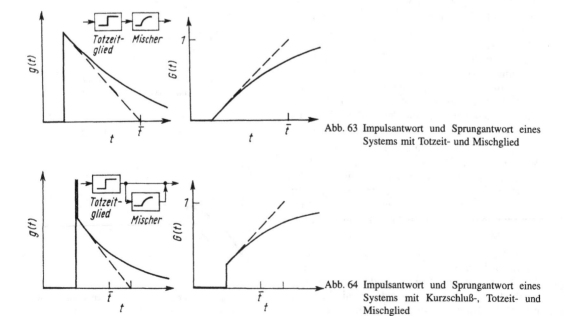

Abb. 63 Impulsantwort und Sprungantwort eines Systems mit Totzeit- und Mischglied

Abb. 64 Impulsantwort und Sprungantwort eines Systems mit Kurzschluß-, Totzeit- und Mischglied

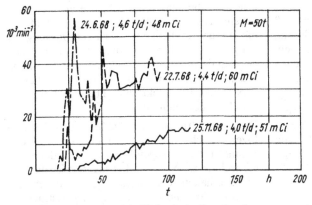

Abb. 65 Impulsversuche an einer Wanne mit einem radioaktiven Isotop bei verschiedenen Betriebszuständen (Brennerbeaufschlagung bei einer Querflammenwanne

Erfahrungen vor, um mit Sicherheit die günstigste Form der Verweilzeitverteilung nennen zu können. Ebensowenig ist gesichert, durch welche technologischen Maßnahmen die Verweilzeitverteilung in der gewünschten Weise verändert werden kann. In brennstoffbeheizten Wannen scheint nach bisheriger Kenntnis überwiegende Längskonvektion (z. B. durch Bubbling) zu niedriger und überwiegende Querkonvektion des Glases in der Schmelzwanne zu höherer Ordnung des Systemverhaltens zu führen. Bei der VES kann man die Verweilzeitverteilung durch technologische Maßnahmen nur wenig beeinflussen. Zu den Zusammenhängen zwischen den Prozeßparametern, der Verweilzeitverteilung und dem Produktionserfolg müssen noch weitere Erfahrungen gesammelt werden.

Detaillierte und grundsätzliche Ausführungen zur Verweilzeitanalyse verfahrenstechnischer Systeme findet man in [77].

Glaszusammensetzung

Die Glaszusammensetzung ist nicht nur dann eine wichtige Führungsgröße, wenn sie Bestandteil der Liefervereinbarung mit dem Kunden ist, sondern spielt auch bezüglich der Qualität des Glases und der Ausbeute verkaufsfähigen Glases eine wichtige Rolle.

Im allgemeinen ist die Konstanthaltung der Glaszusammensetzung ein unmittelbares Ziel der Prozeßführung. Sie wird in erster Linie durch konstante Rohstoffe und konstante Gemengesätze erreicht. Die Neuberechnung des Gemengesatzes nach einer Rohstoffänderung ist nur für längerfristige Veränderungen tragbar. Bei kurzfristigen Änderungen einer Rohstoffzusammensetzung fällt es schwer, die korrekte Zuordnung der Zeitpunkte des tatsächlichen Einsatzes des veränderten Rohstoffs zur Gemengeherstellung und der Anwendung des neuen, veränderten Gemengesatzes zu sichern.

Zweifellos besitzen die Schmelzwannen eine gewisse Mischwirkung, die Schwankungen der Zusammensetzung des einer Wanne entnommenen Glases sind deutlich kleiner als die Schwankungen der Synthesezusammensetzung, die aus den schwankenden Gemengezusammensetzungen errechnet werden können. Die Glättung der Schwankungen durch die Mischwirkung der Wanne ist um so wirkungsvoller, je größer die mittlere Verweilzeit des Glases in der Wanne, je breiter die Verweilzeitverteilung und je höher die Frequenz der Schwankungen ist [78]. Man gewinnt leicht eine Vorstellung von diesem Zusammenhang, wenn man sich vor Augen hält, daß die Verweilzeitverteilung und die Sprungantwort gleichen Verlauf haben. Diese Glättung kurzfristiger Schwankungen des Einlegeguts durch die Mischwirkung der Wanne sollte nicht dazu führen, derartige Unregelmäßigkeiten zu dulden. Die Qualität der Vermischung sich gleichzeitig in der Wanne befindender Gläser mit unterschiedlicher Zusammensetzung ist wegen der hohen Viskosität der Schmelze und des relativ schwachen Strömungsantriebs in den Glasschmelzwannen keineswegs besonders gut. Vielmehr führen solche Bedingungen zu schlierigem und inhomogenem Glas. Schwankende Zusammensetzung des Einlegegutes führt durchaus dazu, daß sich zugleich Gläser mit sich unterscheidender Zusammensetzung in der Wanne befinden. Je breiter die Verweilzeitverteilung ist, um so mehr zu verschiedenen Zeiten eingelegtes ggf. unterschiedlich zusammengesetztes Gut befindet sich zugleich in der Wanne. Bereits eine einzige plötzliche Änderung der Zusammensetzung des Einlegeguts führt in dem Zeitbereich, in dem die Verweilzeitverteilung von Null bzw. Eins deutlich abweichende Werte hat, dazu, daß Glas von der Zusammensetzung vor dem Sprung neben Glas von der Zusammensetzung nach dem Sprung nebeneinander in der Wanne vorliegen und miteinander vermischt werden müssen.

Glasschmelzwannen sind in diesem Sinne schlechte Mischer (selbst dann, wenn ihr Zeitverhalten das des sog. idealen Mischers ist), man sollte sich auf ihre vergleichmäßigende Wirkung bezüglich schwankender Rohstoffe oder Gemenge nicht verlassen.

Regelkreise

An modernen Anlagen werden die Aufgaben zur Konstanthaltung der meisten der genannten Parameter von Regeleinrichtungen übernommen, so daß die Kontrolle, Wartung und Instandhaltung dieser Meß- und Regeltechnik die wichtigsten Aufgaben bei der Führung des Schmelzprozesses sind.

Bei brennstoffbeheizten Öfen wird für die Temperaturregelung meist ein Thermoelement an einer möglichst heißen Stelle des Schmelzwannengewölbes benutzt, der Temperaturregler wirkt auf die Brennstoffmenge. Für optimale Verbrennung muß das Brennstoff-Verbrennungsluft-Verhältnis konstant geregelt werden.

Bei VES wird die elektrische Wirkleistung konstant geregelt, der Regler wirkt auf die Stelltransformatoren. Die Glastemperatur wird gemessen und ggf. zur Korrektur der elektrischen Leistungs-Konstantregelung benutzt.

Der Glasstand wird optisch oder mit einer elektrischen Abtastung oder mit einer eine radioaktive Quelle nutzende Füllstandsmessung gemessen und auf wenige Zehntel Millimeter genau konstant geregelt. Die Glasstandregelung wirkt auf die Fördergeschwindigkeit der Einlegemaschine. Die früher übliche Zweipunktregelung mit Ein- und Ausschalten der Einlegemaschine genügt heutzutage meist nicht mehr, weil Hochleistungswannen knapp an der erreichbaren Leistungsgrenze gefahren werden. Mit einer Zweipunktregelung kann man keine zeitlich konstante, sondern nur eine sich periodisch verändernde Lage der Schaumgrenze auf der Badoberfläche der mit Brennstoff beheizten Schmelzwanne erreichen.

Erst bei der Behebung von Störungen und bei der Planung und Realisierung von Maßnahmen zur Steigerung der Leistung oder zur Senkung des Energieverbrauchs zeigt sich, wie unzureichend unsere Kenntnisse über die Vorgänge und wie dürftig die Möglichkeiten zur Beeinflussung der Vorgänge sind. Um so größer ist die Bedeutung der praktischen Erfahrung für das Betreiben von Wannen. Natürlich wirkt sich dies auch besonders bei der Konstruktion und bei der Weiterentwicklung der Öfen aus.

Die vollelektrische Schmelze bietet dem Technologen noch weniger Möglichkeiten, den Schmelzprozeß zu beeinflussen, als die der Herdofenschmelze. Noch stärker als dort ist das Betriebsverhalten der Wanne schon durch die Konstruktion und Dimensionierung bestimmt.

Im Vergleich zur Herdofenschmelze mit Brennstoffbeheizung weist die vollelektrische Schmelze deutliche Vorteile auf. Der Betrieb ist sehr sauber und sicher, die Installation und die Regelungstechnik sind ohne größere Probleme. Die Umweltbelastung ist minimal, und die Arbeitsbedingungen sind gut.

Auf lange Sicht wird sich die vollelektrische Schmelze gegen die Schmelze mit Brennstoffbeheizung sicher durchsetzen. Fossile Brennstoffe haben als Kohlenstoffträger für die Stoffwirtschaft in der chemischen Industrie außerordentlich große Bedeutung. Ihre Lagerstätten sind begrenzt. Der stärkere Einsatz der vollelektrischen Schmelze wird heute durch die Verfügbarkeit von Elektroenergie und durch ökonomische Faktoren eingeschränkt. Darum wird VES vor allem dort eingesetzt, wo die erreichten ökonomischen Vorteile besonders deutlich sind. Das ist z. B. bei der Herstellung von hochwertigen Erzeugnissen aus Borosilikatglas der Fall. Dabei ist mit der Umstellung auf VES oft eine beträchtliche Ausschußsenkung und Qualitätsverbesserung aufgetreten.

2.2.5.2 Stationärer Betrieb

Die Schmelzwannentemperatur wird bei empirisch gefundener oder sich nach der Konstruktion ergebender Temperaturverteilung so gehalten, daß 1 600 °C nicht überschritten werden können (wegen des üblicherweise für das Gewölbe eingesetzten Feuerfestmaterials Silika). Die zeitliche Konstanz eines für die Temperaturregelung benutzten Thermoelements im Schmelzwannengewölbe sichert die durchsatzabhängige Brennstoffzufuhr. Im übrigen ist darauf zu achten, daß der vorgesehene Luftfaktor für die Verbrennung eingehalten wird.

Die Temperaturverteilung im Ofen wird natürlich konstant gehalten, das betrifft also auch die eventuell unterschiedliche Bennerbeaufschlagung bei querbeheizten Öfen mit mehreren Brennerpaaren. Vom Temperaturfeld hängt das Strömungsfeld im Glasbad ab, und man kann sich schwere Störungen in der Glasqualität einhandeln, wenn man während des Betriebs Änderungen des Temperaturfeldes im Ofen zuläßt.

Für den Ausgleich von Temperaturunterschieden innerhalb der Glasmasse muß dem Glas eine gewisse Verweilzeit bei zeitlich konstanter mittlerer Temperatur geboten werden. Die Beheizung der Arbeitswanne oder der Ausgleichzone eines Speisers ist also so zu bemessen, daß gerade die Verluste des betreffenden Anlagenteils gedeckt werden. Die Beheizung einer Arbeitswanne oder der Ausgleichszone eines Speisers ist also kein Mittel zur Einstellung der richtigen Temperatur für die Verarbeitung! Das gilt auch für die Beheizung von Entnahmevorrichtungen und Speiserköpfen. Allerdings sind natürlich die Verluste der dem Temperaturausgleich dienenden Anlagenteile temperaturabhängig, und demnach muß man die Ausgleichs- und die Kopfzone etwas stärker beheizen, wenn man eine höhere Arbeitstemperatur benötigt, aber herzustellen ist die geeignete Temperatur stets in der Kühlzone. Jede Temperaturveränderung eines Glasstroms erzeugt auch Temperaturinhomogenitäten. Die Aufgabe von Arbeitswannen und Ausgleichszonen ist aber, Temperaturinhomogenitäten im Glas zu beseitigen.

Im Idealfall müßte man für die gestellte Aufgabe alle Begrenzungsflächen des Ausgleichvolumens auf die gewünschte Temperatur bringen. In jedem praktischen Fall treten aber über einige Flächen Wärmeverluste auf, die über andere Flächen ersetzt werden. Arbeitswannen weisen Verluste über die Wände und den Boden auf, die über den Glasspiegel mit einer Feuerung oder von innen mit Elektroden ersetzt werden. Ähnlich ist es in Speisern, außer in allseitig geheizten Rohrspeisern. Es ist nicht sicher, daß die Wirkung großer Arbeitswannen besser sein muß als die von kleinen. Eine ausgeprägte Konvektionswalze in der Arbeitswanne kann sowohl mit als auch ohne Durchlaßrückströmung den überwiegenden Teil des Arbeitswannenvolumens ausfüllen, so daß für die überwiegende Menge des in den Speiser eintretenden Glases nur ein sehr kleines wirksames Ausgleichvolumen vorhanden wäre. Andererseits kann ein kleines Volumen in

der Rohrströmung eines Quelltanks oder der Ausgleichszone eines Speisers zu guter Temperaturhomogenisierung führen, wenn dieses Volumen ganz für den Temperaturausgleich genutzt werden kann. Allerdings wirkt sich natürlich ein großes Arbeitswannenvolumen bei guter Durchmischung positiv auf die Vergleichmäßigung der Glastemperatur aus. Ebenso widersprüchlich wie die dargelegten Möglichkeiten sind die Erfahrungen über die zweckmäßige Größe der Arbeitswannen.

Bei einhäusigen Wannen kann es ernste Probleme geben, die Beheizung der Ausgleichs- bzw. Abstehzone richtig einzustellen. Bei einhäusigen, aber zweiräumigen Wannen besteht u.U. die Möglichkeit, auf die Durchlaßwand eine sog. Schattenwand aufzusetzen, das ist ein loses Gitterwerk aus Steinen von Feuerfestmaterial, womit die Wärmezufuhr zur Arbeitswanne verkleinert werden kann.

Bei der Einstellung der Beheizung von Speisern ist folgendes zu beachten:

Wenn die Beheizung über die Oberfläche einer offenen Speiserrinne erfolgt, was bei den meisten Speisern der Fall ist, so ist die Temperatur des Glases normalerweise von der Temperatur der Speiseratmosphäre verschieden. In der Kühlzone wird die Atmosphärentemperatur zumeist unter der Glastemperatur liegen, mit Ausnahme solcher Betriebszustände, die durch sehr hohe Verarbeitungstemperaturen gekennzeichnet sind. In der Ausgleichszone wird die Atmosphärentemperatur immer über der Glastemperatur liegen müssen, damit alle Wärmeverluste (auch die an den unbeheizten Flächen) gedeckt werden können. In der Kopfzone sind normalerweise höhere Wärmeverluste vorhanden als in einer Kanalzone. Die richtige Beheizung der Kopfzone wird also normalerweise eine noch höhere Atmosphärentemperatur verlangen als die der Ausgleichszone. Die Speiserbeheizung erfolgt entweder durch Brenner oder durch elektrische Heizelemente über dem Glas. Direkte elektrische Heizung über Elektroden hat sich als alleinige Heizungsart nicht durchgesetzt.

Der Durchsatz und der Scherbenanteil werden grundsätzlich konstant gehalten. Änderungen dieser Größen verursachen Änderungen der Glaszusammensetzung und des Strömungsfeldes und können Inhomogenitäten, insbesondere Schlieren und Knoten im entnommenen Glas zur Folge haben.

Die Forderung nach konstantem Scherbenanteil wird in einigen Betrieben so ernst genommen, daß bei vorübergehendem Scherbenmangel gutes Glas in die Scherben gefahren wird.

Der Durchsatz wird ja durch die Glasentnahme aus dem Ofen definiert, weshalb die Forderung nach konstantem Durchsatz zunächst die Konstanz der Entnahmebedingeungen betrifft. Die Glasstandregelung sorgt dafür, daß der Massestrom des Einlegeguts bei konstantem Massestrom der Glasentnahme ebenfalls konstant bleibt. Für die Glasstandregelung findet man an einigen Öfen aber immer noch einfache Zweipunktregelungen, die die Einlegemaschinen je nach der erreichten Höhe des Glasstands ein- und ausschalten. Für den Massestrom des Einlegeguts entsteht aber in diesem Fall eine Periodizität, die eine Periodizität der Gemengebedeckung oder überhaupt der benötigten Schmelzleistung bewirkt. Bei Hochleistungsöfen ist dieser Fehler des beabsichtigten stationären Ofenbetriebs nicht zulässig.

2.2.5.3 Durchsatzänderung

Trotz der anzustrebenden Konstanz des Durchsatzes muß an vielen Öfen sortimentsbedingt nacheinander mit unterschiedlichem Durchsatz gefahren werden. Wenn infolgedessen tatsächlich störende Veränderungen der Glaszusammensetzung auftreten (was an Bleiglaswannen und Borosilikatglaswannen durchaus vorkommt), dann sollte man versuchen, von dem Tabu konstanten Kreislaufscherbenanteils abzugehen und konstanten Gemengedurchsatz zu fahren, die Durchsatzschwankungen also mit Änderungen des Kreislaufscherbenanteils abzufangen.

Bei geschlossenem Scherbenkreislauf bringt das Glas im Feuer des Ofens längere Zeit zu. Man nennt diese Zeit das Schmelzalter des Glases, worunter also die Zeit verstanden werden soll, die das Glas insgesamt, also u. U. bei mehreren Umläufen in der Wanne zugebracht hat. Auch das Schmelzalter des Glases unterliegt einer Verteilung. Der Mittelwert t_s dieser Zeit, das mittlere Alter des Glases, hängt mit der mittleren Verweilzeit t nach der einfachen Gleichung

$$\bar{t}_s = \frac{\bar{t}}{1-s} \tag{177}$$

zusammen. s ist der Anteil der Kreislaufscherben am gesamten Glasdurchsatz. Wegen dieser Glei-chung führt bei schwankendem Glasdurchsatz an einer Wanne nur ein konstant gehaltener Gemeng-geglasdurchsatz $\dot{m}_0(1-s)$ zu konstantem mittlerem Schmelzalter.

Geht man davon aus, daß die Veränderungen der Glaszusammensetzung während des Schmelzprozesses durch Verdampfung von Glasbestandteilen und durch Auflösung von Feuerfestmaterial fortschreiten, so ergibt sich die klare Orientierung auf stets gleichgroßen Gemengedurchsatz. Sortimentsbedingte Veränderungen des Glasdurchsatzes sollten durch veränderten Scherbendurchsatz ausgeglichen werden. Die traditionelle Praxis, bei geschlossenem Scherbenkreislauf ein konstantes Scherben-Gemenge-Verhältnis zu fahren, ist nur dann begründet, wenn der Glasdurchsatz konstant gefahren wird, was ja ebenfalls eine Erfahrungsregel ist.

Sortimentswechsel verlangt oft nicht nur Änderung des Durchsatzes, sondern auch eine andere Verarbeitungstemperatur für das Glas. Solche Temperaturänderungen nimmt man möglichst nur mit der Speisereinstellung vor. Man ändert möglichst nicht die Arbeitswannentemperatur und erst recht nicht die Schmelzwannentemperatur.

Selbst bei Produktionsstillstand durch Havarie oder planmäßige Reparatur versucht man, den Durchsatz zu halten oder bei längerem Stillstand nur zu drosseln, um das Temperaturfeld und das Strömungsfeld in der Wanne nicht unnötig zu stören. Trotzdem kommt es vor, daß der Durchsatz wesentlich verringert wird oder Null wird. Das kann bei längeren Reparaturen, bei geplanten Betriebspausen und bei stockendem Absatz erforderlich werden. Dann sollte man die Schmelzwannentemperatur zurücknehmen, um die Veränderungen der Glaseigenschaften unter dem Feuer einzuschränken. Lange unter Feuer gehaltenes oder mit extrem hohen Kreislaufscherbenanteilen geschmolzenes Glas zeigt schlechte Verarbeitbarkeit. Bislang konnte zwar nicht sicher nachgewiesen werden, worauf diese Erscheinung beruht, an ihrer Existenz kann aber nicht gezweifelt werden [79], [80].

2.2.5.4 Umschmelzen

Die Verteilung der Verweilzeit ist identisch mit der Sprungantwort des Systems. Das ist wichtig für die experimentelle Bestimmung der Verteilung der Verweilzeit und für das Zeitverhalten des Ofens bezüglich der Änderung der Glaszusammensetzung infolge von Änderungen der Zusammensetzung des Einleguts. Das hat nicht nur für bewußte Veränderungen des Gemengesatzes Bedeutung, sondern auch für die Übertragung von Störungen im Gemenge oder in den Scherben.

Wir betrachten zunächst den Fall, daß man die Konzentration einer Glaskomponente i in dem dem Gemenge entsprechenden Glas sprunghaft verändert und die Konzentration $c_i(t)$ dieser Komponente in dem entnommenen Glas verfolgt. Erhöht man die Konzentration von c_{i1} auf c_{i2}, so gilt

$$\frac{c_i(t) - c_{i1}}{c_{i2} - c_{i1}} = G(t) \tag{178}$$

Darum nennt man G(t) auch die *Sprungantwort* oder wie in der Systemtechnik die *Übergangsfunktion*.

Analog dazu gilt auch, daß g(t) gleich der *Impulsantwort* ist. Dabei muß aber als Eingangsimpuls ein unendlich hoher Impuls der Zeitdauer Null gedacht werden, der natürlich nicht realisiert werden kann, sondern einen theoretischen Grenzfall darstellt.

Wird von einer Komponente i impulsförmig die Menge Δm_i zusätzlich eingelegt, so ist der Konzentrationsverlauf in dem entnommenen Glas durch

$$c_i(t) = c_{i0} + \frac{\Delta m_i}{\dot{m}_0} \, g(t) \tag{179}$$

gegeben.

Zur Untersuchung der Systemeigenschaften von Glasschmelzwannen und ihres Verweilzeitverhaltens werden sowohl Sprung- als auch Impulsversuche angestrebt. Dazu verwendet man radioaktive Isotope, aber auch andere, normalerweise nicht im Glas enthaltene Stoffe.

Gibt es mehrere Entnahmestellen an der Wanne, so hat jede eine eigene Sprungantwort, die zugleich die Verweilzeitverteilung des entnommenen Glases ist. Die Verweilzeitverteilung des (als Gemenge und Scherben) eingelegten Glases läßt sich berechnen zu

$$G(t) = \frac{\sum\limits_{v} \dot{m}_{0v} \, G_v(t)}{\sum\limits_{v} \dot{m}_{0v}} \tag{180}$$

In umgekehrter Weise, d. h. von der Verweilzeitverteilung des eingelegten Glases auf die Sprungantwort der einzelnen Entnahmestellen, kann man prinzipiell nicht schließen.

Die Verweilzeiten sind bei Glasschmelzwannen so groß, d. h., die Ausgangszeitfunktion folgt der Eingangszeitfunktion so langsam, daß Glasschmelzwannen als extrem träge reagierende Systeme bezeichnet werden müssen. Der Vorteil dieser Trägheit besteht in der Stabilität gegenüber Fehlern in der Zusammensetzung des Einleguts. Kurzzeitige Störungen in der Rohstoffzusammensetzung oder in der Gemengeherstellung wirken sich um so weniger aus, je größer die Verweilzeiten des Glases in der Wanne sind. Sie drücken sich z. B. schon in der mittleren Verweilzeit aus. Der Nachteil der Trägheit des Systems Glasschmelzwanne ist offensichtlich: Eine notwendige Korrektur der Gemengezusammensetzung wirkt sich erst nach Tagen oder Wochen vollständig aus. Ebenso wirkt sich eine Störung in der Zusammensetzung des Einleguts, wenn sie sich trotz der Trägheit überhaupt bemerkbar macht, ebenfalls über Tage oder gar über Wochen aus.

Die niedrigen Werte der mittleren Verweilzeit von 10 bis 20 h bei der VES drücken aus, daß vollelektrische Wannen vergleichsweise schnell auf Veränderungen sehr schnell, sondern natürlich auch auf unbeabsichtigte. Bei kleinen Wannen können sich schon durchaus übliche Dosierfehler von Gemengecharge zu Gemengecharge in störendem Maße in der Glaszusammensetzung der Entnahme widerspiegeln.

Werden die Scherben unmittelbar, nachdem sie vom entnommenen Glas angefallen sind, wieder eingesetzt, wenn also ein geschlossener Scherbenkreislauf betrieben wird, so wirkt dies systemtechnisch als Rückkopplung. Für ein System zweiter Ordnung sind die Sprungantworten für verschiedene Scherbenanteile s in Abb. 66 dargestellt. Man erkennt, wie sich durch einen geschlossenen Scherbenkreislauf die Trägheit der Wanne (und ihre Stabilität) noch vergrößert. Scherben mit gut konstanter Zusammensetzung (z. B. aus der Deponie von Scherben aus einer störungsfreien Periode) sind wie ein Rohstoff konstanter Zusammensetzung zu betrachten. Die Glaszusammensetzung des dem Einlegut entsprechenden Glases ist durch die Konzentration

$$\bar{c}_i = (1 - s) \cdot c_{iG} + s \cdot c_{is} \tag{181}$$

gegeben, wenn s der Scherbenanteil am Glasdurchsatz und c_{iG} und c_{is} die Konzentrationen der

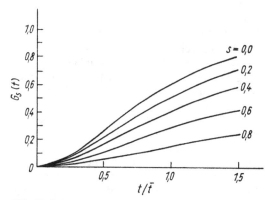

Abb. 66 Sprungantworten eines Systems zweiter Ordnung bei verschiedenen Scherbenanteilen

Komponente i im Gemengeglas bzw. im Scherbenglas sind.

Fremdscherben haben unkontrollierbar schwankende Zusammensetzung und können von dem in diesem Abschnitt benutzten Gesichtspunkt her nur als Störung betrachtet werden. Der Einsatz von Fremdscherben läßt sich nur durch seine ökonomische Begründung rechtfertigen. Fremdscherben sind als Rohstoff zu betrachten und zu behandeln.

Die im Abschnitt 2.2.2.6 beschriebenen Besonderheiten der Homogenisierung des Glases und die Strömungsfelder der Wannen bewirken, daß sich zeitlich nacheinander in die Wanne eingebrachte Gläser in der Entnahme örtlich nebeneinander wiederfinden. Im Ergebnis von Gemengeveränderungen kann also vorübergehend eine verstärkte Inhomogenität des Glases auftreten. Ständige Schwankungen der Gemengezusammensetzung durch instabile Rohstoffe oder zu große Dosierfehler wirken sich aus demselben Grunde in ständig schlechter Homogenität des Glases aus. Die zufälligen Schwankungen der gemessenen Verweilzeitverteilungen hängen ebenfalls damit zusammen (vgl. Abb. 65). Diese Zusammenhänge sind aber noch ungenügend untersucht.

2.2.5.5 Anfahren und Stillsetzen

Glasschmelzwannen werden vor dem Anfahren nach Neubau oder Reparatur meistens mit Scherben gefüllt und mit speziellen Temperbrennern entsprechend der Wärmedehnung der verbauten Feuerfestmaterialien nach strenger Vorschrift getempert. Die Verankerung, vor allem die Verspannung der Gewölbe muß beim Tempern mit fortschreitender Wärmedehnung des Feuerfestmaterials nachgelassen werden.

Die Scherben schmelzen mit steigender Temperatur zusammen, so daß die Wanne in diesem Stadium nur zu etwa einem Drittel gefüllt sein wird. Dann kann aber über die normalen Brenner und bei Regeneratorwannen über den Wechsel weitergetempert werden. Bei elektrisch beheizten Öfen können die Elektroden geschoben werden und die elektrische Spannung kann eingeschaltet werden, da nun das Glas infolge der erreichten Temperatur auch ausreichende elektrische Leitfähigkeit erreicht haben wird.

Die weitere Füllung wird über die Einlegemaschinen vorgenommen, meist zunächst nur mit Scherben. Beim Einlegen von Gemenge muß darauf geachtet werden, daß die Einlegegeschwindigkeit nicht wesentlich über dem Nenndurchsatz der Wanne liegt, um einwandfreies Einschmelzen des Gemenges zu gewährleisten.

Das Stillsetzen eines Glasschmelzofens beginnt mit dem Ablassen der Schmelze. Dafür ist eine Öffnung im Boden oder in der Wand in Bodennähe vorgesehen, die während der Wannenreise mit einem Stöpsel verschlossen war. Diese Öffnung muß zunächst mit Schweißbrennen aufgetaut werden, aber wenn das Glas erst einmal fließt, dann führt es ausreichend Wärme mit, um den Glasfluß aufrecht zu erhalten. Ist allerdings der Entleerungsmassestrom zu klein, so kann die Öffnung auch wieder zufrieren. Das entnommene Glas wird in Wasser gefrittet. Während des Ablassens muß der Massestrom mit der Ofentemperatur reguliert werden, um einerseits mit der Glasmenge im Wannenkeller fertig zu werden (Brüdenbildung beim Fritten!), andererseits das Einfrieren des Ablasses zu verhindern. Am Anfang nach der Öffnung des Ablasses kommt ein wenig Bodenglas aus der Nähe der Ablaßöffnung, dann fließt lange Zeit Glas von der Badoberfläche her aus, zum Schluß kommt Bodenglas aus der ganzen Bodenfläche.

Wenn der Ofen repariert und wiederverwendet werden soll, wird definiert abgekühlt und die Verankerung nachgezogen, um Schäden der Gewölbe weitgehend zu vermeiden. Soll der Ofen abgerissen werden, so schaltet man die Energiezufuhr ab, ggf. schlägt man beizeiten Öffnungen und setzt sogar Gebläse ein, um die Abkühlung zu beschleunigen.

2.2.5.6 Periodisches Schmelzen

Die diskontinuierliche Schmelze wird entweder im Hafenofen oder in der Tageswanne vollzogen. Häfen und Tageswannen werden immer manuell durch Glasmacher ausgearbeitet.

Bei der diskontinuierlichen Schmelze ist immer ein periodischer Temperaturverlauf zu realisieren, da man für die Verarbeitung des fertiggeschmolzenen Glases eine ganz bestimmte Temperatur benötigt, die je nach Glasart und Erzeugnis bei 1 050 °C bis 1 250 °C liegen mag und für den Schmelzprozeß möglichst hohe Temperaturen anstrebt, die bei 1 450 °C bis 1 550 °C liegen. Dabei ist diese Temperatur nach oben weniger durch glastechnische Forderungen als durch die Temperaturbeständigkeit der handelsüblichen und kostengünstigen feuerfesten Baustoffe und die Energiekosten begrenzt.

Bleibt festzustellen, daß der periodische Temperaturwechsel einen Temperaturbereich von rund 300 K überstreichen muß. Selbst bei kleinen Hafenöfen und Tageswannen sind von dieser Temperaturänderung nicht nur die Masse des zu schmelzenden Glases, sondern auch feuerfeste Baustoffe in der Größenordnung von Tonnen betroffen. Die thermische Trägheit der großen Masse, deren Temperatur im Verlauf des Schmelzzyklus verändert werden muß, drückt sich darin aus, daß die Zeitkonstante für die Erwärmung des Ofens (das *Warmschüren*) und die Abkühlung des Ofens (das *Kaltschüren*) in die Größenordnung von Stunden kommt. In Abb. 67 ist der prinzipielle Temperaturverlauf für eine tägliche Arbeitszeit dargestellt, wie er infolge der thermischen Trägheit des Ofens realisierbar wäre. Dabei ist berücksichtigt, daß zum Kaltschüren nicht nur die Brennstoffmenge auf Null zu reduzieren ist (man nennt das „den Ofen zumachen"), sondern daß eine zusätzliche Abkühlung durch das Öffnen der sonst mit sog. *Kuchen* verschlossenen Arbeitslöcher in der Ofenwand möglich ist.

Die bei einem solchen 24-h-Zyklus effektiv für den Schmelzprozeß verfügbare Zeit von 10 bis 12 Stunden reicht aus, um übliche Alkali-Erdalkali-Silikatgläser blankzuschmelzen. Borosilikatgläser und Alumosilikatgläser benötigen längere Schmelzzeit, so daß diese Gläser nicht „über die Nacht" geschmolzen werden können. Sie werden „über einen Tag" oder sogar „über mehrere Tage" geschmolzen.

Am Ende der Arbeitszeit der Glasmacher sind die Häfen bzw. Tageswannen noch zu 30 bis 70% gefüllt. Wenn nur wenig Glas ausgearbeitet wur-

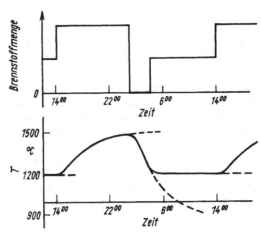

Abb. 67 Temperatur und Brennstoffverbrauch bei der diskontinuierlichen Glasschmelze in Abhängigkeit von der Zeit (schematisch)

de, wird noch Glas mit Hilfe einer Kelle geschöpft. Danach beginnt unmittelbar das Warmschüren des Ofens, während dieser Zeit wird das Gemenge mit Kellen oder Schaufeln manuell eingelegt, in der Regel auf mehrere Einlagen verteilt. Das Einlegen und die Wärmeaufnahme durch das kalte Gemenge beeinflussen natürlich den Temperaturverlauf, so daß in der Praxis ein etwas anderer Verlauf als in Abb. 67 zustande kommt.

Der Ablauf des Schmelzprozesses wird von einem Schmelzer überwacht. Zunächst ist der Zeitpunkt festzustellen, bei dem die Restquarzlösung beendet ist. Dazu sticht der Schmelzer mit dem *Bindeisen* in die Schmelze und zieht in Form eines langen Glasfadens eine Probe aus dem Ofen. An diesem Faden kann man sehr leicht feststellen, ob noch Ungeschmolzenes im Glas enthalten ist oder nicht.

Nachdem das Glas „aus dem Sande" ist, werden die meisten Häfen und auch manche Tageswannen *geblasen* oder *gebülwert*. Dazu wird ein in Wasser getränkter Holzklotz von etwa 10 × 10 × 15 cm³ Größe auf eine gebogene Eisenstange (das *Blaseisen*) gespießt und damit in das Glas eingeführt. Das *Blasklötzchen* wird am Boden des Schmelzgefäßes mehrere Minuten lang langsam hin und her geführt, wobei natürlich durch das verdampfende Wasser (und das verbrennende Holz) in der Glasmasse große Gasvolumina in Form von vielen und teilweise dezimetergroßen Blasen entstehen. Das Bülwern bedeutet ein sehr heftiges Durchmischen des ganzen Inhalts des Schmelzgefäßes. Das längere Zeit anhaltende

Aufsteigen der beim Bülwern ins Glas gebrachten Blasen ruft natürlich eine sehr nachhaltige Durchmischung hervor. Das Bülwern führt zu besserer Homogenisierung und Läuterung der Schmelze.

Die zu Beginn der Blankschmelze und nach dem Bülwern im Glas vorhandenen Blasen verteilen sich auf den gesamten Größenbereich von winzigsten Gispen bis zu mehrere Millimeter großen Blasen. Im Verlaufe der Läuterung verlassen die größeren Blasen die Schmelze, und die kleinen Blasen wachsen. Schließlich nimmt die Zahl der kleineren Blasen deutlich ab, das Glas wird auf diese Weise „großblasig", und die Blasen scheinen auch von relativ einheitlicher Größe von etwa einem Millimeter zu sein. Wenn dieses Stadium erreicht ist, kann der Ofen „zugemacht" werden, d. h., die Brennstoffzufuhr kann gedrosselt werden. Das Erreichen des Stadiums der „Großblasigkeit" ist offensichtlich Garantie dafür, daß die Läuterung in kurzer Zeit zum Ende kommt und das Glas blank wird. Wenn das Glas zum Zeitpunkt des Schichtbeginns der Glasmacher die richtige Temperatur aufweist, ist die Arbeit des Schmelzens beendet.

Die Zusammensetzung der Ofenatmosphäre soll in den meisten Fällen oxydierend sein, dazu strebt man bis zu 2% O_2-Gehalt in der Abgasanalyse an. Besonders wichtig ist dies beim Schmelzen hochprozentiger Bleigläser, um Reduktion des im Glas enthaltenen PbO zum metallischen Blei zu vermeiden. Gewisse Schwierigkeiten bereitet es, gleichbleibende Zusammensetzung der Ofenatmosphäre über den ganzen Zyklus zu sichern. Besonders schädlich wirkt ein Übergang von oxydierendem zu reduzierendem Feuer während eines Zyklus, dann können sich im Glas neue Blasen bilden. Mit einiger Übung läßt sich reduzierende Ofenatmosphäre, sog. „Rauchfeuer", am Aussehen der Flamme mit einiger Sicherheit erkennen.

Wichtig ist auch die Einhaltung eines geeigneten Atmosphärendrucks im Ofen. Während der Schmelze soll der Ofen „voll Feuer" sein, d. h., die Flammen sollen durch die unvermeidlichen Undichtigkeiten der an sich zugesetzten Arbeitslöcher herausspitzen. Da dadurch „Ausflammverluste" entstehen, die die Wirtschaftlichkeit des Ofens von der energetischen Seite her verschlechtern und auch vorzeitigen Verschleiß bewirken, darf der Ofenraumdruck auch nicht zu hoch sein. Man stellt ihn mit Hilfe des Essenschiebers ein. Während der Arbeitszeit der Glas-

macher wird nicht nur die Brennstoffmenge, sondern auch der Ofendruck zurückgenommen, um vertretbare Arbeitsbedingungen für die Glasmacher herzustellen.

Man hat also folgende Parameter zu kontrollieren:

- Die Brennstoffmenge richtet sich nach der beabsichtigten Temperaturführung.
- Die Verbrennungsluftmenge ist der Brennstoffmenge so anzupassen, daß oxidierendes Feuer im Ofen ist.
- Der Abzug der Rauchgase wird so eingestellt, daß sowohl übermäßige Ausflammverluste als auch Einziehen von Falschluft vermieden werden.

Die sich in einem Hafen einstellenden thermischen Konvektionsströmungen sind sicher etwas andersgeartet als die in einer Tageswanne.

Die von oben durch eine Feuerung beheizte Tageswanne führt der Schmelze die Wärme ausschließlich von oben zu. Die über die Bodenfläche, besonders aber über die Seitenwände des Wannenbassins auftretenden Wärmeverluste führen zu einem Temperaturgefälle nach unten und nach den Seiten, so daß eine etwa toroidförmige Konvektionsströmung zu erwarten ist: Das in Wandnähe befindliche kältere und darum spezifisch schwerere Glas sinkt ab, in der Mitte des Wannenbeckens ergibt sich eine Quellströmung. An der Glasbadoberfläche fließt Glas von der Mitte zu den Wänden, am Wannenboden von den Wänden zur Mitte. Wegen des von oben nach unten gerichteten Temperaturgefälles wird die Viskosität unten größer sein als oben, die Strömungsgeschwindigkeit unten kleiner als oben und im größeren Teil des Glasbadtiefe Glas von außen nach innen strömen (vgl. Abb. 68). Nach dem Einlegen von Gemenge ist dieses Strömungsbild sicher sehr gestört und wohl auch unregelmäßig, denn unter dem kälteren, reagieren-

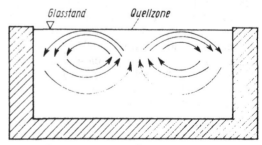

Abb. 68 Glasströmung im Bassin einer Tageswanne

den Gemenge ist mit abwärts gerichteten Strömungen zu rechnen.

Im Hafenofen sind die Verhältnisse etwas anders. Die mit den Häfen besetzte Grundfläche des Ofens, das sog. Gesäß, begrenzt den Feuerraum nach unten. Je nach der speziellen Konstruktion des Ofens und der Lage der Flamme kann dem Glas also von oben und auch über die Hafenwand Wärme zugeführt werden. Bei allen Hafenöfen erfolgt die seitliche Wärmezufuhr mehr oder weniger unsymmetrisch. Es stellt sich dadurch auch eine mehr oder weniger unsymmetrische Strömung ein. Während des Aufheizens eines mit reagierendem Gemenge bedeckten Hafens ist an der Hafenwand – wenigstens auf der heißgehenden Seite – eine aufsteigende Bewegung des Glases zu erwarten. Während des Kaltschürens wird an der Hafenwand eine abwärtsgerichtete Strömung entstehen, also ein ähnliches Strömungsbild wie in der Tageswanne, wenn auch vielleicht weniger symmetrisch.

Sowohl in Häfen als auch in Tageswannen scheinen die Strömungsgeschwindigkeiten in einer bodennahen Schicht von nennenswerter Dicke so klein zu sein, daß keine ausreichende Beteiligung an der Strömung mit mischender oder gar homogenisierender Wirkung innerhalb eines Zyklus zustande kommt. Die Praktiker sprechen von „stagnierendem Bodenglas", vom „Schlierensumpf" oder vom „Glasstock". Dieses Glas scheint sich nicht am periodischen Schmelzprozeß zu beteiligen. Jedenfalls wird empfohlen, Tageswannen in regelmäßigen Abständen ganz auszuschöpfen und neu aufzuschmelzen, um einer ständigen Verschlechterung der Glasqualität (Schlieren) zu begegnen. Bülwern wirkt der Bildung des Glasstocks sicher entgegen.

Da sowohl bei Häfen als als auch bei Tageswannen immer nur ein Teil des Glases ausgearbeitet wird, muß ein gewisser Anteil des Glases viele Male den Schmelzzyklus durchlaufen. Nach längerem Schmelzbetrieb stellt sich dadurch der Zustand ein, daß das ausgearbeitete Glas eine Mischung von Glas aus allen vorangegangenen Schmelzen ist, also eine sehr breite Verteilung des Schmelzalters aufweist.

Es sei

m   die Masse des Glases im gefüllten Schmelzgefäß (Hafen oder Tageswanne)

m_R die Masse des Restglases im Schmelzgefäß nach der Beendigung der Arbeit der Glasmacher, d. h. vor dem ersten Einlegen

m_S die Masse der eingelegten Scherben

m_G die Masse des aus dem eingelegten Gemenge entstehenden Glases.

Es sei weiter c_{iv} die Konzentration der Glaskomponente i nach der v-ten Schmelze, c_{iG} die Konzentration der Glaskomponente i in dem aus dem Gemenge entstehenden Glas und c_{iS} die Konzentration der Glaskomponente i in den Scherben. Damit gilt für die gesamte im Schmelzgefäß befindliche Menge der Komponente i im Ergebnis der v-ten Schmelze

$$m \cdot c_{iv} = m_R \cdot c_{iv-1} + m_S \cdot c_{iS} + m_G \cdot c_{iG} \qquad (182)$$

Daraus folgt

$$c_{iv} = \frac{m_R}{m} \cdot c_{iv-1} + \frac{m_S}{m} \cdot c_{iS} + \frac{m_G}{m} \cdot c_{iG} \qquad (183)$$

Bezeichnet man mit $g = m_G/m$ den Anteil des Gemengeglases an dem Hafeninhalt und verwendet man immer die zuletzt angefallenen Scherben, so ist

$$c_{iv} = (1 - g) \cdot c_{iv-1} + g \cdot c_{iG} \qquad (184)$$

Aus dieser letzten Gleichung kann man unmittelbar entnehmen, wie sich die Konzentration des Glasoxids i aus dem Gehalt in der vorangegangenen Schmelze und im Gemengeglas ergibt. Geht man von dem stationären Zustand aus, in dem die Glaszusammensetzung c_{i0} im Hafen gleich der Zusammensetzung c_{i0} des Gemengeglases ist, und legt man dann bei allen folgenden Schmelzen Gemenge mit einer anderen Zusammensetzung c_{iG} ein, so erhält man aus der letzten Gleichung

$$\frac{c_{iG} - c_{iv}}{c_{iG} - c_{i0}} = (1 - g) \cdot \frac{c_{iG} - c_{iv-1}}{c_{iG} - c_{i0}} \qquad (185)$$

Hierin ist c_{i0} die Konzentration des Glasoxids i vor der ersten (nach der nullten) Schmelze. Setzt man der Reihe nach v = 1, 2, 3 usw. ein, so erkennt man, daß allgemein gilt

$$f(n) = \frac{c_{iG} - c_{in}}{c_{iG} - c_{i0}} = (1 - g)^n \qquad (186)$$

In Abb. 69 ist diese Funktion graphisch dargestellt. Sie macht deutlich, wie sich im Verlauf mehrerer durchgeführter Schmelzen die Glaszu-

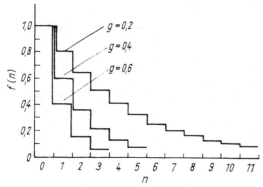

Abb. 69 Veränderung der Glaszusammensetzung nach einer Gemengeänderung bei der diskontinuierlichen Schmelze
n Anzahl der Schmelzen; g Anteil des Gemengeglases am Inhalt des Schmelzgefäßes

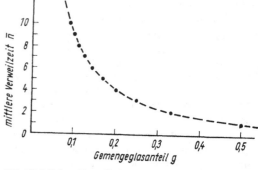

Abb. 70 Mittlere Verweilzeit (eigentlich Zahl der durchlaufenen Schmelzzyklen) des Glases im Ofen in Anteil g des Gemengeglases am Inhalt des Schmelzgefäßes

sammensetzung in einem Hafen oder in einer Tageswanne der Zusammensetzung des Gemengeglases annähert. Man kann also an dieser Abbildung erkennen, wie sich eine Störung oder auch eine Korrektur der Gemengezusammensetzung bei der diskontinuierlichen Schmelze auswirkt.

Die Wahrscheinlichkeit dafür, daß ein eingelegtes Teilchen länger als eine Schmelze (einen Zyklus) im Schmelzgefäß verbleibt, ist $(1 - g)$. Die Wahrscheinlichkeit, daß es länger als zwei Schmelzen darin verbleibt, ist $(1 - g)^2$. Schließlich ist die Wahrscheinlichkeit dafür, daß es sich länger als n Schmelzen im Schmelzgefäß aufhält, $(1 - g)^n$. Damit wird die Wahrscheinlichkeit, daß sich das betrachtete Teilchen genau n Schmelzen lang im Schmelzgefäß befindet,

$$p_n = (1 - g)^{n-1} - (1 - g)^2 \qquad (187)$$

denn mit der Wahrscheinlichkeit $(1 - g)^{n-1}$ ist die Verweilzeit größer als n – 1 Schmelzen (d. h. n Schmelzen oder mehr als n Schmelzen) und mit der Wahrscheinlichkeit $(1 - g)^n$ größer als n Schmelzen. Da man, wie die Wahrscheinlichkeitsrechnung lehrt, den Mittelwert einer Zufallsgröße n, deren Wahrscheinlichkeit p_N ist, nach der Formel

$$\bar{n} = \sum_{n=1}^{\infty} n \cdot p_n \qquad (188)$$

berechnet, ergibt sich für unser Problem

$$\bar{n} = g \cdot \sum_{n=1}^{\infty} n \cdot (1 - g)^{n-1} \qquad (189)$$

Diese Reihensumme beträgt

$$\bar{n} = \frac{1 - g}{g} = \frac{1}{g} - 1 \qquad (190)$$

$\bar{n}$ ist die mittlere Zahl der durchlaufenen Schmelzzyklen des Glases (das „Alter" des Glases) und in Abb. 70 dargestellt. Danach können bei kleinen Gemengeanteilen sehr große Verweilzeiten auftreten.

Geht man davon aus, daß die Veränderungen der Glaszusammensetzung während des Schmelzprozesses durch Verdampfung von Glasbestandteilen und durch Auflösung von Feuerfestmaterial fortschreiten, so ergibt sich die klare Orientierung auf stets gleich große Gemengeeinlagen.

Unterschiedliche Ausarbeitung des Hafens oder der Tageswanne sollte durch unterschiedliche Scherbeneinlage, nicht aber durch unterschiedliche Gemengeeinlage ausgeglichen werden. Wenn nur sehr wenig Glas ausgearbeitet werden konnte, muß noch Glas geschöpft werden, um wenigstens die sonst übliche Gemengemenge auch an diesem Tage einlegen zu können.

3 Fertigungstechnik

Die Aufgabe der Fertigung und der *Fertigungstechnik* besteht darin, Werkstücke mit definierter geometrischer Gestalt und mit vorgegebenen Eigenschaften herzustellen. Das Kriterium zur Systematisierung der Fertigungsverfahren ist der Zusammenhalt zwischen benachbarten Werkstoffteilchen. Der Zusammenhalt kann geschaffen, verändert, vermindert und vermehrt werden. Die Fertigungsverfahren werden in diesem Sinne nach DIN 8580 in folgende Hauptgruppen eingeteilt:

- Urformen
- Umformen
- Trennen
- Fügen
- Beschichten
- Stoffeigenschaft ändern.

Wir folgen weitgehend dieser Gliederung.

3.1 Urformen

Die Formgebung des Glases schließt sich unmittelbar an den Schmelzprozeß an. Es liegt im Charakter des Werkstoffs Glas, daß wenigstens die Herstellung von Halbzeugen direkt im Anschluß an die Schmelze vorgenommen wird. Nur ausnahmsweise, z. B. für die Herstellung von Sinterglas, wird zunächst ein ungeformtes Produkt angestrebt. Aber in der Regel vollzieht sich auch die Herstellung eines Glaspulvers aus der Schmelze über einen Strang fließenden Glases und damit über einen formgebenden Prozeß. Die Urformung des Glases ist in der Nomenklatur der DIN 8580 überwiegend Urformung aus dem flüssigen Zustand. Wegen der viel höheren Viskosität der Schmelze sind die Probleme und deren Lösung völlig anders als bei metallischen

Schmelzen. Versteht man bei metallischen Schmelzen unter Urformen aus dem flüssigen Zustand fast ausschließlich das Gießen, so muß man feststellen, daß das Gießen von Glasschmelzen nur eine untergeordnete Rolle spielt, viel bedeutender sind das Ziehen und das Blasen.

3.1.1 Elementare Zusammenhänge

Versteht man die Formgebung als einen Prozeß, der von dem schmelzflüssigen Zustand des Glases zu dem festen, sich nicht verformenden Gegenstand führt, so ist die Zunahme der Viskosität des Glases während der Formgebung eine wichtige Voraussetzung für ihr Gelingen. Dabei kann natürlich in einzelnen Abschnitten des Gesamtprozesses einmal die Deformation des Glases und ein anderes Mal die Zunahme der Viskosität, d. h. die Abkühlung des Glases, im Vordergrund stehen. Insgesamt wird aber das Hauptproblem der Formgebung darin bestehen, gerade dann die gewünschte Deformation des Glases vollzogen zu haben, wenn die Abkühlung so weit gediehen ist, daß keine weitere, unbeabsichtigte Verformung des Erzeugnisses mehr möglich ist. Alle bei der Formgebung auftretenden Fließvorgänge sind laminar. Mit Ausnahme einiger besonderer Erscheinungen kann man Gläser im Formgebungsbereich als viskose, d. h. NEWTONsche Flüssigkeiten betrachten.

Für das Verständnis der Vorgänge bei der Formgebung sind zwei Eigenschaftskomplexe ganz besonders wichtig: das rheologische Verhalten des heißen Glases (Abschnitt 1.2.2.3) und die Beteiligung der Strahlung am Wärmetransport (Abschnitt 1.2.4.5). Jede Verformung des Glases ist durch drei Größen vollständig bestimmt:

– die Viskosität des Glases
– die verformende Kraft
– die Zeit, während der die Kraft wirkt.

Daraus folgt die den Praktiker zunächst überraschende Tatsache, daß man jede Verformung im Prinzip bei jeder beliebigen Viskosität erreichen kann, nur der Zeitbedarf dafür ist unterschiedlich. Durch eine andere verformende Kraft läßt sich anderer Viskosität nicht entsprechen, wenigstens dann nicht, wenn das Gewicht des Glases oder seine Oberflächenspannung als verformende Kraft eine Rolle spielen. Ersteres ist fast immer, letzteres fast nie der Fall. Praktisch ist man oft doch auf eine bestimmte Anfangsviskosität für die Formgebung festgelegt, weil die gegebenen Abkühlbedingungen den Abschluß der Verformung nach einer ganz bestimmten Zeit erzwingen.

In dickwandigem Glas entstehen bei intensivem Wärmeentzug relativ kalte Randschichten um eine noch warme Innenzone. In diesem Zustand ist ein Glasposten als ganzes u. U. sehr formbeständig, obwohl sein Gesamtwärmeinhalt für weitere Verformung völlig ausreicht. Anschließende Verkleinerung des Wärmeentzugs führt dann durch Temperaturausgleich innerhalb des Glases zu einer Rückerwärmung der kalten Randschichten und zu erneuter Verformbarkeit des Glaspostens. Die physikalischen Grundgleichungen der Fließ- und Wärmetransportvorgänge in viskosem, teilweise strahlungsdurchlässigem Glas lassen sich formulieren und für spezielle Fälle mit hohem Aufwand numerisch lösen. Meist benutzt man heute die sog. Finite-Elemente-Methode als Lösungsmethode, es gibt für sie leistungsfähige Software, und sie ist für Geometrien mit gekrümmten Rändern gut geeignet.

Die folgenden Überlegungen sind sehr grundsätzlich und allgemein, sie gehen z. T. auf Arbeiten von BRAGINSKIJ [81] zurück und sind eine so grobe Näherung, daß man bestenfalls einige wichtige Tendenzen auf diese Weise diskutieren kann. Sie beruhen auf der Erkenntnis, daß das Grundproblem der Formgebung darin besteht, die beabsichtigte Verformung der Glasmasse genau in der Zeit zu erreichen, die bis zur Abkühlung auf diejenige Temperatur, bei der keine wesentliche Verformung wegen der erreichten hohen Viskosität mehr auftritt, vergeht.

Der Viskositätsbereich, in dem die Glasformgebung vorgenommen wird, läßt sich nicht für alle Prozesse übereinstimmend und auch nicht scharf abgrenzen. Natürlich ist eine Verformung des Glases auch bei niedrigsten Viskositäten möglich. Trotzdem beginnt man nur bei einigen speziellen Verfahren zur Faserherstellung bei etwa 10 bis 10^2 Pa s, die meisten Formgebungsverfahren benutzen eine Anfangsviskosität von etwa 10^3 bis 10^4 Pa s. Der Viskositätsfixpunkt 10^3 Pa s heißt deshalb auch Working-Point. Eine Endviskosität für die Formgebung läßt sich noch schwerer angeben, weil die Viskosität während der Formgebung infolge der allmählichen Abkühlung ganz allmählich zunimmt. Will man trotzdem eine Endviskosität angeben, bei deren Überschreitung praktisch keine Verformung mehr auftritt, so muß dieser Wert von den einwirkenden Kräften und von den Abmessungen des herzustellenden Artikels abhängen. Eine solche, nur unscharf definierte „Endviskosität" wäre zwischen 10^7 und 10^{11} Pa s zu suchen. Infolge der sehr großen Viskositätsänderungen ist in der Praxis die Bestimmung einer *Erstarrungszeit* zum Glück viel präziser möglich.

Nimmt man eine konstante Abkühlgeschwindigkeit

$$v_K = \frac{dT}{dt} \tag{191}$$

für den gesamten zu verformenden Glasposten während der ganzen Zeit der Verformung an, so sinkt die Temperatur der Glasmasse linear mit der Zeit:

$$T = T_a - v_K \tau \tag{192}$$

T_a ist die Anfangstemperatur zur Zeit t = 0.

Die Viskosität nimmt dabei nach der VOGEL-FULCHER-TAMMANN-Gleichung zu. Für die folgenden Überlegungen ersetzen wir aber die VFT-Gleichung durch die grobe lineare Näherung

$$\frac{\eta - \eta_a}{\eta_e - \eta_a} = \frac{T_a - T}{T_a - T_e} \tag{193}$$

Der Index a kennzeichnet den Zustand bei Beginn der Formgebung, der Index e bei ihrer Beendigung. Daraus folgt

$$\eta = \eta_a + \frac{\eta_a - \eta_e}{T_a - T_e} v_K \cdot t \tag{194}$$

Der Faktor

$$L = \frac{T_a - T_e}{\eta_e - \eta_a} \qquad (195)$$

wird als *Länge* des Glases bezeichnet. $1/L$ kennzeichnet die Steilheit der Viskositätskurve, L beschreibt den Temperaturbereich, in dem die Formgebung möglich ist.

Damit kann man die vorige Gleichung auch

$$\eta = \eta_a + \frac{v_K}{L} \cdot t \qquad (196)$$

schreiben.

Zur Zeit $t = 0$ ist $\eta = \eta_a$, und nach der Zeit

$$t_{def} = \frac{(\eta_e - \eta_a) \cdot L}{v_K} = \frac{T_a - T_e}{v_K} \qquad (197)$$

ist keine weitere Verformung mehr möglich. t_{def} heißt Deformationszeit, sie gibt an, wie lange das Glas verformt werden kann.

Der Glasmacher empfindet unmittelbar t_{def} als „Länge" des Glases, nicht die Größe L. Man muß also sorgfältig unterscheiden, ob der Begriff „Länge" in der Umgangssprache in der Glashütte oder als Fachterminus verwendet wird.

Benutzt man die Schubspannung τ als Synonym für die formgebende Kraft und die Schubgeschwindigkeit $\dot\gamma$ als Synonym für die erreichte Verformungsgeschwindigkeit, so gilt mit der Viskosität η die NEWTONsche Fließgleichung

$$\tau = \eta \cdot \dot\gamma \qquad (198)$$

die sich für konstantes τ leicht nach der erreichten Verformung γ auflösen läßt:

$$\gamma = \tau \int \frac{dt}{\eta} \qquad (199)$$

Mit (196) folgt daraus

$$\gamma = \frac{\tau L}{vk} \ln\left(\frac{v_K}{L\eta_a} \cdot t + 1\right) \qquad (200)$$

Verstehen wir unter γ_e die beabsichtigte Verformung, so folgt hieraus

$$t_f = \frac{L\eta_a}{v_K} \cdot \left[exp\left(\frac{\gamma_e v_K}{\tau L}\right) - 1\right] \qquad (201)$$

als für die beabsichtigte Verformung γ_e benötigte Zeit, die Formungszeit. Sieht man das Ziel der Formgebung darin, sie während der Abkühlung genau bis zum Erstarren (beim Erreichen von η_e) zum gewünschten Abschluß zu bringen, so wäre dies durch die Beziehung

$$t_f = t_{def} \qquad (202)$$

zu formulieren. Setzt man dementsprechend die Ausdrücke (197) und (201) gleich, so erhält man

$$\eta_a = \eta_e \cdot exp\left(-\frac{\gamma_e v_K}{\tau L}\right) \qquad (203)$$

Wegen der getroffenen groben Vereinfachungen kann man nicht erwarten, daß dieser exponentielle Zusammenhang tatsächlich gilt. Es ist aber damit zu rechnen, daß für eine optimale Formgebung ein bestimmter Zusammenhang zwischen η_a, v_K, L und τ einzuhalten ist.

Die Gleichung (197) zeigt, daß eine schnellere Formgebung (eine Verkürzung von t_{def}) ein kürzeres Glas oder schnellere Abkühlung voraussetzt, denn da $\eta_a \ll \eta_e$, ist t_{def} nicht anders zu beeinflussen.

Nach Gleichung (203) ist unter diesen Bedingungen das angestrebte Optimum $t_f = t_{def}$ nur durch Vergrößerung der verformenden Kraft oder Verkleinerung der Anfangsviskosität einzuhalten.

Leistungssteigerung bei der Formgebung ist also nur zu erreichen, wenn man ein kürzeres Glas verwendet oder während der Formgebung intensiver kühlt und zugleich die Formgebung bei niedrigerer Viskosität (d. h. heißer) beginnt oder größere Kräfte zur Verformung aufwendet.

Abweichungen vom Optimum $t_f = t_{def}$ haben folgende Auswirkungen:

1. $t_{def} < t_f$
   Das Glas ist bereits erstarrt, bevor die beabsichtigte Verformung beendet ist. Der Artikel ist nicht ausgeblasen, nicht ausgepreßt usw.

2. $t_{def} > t_f$
   Das Glas ist noch nicht erstarrt, obwohl die beabsichtigte Verformung schon vollzogen ist. Entweder findet eine nachträgliche unbe-

absichtigte Verformung statt, oder das Formgebungswerkzeug wird länger als zur Formung erforderlich in Anspruch genommen. Das bedeutet Produktivitätsverlust.

Beim Ziehen von Stäben, Rohren und Flachglas stellt sich die Gleichheit von t_{def} und t_f von selbst ein; das Glas verformt sich, solange das möglich ist (Freiformung).

3.1.2 Urformungsprozesse

Die modernen maschinellen Formgebungsverfahren setzen sich in jedem Fall aus verschiedenen aufeinanderfolgenden Teilprozessen zusammen.

Selbstverständlich ist bei komplizierten Formgebungsverfahren immer nur ein Prozeß derjenige, der mit der völligen Erstarrung der Glasmasse endet. Diesen Prozeß bezeichnet man als Fertigformung, während man alle zuvor ablaufenden Formgebungsprozesse zur sog. Vorformung zusammenfaßt. Manchmal wird auch nur ein für die Vorformung besonders charakteristischer Prozeß als Vorformung bezeichnet.

Auch für die Prozesse der Vorformung gibt es verfahrenstypische Werte (und Toleranzen) für den Viskositäts- bzw. Temperaturbereich ihrer Realisierung.

3.1.2.1 Kontinuierliche Prozesse

Fließen durch Düsen und Blenden

Düsen und *Blenden* treten als Ausflußorgane von Speisern zum Anfang sehr vieler spezieller Formgebungsverfahren auf.

Die Strömung des Glases in Ausflußorganen ist immer laminar. Wenn die thermische Beeinflussung der Glasmasse im Ausflußorgan nicht gerade extrem ist, kann man auch für nichtisotherme Fälle das Strömungsfeld des isothermen Falls voraussetzen. Insbesondere läßt sich das Geschwindigkeitsprofil im Auslauforgan nicht wesentlich beeinflussen. Der Druckverlust wird aber im nichtisothermen Fall schwer bestimmbar. Im isothermen Fall gilt die Beziehung:

$$\dot{m} = f_D g h \frac{\varrho^2}{\eta} \qquad (204)$$

$\dot{m}$ Massestrom
ϱ Dichte der Glasmasse

η Viskosität der Glasmasse
h Höhendifferenz zwischen dem Glasspiegel und dem Glasaustritt
g Erdbeschleunigung.

Der *Düsenfaktor* f_D muß meistens experimentell ermittelt werden. Nur für geometrisch einfache unveränderliche Düsenquerschnitte existieren Berechnungsformeln, z. B. das HAGEN-POISSEUILLLE Gesetz für die Rohrströmung bei konstantem kreisförmigem Querschnitt:

$$f_D = \frac{\pi}{8} \cdot \frac{R^4}{l + C} \qquad (205)$$

R Rohrradius
l Rohrlänge
C liegt in der Größenordnung von R.

Fließen im laminaren Rieselfilm

Als *Rieselfilm* bezeichnet man einen in einer geschlossenen Schicht mit einer freien Oberfläche verlaufenden Fließvorgang. Bei Gläsern im Formgebungsbereich handelt es sich immer um laminare Rieselfilme.

Von besonderem Interesse sind stationäre, stabile Rieselfilme, die zur Vorformung in verschiedenen Formgebungsverfahren ausgenutzt werden. So wird z. B. der ebene Rieselfilm beim Floatverfahren, der zylindrische Rieselfilm beim DANNER-*Verfahren und der konische Rieselfilm beim* VELLO-Verfahren benutzt.

Instationäre Vorgänge im Rieselfilm, wie z. B. die Bildung von Dickenschwankungen, haben zwar als Fehler im Prozeß Bedeutung, sind aber bisher nicht quantitativ zu beschreiben.

Ebener Rieselfilm

Bezeichnet man mit δ die Dicke des Rieselfilms und mit b seine Breite, so ist beim Fließen auf einer festen, ebenen, um den Winkel φ gegen die Horizontale geneigten Fläche der Massestrom

$$\dot{m} = \frac{b \varrho^2 g \delta^3 \sin\varphi}{3\eta} \qquad (206)$$

Direkt an der Unterlage ist die Fließgeschwindigkeit Null (Haftbedingung), an der freien Oberfläche ist sie am größten. Das Geschwindigkeitsprofil in der Schicht ist parabolisch. Wenn sich nur in Fließrichtung die Temperatur und damit die Viskosität ändert, kann man mit Gleichung (206) näherungsweise auch die Schichtdicke an den verschiedenen Stellen berechnen. Bei gegebener Breite und gegebenem Durchsatz ist die Filmdicke um so größer, je größer die Viskosität und je kleiner der Neigungswinkel φ ist. Der ebene Rieselfilm tritt z. B. beim Walzverfahren zwischen der Arbeitswanne und den Formgebungswalzen auf.

Beim Floatverfahren ist das Fließen auf einer Metallbadoberfläche kennzeichnend. Das flüssige Metallbad bietet der darauf schwimmenden Glasschicht keine Wandhaftung, deshalb gilt Gl. (206) nicht.

Zylindrischer Rieselfilm

Auf einem um den Winkel φ gegen die Horizontale geneigten Zylinder kann sich eine näherungsweise rotationssymmetrische Schicht flüssigen Glases befinden, wenn der Zylinder mit einer ausreichenden Drehgeschwindigkeit um seine Achse rotiert. Solch ein Rieselfilm wird beim DANNER-Verfahren benutzt.

Für den zylindrischen Rieselfilm gilt der Zusammenhang:

$$\dot{m} = \pi\varrho^2 gR^4 \sin\varphi \left\{ \mp 1 \pm 4\left(1 \pm \frac{\delta}{R}\right)^2 \right.$$

$$\left. \pm 4\left(1 \pm \frac{\delta}{R}\right)^4 \left[ln\left(1 \pm \frac{\delta}{R}\right) - \frac{3}{4}\right]\right\} \quad (207)$$

Das obere Vorzeichen gilt für den Außen-, das untere für den Innenfilm. R ist der Radius des Zylinders. Wenn die Schichtdicke δ klein gegen den Zylinderradius R ist, gilt näherungsweise

$$\dot{m} = \frac{2\pi\varrho^2 gR^4 \sin\varphi}{3\eta}\left(\frac{\delta}{R}\right)^3 \quad (208)$$

Bei gegebenem Durchsatz und gegebenem Zylinderradius ist die Schichtdicke δ um so größer, je größer die Viskosität und je geringer die Neigung der Zylinderachse ist.

Beabsichtigt man einen bestimmten Wert für δ/R, so ist ein größerer Durchsatz vor allem mit einem größeren Zylinderradius zu bewältigen.

Konischer Rieselfilm

Auf einer festen konischen Fläche, deren Symmetrieachse um den Winkel φ gegen die Horizontale geneigt ist und deren (veränderlicher) Radius R ist, kann ein stabiler laminarer Rieselfilm existieren. Für ihn gilt näherungsweise ebenfalls die Beziehung (208).

Der konische Rieselfilm ist also vor allem dazu geeignet, das Verhältnis δ/R zu verändern.

Der konische Rieselfilm ist ein wichtiges Element im VELLO-Verfahren.

Ziehen

Aus einer Düse, aus einem Rieselfilm oder aus der freien Glasbadoberfläche läßt sich ein Glasstrang kontinuierlich ziehen. Der Querschnitt des Strangs kann unterschiedliche Formen haben (z. B. Kreisring für die Herstellung von Rohr, Rechteck für die Herstellung von Flachglas). Unter dem Einfluß des Gewichts und der oft von einer „Ziehmaschine" auf den Strang ausgeübten Kraft haben solche kontinuierlichen Stränge in Ziehrichtung einen veränderlichen Querschnitt. Dieser Teil des Strangs wird nach seiner Form als *Zwiebel* bezeichnet (Abb. 71). Ein in Ziehrichtung unveränderlicher Strangquerschnitt ist in allen praktischen Fällen nur zu erreichen, wenn die Viskosität so groß ist, daß die wirkenden Kräfte in den verfügbaren Zeiten keine merkliche Verformung verursachen. Jede Zwiebel, die zu einem definierten Strang festen Glases führen soll, muß also wenigstens in ihren letzten Abschnitten gekühlt werden. In manchen Prozessen werden dazu gesonderte Zwiebelkühler eingesetzt. Zwiebeln treten auch in manchen Verfahren nur als Zwischenschritt, z. B. als Verbindung zwischen einer Düse und einem Rieselfilm auf. Solche Zwiebeln werden in der Regel nicht gekühlt und können mehr oder weniger gut als isotherm angesehen werden. Entsteht die Zwiebel aus einem

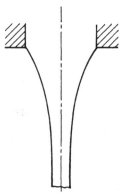

Abb. 71 Durch freies Auslaufen aus einer Düse entstehende Zwiebel

Rieselfilm oder aus einer Düse mit einer wirksamen Flüssigkeitshöhe von mehr als etwa 10 cm, so kann man in allen praktischen Fällen annehmen, daß die Ziehbedingungen den Durchsatz nicht beeinflussen. Das ist ein Zeichen dafür, daß sich über praktisch entstehende Zwiebeln nur geringfügige ziehende Kräfte übertragen lassen. Ist die wirksame Flüssigkeitshöhe bei einer Düse kleiner als etwa 10 cm, so muß man mit einer Abhängigkeit des Durchsatzes von den Ziehbedingungen rechnen. Beim Ziehen aus der freien Glasbadoberfläche senkrecht nach oben wird der Durchsatz vollständig durch die Ziehbedingungen bestimmt. In diesen Fällen wird eine Intensivierung der Zwiebelkühlung den Durchsatz vergrößern, während eine Erniedrigung der Glastemperatur in Düsen entsprechend Gl. (204) zu niedrigerem Durchsatz $\dot{m}$ führen wird.

Für isotherme Zwiebeln sind Näherungsgleichungen für den Zwiebelquerschnitt $A(z)$ in Abhängigkeit von der Koordinate in Ziehrichtung bekannt. Diese Näherungsgleichungen lauten:

– für die angestauchte Zwiebel, die bei $z = z_0$ einen kräftefreien (minimalen) Querschnitt A_0 hat, beim behinderten Auslauf nach unten:

$$A(z) = \frac{A_0}{\cos^2 k_1 (z_0 - z)} \tag{209}$$

mit

$$k_1 = \sqrt{\frac{\varrho^2 g A_0}{6 \eta \dot{m}}} \tag{210}$$

– für den ungehinderten Auslauf nach unten:

$$A(z) = \frac{A_D}{(1 + k_2 z)^2} \tag{211}$$

mit

$$k_2 = \sqrt{\frac{\varrho^2 g A_D}{6 \eta \dot{m}}} \tag{212}$$

– für das Ziehen nach unten mit einer zusätzlichen Kraft F:

$$A(z) = \frac{\dfrac{F^2}{6 g \eta \dot{m}}}{\sinh^2 \dfrac{\varrho F}{6 \eta \dot{m}} (z + C_1)} \tag{213}$$

mit

$$C_1 = \frac{6 \eta \dot{m}}{\varrho F} \; \text{arsinh} \; \frac{F}{\sqrt{6 \eta g \dot{m} A_D}} \tag{214}$$

– für das Ziehen nach oben:

$$A(z) = \frac{\dfrac{F^2}{6 g \eta \dot{m}}}{\cosh^2 \dfrac{\varrho F}{6 g \eta \dot{m}} (z - C_2)} \tag{215}$$

mit

$$C_2 = \frac{6 \eta \dot{m}}{\varrho F} \; \text{arcosh} \; \frac{F}{\sqrt{6 g \eta \dot{m} A_D}} \tag{216}$$

In den Gln. (209), (211) bis (216) sollte A_D die Querschnittsfläche bei $z = 0$ sein. Da diese nur näherungsweise gültigen Beziehungen aber gerade in der Düsennähe nicht gut zutreffen, ist A_D um 10% bis 20% größer als die Querschnittsfläche der Düse. Diese Näherungen betreffen die Querschnittsfläche und sind darum unabhängig von der Form des Strangquerschnitts. Für die in den Gln. (209) und (211) beschriebenen Fälle ist die Bezeichnung „Ziehen" nicht sehr korrekt, weil nur das Eigengewicht der Zwiebel die Verformung bewirkt. Manche Autoren sprechen in diesen Fällen auch vom „Gießen" des Glases. Hier sollen aber alle Vorgänge als „Ziehen" bezeichnet werden, bei denen in Ziehrichtung im wesentlichen sich einschnürende Zwiebeln entstehen.

Ziehen von Stäben

Stäbe werden meist aus Düsen gezogen. Im DANNER-Verfahren kann man ebenfalls Stäbe herstellen, d. h. aus dem zylindrischen Rieselfilm, der allerdings über eine konische Spitze geschlossen wird.

Die Fläche des Stabquerschnitts ist durch die triviale Beziehung

$$A = \frac{\dot{m}}{\varrho w} \tag{217}$$

gegeben, worin w die Ziehgeschwindigkeit des festen Strangs ist (ϱ Dichte, $\dot{m}$ Massestrom).

Die Form des Stabquerschnitts ist der des Düsenquerschnitts ähnlich, wobei es aber folgende Einschränkungen gibt:

– In unmittelbarer Düsennähe können geringe Abweichungen der Form des Zwiebelquerschnitts verursacht werden.
– Bei sehr scharfen Kanten führt die Oberflächenspannung zu einer Kantenabrundung.
– Unsymmetrische Zwiebelkühlung führt zu geringerer Einschnürung der stärker gekühlten Zonen und zu stärkerer Einschnürung der schwächer gekühlten Zonen.

Die Länge der Zwiebel hängt von der Art der Zwiebelkühlung ab. Die Zwiebel ist um so kürzer und straffer, je schroffer die Kühlung erfolgt. Beim Ziehen von Fasern liegt der gleiche prinzipielle Vorgang vor, nur haben die Oberflächenspannung und die Luftreibung an der Faser größeren Einfluß auf die Kräftebilanz und damit auf die Zwiebelform.

Ziehen von Rohren

Für die Fläche des Glasquerschnitts gilt bei hohlen Zwiebeln ebenfalls die triviale Beziehung (217). Die kreisringförmige Querschnittsfläche der hohlen Zwiebel bleibt sich selbst ähnlich, d. h., das Verhältnis der Wanddicke s zum Radius R bleibt in Ziehrichtung konstant, wenn man von den Effekten am Zwiebelanfang absieht und wenn der Luftdruck in der Zwiebel gleich dem Umgebungsdruck ist.

Ein innerer Überdruck führt zu einer Verkleinerung des Verhältnisses s/R, ein innerer Unterdruck führt zu seiner Vergrößerung. Quantitative Aussagen lassen sich dazu bisher nicht machen, weil die Bedingungen der Zwiebelkühlung die Auswirkung des Blasdrucks beeinflussen.

Ziehen von Blättern

Für die Größe der Querschnittsfläche gilt auch bei Zwiebeln, die bei der Herstellung von gezogenem Flachglas auftreten, die Beziehung (217). Um die in der Blattbreite unerwünschte Einschnürung zu vermeiden, muß man die Zwiebel an den Blatträndern (den Borten) besonders intensiv kühlen. Dazu verwendet man besondere Bortenkühler oder Bortenhalter, das sind meistens wassergekühlte Rollenpaare. Die Oberflächenspannung des Glases führt zu einer Abrundung der Borten. Wenn infolge der Bortenkühlung eine konstante Blattbreite b eingehalten werden kann, beträgt die Dicke s des Blatts nach Gl. (217)

$$s = \frac{\dot{m}}{\varrho b w} \qquad (218)$$

Bei der Diskussion dieser Beziehung ist zu beachten, daß $\dot{m}$ von der Ziehgeschwindigkeit w abhängen kann. Das ist vor allem beim Ziehen nach oben der Fall.

Walzen

Im kontinuierlichen Prozeß erfolgt das Walzen des Glases immer zwischen Walzenpaaren; der Walzenabstand (Walzenspalt) bestimmt die Dicke des Glasstrangs, wenn nicht nachträglich ein Ziehprozeß eine weitere Dickenveränderung bringt.

Da zumeist durch das Walzen selbst keine Verbreiterung des Bands beabsichtigt ist, gilt für die mittlere Dicke s des Glasbands die Beziehung (Gl. 218), wobei w die Umfangsgeschwindigkeit der Walzen ist. Wenn $\dot{m}$ nicht durch den Walzprozeß, sondern durch einen anderen vorausgehenden Teilprozeß bestimmt ist, muß für eine beabsichtigte Glasbanddicke s nach Gl. 217, also die Umfangsgeschwindigkeit der Walzen nach

$$w = \frac{\dot{m}}{\varrho b s} \qquad (219)$$

gewählt werden. Wenn man direkt aus der freien Glasbadoberfläche heraus walzt, wird der Durchsatz $\dot{m}$ nach Gl. (218) unmittelbar durch die Umfangsgeschwindigkeit der Walzen bestimmt.

Für jede Glaszusammensetzung und jedes Walzenmaterial gibt es eine charakteristische Berührungstemperatur, bei deren Überschreiten das Glas an dem Walzenmaterial klebt. Die Walzentemperatur muß also immer unter dieser Klebetemperatur liegen, damit nach der vollzogenen Formung das Glasband ohne Fehler von den Walzen abgehoben werden kann.

Ist das Walzen der die gesamte beabsichtigte Formgebung beendende Teilprozeß, so muß das Glasband nach Verlassen des Walzenpaars so hohe Viskosität haben, daß keine unzulässige nachträgliche Verformung des Bands mehr auftreten kann. Dies verlangt eine entsprechende Bemessung der Kühlleistung der meist wassergekühlten Walzen. Da über die Walzen nur eine begrenzte Kühlleistung realisiert werden kann, ist auch der realisierbare Durchsatz begrenzt.

3.1.2.2 Diskontinuierliche Prozesse

Natürlich lassen sich auch die als kontinuierlich beschriebenen Teilprozesse diskontinuierlich betreiben. Insbesondere bei der manuellen Formgebung des Glases und als historische Vorläufer moderner kontinuierlicher Prozesse sind diskontinuierliche Teilprozesse von Bedeutung.

Tropfenbildung

In der Regel benötigt man für die diskontinuierlichen Verfahren, in denen man durch Urformung diskrete Gegenstände herstellen will, eine Portionierung des Massenstroms. Für diesen Zweck ist der Tropfenspeiser die klassische Einrichtung (vgl. Abschnitt 2.2.5.1). Da alle für die Massenproduktion verwendeten Gläser bei Formgebungstemperaturen nicht freiwillig tropfende, sondern ausgeprägt fadenziehende Flüssigkeiten sind, kann die Trennung des Glases vor seiner Formgebung nur durch Scherung erreicht werden. Dazu wird eine mit zwei Messern versehene Schere benutzt. Die Bildung des Tropfens wird durch die Hubbewegung des Plungers im Speiserkopf (vgl. Abschnitt 2.2.5.1, Abb. 60) unterstützt. Durch die Gestaltung der Plungerhubkurve und die Wahl des Zeitpunkts des Scherenschlags kann man die Tropfenform beeinflussen. Für Pressen wird der sog. *Kugelspeiser* mit Vorteil eingesetzt. Bei ihm befindet sich am Ende einer rotierenden Welle eine Kugel aus keramischem Material. Die Kugel wird einige Sekunden in Kontakt mit der Glasoberfläche in einem besonderen Vorherd gebracht, wodurch sich Glas auf sie aufwickelt. Über der Form der Presse läßt man danach die Kugel einige Sekunden ohne Bewegung stehen, so daß ein Teil des auf der Kugel befindlichen Glases in die Form fließt. Die Trennung des ablaufenden Glases geschieht mit einer Schere. Der Kugelspeiser ahmt den bei der manuellen Herstellung üblichen Vorgang des „Anfangens" direkt nach.

Der Saugspeiser ist eine Vorrichtung, mit der aus einer Glasbadoberfläche über Vakuumschlitze Glasmasse in eine Form eingesaugt wird. Nach dem Füllen wird die Form vom Glasspiegel abgehoben, und mit einer Schere wird das Glas abgetrennt. Der Saugspeiser hat durch die Einführung des Tropfenspeisers an Aktualität sehr verloren, wird aber vereinzelt oder für spezielle Zwecke genutzt.

Die geringe Dichte und die hohe Viskosität der Glasmasse im Vergleich zu metallurgischen Schmelzen führt dazu, daß mit einem Gießprozeß keine besonders detailgetreuen Artikel hergestellt werden können. Die verformende Kraft (das Eigengewicht) ist klein, und der Widerstand gegen die Verformung (die Flüssigkeitsreibung) ist groß. Hinzu kommt noch die beträchtliche Oberflächenspannung, die stets zu einer Kantenabrundung führt. Deshalb findet man reine Gießprozesse nur zur Herstellung von Halbzeugen, die im weiteren Verarbeitungsprozeß wieder eingeschmolzen oder die nach abermaliger Erwärmung noch umgeformt werden sollen, um ihre endgültige Gestalt zu erhalten. So werden z. B. Tropfen auf einer ebenen Unterlage zum Erstarren gebracht (sog. Gobs), die natürlich etwas breit laufen, aber keine definierte Gestalt erhalten. Solche Gobs dienen z. B. als Halbzeuge zur anschließenden Herstellung von Glasteilen für optische Zwecke.

Schleudern

Das Schleudern des Glases zum Zwecke der Formgebung ist ein Gießen unter der Wirkung der Zentrifugalkraft. Man benötigt dazu eine geeignete Vorrichtung. Man stellt natürlich bevorzugt rotationssymmetrische Hohlglaserzeugnisse auf diese Weise her. Durch die Rotation legt sich das Glas an die Formenwandung an und fließt auf ihr aus.

Pressen

Durch Pressen lassen sich große Kräfte auf das zu verformende Glas ausüben, und die Last läßt sich sehr rasch aufbringen. Durch den engen Kontakt zwischen dem heißen Glas und dem kälteren Preßwerkzeug lassen sich auch große Wärmeübergangszahlen realisieren, so daß die Verformung und auch der Wärmeentzug mit hoher Geschwindigkeit vorgenommen werden können. Durch Pressen kann man also hohe Arbeitsgeschwindigkeit erreichen, aber beim Pressen ist auch die Gefahr besonders groß, daß eine Zerstörung des Glases durch Bruch auftreten kann. Bei elastischer oder viskoser Verformung von Glas tritt beim Überschreiten der Festigkeitsgrenze immer plötzlicher Sprödbruch auf.

Entsprechend dem MAXWELLschen rheologischen Charakter des Glases können Brucherscheinungen auch bei noch deutlich fließfähigem heißem Glas auftreten, wenn die Spannung im Glas seine Festigkeit überschreitet. Betrachtet man die Fließgleichung des MAXWELL-Körpers

$$\dot{\gamma} = \frac{\tau}{\eta} + \frac{\dot{\tau}}{G} \tag{220}$$

so erkennt man, daß bei großer Verformungsgeschwindigkeit $\dot{\gamma}$ eine große Spannung τ im viskosen Glas auftritt, das um so mehr, je größer die Viskosität ist. Andererseits verhält sich bei großer Laständerungsgeschwindigkeit $\dot{\tau}$ Glas auch im noch deutlich viskosen Bereich wie ein elastischer Festkörper. Deshalb kann Glas gerade beim Pressen auch im noch verformungsfähigen Bereich bereits zerschlagen werden. Außer normalen Rissen im Glas können beim Pressen aus den genannten Gründen auch typische klaffende Risse auftreten, die z. B. ein cañon-ähnliches Ausehen aufweisen. An der Oberfläche sind solche Risse oft durchaus scharfkantig, während noch nach dem Entstehen des Risses weitergehende viskose Deformation des Glases vor allem am Grunde des Risses stattgefunden hat.

Ein zweiteiliges Preßwerkzeug (Form und Stempel) führt entweder zu einem unsauberen Rand des Preßlings, wenn das Werkzeug am Rande offen oder nicht vollständig mit Glas gefüllt ist, oder zum Bruch des Preßlings, wenn das Werkzeug mit einem zu großen Posten heißen Glases beschickt wurde. Um mit nicht zu engen Toleranzen für die Postenmasse auszukommen, benutzt man immer mindestens dreiteilige Werkzeuge, wenn regelmäßige Ränder der Preßlinge gefordert werden. Normalerweise besteht also ein komplettes Preßwerkzeug (Abb. 72) aus der Form (die auch mehrteilig sein kann), dem Stempel und einem Deckring, der nachgiebig, z. B. mit einem Federkorb, gegen die Form gedrückt wird und die Verbindung zwischen Form und Stempel herstellt. Dadurch wird einerseits der Innenraum des Preßwerkzeugs vollständig begrenzt (vollständige Bestimmung der Gestalt des Preßlings), andererseits kann bei einer Überdosierung der Glasmenge der Ring etwas ausweichen, wodurch eine zu hohe mechanische Belastung des Preßlings vermieden wird.

In automatischen Pressen werden meist mehrere Formen, aber nur ein Stempel mit Deckring verwendet. Deswegen und wegen der unterschiedlichen Berührungsflächen und -zeiten mit dem Glas müssen die drei Bestandteile des Preßwerkzeugs in der Regel unterschiedlich gekühlt werden, um ungefähr einheitliche Werkzeugtemperatur zu erreichen. Oft muß der Deckring sogar geheizt werden.

Blasen

In einen Glasposten, der nicht oder nicht allseitig von einer Formenwand umgeben ist, läßt sich über eine geeignete Zuführung Luft hineinblasen. Dadurch vergrößert sich der im Posten entstehende Hohlraum ständig, während sich die äußere Kontur des Postens nach den Möglichkeiten ebenfalls ausweitet. Die dabei entstehenden Gebilde nennt man *Külbel* oder *Kölbel*. Sie blasen sich normalerweise keineswegs an den dünnwandigen Stellen am stärksten aus, denn meist kühlen die dünnwandigeren Teile eines Külbels bevorzugt ab, und die dadurch ansteigende Viskosität behindert die weitere Verformung dieser Stellen. Man kann durch Blasen Hohlkörper von einheitlicher Wanddicke herstellen. Allerdings spielen dabei die Frage der Gestalt des Hohlkörpers und der eventuelle Kontakt des Külbels mit einer Formenwandung eine große Rolle. Nach der Bedeutung des Formenwerkzeugs für das Blasen seien in folgendem drei typische Fälle unterschieden:

Freies Blasen des Külbels

Das Külbel befindet sich nur an seinem Rande im Kontakt mit einem Werkzeug. Bei hoher Blasgeschwindigkeit nimmt das Külbel eine kugelförmige Gestalt an. Ein hängendes Külbel längt sich unter seinem Eigengewicht, ein stehendes Külbel verkürzt sich aus demselben Grund (Abb. 88). Solche freien Külbel spielen bei der Herstellung dünnwandigen Hohlglases und bei der manuellen Hohlglasherstellung eine wichtige Rolle.

Einblasen des Külbels in die Form

Das Külbel befindet sich zunächst nur an seinem Rande im Kontakt mit einem Werkzeug und legt sich im Verlaufe des Blasvorgangs nach und nach an die Wandung eines Formenwerkzeugs an. Dabei werden selbstverständlich die Partien des Külbels am wenigsten ausgeblasen, die die Form zuerst berühren, und an solchen Stellen, an denen der Abstand zwischen dem Külbel und der Form anfangs besonders groß war, entsteht eine besonders geringe Wanddicke des Erzeugnisses.

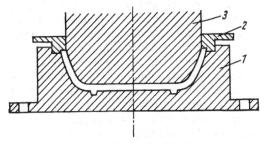

Abb. 72 Werkzeug zum Pressen von Schalen
1 Form; 2 Deckring: 3 Stempel

Darum ist z. B. bei den aus rotationssymmetrischen Külbeln hergestellten eckigen Flaschen die Wanddicke an den Ecken immer am kleinsten. Bei fast jeder Hohlglasherstellung ist die Fertigformung ein solches Einblasen in eine Fertigform. Als Formenwerkstoff wird überwiegend Grauguß verwendet. Beim *Festeinblasen* ohne relative Drehbewegung zwischen Külbel und Form verwendet man blanke Formen, die auf der Innenseite mit Öl besprüht werden. Das dient der Kühlung und in gewissem Sinne der „Schmierung" der Form. Die Verzunderung der Form wird dadurch unterdrückt. Für die Kühlung der Formen spielt natürlich vor allem der Wärmeübergang über die Außenflächen der Form eine Rolle.

Man kann auch *drehend einblasen*. Dazu verwendet man gepastete (geschmierte) Formen. Sie werden auf der Innenseite, die mit Glas in Berührung kommen soll, mit einer Formenschmiere eingestrichen. Die Formenschmiere besteht hauptsächlich aus Leinölfirnis und Holzmehl. Sie wird auf den Formen in besonderen Öfen eingebrannt. Auf diese Weise versieht man die Formeninnenseite mit einer dünnen porösen Kohleschicht. Sie nimmt bereitwillig Wasser auf, und die Formen werden bei jedem Umlauf auf der Maschine mit Wasser besprüht. Bei der manuellen Formgebung werden die Formen vor jeder Benutzung in Wasser getaucht oder mit Wasser begossen. Beim Einblasen gleitet das Külbel in der gepasteten Form auf einer Wasserdampfschicht. Ihr ist zu verdanken, daß man hervorragend glatte Erzeugnisoberflächen erreichen kann. Festeingeblasene Artikel haben meist viel schlechtere Oberflächen, weil sich das Relief der Formenwandung abbildet. Formen verlangen regelmäßige Pflege. Sie müssen von Zeit zu Zeit gereinigt werden, bei gepasteten Formen muß die Schmiere nach jeder Schicht erneuert werden. Bei der manuellen Glasherstellung und sehr kleinen Stückzahlen verwendet man auch nasse Holzformen.

Külbelherstellung durch Blasen in der Form

In die mit einem Glasposten teilweise gefüllte Form wird von unten Luft eingeblasen. Dadurch bildet sich in der Glasmasse eine Luftblase, die sich ständig vergrößert. Sie bewirkt, daß das heiße Glas in der Form weiter nach oben steigt. Würde man diesen Vorgang nicht rechtzeitig beenden, so müßte die Luftblase schließlich oben aufplatzen, aber man begrenzt den Blasvorgang dadurch, daß die benutzte Form oben verschlos-

sen wird. Auf diese Weise werden vor allem Külbel für die Flaschenherstellung erzeugt.

Der untere Teil der Form befindet sich viel länger im Kontakt mit dem Glas (der sog. Tropfteil). Tropfteil und Blasteil sind darum auch am Külbel infolge der unterschiedlichen Temperatur zu unterscheiden. Das hat Auswirkungen auf anschließend mit dem Külbel vorgenommene Manipulationen.

3.1.2.3 Systematisierung

Im vorigen Abschnitt wurden die Formgebungsprozesse nach kontinuierlichen und diskontinuierlichen Prozessen unterschieden. Diese Unterscheidung ist nicht ganz unproblematisch, weil doch Schwierigkeiten der Einordnung bestehen. So können hier als kontinuierlich beschriebene Prozesse auch diskontinuierlich betrieben werden. Das Ziehen ist als diskontinuierlicher Prozeß von der Sache her ein völlig anderer als ein kontinuierlicher, und der Einsatz eines Blasdrucks beim Rohrziehen ist gleichbedeutend mit einem kontinuierlichen Blasprozeß, obwohl das Blasen hier als typisch diskontinuierlicher Prozeß beschrieben wurde.

Eine andere, sicher ebenso problematische Einteilung ist die in Prozesse der *Vorformung und solche der Fertigformung*. Als Fertigformung bezeichnet man den bei der Herstellung eines bestimmten Erzeugnisses jeweils letzten elementaren Teilprozeß der Urformung. Bei dieser Einteilung hat man keine Möglichkeit, mehrere nacheinander ablaufende Teilprozesse der Vorformung zu unterscheiden. Unter Umständen wird man eine unwesentliche Verformung, z. B. eine vorgenommene Kantenabrundung an einem Preßartikel, nicht als Fertigformung bezeichnen wollen, selbst wenn damit der Prozeß der Urformung beendet wird.

Nach einer dritten Einstufung der Formgebungsprozesse unterscheidet man Prozesse der Freiformung von Prozessen der Zwangsformung. Bei der *Zwangsformung* werden die die Formung herbeiführenden Kräfte mit Werkzeugen über die zukünftigen Oberflächen des Erzeugnisses eingetragen. Bei der *Freiformung* werden die Oberflächen des Erzeugnisses oder wenigstens große Teile davon nicht mit Werkzeugen berührt. Das freie Blasen eines Külbels und das Ziehen sind typische Freiformungsprozesse. Pressen und Walzen sind ohne Zweifel als Zwangsformungsprozesse zu bezeichnen. Aber auch hier gibt es

Grenzfälle, deren Einstufung umstritten sein kann, z. B. das Einblasen eines frei geformten Külbels in eine gepastete Form, die ja vom Külbel nicht unmittelbar berührt wird, sondern durch einen Wasserdampffilm davon getrennt bleibt. Ebenso ist das Blasen eines Külbels in der Form, das als Vorformung bei der Flaschenherstellung genutzt wird, weder als Freiformung noch als Zwangsformung widerspruchsfrei einzustufen. Trotzdem ist die prinzipielle Unterscheidung von Freiformung und Zwangsformung nicht nur lehrreich, sondern oft auch von unmittelbarer praktischer Bedeutung.

Im allgemeinen erreicht man bei den Prozessen der Zwangsformung höhere verformende Kräfte als bei der Freiformung. So erreicht man nicht nur größere Verformungsgeschwindigkeit, sondern durch den guten Kontakt zwischen Werkzeug und Glas sichert man auch besseren Wärmeübergang vom Glas zum Werkzeug. Bei Freiformungsprozessen sind die aufgebrachten verformenden Kräfte meist wesentlich kleiner, wenn es auch keine grundsätzlichen Ursachen dafür gibt. Der Wärmeentzug erfolgt nur durch Strahlung und Konvektion. Deshalb treten nur bei starker erzwungener Konvektion der Umgebungsluft ähnlich große Wärmeströme auf wie bei der Zwangsformung. So stark wird aber Glas während der Freiformung im allgemeinen nicht angeblasen.

Daraus kann man erkennen, daß der Vorzug der Zwangsformung in der hohen erreichbaren Leistung zu sehen ist, während der Vorteil der Freiformung vor allem in der guten Oberflächenbeschaffenheit der Erzeugnisse liegt.

3.1.2.4 Werkzeugkontakt

Beim Pressen, Walzen und Schleudern, aber auch beim Einblasen von Külbeln in Formen gibt es direkten Berührungskontakt zwischen dem heißen Glas und dem verformenden Werkzeug. So können größere Kräfte in das Glas eingetragen werden, die zu größeren Verformungsgeschwindigkeiten führen. Bei zu großer Verformungsgeschwindigkeit, natürlich besonders bei niedrigerer Temperatur und größerer Viskosität können allerdings Risse im Glas auftreten. Heißrisse sind auch in noch deutlich fließfähigem Zustand des Glases möglich, wenn die Spannung über die Festigkeit steigt. Heißrisse gehen meist nicht durch die ganze Glasschichtdicke hindurch, weil ein Temperaturgradient zum kalten Werkzeug in der Glasschicht dazu führen kann, daß bei gleicher Verformungsgeschwindigkeit außen für den Bruch ausreichend hohe Spannung besteht, aber in der heißen Seite bei niedrigerer Viskosität nur eine viel kleinere Spannung erreicht wird.

Der direkte Werkzeugkontakt führt bei inniger Berührung zu einem Wärmeübergang durch Leitung. Damit kann man schnellen Wärmeentzug aus dem heißen Glas bewirken, zumal wenn man eine niedrige Werkzeugtemperatur wählt. Das kann für hohe Produktivität nützlich sein. Kaltes Werkzeug begünstigt aber Heißrisse und wellige Glasoberflächen, die besonders bei Preßzeug zu beobachten sind [82]. Beim Ausbreiten des Glastropfens auf dem Werkzeug steigt die Glasviskosität schon in der gekrümmten Randzone des Tropfens vor der unmittelbaren Berührung mit dem kalten Werkzeug. Das wärmere Glas aus dem Innern des Tropfens fließt dann über diesen steiferen Rand hinweg bis zum direkten Werkzeugkontakt. Dieses Spiel wiederholt sich, wodurch sich Streifen mit direktem Kontakt und ohne direkten Kontakt miteinander abwechseln. Die Amplitude dieser Welligkeit nimmt mit kleinerer Werkzeugtemperatur zu, ihre „Wellenlänge" ist um so kleiner, je größer die Preßgeschwindigkeit ist [83]. Dieser Effekt ist ganz ähnlich der Fließwellenbildung beim Gießen keramischer Schlicker [84]. Wellenbildung kann durch heißes Werkzeug und langsame Formung vermieden werden.

Zu heißes Werkzeug führt aber zum sog. *Kleben* des Glases am Werkzeug. Darunter ist kein dauerhaftes Festkleben des Glases am Werkzeug wie z. B. bei der Emaillierung zu verstehen, sondern ein u. U. sekundenlanges *Haften*, das aber auch zu dauerhaftem Kleben führen kann. Es ist besser, für diese Erscheinung die Bezeichnung Haften zu verwenden, obwohl in der Praxis bisher die Bezeichnung Kleben verwendet wird. Haften führt zu Ausschuß und außerdem steigt der Werkzeugverschleiß stark an. In der Praxis definiert man eine sog. Klebetemperatur (besser wäre Hafttemperatur) des Werkstoffs. Ist die Werkzeugtemperatur *vor* dem Kontakt mit dem heißen Glas höher als die sog. Klebetemperatur, so haftet das Glas am Werkzeug, ist sie niedriger, so haftet es nicht. Diese Hafttemperatur kann gemessen werden [85]. Man mißt damit auch für so extreme Werkstoffe wie Graphit und Kieselglas (als Werkzeug) endliche Hafttemperaturen. Tatsächlich ist aber das Kriterium für Haften oder Nicht-Haften eine kritische Viskosität des Glases in der Berührungsfläche zwischen Glas und Werkzeug [86], [87]. Diese Viskosität liegt bei etwa $10^{8,3}$ Pa s. Bei niedrigerer Viskosität ist die Berührung zwischen Glas und Werkzeug offensichtlich „satt" genug, um diesem oder jenem Haftmechanismus oder -chemismus ausreichend große Kontaktfläche zu gewährleisten, ggf. auch nur über eine gewisse Zeit das Einströmen von Luft zwischen Glas und Werkzeug zu verhindern.

Die *Hafttemperatur* hängt von der Glastemperatur, von der Viskositätskurve des Glases, von der Wärmeleitfähigkeit, der spezifischen Wärmekapazität und der Dichte des Glases und des Werkzeugwerkstoffs ab. Verarbeitet man stets das gleiche Glas bei stets gleicher Glastemperatur, so bemerkt man nicht, daß die Hafttemperatur keine Werkstoffeigenschaft ist. Wohl aber stellt man leicht fest, daß die Hafttemperatur stark von der Dicke und den Eigenschaften einer Oxidschicht auf einem metallischen Werkzeug beeinflußt wird. Oxidschichten verringern wegen ihrer stets niedrigeren Wärmeleitfähigkeit die Hafttemperatur des Werkzeugs. Mit heißem Glas in Berührung kommende Werkzeugoberflächen werden blank gehalten, dazu müssen sie periodisch gereinigt oder „geschmiert" werden, das ist eine Behandlung mit reduziernd wirkenden Stoffen wie Ölen oder Wachsen. Ähnlich wirkt eine rußende Acetylenflamme oder auch die Verbrennung elementaren Schwefels. Wegen der Belastung der Atmosphäre in der Glashütte ist das Problem der Formenschmierung noch nicht als technisch gelöst zu betrachten.

Im konkreten Fall gibt es in dem Feld von Glastemperatur und Werkzeugtemperatur ein Optimum mit der besten Oberflächenqualität nach verformendem Werkzeugkontakt zwischen Rissen, Welligkeit und Haften. Gegenüber den gewohnten Bedingungen müßte man kälteres Glas mit heißerem Werkzeug langsamer pressen.

Eine Besonderheit sind gepastete Formen, sie sind auf der mit Glas in Berührung kommenden Fläche mit einer porösen Kohleschicht bedeckt. Diese Schicht wird vor dem Glaskontakt mit Wasser getränkt. Die beim Glaskontakt dann entstehende Wasserdampfschicht erleichtert das Gleiten des Glases an der Formenwand bei drehendem Einblasen.

3.1.3 Formgebungsverfahren

Im folgenden werden einige Verfahren zur Herstellung von Flachglas, von Rohrglas und von Hohlglas beschrieben, die sich aus verschiedenen Prozessen in verschiedenen Anordnungen zusammensetzen. Es sind dies Verfahren, die in der modernen industriellen Produktion betrieben werden. Ihre diskontinuierlichen historischen Vorläufer und die manuellen Verfahren werden hier nicht berücksichtigt. Ebenso werden einige spezielle Verfahren für spezielle Erzeugnisse nicht behandelt, obwohl sie für einzelne Zweige der Glasindustrie durchaus Bedeutung haben können.

Bei einigen Verfahren sind typische Lösungen für die Entspannungskühlung des Glases und für die Trennung des Stranges entstanden. Sie werden in diesem Abschnitt nicht besonders berücksichtigt, um die Übersicht über die eigentlichen Formgebungsverfahren nicht zu verwischen.

3.1.3.1 Flachglas

Hochwertiges Flachglas wird überwiegend nach dem sehr produktiven Floatverfahren hergestellt, bei dem die Glasmasse auf einem Bad flüssigen Metalls ausfließt und erstarrt.

In älteren, heute in Deutschland kaum noch benutzten Verfahren wird Flachglas aus dem Glasbad nach oben gezogen. Es gibt dafür zwei sehr ähnliche Verfahren, das FOURCAULT-Verfahren und das PITTSBURGH-Verfahren. Der wesentlichste Unterschied besteht darin, daß beim FOURCAULT-Verfahren eine Düse benutzt wird und beim PITTSBURGH-Verfahren nicht.

Außerdem kann Flachglas mit geringer Oberflächenqualität gewalzt werden. Aber auch hochwertiges Spiegelglas wurde früher gewalzt und anschließend geschliffen und poliert.

In diesen vier Verfahren wird fast alles Flachglas von 1 bis 10 mm Dicke hergestellt, wobei die untere Grenze von den Ziehverfahren und die obere vom Walz- und vom Floatverfahren erreicht wird. Noch dünneres Flachglas wird nicht direkt aus der Schmelze (im Urformungsprozeß), sondern durch nachträgliches Ausziehen eines dickeren Flachglases (durch Umformung) produziert.

Zwischen dem Durchsatz $\dot{m}$, in der Dichte ϱ des Glases, der Stranggeschwindigkeit w, der Tafeldicke s und der Breite b des Bands gilt der Zusammenhang

$$\dot{m} = \varrho b w s \qquad (221)$$

Bei allen realen Verfahren ist die Bandbreite durch die Konstruktion der Anlage festgelegt. Die Leistung der Anlagen wird auf sehr verschiedene Weise angegeben:

- Der Durchsatz charakterisiert vor allem die Menge des geschmolzenen und verarbeiteten Glases.

- Die Größe

$$\dot{A}_s = bw = \frac{\dot{m}}{\varrho s} \qquad (222)$$

kennzeichnet die je Zeit hergestellte Glasfläche, das ist für Flachglas natürlich eine sehr anschauliche Leistungsangabe.

- Um bei verschieden dicken Gläsern zu einer besser vergleichbaren Leistungsangabe zu kommen, bezieht man sich gern auf eine Bezugsdicke s_0 (u. U. sog. Einheitsdicke ED 2 mm). Dann ist

$$\dot{A}_0 = \dot{A}_s \frac{s}{s_0} = \frac{\dot{m}}{\varrho s_0} \qquad (223)$$

Bis auf einen Proportionalitätsfaktor entspricht dies der Angabe des Durchsatzes.

- Zum Vergleich der Verfahren ist es besser, eine Leistungsangabe zu finden, die unabhängig von der Bandbreite ist. Dazu wird die Ziehgeschwindigkeit w verwendet.

- Um einen Verfahrensvergleich für unterschiedlich dicke Bänder zu ermöglichen, kann man auch hier für eine Bezugsdicke umrechnen:

$$w_0 = w \frac{s}{s_0} = \frac{\dot{m}}{\varrho b s_0} \qquad (224)$$

- Die Größe

$$f_L = ws = w_0 s_0 = \frac{\dot{m}}{\varrho b} \qquad (225)$$

wird als Leistungsfaktor bezeichnet.

Nach diesen Gleichungen ist eine Umrechnung der verschiedenen Leistungsangaben leicht möglich.

Selbst bei störungsfreiem Lauf der Anlagen beträgt die Ausbeute bei der Flachglasherstellung normalerweise nur 70 bis 80%. Der große Unterschied zwischen Bruttoleistung (oder Ziehleistung) und Nettoleistung (oder Schneidleistung) kommt vor allem durch die Bortenverluste und den Verschnitt zustande. Die Flachglasindustrie muß ein sehr breites Sortiment von Formaten liefern, auf das die Bandbreiten nicht abgestimmt sind.

Walzverfahren

Im Walzverfahren (Abb. 73) wird ein Glasband zwischen zwei sich gegensinnig drehenden Walzen geformt. Die Glasmasse wird den Walzen durch direkten Zufluß aus der Arbeitswanne über einen Auslaufstein, der Bestandteil des Ofens ist, und einen Maschinenstein, der Bestandteil der Maschine ist, zugeführt. Transportwalzen besorgen die Bewegung des Glasbands in den Kühlofen. Unter Umständen bildet sich in der Glasoberfläche vor der Oberwalze ein Wulst. Er erleichtert das Einführen eines Drahtgeflechts, das bei der Herstellung von Drathglas in das Glasband eingebracht werden muß. Das Oberflächenprofil der Formgebungswalzen bildet sich auf der Glasoberfläche mehr oder weniger deutlich ab. Darum ist das typische Walzglaserzeugnis Ornamentglas, das mit einer profilierten Unterwalze hergestellt wird. Natürlich läßt sich auch Flachglas minderer Qualität herstellen. Frü-

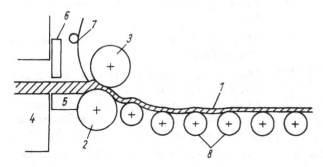

Abb. 73 Prinzip der Walzmaschine
1 Glasband; 2 Unterwalze; 3 Oberwalze; 4 Auslaufstein der Arbeitswanne; 5 Maschinenstein; 6 Blende; 7 Drahtzuführung; 8 Transportwalzen

her wurde auch Rohglas für die Spiegelglasherstellung produziert, das dann beidseitig geschliffen und poliert wurde. Seit der Einführung des Floatverfahrens wird Spiegelrohglas nicht mehr gewalzt.

Walzt man nur schmale Bänder, deren Ränder um 90° abgewinkelt werden, so erhält man das sog. Profilglas.

Walzglaserzeugnisse werden oft unter dem Namen Gußglas gehandelt. Diese Bezeichnung ist historisch begründet, sie stammt aus der Zeit, als solche Erzeugnisse in einem diskontinuierlichen Walzprozeß geformt wurden, dem stets ein Gießprozeß voranging.

Die Oberflächentemperatur der Walzen kann nicht völlig frei gewählt werden. Zu hohe Temperatur führt zum Kleben des Glases an der Walze, zu niedrige Temperaturen beeinträchtigen die Exaktheit der Ornamentübertragung. Ungenügende Abkühlung des Glases zwischen den Walzen führt zu einem zu weichen Band und damit zu unerwünschter Verformung und Verzerrung des eingewalzten Musters. Zu starke Abkühlung des Glases zwischen den Walzen führt zum Bruch des Bands. Die Maschinenleistung ist nach oben durch die unter diesen Bedingungen realisierbare Kühlleistung der Formgebungswalzen begrenzt. Man erreicht Bandgeschwindigkeiten von etwa 2 m min^{-1} bei 10 mm Dicke und von etwa 7 m min^{-1} bei 3 mm Dicke des Bands. Bei einer Bandbreite von 1,5 bis 3 m kommt man also auf ungefähr 100 bis 200 t d^{-1} für die Leistung einer Linie. Die genannten Leistungen verlangen Walzendurchmesser von über 0,4 m. Wegen des Zusammenhangs mit der Kühlleistung erreichen Anlagen mit den verbreiteten Walzendurchmessern von weniger als 0,2 m nur knapp halb so hohe Leistungen.

Der Leistungsfaktor ist unabhängig von der Dicke des Bands und beträgt 70 bis 140 cm^2 min^{-1}. Die Bandgeschwindigkeit ist bei konstantem Durchsatz umgekehrt proportional zur Dicke des Bands.

Floatverfahren

Beim *Floatverfahren* läuft das geschmolzene Glas über eine geneigte Ebene (ebener Rieselfilm) auf ein Bad geschmolzenen Zinns. Die Glasmasse breitet sich auf der Metallbadoberfläche aus, bis sie eine sog. Gleichgewichtsdicke erreicht hat. Die Gleichgewichtsdicke ist durch die Dichte der Glasmasse, die Dichte des Zinn-

bads und die drei Grenzflächenspannungen bestimmt. Für die übliche Glaszusammensetzung und die im Floatverfahren verwendeten Bedingungen beträgt diese Gleichgewichtsdicke etwa 7 mm. Die auf dem Zinnbad schwimmende Glasschicht wird auf der dem Zustrom gegenüberliegenden Seite des Bads über eine Walze von diesem abgehoben. Weitere Walzen führen das entstandene Glasband durch den Kühlofen zur Weiterverarbeitung. Die Transportwalzen üben auf das auf dem Zinnbad liegende Glasband einen Zug aus, der zu einer gewissen Einschnürung des Bands in Ziehrichtung (Zwiebel) führt.

Ohne Gegenmaßnahmen beträfe diese Einschnürung nur die Breite und nicht die Dicke des Bands. Beim Anfahren einer Floatanlage treten solche Betriebszustände auf, bei höherer Abzugsgeschwindigkeit entsteht ein schmales Band von Gleichgewichtsdicke. Die Transportwalzen üben auf den Glasstrang nur eine sehr kleine Kraft aus, da über das dünnflüssige Zinnbad und das heiße, niedrigviskose Glas am Auflauf keine nennenswerte Gegenkraft eingetragen werden kann. Solche Gegenkräfte übt man auf das Band mit sog. *Toprollern* aus, die an verschiedenen Stellen auf die Borten gesetzt werden. Toproller sind gekühlte Rollen, die mit definierter und einstellbarer Umfangsgeschwindigkeit angetrieben werden. Durch den Einsatz mehrerer Topprollerpaare in geeigneter Drehzahlabstufung und Winkeleinstellung gelingt es, reckende, das Band in der Querschnittsfläche einschnürende Kräfte auf das Glasband auszuüben. Es gelingt sogar, diese Querschnittsverkleinerung überwiegend in der Banddicke zu erreichen. Zwar läßt sich auch Verschmälerung des Bands nicht ganz vermeiden, aber man kann immerhin mit 20 bis 30% Einschnürung in der Breite auskommen. Die dadurch entstehende Verringerung der Breite des Bands ist unerwünscht, aber die dadurch entstehende Verkleinerung der Dicke des Glasbands reicht nicht aus, um die überwiegend zu produzierenden Glasdicken von 2 bis 4 mm zu erhalten.

Abb. 74 zeigt schematisch das Zinnbad des Floatverfahrens.

Mit dem Floatverfahren erhält man ein Flachglas von ausgezeichneter Oberflächenqualität. Beide Flächen sind so eben, wie Flüssigkeitsspiegel eben sind. Deshalb ist Floatglas von Spiegelglasqualität und genügt höchsten Ansprüchen.

Zur Sicherung dieser hohen Qualität sind selbst-

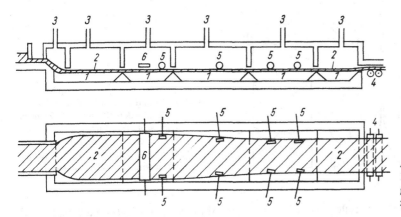

Abb. 74 Floatverfahren
1 Zinnbad; 2 Glasband; 3 Inertgaszuleitungen; 4 Transportwalzen; 5 Toproller; 6 Kühler

verständlich bestimmte Bedingungen einzuhalten.

Zunächst muß zur Glättung der Oberflächen eine bestimmte Verweilzeit bei möglichst niedriger Viskosität des Glases mindestens eingehalten werden, sie beträgt etwa 1 min bei 10^3 Pa · s. An der Stelle, wo das Band vom Bad abgehoben werden soll, muß die Viskosität des Glases so hoch sein, daß die erste Walze keine Verschlechterung der Oberfläche bewirken kann.

Über den direkten Kontakt des Glasbands zum Zinnbad ist der Wärmeübergang für die Abkühlung des Glases im Verlaufe der Formgebung ideal. Die Einhaltung einer stabilen Breite und Dicke des Bands verlangt die exakte Einhaltung eines stabilen (und geeigneten) Temperaturverlaufs im Zinnbad und in der Atmosphäre über dem Zinnbad. Durch die hohe Wärmeleitfähigkeit des Zinns und seine niedrige Viskosität bereitet die gezielte und reproduzierbare Temperaturführung im Zinnbad schon einige technische Probleme. Zu ihrer Lösung setzt man ein ausgeklügeltes System von Stufen und Schwellen im Zinnbad und Linearmotoren über dem Zinnbad ein.

Man benötigt eine möglichst inerte Gasatmosphäre, um eine übermäßige Oxydation des heißen Zinns zu unterbinden.

Schließlich gibt es mannigfache Probleme der Korrosion des Feuerfestmaterials und der Reduktion und Kondensation des Zinns am Ofengewölbe. Bei einer Leistung von 200 bis 600 t d^{-1} beträgt die Länge des Floatbads etwa 50 m. Man kann Glasbänder von 2 bis 20 mm Dicke und bis 4 m Breite herstellen.

Im Floatverfahren ist $\dot{m}$ unabhängig von der Bandgeschwindigkeit. Darum ist der Leistungs-

faktor unabhängig von der Dicke des Bands und liegt mit etwa 140 bis 400 cm^2 min^{-1} eine Zehnerpotenz über den im FOURCAULT-Verfahren erreichten Werten.

Die Bandgeschwindigkeit ist umgekehrt proportional zur Banddicke.

Ziehverfahren

Das FOURCAULT-Verfahren ist ein Ziehverfahren zur Herstellung von Flachglas mit der Ziehrichtung senkrecht nach oben. Eine schlitzförmige Düse aus Feuerfestmaterial, die einen Querschnitt entsprechend Abb. 75 hat, wird auf das Glasbad aufgelegt und so weit hineingedrückt, daß aus dem Schlitz Glasmasse herausquillt. Dieses aus der Düse infolge des wirksamen Höhenunterschieds (s. Abb. 75) austretende Glas wird nach oben zu einem Band ausgezogen. Das Band wird in einem Ziehschacht durch mehrere Walzenpaare gehalten und nach oben transportiert. Unmittelbar über der Düse entsteht eine Zwiebel, die durch sog. *Kühlflaschen* in ihrer ganzen Breite von beiden Seiten gleichmäßig gekühlt wird. Die *Borten* werden an der Ziebel zusätzlich durch sog. *Bortenhalter* gekühlt, wodurch es gelingt, ein Band zu ziehen, das fast so breit wie der Düsenschlitz lang ist. Im Ziehschacht wird ein Temperaturverlauf angestrebt, der eine Entspannungskühlung sichert. Die Glasentnahme erfolgt aus besonderen Ziehkammern, die am Ende von Strömungskanälen quer angeordnet sind. Dadurch ergibt sich eine typische Gestaltung des Arbeitsteils des Ofens. Abb. 76 zeigt die Anordnung der Ziehkammern für eine 9–Maschinen-Wanne.

Der größte Mangel des FOURCAULT-Verfahrens ist die mäßige und zeitlich sich verändernde Quali-

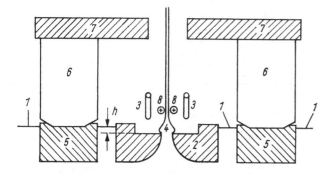

Abb. 75 Ziehkammer einer Fourcault-Anlage
1 Glasbadoberfläche; 2 Ziehdüse (Querschnitt); 3 Kühlflaschen; 4 Zwiebel; 5 schwimmende Brücke; 6 feste Brücke; 7 Abdeckplatte; 8 Bortenhalter; h wirksamer Höhenunterschied

tät des hergestellten Flachglases. Teile der Ziehkammern befinden sich unterhalb der oberen Entglasungstemperatur des ausschließlich verwendeten Alkali-Erdalkali-Silikatglases. Das läßt sich nicht vermeiden, wenn man die für die Formgebung erforderlichen Temperaturen einhalten will. Das hat zur Folge, daß nach 200 bis 300 h Betriebszeit wegen der Entglasungen in und an der Düse die Glasqualität so schlecht ist, daß der Ziehvorgang abgebrochen werden muß. Man sagt, die Maschine wird nach dieser Zeit „gestürzt", die Ziehkammer wird aufgeheizt, die Entglasungen lösen sich auf oder werden mit der Rückströmung im Glasbad in den Schmelzteil der Wanne zurückgeführt. Nach einigen Stunden kann das Band wieder „angefangen" werden.

Dazu wird durch die Ziehmaschine eine Fangtafel aus Blech bis zur Düse herabgelassen, die Düse wird gedrückt, die Fangtafel wird mit dem aus der Düse herausquellenden Glas in Berührung (zum Kleben) gebracht und die Ziehmaschine angefahren. Zunächst verbessert sich die Glasqualität im Laufe der Zeit, bis jedoch die oben beschriebene Verschlechterung der Qualität wieder auftritt. Selbst wenn das Glas frei von Bläschen und Entglasungen ist, sind Streifen in Ziehrichtung (die sog. „Optik" des Flachglases) mehr oder weniger stark ausgebildet.

Problematisch ist die Gestaltung der Düsenform. Selbstverständlich und ohne Schwierigkeiten ist es, die Düse so zu gestalten, daß sie weit genug gedrückt werden kann. Aber die Form des Schlitzes und das Einströmprofil der Düse werden rein empirisch ermittelt, und in Einzelheiten können in verschiedenen Betrieben auch unterschiedliche Erfahrungen gesammelt worden sein. Größere Flachglasbetriebe stellen die Düsen selbst her.

Für die Ziehmaschinen haben sich historisch be-

stimmte Abmessungen ergeben, die nicht optimal auf die Erfordernisse des Prozesses abgestimmt sind. Hauptprobleme sind die für eine ordnungsgemäße Kühlung des Glasbands zu geringen Schachtlängen und die für eine sichere Kraftübertragung zu geringen Walzendurchmesser. Diese Mängel abzustellen ist nicht leicht, weil damit umfangreiche Änderungen der Anlagen verbunden wären. Eine wesentliche Vergrößerung der Schachthöhe würde z. B. eine völlige Verlegung der ganzen Schneidlinie erforderlich machen und damit eine aufwendige Veränderung des Baukörpers. Gegen eine Neuinvestition eines Flachglaswerks auf der Basis des Fourcault-Verfahrens sprechen die höchsten Ansprüchen nicht genügende Qualität des Flachglases, die Notwendigkeit, die Maschinen von Zeit zu Zeit zu stürzen und die im Vergleich zum Floatverfahren geringe Leistung. Darum hat das Fourcault-Verfahren wesentlich an Bedeutung verloren und wird immer weniger angewandt.

An der Düse des Fourcault-Verfahrens beträgt der Höhenunterschied zwischen der Glasbadoberfläche und der oberen Düsenöffnung nur wenige Zentimeter. Darum vergrößert sich der Durchsatz durch die Düse auch mit größer werdender Ziehgeschwindigkeit. Entsprechend Gl. (225) hängt auch der Leistungsfaktor von der Ziehgeschwindigkeit ab.

Bei gegebenen technologischen Bedingungen stellt sich zu der frei wählbaren Ziehgeschwindigkeit eine bestimmte Dicke des Bands ein. Deshalb kann die Beeinflußbarkeit des Leistungsfaktors durch die Ziehgeschwindigkeit auch als Abhängigkeit des Leistungsfaktors von der Glasdicke dargestellt werden. Diese Zusammenhänge sind in den Abb. 77 und 78 zu sehen.

Da das Produktionsziel in der Herstellung von

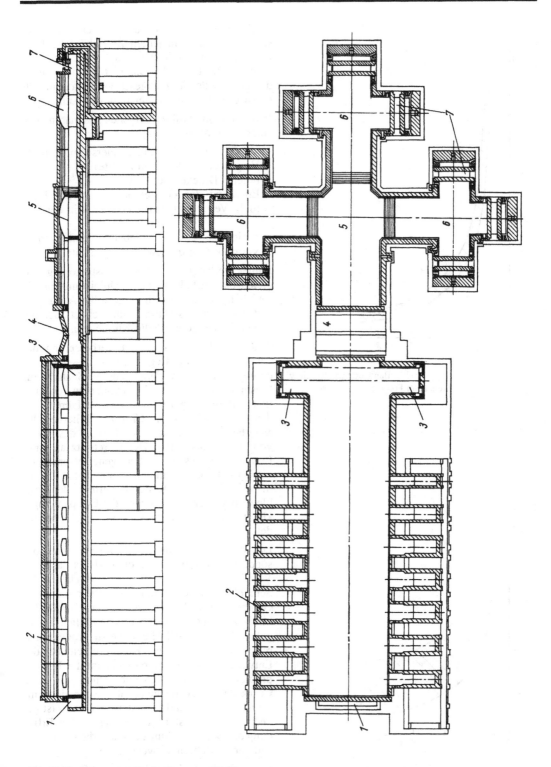

Abb. 76 Flachglaswanne für das Fourcault-Verfahren
1 Einlegevorbau (Doghouse); 2 Brenner; 3 Simmings; 4 Hängedecke; 5 Hauptkreuz; 6 Kreuze; 7 Ziehkammern

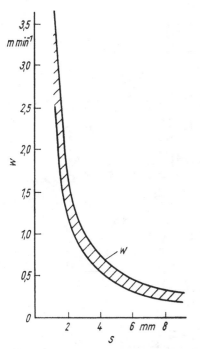

Abb. 77 Zusammenhang zwischen Bandgeschwindigkeit w und Banddicke s beim FOURCAULT-Verfahren

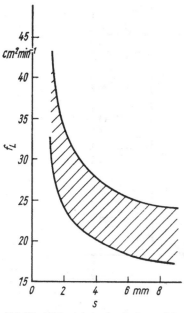

Abb. 78 Abhängigkeit des Leistungsfaktors f_L von der Banddicke s beim FOURCAULT-Verfahren

Flachglas in einer ganz bestimmten Dicke besteht, wählt man in jedem Betriebszustand die Ziehgeschwindigkeit so, daß sich die gewünschte Dicke ergibt. Dann ist für diese Dicke die einzustellende Ziehgeschwindigkeit unmittelbar ein Maß für die Leistung der Anlage.

In diesem Sinne führen folgende Maßnahmen zu einer Leistungssteigerung:

- Vergrößerung des Düsenquerschnitts (d. h. Vergrößerung der Schlitzbreite)
- tieferes Drücken der Düse
- Erhöhung der Glastemperatur in der Düse (d. h. Verringerung der Viskosität in der Düse)
- Erniedrigung der Zwiebeltemperatur (d. h. Vergrößerung der Zwiebelviskosität).

Immer verlangt eine Leistungssteigerung zugleich eine Erhöhung der Kühlleistung an der Zwiebel. Die in Abb. 78 dargestellte Abhängigkeit des Leistungsfaktors kennzeichnet auch die dickenabhängige gewählte Kühlleistung.

Erhöhung der Leistung und Verbesserung der Qualität sind in der Regel entgegengesetzte Forderungen. Darum verlangt jede Maßnahme zur Leistungssteigerung auch Maßnahmen zur Qualitätsverbesserung. Im FOURCAULT-Verfahren werden Bänder von 1,4 bis 2,7 m Breite hergestellt. Man beherrscht einen Dickenbereich des Bands von etwa 1 bis 9 mm. Der Durchsatz an einer Linie kann 10 bis 40 t d^{-1} betragen. Entsprechend beträgt A für die Nenndicke 2 mm (2 bis 8) · 10^3 m^2 d^{-1}. Die im Ziehschacht auftretenden Probleme betreffen überwiegend die Entspannungskühlung und werden im Abschnitt 3.6.1.4 behandelt.

Das FOURCAULT-Verfahren hat insofern eine besondere historische Bedeutung, als es das erste Verfahren zum Ziehen einer Tafel direkt aus der Schmelze ohne Vorformungsschritte mit anderer Geometrie war. Zuvor wurde versucht, große Zylinder zu ziehen, aus denen nachträglich Tafeln geformt wurden. 1919 lief die erste produktionsreife FOURCAULT-Anlage. Hauptproblem bei der Entwicklung des Verfahrens scheint das Bortenproblem gewesen zu sein, denn schon 1857 hatte CLARK Ziehversuche gemacht, die an der Einschnürung des Bands scheiterten. Darum ist die bedeutendste Leistung FOURCAULTS in der Erfindung der Bortenkühlung zu sehen, die ja auch bei anderen Verfahren verwendet wird.

Eine deutliche Verbesserung der Qualität des Flachglases gegenüber dem FOURCAULT-Verfahren wird durch das ASAHI-Verfahren, das als eine Variante des FOURCAULT-Verfahrens anzusehen ist, erreicht. Bei diesem Verfahren wird ein völlig veränderter Düsenblock verwendet, und der Ziehschacht ist günstiger gestaltet. Der Düsenblock des ASAHI-Verfahren besteht hauptsächlich aus zwei parallel nebeneinander liegenden Walzen, die an den Enden größeren Durchmesser haben als auf dem größten Teil ihrer Länge. Dadurch bildet das Walzenpaar einen Schlitz, der grundsätzlich die gleiche Funktion wie die FOURCAULT-Düse hat. An jedem Ende liegt dem Walzenpaar eine Brücke auf, die eine sichere Begrenzung des Schlitzes garantiert.

Die Walzen sind drehbar gelagert und können zugleich gegensinnig gedreht werden. Bevor die vor allem durch Entglasung an dem Schlitz verursachte allmähliche Verschlechterung der Qualität des Flachglases wie beim FOURCAULT-Verfahren zum Stürzen der Maschine führt, verstellt man die Walzen ein Stück, so daß der Zwiebelfuß an einer anderen Stelle auf der Walze aufsitzt. Auf diese Weise läßt sich die Maschinenlaufzeit auf über 1 000 Stunden verlängern.

Vor allem für die Herstellung von Dünnglas bietet sich dieses Verfahren an, während bei größerer Tafeldicke das Floatverfahren weit überlegen ist.

Das PITTSBURGH-Verfahren ist ein Ziehverfahren zur Herstellung von Flachglas mit der Ziehrichtung senkrecht nach oben. Im Gegensatz zum FOURCAULT-Verfahren wird das Glasband aus der freien Badoberfläche gezogen. Unter der sich beim Ziehen ausbildenden Zwiebel befindet sich untergetaucht in der Glasmasse ein Ziehbalken. Der Ziehbalken kann senkrecht geschlitzt sein. Der Ziehbalken stabilisiert die Lage der Zwiebel, gestattet durch Variation der Tiefe und der Neigung, die Zuströmung des gezogenen Glases zu beeinflussen, und wirkt sich wohl auch auf die Temperatur des Glases am Fuß der Zwiebel aus.

Die Ziehkammer ist etwas anders gestaltet als beim FOURCAULT-Verfahren, insbesondere ist sie größer und enthält eine größere installierte Kühlerleistung. Man erreicht dadurch bei höherer Glastemperatur eine höhere Ziehleistung. Ein Stürzen der Maschinen in regelmäßigen Abständen ist nicht erforderlich. Der Ziehschacht ähnelt dem in FOURCAULT-Verfahren eingesetzten. Zur Erzielung einer möglichst großen und stabilen Breite des gezogenen Bands werden Bortenkühler eingesetzt.

Das PITTSBURGH-Verfahren ist empfindlich gegen Störungen der Glaszusammensetzung und der Homogenität, an die Temperaturführung in der Ziehkammer werden hohe Ansprüche gestellt.

Die Probleme der im Ziehschacht durchgeführten Entspannungskühlung des Glases sind prinzipiell die gleichen wie beim FOURCAULT-Verfahren.

Der Durchsatz ist bei höheren Ziehgeschwindigkeiten etwas höher, ebenso der Leistungsfaktor. Die geringe Abhängigkeit des Leistungsfaktors von der Blattdicke ist die Folge der sortimentsunabhängigen Kühlerleistung.

Den Betrieb des Ziehschachts betreffende Probleme sind in erster Linie Probleme der Entspannungskühlung und werden im Abschnitt 3.6.1.4 dargestellt.

3.1.3.2 Rohr

Rohre aus Glas werden heute überwiegend in drei Verfahren hergestellt, die sich augenfällig durch die Ziehrichtung unterscheiden.

Das Ziehen von Rohr senkrecht nach oben aus der Badoberfläche eines besonderen Ziehherds ist für Rohre mit einem Durchmesser über 3 cm besonders geeignet.

Engere Rohre werden vorwiegend im DANNER-Verfahren hergestellt, bei dem die Vorformung in einem zylindrischen Rieselfilm und die horizontale Ziehrichtung charakteristisch sind.

Das VELLO-Verfahren ist ein Verfahren, bei dem die Formung in einer Zwiebel, die nach unten fließt, vorgenommen wird. Hierzu gibt es aber eine Reihe von Varianten, die z. T. mit anderen Namen bezeichnet werden.

Für spezielle Zwecke, z. B. für Kapillaren und für Stäbe, gibt es verschiedene spezielle Anordnungen, die zumeist eine senkrecht nach unten fließende Zwiebel benutzen. Oft erfolgt eine Umlenkung des Strangs in die Horizontale.

Auch bei der Rohrherstellung gilt der Zusammenhang (217) zwischen dem Durchsatz $\dot{m}$, der Dichte ϱ, der Querschnittsfläche A des Glasstrangs und der Stranggeschwindigkeit w.

Die Charakterisierung der Rohrabmessungen erfolgt in der Praxis entweder durch den Außendurchmesser d_a und den Innendurchmesser d_i oder aber durch den Außendurchmesser d_a und die Wanddicke s.

Es gelten die Zusammenhänge

$$A = \frac{\pi}{4} (d_a^2 - d_i^2) = \pi s (d_a - s) \qquad (226)$$

DANNER-Verfahren

Eine erste umfassende Beschreibung des DANNER-Verfahrens stammt von GEHLHOFF aus dem Jahr 1925 [88]. Eine aktuelle Analyse der Formgebungsprozesse im DANNER-Verfahren findet man in [89].

Das DANNER-Verfahren ist dadurch gekennzeichnet, daß zunächst mit einem zylindrischen Rieselfilm auf einer schwach geneigten Schamottepfeife eine Vorformung vorgenommen wird, die Fertigformung über eine Ziehzwiebel am unteren Ende der Pfeife in einem freien Durchhang des Strangs realisiert wird und das fertige Rohr auf einer horizontalen Ziehbahn mit Hilfe einer Ziehmaschine abgezogen wird. Abb. 79 zeigt die prinzipielle Situation im Formgebungsbereich.

Die DANNER-Pfeife wird aus einem Vorherd oder einem Speiser mit Glas beschickt. Dabei läuft über eine Rinne oder durch eine Ausflußöffnung ein Glasstrang in einem freien Ausfließvorgang auf die langsam rotierende Pfeife auf. Die auf die Pfeife auffließende Menge kann durch ein Dosierorgan (Plunger oder Schieber) und durch Veränderung der Glastemperatur eingestellt werden. Der Durchsatz $\dot{m}$ ist also völlig unabhängig von allen anderen Parametern der Formgebung.

Das Glas soll sich gleichmäßig auf die Pfeife aufwickeln, ohne dabei gezerrt zu werden oder auf der Pfeife breitzulaufen. Das verlangt die Einhaltung bestimmter Verhältnisse am Auflauf:

– Die Pfeife muß gegen die Auflauföffnung in richtigem Ausmaß versetzt sein.

– Bei der konstruktiv gegebenen Auflaufhöhe muß die Geschwindigkeit des auf die Pfeife treffenden Strangs ungefähr mit der Umfangsgeschwindigkeit der Pfeife übereinstimmen.

Die Drehzahl der Pfeife soll so gewählt werden, daß eine gleichmäßig dicke Glasschicht auf dem ganzen Pfeifenumfang erhalten wird und keine Blasen hineingewickelt werden (5–8 min^{-1}).

Am Auflauf beträgt die Viskosität des Glases $10^{2,2}$ bis $10^{2,7}$ Pa s, an der Pfeifenspitze $10^{4,3}$ bis $10^{4,9}$ Pa s. Durch die Neigung der Pfeife fließt das am Auflauf aufgewickelte Glas längs der Pfeife ab. Da sich die Pfeife in einer beheizten Muffel befindet, gleichen sich die durch den Aufwickelvorgang entstandenen Schichtdickenunterschiede aus, so daß sich auf der Pfeife ein glatter laminarer Rieselfilm ausbildet. Auf ihn ist die Gl. (208) für die Schichtdicke anwendbar. Das Ende der DANNER-Pfeife ist meistens konisch verjüngt, die letzte eigentliche Vorformung geschieht also strenggenommen auf dem konischen Rieselfilm. Wegen der Abkühlung des Glases längs der Pfeife und der damit verbundenen Viskositätszunahme wächst die Glasschichtdicke auf der Pfeife vom Auflauf bis zur Pfeifenspitze auf das 3- bis 5fache. Die für die Fertigformung in der Zwiebel verfügbare Stranggeometrie an der Pfeifenspitze ist nach (208) durch den Durchsatz, durch den Durchmesser der Pfeifenspitze und durch die Viskosität des Glases an der Pfeifenspitze vollständig gegeben.

Die Temperatur des Glases an der Pfeifenspitze darf die Liquidustemperatur des Glases nicht unterschreiten, sonst tritt Entglasung auf der Pfeife auf. Da die notwendige Zwiebelfußviskosität bei DANNER-Anlagen so hoch sein muß, lassen sich

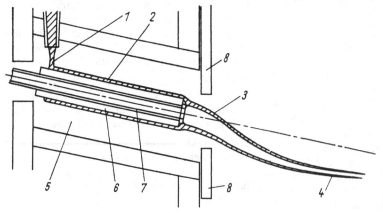

Abb. 79 DANNER-Verfahren
1 Auflauf; 2 zylindrischer Rieselfilm; 3 Zwiebel; 4 Durchhang; 5 Muffel; 6 Pfeife; 7 Stahlspindel; 8 Blende

leicht kristallisierende Gläser mit hoher Liquidustemperatur auf Danneranlagen nicht ziehen.

Beim Verlassen der Pfeife knickt der Strang um 20–30° ab und geht in die sog. Zwiebel über. Die weitere Verformung in der Zwiebel geschieht in einem freien Durchhang durch die von der Ziehmaschine auf den Strang ausgeübte Kraft und durch das Eigengewicht der Zwiebel sowie durch den Druck der Blasluft, die der Zwiebel durch die hohle Pfeife zugeführt wird. Das Ende der Verformung liegt bei etwa 10^9 Pa s.

Für die Abmessungen des gezogenen Rohrs ergeben sich folgende Zusammenhänge:

Die Größe des Glasquerschnitts A des Rohrs hängt sehr einfach mit dem Durchsatz und der Ziehgeschwindigkeit w zusammen:

$$A = \frac{\dot{m}}{\varrho w} \tag{227}$$

ϱ ist die Dichte des Glases. Der Durchsatz $\dot{m}$ wird nur durch die Verhältnisse in den Organen der Glaszufuhr am Auflauf beeinflußt, ist also unabhängig von den Parametern der Muffel, der Pfeife, der Zwiebel und von der Ziehgeschwindigkeit. Ebenso ist demnach die Querschnittsfläche A des Rohrs von allen diesen Größen bis auf die Ziehgeschwindigkeit unabhängig. Bei einem durch $\dot{m}$ und w eingestellten A kann man also die Geometrie des Rohrquerschnitts, z. B. das Verhältnis von Wanddicke zu Außendurchmesser, wahlweise über die Pfeifenspitzentemperatur, den Blasluftdruck oder die Kühlung der Zwiebel beeinflussen.

In der Praxis gibt es bei Danner-Anlagen keine besondere Zwiebelkühlung. Die Kühlung der Zwiebel geschieht also nur durch Abstrahlung an die Umgebung und durch freie Konvektion der umgebenden Luft. Um die sich daraus ergebende große Empfindlichkeit der Rohrabmessungen gegen Veränderungen der Bedingungen in der Umgebung zu umgehen, wird der ganze Durchhang des Zugs mit einer Haube abgedeckt. Dann bleiben nur Muffeltemperatur und Blasluftdruck zur Regulierung der Stranggeometrie.

Veränderungen der Rohrabmessungen sollte man nach diesen Ausführungen also in zwei Schritten vornehmen:

– Zunächst wird der richtige Wert für die Ziehgeschwindigkeit eingestellt, der zu dem gewünschten Wert der Glasquerschnittsfläche A des Rohrs führt.

– Danach wird z. B. der Blasluftdruck so weit verändert, bis die gewünschten Rohrabmessungen erreicht sind.

Die Formgebungsparameter müssen sich auch noch nach anderen Forderungen als nur nach den gewünschten Rohrabmessungen richten. So müssen z. B. die Schichtdicke des Glases auf der Pfeife und die Muffeltemperatur so aufeinander abgestimmt sein, daß ein glatter und stationärer Film erreicht wird. Das ist nicht zwangsläufig unter beliebigen Bedingungen so. Außerdem darf der Durchhang des Strangs zwischen der Pfeifenspitze und der Ziehbahn nicht zu straff und nicht zu lose sein, das läßt sich bei gegebenem Durchsatz durch die Muffelbeheizung und die Abdeckung der Zwiebel beeinflussen. Diese und andere Begrenzungen des Bereichs, in dem die Formgebungsparameter geändert werden können, führen dazu, daß für stärker voneinander verschiedene Rohrabmessungen und Ziehleistungen verschiedene Pfeifengrößen verwendet werden müssen. Da sich die Muffelabmessungen meist aber nicht ohne weiteres ändern lassen, sind der Variabilität von Danner-Anlagen Grenzen gesetzt. Auf Danner-Anlagen werden Rohre von etwa 2 bis 60 mm Außendurchmesser gezogen. Man erreicht dabei Leistungen zwischen 3 und 40 t d^{-1} [90]. Die Pfeife kann einen Durchmesser von 15 bis 60 cm haben, der Blasluftdruck beträgt bis über 10^3 Pa.

Es werden Ziehbahnlängen von 15 bis 100 m verwendet. Die Ziehmaschine besitzt entweder mehrere Rollenpaare, die die Kraft auf das Rohr übertragen, oder ein Paar Bänder oder Plattenketten. Durch Verkreuzung der Paarungen erreicht man eine Drehung des Rohrs, die zur Verringerung der Rohrkrümmung notwendig ist. Der Drehsinn dieser Drehung ist entgegengesetzt zur Pfeifendrehung gerichtet. Der ganze Zug wird also verdrillt, was aber nur an einer geringen Abweichung des dickeren Teils der Zwiebel von der Rotationssymmetrie sichtbar wird. Die Drehung des Strangs auf der Ziehbahn verringert die Krümmung des gezogenen Rohres. Die von der Ziehmaschine auf den Rohrzug ausgeübte Kraft liegt je nach Durchsatz und Sortiment in weiten Grenzen um etwa 100 N.

Die Ziehmaschine besitzt eine Vorrichtung zum Trennen des Rohrs.

Proportional zum Durchsatz ist die Kühlleistung in der Muffel und im Durchhang zu realisieren. Danner-Anlagen für hohen Durchsatz haben eine große Pfeife und tiefen Durchhang.

Man kann auf DANNER-Anlagen auch Stäbe herstellen. Dazu wird die Pfeifenspitze mit einem Konus verschlossen.

VELLO-Verfahren

Nach dem ursprünglichen VELLO-Patent ist dieses Verfahren zunächst durch den Glasauslauf aus einem ringförmigen Schlitz, der durch eine runde Düse im Boden eines Speisers und einen durch die Düse von oben nach unten durch die Düse hindurchreichenden hohlen Dorn gebildet wird, gekennzeichnet. Weiter fließt das Glas über einen sich erweiternden Konus am Ende des Dorns nach unten ab. Vom Rand des Konus fließt das Glas nach unten zu einer hohlen Zwiebel aus. Der sich bildende hohle Strang wird vor dem vollständigen Erstarren im freien Durchhang in die horizontale Richtung umgebogen und über eine rollenbesetzte horizontale Ziehbahn mit einer Ziehmaschine wie beim DANNER-Verfahren abgezogen. Gegenüber anderen Verfahren, bei denen aus einer Düse senkrecht nach unten ein Rohr geformt wird, ist für das VELLO-Verfahren nach dem ursprünglichen Patent der konische Rieselfilm charakteristisch. Durch ihn wird das Verhältnis Wanddicke zu Durchmesser erheblich verkleinert. Im VELLO-Verfahren werden die üblichen, relativ dünnwandigen Rohrsortimente hergestellt (wie mit DANNER-Anlagen). Man soll Durchsätze bis 55 t/d erreichen können [91].

Die Bezeichnung VELLO wird heute oftmals nicht nur für die dem ursprünglichen VELLO-Patent entsprechende Verfahrensvariante benutzt, sondern auch z. B. wenn andere Dornformen oder ein hochgezogener Dorn, der nicht bis an den unteren Rand der Düse heranreicht, angewendet werden. Man findet die Bezeichnung VELLO gelegentlich auch für nach unten ziehende Verfahren mit Zwangsumlenkung in die Horizontale oder ohne jede Strangumlenkung. Der Sprachgebrauch ist leider nicht konsequent. Wir werden alle Verfahrensvarianten mit der nach unten gerichteten Zwiebel und mit Umlenken des Zugs in die Horizontale als VELLO-Verfahren bezeichnen, Verfahren ohne Umlenken als Draw-Down-Verfahren.

Eine Darstellung wichtiger Zusammenhänge zwischen den Parametern des VELLO-Rohrzugs findet man in [92].

Je nach der konkreten Geometrie des Dorn-Düse-Systems geschieht die Vorformung des Strangs in einem konischen oder zylindrischen Rieselfilm. Der Konus kann nach unten zuneh-

menden oder abnehmenden Durchmesser haben, das hängt davon ab, ob ein kleines oder ein großes Wanddicke-Durchmesser-Verhälnis im Glasrohr beabsichtigt ist. Bei herabgelassenem Dorn ist die Filmströmung ein Außenfilm auf dem Dorn, bei hochgezogenem Dorn ist er ein Innenfilm auf der Innenseite der Düse. Die Filmdicke läßt sich nicht gut mit der entsprechen Gleichung (208) berechnen, weil die Filmströmung infolge der Wirkung des Gewichts der Zwiebel mehr oder weniger eingeschnürt ist. Auf VELLO-Anlagen kann man Zwiebelfuß-Viskositäten von $10^{3,5}$ bis $10^{4,6}$ Pa s erreichen, mit Zwangsumlenkung und bei Draw-Down-Anlagen sogar noch in einem größeren Viskositätsbereich. Für den praktischen Einsatz wichtig ist vor allem die Tatsache, daß man höhere Zwiebelfußtemperatur erreichen kann als auf DANNER-Anlagen. Darum kann man auf VELLO-Anlagen leichter kristallisierende Gläser mit höherer Liquidustemperatur verarbeiten als auf DANNER-Anlagen. Oft arbeiten Rohrziehanlagen für schwierige Spezialgläser deshalb nach dem VELLO-Verfahren.

Die Verformung des Glases in der Zwiebel erfolgt durch den Blasluftdruck und durch das Eigengewicht der Zwiebel, in geringerem Maße auch durch die von der Ziehmaschine auf den Strang ausgeübte ziehende Kraft. Insgesamt ist die ziehende Kraft durch die Ziehmaschine sehr viel kleiner als beim DANNER-Verfahren. Damit steht auch die Möglichkeit höherer Zwiebelfußtemperatur in VELLO-Anlagen im Zusammenhang.

Der Zwiebelfuß wird durch eine Muffel warm gehalten, andernfalls gelingt kein stationärer Betrieb. Die Muffel kann beheizt sein oder einfach als reflektierender metallischer Zylinder ausgeführt sein. Infolge der Wirkung der Muffel gibt es keine erhebliche Abkühlung des Glases in der Filmströmung.

Blasluftdruck und Ziehgeschwindigkeit sind wie bei DANNER auch bei VELLO die wichtigsten Größen zur Beeinflussung der Wanddicke und des Durchmessers des gezogenen Rohres. Der freie Durchhang ist aber bei VELLO-Anlagen problematischer als bei DANNER-Anlagen, weil mit Veränderung der Ziehgeschwindigkeit zum Zwecke der Beeinflussung der Rohrabmessungen sich auch die Lage des Aufsetzpunktes des Durchhangs auf die Ziehbahn verändert, der aber nicht zu nahe unter dem Auslauf, aber auch nicht zu weit von ihm entfernt liegen soll. VELLO-Anlagen gelten deshalb als für eine bestimmte Produktionsaufgabe spezialisiert. Abgesehen von grundsätzlichen Änderungen des technologischen Konzepts, die weiter unten besprochen werden, erreicht man eine erhebliche Verbesserung der Variabilität von VELLO-Anlagen durch eine in der Höhe verstellbare Ziehbahn. Der technische Aufwand dafür ist zwar groß, aber man hat natürlich einen zusätzlichen freien Parameter zur Einstellung des Betriebszustands.

Betrachten wir eine VELLO-Anlage mit einem gegebenen Durchsatz, die mit konstanter Glastemperatur, mit konstantem Blasluftdruck und mit konstanter Ziehgeschwindigkeit betrieben werde. Eine Veränderung der Ziehbahnhöhe, d. h. der Höhe des Durchhangs wirkt sich auf die Rohrabmessungen dann nur wenig aus. Es gibt eine tiefste mögliche Stellung der Ziehbahn dort, wo der senkrechte frei fließende Strang die eingestellte Ziehgeschwindigkeit erreichen würde. Beim Anheben der Ziehbahn würde der Aufsetzpunkt des Durchhangs auf der Ziehbahn in Ziehrichtung auswandern bis zu einem Maximum und danach zurückkehren. Je höher die Ziehbahn steht, um so höher ist die Glastemperatur am Aufsetzpunkt. Es sei betont, daß man nicht alle diese Betriebszustände tatsächlich erreichen kann, denn erstens muß die Aufsetztemperatur in einem engen Bereich liegen (nach [93] soll die Viskosität bei $10^{5,5}$ Pa s liegen), um eine gute Qualität des Rohres zu erhalten und zweitens hat jede Anlage nur einen endlichen Bereich der Einstellungsmöglichkeiten. Außerdem ist der Aufsetzpunkt nicht scharf zu definieren. Aber die Überlegung lehrt, daß es in der Regel zwei verschiedene Betriebszustände geben kann: den VELLO-typischen schlaffen Durchhang zum Ziehen von Glas mit hoher Zwiebelfußtemperatur und wenig seitlicher Auslenkung des Durchhangs und den straffen Durchhang mit niedriger Zwiebelfußtemperatur mit deutlich abknickender Strangrichtung am Zwiebelfuß. Der letztgenannte Durchhang kann als typischer DANNER-Durchhang angesehen werden. Im schlaffen Durchhang spielt die von der Ziehmaschine ausgeübte Kraft eine untergeordnete Rolle für die Formung, im straffen Durchhang dominiert sie über das Zwiebelgewicht.

Noch größere Variabilität der VELLO-Anlagen erreicht man durch wesentliche Änderungen des technologischen Konzepts. So kann es gelingen, auf derselben Anlage, ggf. nach Umrüsten sehr enge und sehr weite Rohre neben dem typischen VELLO-Sortiment zu ziehen.

- Enge Rohre, z. B. Kapillaren zieht man auf VELLO-Anlagen mit Zwangsumlenkung.
- Weite Rohre zieht man nach unten ohne Umlenkung in die Horizontale im Draw-Down-Verfahren.

Vertikalziehverfahren (V-Verfahren)

Unter dieser Bezeichnung werden die Verfahren zum Ziehen von Rohr senkrecht nach oben verstanden. Diese Verfahren haben heute fast keine praktische Bedeutung mehr, weil ihre Produktivität und die mit ihnen erreichte Rohrqualität zu wünschen übrig lassen.

Man zieht das Glas bei diesen Verfahren meist nicht aus einer Düse, sondern aus der freien Badoberfläche. Allerdings gibt die für das Einblasen der Luft benötigte Düse der Zwiebel Führung und Halt, so daß sie nicht seitwärts auswandern kann.

Durch einen Kanal strömt die Glasmasse in einen etwa rotationssymmetrischen Vorherd, in dessen Mitte sich die von unten durch den Boden des Vorherds geführte Blasdüse befindet. Zur Kühlung der sich über dem Glasspiegel ausbildenden Rohrzwiebel wird ein zylindrischer oder konischer wassergekühlter Strahlungskühler eingesetzt, der Zwischenraum zwischen seinem unteren Rand und der Glasbadoberfläche kann mit einer Platinschürze, die in die Glasmasse eintaucht, verschlossen sein. Das geformte Rohr wird mit Hilfe von Rollen in einem Ziehschacht nach oben abgezogen. Mit diesem Verfahren können Rohre mit größerem Durchmesser (als etwa 40 mm) in guter Qualität hergestellt werden, wenn es gelingt, der Zwiebel homogenes Glas auch in guter thermischer Symmetrie anzubieten.

Der Durchsatz ist durch die Ziehbedingungen bestimmt, dadurch sind die Abmessungen des hergestellten Rohrs in komplizierter und bisher nicht quantitativ formulierbarer Weise von den Ziehbedingungen abhängig.

Die Temperatur der Glasmasse im Vorherd beeinflußt den Durchsatz, daher vergrößern sich sowohl der Durchmesser als auch die Wanddicke des gezogenen Rohrs mit abnehmender Glastemperatur. Da der Kühler nicht nur die Leistung des Wärmeentzugs aus den schon stärker eingeschnürten Teilen der Zwiebel beeinflußt, sondern mit seinem unteren Rand auch die Temperatur der zur Zwiebel fließenden Glasmasse, wirkt vor allem die Höhe des Kühlers über dem Glasspiegel ähnlich wie die Glastemperatur im Vorherd: Je tiefer der Kühler sich befindet, um so größer wird der Durchsatz, zugleich werden auch Rohrdurchmesser und Wanddicke des Rohrs größer.

Die Temperatur der Glasmasse im Vorherd beeinflußt den Durchsatz, daher vergrößern sich sowohl der Durchmesser als auch die Wanddicke des gezogenen Rohrs mit abnehmender Glastemperatur. Da der Kühler nicht nur die Leistung des Wärmeentzugs aus den schon stärker eingeschnürten Teilen der Zwiebel beeinflußt, sondern mit seinem unteren Rand auch die Temperatur der zur Zwiebel fließenden Glasmasse, wirkt vor allem die Höhe des Kühlers über dem Glasspiegel ähnlich wie die Glastemperatur im Vorherd: Je tiefer der Kühler sich befindet, um so größer wird der Durchsatz, zugleich werden auch Rohrdurchmesser und Wanddicke des Rohrs größer.

Ähnlich ist die Wirkung einer seitlichen Verschiebung des Kühlers aus seiner konzentrischen Lage heraus zu erklären. Die Wanddicke des Rohrs nimmt auf der Seite zu, nach der der Kühler verschoben wird. Auf dieser Seite befindet sich das der Zwiebel zufließende Glas längere Zeit im Einflußbereich des Kühlers. In gewissem Umfang kann man durch diesen Effekt eine Exzentrizität des Rohrs, die aus einer thermischen Unsymmetrie im Ziehherd herrührt, kompensieren.

Der Durchmesser der Blasdüse hat wesentlichen Einfluß auf die Rohrgeometrie, weite Blasdüsen führen zu weiten Rohren, enge Blasdüsen zu engen Rohren.

Mit wachsender Ziehgeschwindigkeit nehmen Durchmesser und Wanddicke des Rohrs ab.

Mit wachsendem Blasluftdruck nimmt der Durchmesser des Rohrs zu, die Wanddicke nimmt ab. In grober Näherung kann man diese Zusammenhänge so betrachten: Weil die Kühlerleistung im wesentlichen konstruktiv festgelegt ist, ist die der Zwiebel zugeführte Wärmemenge (vom Durchsatz und der Glastemperatur gegeben) für einen stabilen Ziehbetrieb ungefähr gleich. Darum wird der Durchsatz hauptsächlich durch die Glastemperatur und die Höhe des Kühlers über der Glasbadoberfläche bestimmt.

Die Blasluftdüse erzwingt durch ihren Außenduchmesser in gewissem Sinne eine Vorformung des Rohrs. Der Blasluftdruck beeinflußt die Größe der Querschnittsfläche des Rohrs, und die Ziehgeschwindigkeit beeinflußt die Geometrie des Rohrquerschnitts nur unwesentlich. Dagegen wird die Geometrie des Rohrquerschnitts hauptsächlich durch den Blasluftdruck und die Größe des Rohrquerschnitts vor allem durch die Ziehgeschwindigkeit bestimmt. Wegen dieser Zusammenhänge kann man im praktischen Betrieb vor allem durch passende Wahl der Ziehgeschwindigkeit und des Blasluftdrucks die geforderten Rohrabmessungen einhalten.

Die praktisch benutzten Ziehgeschwindigkeiten bewegen sich zwischen 1 und 4 m min^{-1}, die Blasluftdrücke zwischen 10^2 und 10^3 Pa.

Eine Leistungssteigerung des Verfahrens ist durch Vergrößerung der Kühlerleistung und Senkung der Glastemperatur denkbar. Die Kühlerleistung ist aber bei Beibehaltung der Strahlungskühlung als Kühlprinzip kaum zu vergrößern, und die Senkung der Glastemperatur ist durch die Liquidustemperatur des Glases begrenzt. Bei zu kaltem Glas entstehen Entglasungen.

3.1.3.3 Hohlglas

Die Herstellung von *Hohlglas* durch Pressen wird in diesem Abschnitt nicht behandelt. Beim Pressen wird abgesehen von der eventuellen Tropfenbildung zur Speisung der Preßform immer nur ein einstufiges Verfahren realisiert. Im Abschnitt 3.1.2.2 sind die wichtigsten Informationen über den Preßprozeß gegeben.

Bei der Herstellung von *Hohlglas* durch Blasen benutzt man immer wenigstens zweistufige Verfahren, in denen also mindestens zwei verschiedene Grundprozesse nacheinander benutzt werden.

Aus dem Tropfen wird zunächst ein sog. Külbel hergestellt (Vorformung), aus dem dann der gewünschte Hohlglasartikel durch Einblasen in eine Form gewonnen wird (Fertigformung). Die wichtigsten Verfahren sind das Blas-Blas-Verfahren und das Preß-Blas-Verfahren.

Beim Blas-Blas-Verfahren wird das Külbel durch Blasen in der Vorform hergestellt. Dieses Verfahren ist das bevorzugte Formgebungsverfahren für die Flaschenproduktion (enghalsiges Behälterglas).

Beim Preß-Blas-Verfahren wird das Külbel durch Pressen vorgeformt. Für die Produktion von weithalsigem Behälterglas setzt man die Külbel aus der Vorform rasch in die Fertigform um, so daß die freie Külbelformung zwischen dem Verlassen der Vorform und dem Schließen der Fertigform keine wesentliche Rolle spielt.

Anders bei der Formung von dünnwandigem Hohlglas (z. B. Glühlampenkolben). Dabei weicht die Geometrie der Vorform u. U. weit von der der Fertigform ab, teilweise wird sogar nur eine Tablette gepreßt. Zwischen dem Verlassen der Vorform und dem Schließen der Fertigform findet dann eine freie Külbelformung statt, die zu den wesentlichsten Qualitätsmerkmalen des Erzeugnisses maßgeblich beiträgt, vor allem zu seiner Dünnwandigkeit.

Alle in Formen ablaufenden Blasvorgänge können in der Formgebungsmaschine auch durch Saugvorgänge technisch realisiert werden, indem der zum Blasen erforderliche Überdruck in Innern des Külbels durch einen Unterdruck auf seiner Außenseite ersetzt wird. Das ändert natürlich nichts am Prinzip des in der Maschine umgesetzten Formgebungsverfahrens, führt aber gelegentlich zu der Bezeichnung „Saug-Blas-Maschine".

Dieser Name ist etwas unglücklich, weil ebenso solche Maschinen bezeichnet werden, die den Glasposten nicht aus einem Tropfenspeiser erhalten, sondern ihn direkt aus der Badoberfläche der Arbeitswanne oder einer besonderen Drehschüssel ansaugen. Solche Maschinen waren verbreitet, bevor sich die heute allgemein üblichen Speisermaschinen durchsetzten.

Maschinenbaulich gibt es drei Grundkonzeptionen für die Anordnung der Stationen, auf denen die Formung vorgenommen wird:

- Bei den Karussellmaschinen bewegen sich die Stationen auf einer Kreisbahn. Dabei können Vor- und Fertigformung auch auf verschiedenen Karussells oder auch in zwei Ebenen desselben Karussells vollzogen werden.
- Bei Bandmaschinen bewegen sich die Stationen geradlinig in eine Richtung (sie müssen natürlich nach erfolgter Formung und Entleerung wieder zurückgeführt werden). Bandmaschinen sind bisher nur zur Herstellung von Glühlampenkolben entwickelt worden (*Ribbon-Maschine*).
- Bei den Reihenmaschinen (IS-Maschinen) sind die Stationen ortsfest, sie werden durch eine bewegte Zuführung nacheinander mit Tropfen beschickt.

Diese Stationenanordnung ist für den Zeitverlauf der Formgebungsprozesse auf den einzelnen Stationen nicht sehr bedeutend, wohl aber für die Maschinenleistung und die produzierbare Sortimentsbreite. Bandmaschinen sind mit beliebig großer Stationenzahl denkbar, darum ist die Lei-

stung solcher Maschinen vor allem durch Probleme der Maschinendynamik begrenzt. Reihenmaschinen sind besonders variabel, weil die Anzahl der betriebenen Stationen durch Veränderung der Tropfenzuführung relativ einfach verändert werden kann. Andererseits können bei großer Schnittzahl wegen der Masenträgheit große Kräfte in der Tropfenzuführung auftreten.

Die Behälterglasmaschinen sind überwiegend Reihenmaschinen [94], sie lassen sich wahlweise für das Blas-Blas-Verfahren und das Preß-Blas-Verfahren umrüsten. Reihenmaschinen findet man mit 8 bis 16 Sektionen und als Einfach- bis Vierfach-Tropfenmaschinen.

Die für die Formgebung eines einzelnen Artikels aufgebrachte Zeit setzt sich aus voneinander unterscheidbaren Teilen zusammen:

$$t_Z = t_V + t_K + t_F + t_L \qquad (228)$$

t_Z Zeit für einen vollständigen Formgebungszyklus von der Tropfenaufnahme bis zur Abgabe des Erzeugnisses
t_V Zeit für die Vorformung
t_K Zeit, die zwischen der Vorformung und der Fertigformung für eine freie Külbelformung oder wenigstens für einen Temperaturausgleich im Külbel zur Verfügung steht (auch Rückerwärmungszeit genannt)
t_F Zeit für die Fertigformung
t_L Leerlaufzeit, sie kann auch stückweise über den ganzen Formgebungszyklus verteilt sein.

Von der Zykluszeit muß man die Umlaufzeit t_0 der Maschine, nach der die Maschine sich in derselben Stellung wie am Anfang befindet, unterscheiden. Wenn die Maschine mehrere Stationen trägt, auf denen zeitlich versetzt gleiche Formgebungsprozesse ablaufen, so ist die Maschinenumlaufzeit t_0 ein ganzzahliges Vielfaches von t_S, der Schnittzeit. t_S ist die Zeit zwischen zwei Tropfenschnitten. Man nennt $\bar{n}_S = 1/t_S$ die Schnittfrequenz (Schnittzahl) oder Bruttoleistung der Maschine. $\bar{n}_0 = 1/t_0$ heißt Maschinenfrequenz (Maschinendrehzahl).

Bei einfachen Karussellmaschinen und bei Reihenmaschinen laufen alle Teilprozesse bei einem einzigen Maschinenumlauf nacheinander gerade einmal ab. Bei solchen Maschinen ist

$$t_S = \frac{t_0}{n} \quad \text{bzw.} \quad \dot{n}_S = n \cdot \dot{n}_0 \qquad (229)$$

wenn n die Zahl der Stationen bezeichnet. Aus $t_Z \leq t_0$ folgt mit (229), (230) sofort

$$\dot{n}_S \leq \frac{n}{t_Z} \tag{230}$$

Nach dieser Gleichung ist der theoretische Höchstwert der Bruttoleistung durch die Zykluszeit und die Anzahl der Stationen gegeben.

Man erhält eine höhere Bruttoleistung, wenn man die Vorformen ebenso wie die Fertigformen nicht während der ganzen Zykluszeit blockiert, sondern separate Umläufe für die Vorformen und für die Fertigformen realisiert. Man muß dann u. U. zwei Umlaufzeiten t_{0V} und t_{0F} unterscheiden. Wenn außerdem auch die Stationenzahl für die Vorformung n_V von der für die Fertigformung n_f abweicht, gilt statt (229), (230)

$$t_S = \frac{t_{0V}}{n_V} \leq \frac{t_{0F}}{n_F} \quad \text{bzw.} \quad \dot{n}_S = n_V \dot{n}_{0V} = n_F \dot{n}_{0F} \tag{231}$$

und aus $t_Z \leq t_{0F}$ folgt mit (231) leicht

$$\dot{n}_S = \frac{1}{t_S} \leq \frac{n_V + n_F}{t_Z} \tag{232}$$

anstelle von (229), (230).

Ein Vergleich zwischen verschiedenartigen Maschinen ist mit den Beziehungen (229), (230) und (232) nicht möglich, weil die Leerlaufzeiten völlig verschieden sein können, ebenso auch technische Parameter (z. B. Abkühlung des Glases). Der Quotient von Schnittzahl $\dot{n}_S$ zur Zahl der Fertigformen n_F (cavity rate) ist dazu am besten geeignet, wenn der Zeitbedarf für die Fertigformung größer als alle anderen Teilzeiten ist. Dies ist zumeist der Fall, weil die Fertigformung den Wärmeentzug bis zur Erstarrung des Glases realisieren muß. Je dünnwandiger der herzustellende Artikel ist, um so schneller ist dieser Wärmeentzug beendet, um so leistungsfähiger ist die Maschine. Wichtig ist auch die Gestaltung der Formenkühlung, die besten Ergebnisse werden bisher mit der Führung der Kühlluft durch achsparallele Bohrungen in den Fertigformen erreicht (verti-flow).

Bei allen Hohlglasmaschinen sinkt die Schnittzahl und steigt der Glasdurchsatz mit zunehmender Artikelmasse. Diese Kurven sind in Abb. 80 für die Flaschenherstellung auf einer IS-Maschine mit 5 Stationen in ihrem prinzipiellen Verlauf dargestellt. Sie lassen sich durch die Ma-

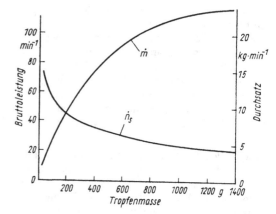

Abb. 80 Abhängigkeit der Bruttoleistung und des Durchsatzes von der Tropfenmasse bei der Flaschenproduktion auf einer IS-Maschine mit 5 Stationen

schineneinstellung und die Glaszusammensetzung beeinflussen. Da die Tropfentemperatur bei großer Tropfenmasse meistens niedriger als bei kleiner Tropfenmasse gewählt werden muß, ist ein wirtschaftlicher Speiserbetrieb nur möglich, wenn das auf einer Maschine zu produzierende Sortiment nicht allzu breit ist (vgl. Abschnitt 2.2.4.4). Darum ist es kein schwerwiegender Nachteil, daß auch die Formgebungsmaschinen oft nur für einen begrenzten Sortimentsbereich optimale Ergebnisse bringen.

Moderne IS-Maschinen mit frei programmierbarer elektronischer Steuerung und synchronisierten Einzelantrieben bieten aber eine hervorragende Flexibilität, so gelingt es beispielsweise, trotz breiten Sortiments immer konstanten Wannendurchsatz zu fahren.

Blas-Blas-Verfahren

Beim Blas-Blas-Verfahren wird zunächst ein Külbel durch Blasen in der Form hergestellt: Der Tropfen fällt durch die Bodenöffnung in die kopfstehende Vorform. Da er infolge der hohen Viskosität den Mündungsteil der Vorform nicht freiwillig ausfüllt, wird der Tropfen hineingesaugt (von der Mündung her) oder hineingeblasen (vom Vorformboden her). Diesen Arbeitstakt nennt man das *Festblasen* oder das *Niederblasen*. Im nächsten Schritt wird das Bodenteil der Vorform aufgesetzt, und ein Pegel drückt eine Vertiefung in das an der Mündung befindliche Glas. Von hier aus steigt eine Luftblase in dem Tropfen auf, wenn die Vorform evakuiert oder

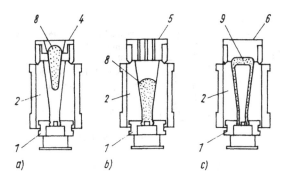 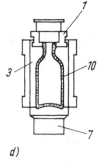

a) *b)* *c)* *d)*

Abb. 81 Prinzip des Blas-Blas-Verfahrens
a) Füllen der Vorform; b) Festblasen (Niederblasen); c) Vorblasen (Gegenblasen); d) Fertigblasen
1 Mündungsform; 2 Vorform; 3 Fertigform; 4 Fülltrichter; 5 Blaskopf; 6 Vorformboden; 7 Fertigformboden; 8 Tropfen; 9 Külbel; 10 Erzeugnis

durch die Mündung Luft eingeblasen wird. Diesen Arbeitstakt nennt man das *Vorblasen* oder das *Gegenblasen*.

Danach wird die Vorform geöffnet und das zunächst noch kopfstehende Külbel durch Schwenken um 180° in hängende Position gebracht. In der sich um das Külbel schließenden Fertigform wird es endlich ausgeblasen und erhält so seine endgültige Gestalt. In Abb. 81 ist der Vorgang skizziert. In dem dargestellten Fall verbleibt die Mündung von Anfang bis Ende in derselben Mündungsform. Da der Tropfen nach dem Festblasen nicht die ganze Höhe der Vorform ausfüllt, hat der Teil des Külbels, der seit dem Füllen und Festblasen Kontakt mit der Vorform hatte (der sog. *Tropfteil*), eine ganz andere thermische Vergangenheit als der Teil des Külbels, der sich erst beim Vorblasen an die Vorform anlegte. Dieser *Blasteil* ist deutlich wärmer als der Tropfteil des Külbels. Beim Fertigblasen bläst sich daher der Blasteil vor dem Tropfteil auf. Dadurch entsteht an der Grenze zwischen Tropfteil und Blasteil eine typische Unregelmäßigkeit der Wanddicke des Artikels, die sog. *Speiserwelle*.

Die Zeit zwischen dem Öffnen der Vorform und dem Beginn des Fertigblasens ist für den Erfolg wichtig und darf nicht zu kurz sein. Durch den Kontakt mit der kälteren Vorform hat das Külbel an seinen Außenseiten niedrigere Temperatur. Die deshalb hohe Viskosität des Glases gibt dem Külbel eine ausreichende Steifheit für das endliche Zeit benötigende Umschwenken aus der zunächst kopfstehenden in die hängende Position. Während dieser Zeit findet aber im Külbel ein Temperaturausgleich statt. Die mit der Vorform in Berührung gewesene kalte Außenhaut erwärmt sich unter Abkühlung der heißeren inneren Teile des Külbels. Dadurch nimmt zwar dort die Viskosität etwas zu, aber die Viskosität nimmt durch die Rückerwärmung in der Außen-

schicht wieder so weit ab, daß das Külbel wieder fließfähig wird. Demzufolge längt es sich etwas unter seinem Eigengewicht und kann in der Fertigform ausgeblasen werden.

Das typische im Blas-Blas-Verfahren hergestellte Erzeugnis ist enghalsiges Behälterglas (Flaschen). Die bekannten Flaschenmaschinen blasen fest ein (d. h. ohne Relativbewegung zwischen Glas und Form). Darum werden blanke Formen verwendet, und man erkennt so hergestellte Artikel an dem doppelten Nahtsatz, denn sowohl die Vorformen als auch die Fertigformen sind mehrteilige Formen.

Preß-Blas-Verfahren

Das Preß-Blas-Verfahren ist dadurch charakterisiert, daß ein gepreßtes Külbel in einer Fertigform ausgeblasen wird. Die Vorform ist also eine Preßform. Ein Preßstempel sorgt dafür, daß sich der Tropfen in der Form vollständig ausbreitet. Der noch heiße Preßling besitzt infolge des Wärmeentzugs durch das Preßwerkzeug kalte, zähe Außenschichten, die sich nach dem Entnehmen aus der Vorform wieder erwärmen, indem ein Temperaturausgleich im Glas stattfindet. Der zunächst verhältnismäßig steife Preßling wird dadurch wieder fließfähig, er kann sich bis zum Schließen der Fertigform längen und schließlich fertiggeblasen werden. Vor allem nach der Bedeutung der freien Verformung des Külbels zwischen Pressen und Fertigblasen für die Erzeugnismerkmale muß man doch einige deutlich verschiedene Varianten des Preß-Blas-Verfahrens betrachten.

Behälterglasmaschinen, die nach dem Preß-Blas-Verfahren arbeiten, stellen ein Külbel her, das fast die Länge des fertigen Erzeugnisses hat, so daß zwischen Pressen und Blasen nur soviel Zeit vergehen muß, daß eine ausreichende Rücker-

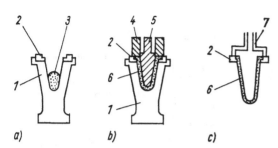

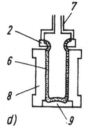

Abb. 82 Prinzip des Preß-Blas-Verfahrens
a) Füllen der Vorform; b) Pressen des Külbels; c) freie Külbelformung; d) Fertigblasen
1 Vorform; 2 Halsring; 3 Tropfen; 4 Preßring; 5 Preßstempel; 6 Külbel; 7 Blaskopf; 8 Fertigform; 9 Fertigformboden

wärmung des Külbels zum Zwecke des anschließenden Fertigblasens stattfinden kann. Die Mündung des Behälters wird bereits beim Pressen endgültig geformt. Auf solchen Maschinen nach dem Preß-Blas-Verfahren hergestellte Behälter erkennt man an ihrem einfachen Nahtsatz, denn nur für die Fertigform verwendet man eine mehrteilige Form, und es wird fest eingeblasen. Bevorzugt werden weithalsige Behälter auf diese Weise hergestellt. Wegen der gleichmäßigeren Wanddickenverteilung geht der Trend zu Enghals-Preß-Blas-Maschinen, aber dazu müssen sich für einige ernste Probleme Lösungen finden: Der Preßstempel ist mechanisch und thermisch hoch belastet.

Das Prinzip des Preß-Blas-Verfahrens ist in Abb. 82 schematisch dargestellt. Bei Bechermaschinen nach dem Preß-Blas-Verfahren findet eine erhebliche Längung des Külbels und sogar ein Blasen des Külbels während seiner Längung statt. Während der freien Külbelformung und auch während des Fertigblasens in der feststehenden Fertigform dreht sich das Külbel. Es wird also eine gepastete Fertigform verwendet, die Formenteilung kann sich nicht auf dem Erzeugnis abbilden. Der Teil des Hohlkörpers, der sich im Halsring und in dessen unmittelbarer Nähe befindet, die sog. Kappe, wird nach Beendigung der Formgebung abgetrennt.

Bei den Rotationsblasmaschinen, die von mehreren Firmen angeboten werden, wird aus dem Tropfen nur eine Tablette gepreßt. Das Preßwerkzeug besteht aus dem unten befindlichen Stempel und dem darüberliegenden sog. Sauger. Dieser Sauger hält mit Hilfe eines Vakuumschlitzes die fertige Tablette fest und legt sie auf dem Arbeitstisch ab. Der Arbeitstisch ist Bestandteil einer Station, wie sie sich bis zu 24 Stück an dem Maschinenkarussell befinden (Abb. 83).

Der Arbeitstisch besitzt eine Öffnung, durch die das Glas der Tablette mit Hilfe eines darauf ge-

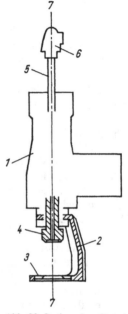

Abb. 83 Station einer Rotationsblasmaschine
1 Körper; 2 Arbeitstisch; 3 Arbeitsring; 4 Blaskopf; 5 Blasspindel; 6 Blasluftanschluß; 7 Drehachse

setzten Blaskopfs zu einem Külbel geformt wird. Abb. 84 zeigt die Külbelbildung. Hier ist die freie Külbelformung einer der wesentlichsten Prozesse für das Formgebungsverfahren. Für das Fertigblasen ist das rotierende Einblasen in eine gepastete Form üblich; auf diesen Maschinen werden Glühlampenkolben, Becher und Kelchoberteile hergestellt. Für Becher und Kelche wird die Kappe auf einer separaten Einrichtung abgetrennt.

Ribbon-Verfahren

Aus dem aus einem Speiser auslaufenden Glasstrang wird zwischen zwei wassergekühlten Walzen ein kontinuierliches Band gewalzt. Eine der

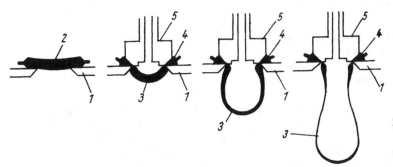

Abb. 84 Freie Külbelformung
bei der Rotationsblasmaschine
1 Arbeitsring; 2 Tablette; 3 Külbel; 4 Restglasring; 5 Blaskopf

beiden Walzen ist so mit einem Profil versehen, daß das gewalzte Band eine Folge von Tabletten bildet, die zwar noch miteinander verbunden sind, aber doch auf Arbeitstische abgelegt werden können. Die weitere Formgebung durch freie Külbelformung und Einblasen in gepastete Formen entspricht weitgehend der Hohlglasherstellung auf Rotationsblasmaschinen. Infolge der abweichenden Vorformung durch Walzen eines Bands ist man aber für die Fertigformung auf eine Bandmaschine festgelegt, bei der die Stationen sich nicht wie beim Karussell auf einer Kreisbahn, sondern auf einer Geraden bewegen. Die *Ribbon-Maschine* besitzt ein Band mit Arbeitstischen, ein Band mit Blasköpfen und ein Band mit gepasteten Fertigformen. Diese drei Bänder müssen exakt synchron und aufeinander justiert laufen. Die Relativbewegung zwischen Külbel und Fertigform wird durch die Rotation der Fertigform um ihre Symmetrieachse realisiert, da die Drehung der Glasposten nicht möglich ist. Der Vorteil des *Ribbon-Verfahrens* für die Herstellung dünnwandigen Hohlglases besteht darin, daß sich die Zahl der Stationen und damit die Schnittzahl beliebig erhöhen läßt. Allerdings erhöht sich dabei auch die Bandgeschwindigkeit, und es vergrößern sich die maschinentechnischen Probleme. Schnittzahlen bis 10^3 min^{-1} sollen erreicht worden sein. Solche Maschinen laufen bisher nur zur Herstellung von Glühlampenkolben. Die möglichen hohen Schnittzahlen erreichen die Grenze des praktisch Sinnvollen. Bei so hohen Leistungen stellen Lagerung, Transport, Absatz der Produkte usw. durchaus Probleme dar.

3.1.3.4 Faserstoff

Unter *Faserstoff* versteht man ein Material, das aus einzelnen schmiegsamen Gebilden besteht, deren Länge groß im Vergleich zu den Abmessungen ihrer Querschnittsfläche ist.

Die einzelnen elementaren Gebilde heißen *Fasern*, wenn sie längenbegrenzt sind; sie heißen *Elementarfäden*, wenn sie unbegrenzt lang sind. Da aus Elementarfäden bestehende Fäden als *Seide* bezeichnet werden, unterscheidet man auch in der Glasindustrie üblicherweise zwischen Glasfasern und Glasseide. Dabei wird im Sprachgebrauch die Unterscheidung von Glasfasern und Glasseide weder konsequent nach der Kontinuität des Urformungsprozesses noch konsequent nach der Beschaffenheit des Faserstoffs im Endprodukt, sondern nach der Art und Weise der ersten Aufnahme des Faserstoffs nach der Urformung aus der Schmelze oder nach der Umformung aus Glasstäben vorgenommen.

Danach verwendet die Glasseidenindustrie für die Formung des Glases nur kontinuierliche Ziehverfahren, und die aus der Schmelze gesponnenen Elementarfädenbündel werden auf sog. Spinnkuchen oder Spulen gewickelt und zur Weiterverarbeitung wieder abgewickelt. Diese Weiterverarbeitung kann sogar in einer Zerstückelung der Elementarfäden zu Fasern bestehen. Man spricht dann z. B. ggf. von „Glasseidenkurzfasern" oder von „Glasseidenstapelfasern". (Stapelfasern sind Fasern einheitlicher Länge.) In der Glasfaserindustrie finden wir sowohl kontinuierliche Ziehverfahren als auch solche Verfahren, die direkt aus der Schmelze Kurzfasern erzeugen. Ist der eigentliche Formgebungsprozeß kontinuierlich, so wird der Faserstoff von vornherein zu Stapelfasern verarbeitet oder wenigstens weitgehend verwirrt.

Die Urformung von Glas aus der Schmelze zu Faserstoff ist dem Formgebungsprozeß nach immer ein Ziehprozeß. Diese Feststellung gilt unabhängig von der Bezeichnung des Verfahrens und unabhängig davon, ob es um die Herstellung von Fasern oder Seide geht.

– Als *Ziehen* von Faserstoff (im engeren Sinne) bezeichnet man solche Verfahren, bei denen die ziehende Kraft von rotierenden Spulen oder Trommeln oder auch über Walzenpaare direkt auf den Glasstrang (den Elementarfaden) ausgeübt wird. Durch Ziehen werden sowohl Glasseide als auch Glasfasern hergestellt.

– Das *Blasen* von Fasern wird durch einen Gasstrahl hoher Geschwindigkeit bewirkt. Dabei übt das an der Faseroberfläche entlangströmende Gas die ziehende Kraft auf die Faser aus.

– Das Schleudern von Fasern beruht auf der Ausnutzung der Zentrifugalkraft für das Ausziehen des Glases, sie wirkt auf die Fasern und auf ggf. am Faseranfang befindliche Glaströpfchen bei rascher Rotation der zuvor zerteilten Glasmasse. Das Glas kann z. B. von einer schnell rotierenden Scheibe oder aus einem speziellen rotierenden Korb abgeschleudert werden.

Unmittelbar im Anschluß an den Urformungsprozeß wird in der Regel eine Oberflächenbeschichtung des Glases mit bestimmten organischen Substanzen, mit der sog. *Schlichte* oder Schmälze vorgenommen. Man bezweckt damit eine günstige Veränderung der Verarbeitungseigenschaften des Faserstoffs in den anschließenden Verarbeitungsstufen. Man unterscheidet grundsätzlich zwischen der textilen Verarbeitung und der Verarbeitung zu glasfaserverstärkten Plasten. Entsprechend klassifiziert man auch die verschiedenen Schlichten.

Beim Düsenziehverfahren erfolgt die Formung des Spinnfadens durch direktes Ausziehen von durch Düsen austretender Glasmasse. Unter Ausnutzung des hydrostatischen Drucks eines Glasstandes von ungefähr 20 cm Höhe wird das Glas mit etwa 10^3 Pa s durch die Düsen gedrückt. Üblicherweise werden Düsenfelder verwendet. Die Düsen bestehen aus Platin und werden meist zu 102, 204, 408 oder 816 Stück gemeinsam in einem Bodenblech angeordnet. Abb. 85 zeigt mögliche Düsenformen.

Düsenziehverfahren werden sowohl zur Herstellung von Glasseide als auch für Fasern eingesetzt. Für die Produktion von Seide werden fast immer alle Elementarfäden eines Düsenfeldes gemeinsam auf einen Kuchen gewickelt (polyfile Seide). Bei der Nutzung des Düsenziehverfah-

Abb. 85 Einzeldüsen

rens für die Herstellung von Fasern wird der Faserstoff durch eine große Trommel abgezogen und auf sie aufgewickelt, die zusätzlich zu ihrer Drehung eine axiale Changierbewegung ausführt. Nachdem die Schicht der (zunächst noch endlosen) Spinnfäden groß genug geworden ist, wird die Trommel angehalten, und die entstandene zylindrische Schicht Faserstoff auf der Trommel wird aufgeschnitten. Dabei entsteht eine feste Glasfasermatte, die der weiteren Verarbeitung zugeführt wird. Schabt man den Faserstoff schon von der Trommel ab, bevor er eine ganze Umdrehung auf ihr mitgemacht hat, so gelangt man kontinuierlich zu einem sehr losen Vlies.

Einstufig nennt man das Düsenziehverfahren, wenn die Glasmasse aus dem Schmelzofen den Düsenfeldern direkt über ein Speisersystem zugeführt wird. Glasseide wird heute fast ausschließlich nach dem einstufigen Düsenziehverfahren produziert. Abb. 86 zeigt eine typische Anordnung der Spinnstellen an einer Wanne.

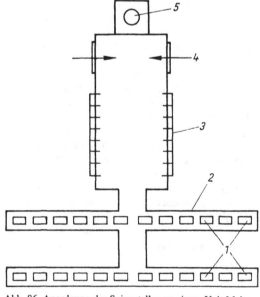

Abb. 86 Anordnung der Spinnstellen an einem Unit-Melter zur Glasseidenherstellung im Einstufenverfahren
1 Spinnstellen; 2 Feeder; 3 Brenner; 4 Gemengeinlage; 5 Abzug

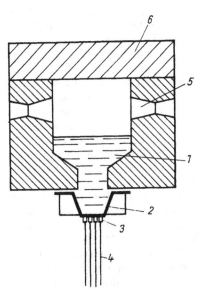

Abb. 87 Zweistufenverfahren
    1 Glasmasse; 2 Platinwanne; 3 Düsen; 4 Elementarfäden; 5 Brenner; 6 Abdeckung

Beim zweistufigen Düsenziehverfahren geht man von Glaskugeln oder -tabletten aus. Diese Kugeln, Tabletten oder auch Scherben werden zunächst nochmals aufgeschmolzen, meist in einer kleinen Platinwanne, deren Boden als Düsenfeld ausgebildet ist (vgl. Abb. 87).

Beim Düsenblasverfahren läuft Glasmasse durch eine Düsenzeile aus bzw. wird durch ihren hydrostatischen Druck durch die Düsen hindurchgedrückt. Das aus den Düsen austretende Glas wird mit einem Dampfstrahl nach unten geblasen. Dabei bilden sich an den Düsen Zwiebeln und davon ausgehend Glasfäden in Richtung des Dampfstrahls. Die Ziehkraft ist dabei die tangentiale Reibungskraft des sich relativ zur Glasoberfläche bewegenden Wasserdampfs. Es werden Strömungsgeschwindigkeiten des Dampfstrahls erreicht, die in der Nähe der Schallgeschwindigkeit liegen.

Beim Düsenblasverfahren entsteht ein aus Kurzfasern bestehender, lockerer, ungeordneter Faserstoff, der leicht zu einer Matte oder zu einem Vlies verdichtet werden kann. Die Fasern werden mit Hilfe einer Siebtrommel oder eines Siebbandes, durch deren Flächen Luft abgesaugt wird, aufgenommen.

Im Vergleich zu gezogenem ist geblasener Faserstoff nicht nur völlig ungeordnet, sondern er

weist auch eine größere Streuung des Faserdurchmessers auf.

3.1.3.5 Manuelle Formgebung

In der Glasindustrie spielt die manuelle Formgebung des Glases nicht nur für künstlerische Zwecke noch eine Rolle, sondern verbreitet werden in allen Erzeugnisgruppen erforderliche kleine Serien manuell hergestellt. Besondere Abmessungen oder Glaszusammensetzungen, auch besondere Formen der Erzeugnisse können eine manuelle Formgebung erforderlich machen.

Auf diese Weise haben sich auch einige historisch ältere technische Lösungen, Vorrichtungen und sog. Halbautomaten erhalten, mit denen noch in geringem Umfang produziert wird. Für die moderne Glasindustrie sind diese Techniken aber nicht typisch, wenn sie auch heute und in der Zukunft benötigt werden und deshalb erhalten bleiben müssen.

Häufig findet man für die manuelle Formgebung, daß das verarbeitete Glas in Hafenöfen geschmolzen wird. Wo die herzustellenden Glasmengen groß genug und genügend viele Glasmacher verfügbar sind, wird man aber wegen der schmelztechnischen und energetischen Vorteile wenigstens eine Tageswanne, möglichst aber sogar eine kontinuierliche Wanne, bevorzugen. Kontinuierliche Wannen sollen aber auch kontinuierlich belastet werden und müssen im Drei- oder Vierschichtsystem mit Glasmachern besetzt werden.

Als *Anfangen* bezeichnet das manuelle Entnehmen von Glas aus dem Ofen. Das Anfangen erfolgt mit einem Werkzeug durch eine Arbeitsöffnung in der Oberofenseitenwand aus der Glasoberfläche. In der Regel fängt man Glas aus *Kränzen* an, das sind Schamotteringe von 30 bis 60 cm Durchmesser, die auf dem Glasbad schwimmen. Die Glasoberfläche im Innern des Kranzes wird durch *Krücken* und *Feimen* saubergehalten.

Beim Krücken zieht man das Oberflächenglas mit einem einer Hacke ähnlichen eisernen Werkzeug (der Krücke) aus dem Kranz heraus.

Beim Feimen benötigt man ein Bindeisen, das ist eine eiserne Stange, an deren Spitze sich ein „Klötzchen" aus Glas befindet. Mit dem so vorbereiteten Klötzchen streicht man über die Glasbadoberfläche im Kranz. Das am Klötzchen anhaftende Glas wird aus dem Ofen entnommen und am Rand eines Wasserkastens abgestreift. Ein Feimklötzchen kann man mehrmals benutzen, allerdings wird es allmählich größer und muß dann doch verworfen werden. Das zum Anfangen verwendete Werkzeug ist entweder ein einfaches Anfangeisen, eine Kelle oder eine Glasmacherpfeife.

Das *Anfangeisen* ist eine Stahlstange von 10 bis 30 mm Durchmesser und 1,5 bis 2 m Länge. Manche Eisen haben einen Holzgriff von 20 bis 30 cm Länge an einem Ende. Es wird benutzt, wenn nur eine geringe Glasmenge bis etwa 200 g entnommen werden soll. Die Spitze des Eisens, die mit einem Schamottekörper versehen sein kann, wird in das Glas eingetaucht, und durch Drehen des Eisens wird etwas Glas aus der Badoberfläche aufgewickelt. Dabei muß darauf geachtet werden, daß keine Luft eingewickelt wird. Unter ständigem Drehen kann das Eisen über die Glasbadoberfläche angehoben und aus der Arbeitsöffnung herausgenommen werden. Wenn man die angefangene Glasmenge am Eisen behalten will, muß man es ständig weiter drehen, bis es erstarrt ist. Sonst läuft das Glas nach unten ab. Das kann durchaus beabsichtigt sein, z. B. wenn eine Preßform zu füllen ist. Am besten kann man sich das Verhalten der heißen Glasmasse auf dem Eisen vorstellen, wenn man etwa an das Verhalten von zähflüssigem Honig auf der Messerspitze denkt.

Die *Kelle* ist meist halbkugelförmig und dient zum Anfangen größerer Glasposten, als man mit dem Eisen aufnehmen kann.

Mit der *Glasmacherpfeife* wird man nur dann anfangen, wenn das angefangene Glas mit der Glasmacherpfeife weiter verarbeitet werden soll. Oft benötigt man für das herzustellende Erzeugnis mehr Glas, als sich anfangen läßt. Dann läßt man den zunächst angefangenen kleinen Posten oder das daraus geblasene Külbel erkalten und so erstarren, bevor man darauf nochmals Glasmasse aufwickelt. Ein solches wiederholtes Anfangen nennt man Überfangen oder Überstechen. Mit mehrfachem Überstechen kann man Glasmengen bis zu 10 kg und mehr auf die Pfeife nehmen.

Da das glasseitige Ende der Pfeife als *Nabel* bezeichnet wird, nennt man das Arbeiten mit einfachem Anfangen ohne Überstechen „Arbeiten über Nabel" im Gegensatz zum „Arbeiten über Külbel".

Gezogen werden Stäbe und Rohre. Zu einer Werkstelle gehören wenigstens zwei Arbeiter.

Der Röhrenzieher fängt auf einer Pfeife durch mehrmaliges Überstechen einen Posten mit mehreren Kilogramm Masse an und gibt ihm durch rechtzeitiges Einblasen von Luft und *Wälzen* und *Stauchen* auf dazu vorgesehenen Stahlplatten die ungefähre Form eines hohlen Kegelstumpfs, wobei sich der kleinere Durchmesser in der Nähe des Pfeifennabels befindet. Ein zweiter Arbeiter fängt an einem Hefteisen einen Glasposten an, der gerade so groß ist, daß sich daraus ein am Eisen festgehefteter Teller formen läßt, dessen Durchmesser etwa mit dem größten Durchmesser des Röhrenpostens übereinstimmt. Nachdem der Posten im Ofen nochmals eingewärmt wurde, wird er auf den vorbereiteten Teller gesetzt. Auf der Röhrenbahn entfernen sich der Röhrenzieher, der die Pfeife in den Händen hält, und der Tellermacher, der das Hefteisen in den Händen hält, voneinander. Dadurch wird der Posten zum Rohr ausgezogen. Durch die Postenabmessungen, die Ziehgeschwindigkeit und das Einblasen von Luft durch die Pfeife in den Rohrzug werden die Rohrabmessungen auf die gewünschten Werte gebracht. Diese Arbeit verlangt außerordentliches Geschick und Gefühl.

Das Ziehen von Stäben geschieht in derselben Weise, nur bläst man keinen Hohlraum in den Posten.

Thermometerkapillaren und andere Profile werden aus geometrisch ähnlichen prismatischen Posten gezogen. Um das Profil des Postens zu erhalten, wird er auf der Wälzplatte grob vorgeformt und nach dem Einwärmen in eine Form mit passender Querschnittsfigur eingestaucht. Bei diesem Arbeitsgang kann auch für die Herstellung von Kapillaren der Hohlraum eingestochen werden. Dazu muß die Postenform natürlich mit einem geeigneten Dorn versehen sein.

Geblasen werden Hohlglaserzeugnisse, weite Rohre und Flachglas. Je nach der Menge des benötigten Glases wird über den Nabel oder über ein Külbel, u. U. mit mehrfachem Überstechen, gearbeitet. Die eventuellen Zwischenkülbel und das endgültige Külbel erhalten durch verschiedene Manipulationen die für den Erfolg erforderlichen Abmessungen. Dazu hat der Glasmacher folgende Möglichkeiten:

- Einblasen von Luft vergrößert das Hohlraumvolumen und verkleinert die Wanddicke des Külbels. Schnelles, stoßweises Blasen gibt dem Külbel angenähert Kugelform.
- Halten des Külbels nach unten und Schwenken verlängert das Külbel, die Wanddicke

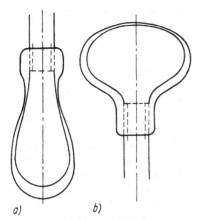

Abb. 88 Frei geblasenes Külbel
a) hängendes Külbel; b) stehendes Külbel

bleibt an der Spitze des Külbels groß und wird an der ausgezogenen „Äquatorzone" klein (Abb. 88 a).

- Halten des Külbels nach oben ergibt ein flaches, breites Külbel, an der Spitze geringe und am Äquator große Wanddicke. Ähnliche Wirkung hat rasches Drehen des Külbels (Abb. 88 b).

- Wälzen auf der Wälzplatte, Drehen im *Wulgerlöffel* oder im *Motzholz* sichert die Rotationssymmetrie des Külbels, und man kann auch sonst die Form des Külbels damit beeinflussen. Außerdem gibt man dem Külbel bzw. dem Posten dadurch eine stärkere abgekühlte Außenschicht, die durch ihre höhere Viskosität dem Külbel bzw. dem Posten eine gewisse Steifheit und Stabilität gibt. Dadurch kann man bei großer Glasmenge besser mit dem Külbel bzw. Posten hantieren, wenigstens so lange, bis der nachfolgende Temperaturausgleich zu einer Rückerwärmung der abgekühlten Außenhaut führt. Infolge dieser Rückerwärmung wird das Külbel bzw. der Posten insgesamt wieder fließfähig, so daß entweder die weitere Verformung durchgeführt werden kann oder das *Wälzen*, *Wulgern* oder *Motzen* wiederholt werden muß. Der Löffel und das für größere Posten verwendete ortsfeste Motzholz sind nasse hölzerne Werkzeuge mit konkaven Flächen.

Wenn das Külbel die gewünschte Gestalt und Wanddickenverteilung hat, wird es in die Form eingeblasen. Verwendet werden in der Regel gußeiserne Formen, nur bei sehr kleinen Serien verwendet man naßgehaltene Holzformen, die natürlich schnell verschleißen. Rotationssymmetrische Hohlkörper werden drehend eingeblasen, eiserne Formen müssen dazu gepastet und naßgehalten sein. Nicht rotationssymmetrische Artikel werden fest, d. h. ohne Drehung, eingeblasen. Gußformen werden dann blank verwendet.

Der fertige Hohlkörper wird von der Glasmacherpfeife auf einen Holzrechen abgeklopft. Bei allen Erzeugnissen muß der nabelnahe Teil des zunächst geformten Hohlkörpers, die sog. *Kappe*, später abgetrennt und verworfen werden. Für die Herstellung von Tellern und flachen Schalen verwendet man nur die Böden entsprechend flacher Hohlkörper. Die anfallenden Kappen sind bei solchen Produkten besonders groß. Aus langen Külbeln in zylindrische Formen eingeblasene Rohre erhält man verständlicherweise erst, nachdem die Kappe und der Boden abgetrennt wurden. Zur manuellen Herstellung von Flachglas werden sog. *Walzen* geblasen. Das sind praktisch extrem große Külbel, die möglichst genau zylindrisch angefertigt werden. Allerdings verwendet man keine Formen, man läßt die völlig frei geformten Walzen frei erstarren. Später werden Kappe und Boden abgesprengt, die übrig bleibende Zylindermantelfläche wird der Länge nach aufgetrennt und dann in einem besonderen Ofen gestreckt, d. h. auf einer *Streckplatte* mit einem *Bügelholz* zu einer ebenen Tafel aufgebogen.

Diese auf der Verwendung der Glasmacherpfeife beruhenden manuellen Techniken sind überwiegend sehr alt, einige fast 2 000 Jahre. Besonders seit dem späten Mittelalter sind vielfältige, teilweise sehr originelle und auch raffinierte Formgebungs- und Veredlungstechniken bekannt, mit denen in gewissem Umfang auch heute noch sehr kostbare und begehrte Glaserzeugnisse produziert werden.

3.2 Umformen

Umformen ist nach DIN 8582 Fertigen durch bildsames Ändern der Form. Eigentlich versteht man unter bildsamer Verformung plastisches Fließen, also ein Fließen unter hoher mechanischer Beanspruchung des Werkstoffs beim Überschreiten der Fließgrenze. Solche Zustände sind mit Gläsern nicht erreichbar. Wegen der rheologischen Eigenschaften (MAXWELL-Körper) beruhen alle Umformprozesse bei Gläsern auf der Viskositätserniedrigung durch Erhöhung der

Temperatur. Fast alle Prozesse der Urformung haben ein Analogon bei der Umformung.

Beim Umformen ist dem bereits geformten Werkstück Wärme zuzuführen. Infolge der schlechten Wärmeleitfähigkeit der Gläser kann die erreichbare Aufheizgeschwindigkeit die Geschwindigkeit eines Umformprozesses begrenzen.

In der Regel müssen Glaserzeugnisse nach dem Umformen zum Zwecke der Entspannung nochmals gekühlt werden.

3.2.1 Verschmelzen

Beim Verschmelzen wird Glas soweit erwärmt, daß eine Glättung der Oberfläche und eine Abrundung der Kanten durch die Wirkung der spezifischen Oberflächenenergie (Oberflächenspannung) erfolgt. Von technischer Bedeutung sind vor allem folgende Fälle:

Feuerpolieren

Durch Einwirkung heißer Flammen werden weite Teile der Oberfläche von Glaserzeugnissen soweit erwärmt, daß eine Glättung der Oberfläche ohne grundsätzliche Deformation des Artikels stattfindet. Auf diese Weise lassen sich kleine Oberflächenfehler, z. B. Kratzer, beheben.

Randverschmelzen

Ränder von Erzeugnissen, insbesondere von Hohlglas, werden mit Hilfe von Flammen soweit erwärmt, daß eine Kantenabrundung an den Rändern auftritt. Das ist vor allem nach Trennoperationen, bei denen sehr scharfe Ränder entstehen, z. B. Trinkgefäßen, wichtig. Auch bei Preßartikeln und an Rohrenden ist das Verschmelzen der Ränder üblich.

Einziehen

Beim Erwärmen breiter Randpartien bei Hohlglas und bei Rohren bewirkt die spezifische Oberflächenenergie (Oberflächenspannung) eine weitergehende Verformung in dem Sinne, daß der Durchmesser der Öffnung sich verkleinert. Beim Randverschmelzen ist diese Erscheinung als Fehler zu bewerten. In der glasbläserischen Praxis werden auf diese Weise Rohrdurchmesser verkleinert, oder es werden sogar Rohre so zugeschmolzen (z. B. zum Verschließen von Ampullen und von Pumprohren in der Vakuumtechnik).

Das Einziehen kann durch Werkzeuge unterstützt werden.

Ballotiniherstellung

Ballotini sind kleine Glaskugeln bis etwa 2 mm Durchmesser. Sie werden z. B. für Reflexionsschichten an Verkehrszeichen verwendet. Sie werden aus Mahlkörnungen hergestellt. Die einzelnen Glasbruchstücke nehmen bei ausreichender Erwärmung infolge der spezifischen Oberflächenenergie Kugelgestalt an, wenn die Einwirkung anderer Kräfte weitgehend unterbunden werden kann. Dazu werden die Körnungen entweder im Gasstrom oder im Rußbett in der Schwebe gehalten.

3.2.2 Senken

Senken ist das Umformen von Glas unter der Wirkung seines Eigengewichts.

Vorzugsweise werden Flachglastafeln zu Tellern, Schalen, gekrümmten Scheiben usw. gesenkt.

Man benutzt eine Form oder wenigstens einen Rahmen zur Kontrolle und Sicherung der Endverformung. Beim Senken im Rahmen wird die Verformung des Glases gern mit Hilfe von Luftduschen beendet, um zugleich den Effekt der thermischen Verfestigung zu nutzen.

3.2.3 Umformen mit Werkzeugen

Eine Vielzahl von Manipulationen des Glasbläsers beruht auf dem Einsatz von Werkzeugen zum Umformen.

In modernen industriellen Umformprozessen sind vorwiegend folgende Fälle zu unterscheiden:

- *Verpressen*. Beim Herstellen optischer Halbzeuge ist das Erwärmen und Verpressen von Gobs oder Brocken noch verbreitet.
- *Einziehen und Auftreiben*. Rotationssymmetrische Hohlkörper können mit einfachen Werkzeugen, die über die Glasoberfläche gleiten oder rollen, in ihrem Durchmesser verändert werden.
- *Preßbiegen* von Flachglas bei der Herstellung von gewölbtem Einscheibensicherheitsglas

3.2.4 Biegen

Besondere Bedeutung hat das Biegen von Rohren zu Krümmern, Winkeln usw. Beim Biegen werden bestimmte Partien des Werkstücks, die meist nicht mit erwärmt werden, in einer Zwangsführung so bewegt, daß die erwärmten, nicht eingespannten Partien des Werkstücks sich unter Biegebeanspruchung deformieren.

Das größte Problem beim Biegen von Rohren besteht darin, daß der Rohrquerschnitt in der Biegezone nicht kreisförmig bleibt. Oft versucht man, dem durch Einblasen von Luft während des Biegens zu begegnen.

3.2.5 Verziehen

Bereits vorgeformtes, sog. Mutterglas kann man nach Erwärmen in viskosem Zustand ausziehen. Ausgearbeitete Verfahren zum kontinuierlichen Verziehen gibt es für Flachglas zur Herstellung von Dünnglas und Folien, für Rohre zur Herstellung von Kapillaren und für Stäbe zur Herstellung von Fasern.

Betrachtet man die Erwärmungszone als ortsfest, so bewegt sich der Mutterstrang relativ dazu mit der Geschwindigkeit w_1, die kleiner ist als die Geschwindigkeit w_2, mit der der Strang aus der Erwärmungszone herausgezogen wird. Bezeichnen wir die Querschnittsflächen des Strangs mit A_1 bzw. A_2, so gilt

$$A_1 w_1 = A_2 w_2 = \frac{\dot{m}}{\varrho} \qquad (233)$$

Da man A_1 und die Geschwindigkeiten willkürlich vorgeben kann, ergibt sich

$$A_2 = A_1 \cdot \frac{w_1}{w_2} \qquad (234)$$

Bei gleichmäßiger Erwärmung und Abkühlung und ohne weitere verformende Kräfte sind die geometrischen Figuren der Strangquerschnitte einander ähnlich. Beim Verziehen von Flachglas sind also Dicke und Breite des Bands gleichermaßen von der Verjüngung betroffen, es sei denn, die Borten werden kälter als der übrige Strangquerschnitt gehalten. Beim Verziehen von Rohr entspricht das Verhältnis von Wanddicke zu Durchmesser im verzogenen Rohr genau dem im Mutterrohr, es sei denn, man stellt im Rohr einen anderen Luftdruck her als in der Umgebung.

3.2.6 Verblasen

Hohlkörper lassen sich durch Verblasen im zähviskosen Zustand umformen.

Das Verblasen wird überwiegend verwendet bei der Herstellung von Hohlglas aus Rohr, wobei vor allem die Böden, die zunächst aus eingezogenen und zugeschmolzenen Rohrenden entstehen, in Formen geblasen werden. Man kann aber auch Durchmesservergrößerungen durch Verblasen erzielen. Bei der manuellen Herstellung von Weihnachtsbaumkugeln aus Rohr von höchstens 1 cm Durchmesser wird von dieser Möglichkeit in extremer Weise Gebrauch gemacht.

Bei Kalibrieren von Rohren saugt man ein einseitig zugeschmolzenes Glasrohr auf ein Stahlrohr mit exakter Außenoberfläche, dessen Außendurchmesser natürlich etwas kleiner sein muß als der Innendurchmesser des ursprünglichen Glasrohrs.

3.3 Trennen

Trennen ist das Ändern der Form eines Werkstücks, indem der Zusammenhalt örtlich aufgehoben wird. In dieser allgemeinen Definition ist nicht nur das Zerteilen in mehrere Stücke, sondern auch das Spanen und das Abtragen enthalten. Es werden also auch oberflächenbearbeitende Vorgänge zum Trennen gezählt, wenn dabei Substanz auch nur in dünner Schicht entfernt wird. In der Fertigungstechnik rechnet man sogar das Reinigen eines Werkstücks zu den Trennoperationen. Im Einzelnen unterscheidet man folgende Gruppen von Trennverfahren:

- Zerteilen
- Spanen mit geometrisch bestimmten Schneiden
- Spanen mit geometrisch unbestimmten Schneiden
- Abtragen
- Zerlegen
- Reinigen.

Das zu trennende Werkstück und das trennende Werkzeug nennt man Wirkpaar. Bei Gläsern ist die Flamme als Werkzeug mit in die Betrachtung einzubeziehen.

3.3.1 Zerteilen

Zerteilen ist mechanisches Trennen von Werkstücken ohne Entstehen von formlosem Stoff, also auch ohne Späne.

3.3.1.1 Abschmelzen, Heißabschneiden

Vorzugsweise werden Rohre oder rotationssymmetrische Hohlglasartikel durch Abschmelzen getrennt.

Eine möglichst schmale Zone wird z. B. mit spitzen Flammen gleichmäßig erwärmt, bis das Glas zähflüssig ist, so daß der Trennvorgang durch die Oberflächenspannung bewirkt wird. Man kann den Trennvorgang dadurch unterstützen, daß man gleichzeitig die zu trennenden Teile voneinander entfernt.

An einer Stelle findet natürlich die Trennung zuletzt statt. Hier bildet sich aus der letzten fadenförmigen Brücke eine Perle, die sich nach vollzogener Trennung an den abgerundeten, etwas verdickten Trennrändern mehr oder weniger deutlich abhebt.

3.3.1.2 Brechen

Durch hohe mechanische Belastung, die die Festigkeit des Glases übersteigt, kann Glas zum Zwecke des Trennens gezielt zerbrochen werden. So kann man z. B. dünne Stäbe und Rohre trennen, u. U. nach leichtem Anritzen der gewünschten Bruchstelle. Beim Herstellen von dünnwandigem Hohlglas auf Rotationsblasmaschinen wird der Artikel vom Restglasring einfach durch derartigen Gewaltbruch getrennt (siehe auch S. 158).

Wenn man zur Herstellung von optischem Glas das Gießen von großen Blöcken verwendet, so können diese Blöcke durch wiederholtes Spalten unter einer Schneide bis auf die erforderliche Rohlinggröße zerteilt werden (sog. *Knacken*). Besonders gute Qualität besitzen die Trennflächen beim Brechen nicht.

3.3.1.3 Schränken

Durch lokales Abschrecken heißen Glases können so hohe temporäre Zugspannungen im Glas entstehen, daß Risse auftreten und der Zusammenhalt des Glases zerstört wird.

Es gelingt auf diese Weise nicht, einen regelmäßigen Bruchverlauf zu erzielen. Die Trennränder sind in jedem Fall nachzuarbeiten. Geschränkt wird zum Trennen des Erzeugnisses von der Glasmacherpfeife bei der manuellen Produktion und auch verbreitet zum Trennen des Rohrs bei Rohrziehanlagen. Zum Schränken wird meistens ein nasses metallisches oder textiles Werkzeug benutzt.

3.3.1.4 Sprengen

Als Sprengen bezeichnet man das Zerteilen von Rohren u. ä. durch das Wirken einer definierten temporären Zugspannungszone.

In der Regel unterstützt man den Trennvorgang durch Anritzen in der Zugspannungszone.

Es gibt zwei Methoden zur Erzeugung der Zugzone:

Bei der ersten Methode wird das Rohr in einer schmalen Zone z. B. durch spitze Flammen von innen oder außen erwärmt. Wo das Glas erwärmt ist, liegt temporäre Druckspannung vor. Auf der gegenüberliegenden Außen- bzw. Innenseite erzeugt diese Druckspannung einen Zugspannungsring, solange die Erwärmung noch nicht weit fortgeschritten ist. Dann sitzt die erwärmte Zone praktisch wie ein Ring mit keilförmigem Querschnitt in dem Glas.

Solange dieser Keil noch nicht durch die ganze Wandung hindurchreicht, verursacht er auf der gegenüberliegenden Seite eine Zugspannungszone. In dieser kann ein Riß entlanglaufen, wenn die Zugspannung größer als die Zugfestigkeit des Glases ist.

Bei der zweiten Methode erwärmt man, in der Regel von außen, ebenfalls eine möglichst schmale Zone, so daß ein Druckspannungsring entsteht. Wenn die Erwärmung beendet wird, kühlt die erwärmte Zone von außen her wieder ab. In dem wieder abgekühlten ringförmigen Gebiet herrscht Zugspannung, solange im Innern des Glases noch höhere Temperatur, d. h. ein Druckspannungsring vorhanden ist. In dieser während des Wiederabkühlens der erwärmten Zone bestehenden äußeren Zugspannungsrings kann der zum Sprengen erforderliche Riß entlanglaufen.

Meistens muß der Sprengriß durch Anritzen o. ä. ausgelöst werden. Bei günstigem technologischem Regime kann man präzises Trennen durch Sprengen erreichen.

3.3.1.5 Schneiden

Als Schneiden bezeichnet man ein ausschließlich bei der Verarbeitung von Flachglas einsetzbares Verfahren des Trennens. Das Schneiden wird in zwei Schritten vorgenommen: Zunächst wird mit einer Diamantspitze oder einem Hartmetallrädchen eine Ritzspur auf der zu trennenden Tafel angebracht, dann wird sie einer solchen Biegebeanspruchung unterworfen, daß an der Ritzspur ein Bruch entsteht. Die Ritzspur muß sich natürlich in der Zugzone der Biegespannung befinden. Das Legen der Ritzspur ist ein Spanen mit geometrisch bestimmter Schneide, das anschließende Brechen ist ein Zerteilen.

Die ordnungsgemäß angelegte Ritzspur weist nicht nur flache Ausschellerungen bzw. muschelförmige Zerstörungen des Glases in geringer Tiefe als unmittelbare Spur des über das Glas gezogenen Werkzeugs auf, sondern in der Mitte der Ritzspur muß ein einziger glatter Riß 0,5 bis 1,0 mm tief senkrecht zur Glasoberfläche entstehen. Zu diesem Riß gehört ein typisches Spannungsfeld, das für einen sauberen Bruch wichtig ist. Das ist nur bei bestimmter Werkzeuggeometrie und bestimmter Werkzeugbelastung zu erreichen. Ein sauberer, gerader Schnitt verlangt außerdem eine gleichmäßige Führung des Werkzeugs, das Glas darf nicht zu hohe Kühlspannungen besitzen, und der Zeitraum zwischen dem Anlegen der Ritzspur und dem Brechen soll möglichst kurz sein.

Wenn der Schnitt gekrümmt geführt werden soll, so ist das Aufbringen der Biegespannung schwierig. Man hilft sich dann u. U. durch leichtes Klopfen von der Rückseite der Tafel in der Nähe des beabsichtigten Schnitts.

Thermisch gehärtetes Glas läßt sich nicht schneiden. Einscheibensicherheitsglas muß also vor dem Härten zugeschnitten werden.

3.3.2 Spanen

Man unterscheidet grundsätzlich Spanen mit geometrisch bestimmter Schneide von Spanen mit geometrisch unbestimmter Schneide. Ersteres spielt bei Glas fast keine Rolle, wenn man von dem Legen der Ritzspur beim Schneiden absieht.

3.3.2.1 Schleifen und Polieren

Schleifen und Polieren sind spanende Operationen, die zum Glätten von Oberflächen, zum Dekorieren von Erzeugnissen und teilweise auch zum Zerteilen von Werkstücken (sog. Trennschleifen) angewandt werden. Auch das Bohren von Glas mit Diamanthohlbohrern ist ein Schleifen.

Ein prinzipieller Unterschied zwischen Schleifen und Polieren besteht nicht. Polieren nennt man das Schleifen mit so feinkörnigen Schleifmitteln, daß klare, durchsichtige und gerichtet reflektierende Glasoberflächen entstehen.

Fertigungstechnisch zählt man diese Verfahren zur Gruppe des Spanens mit geometrisch unbestimmten Schneiden. Der Mechanismus der Spanbildung ist der Sprödbruch des Glases. Beim Polieren sind allerdings auch Fließvorgänge des Glases an der Oberfläche nachgewiesen.

Man unterscheidet das Schleifen mit losem Korn vom Schleifen mit gebundenem Korn.

Beim *Schleifen mit losem Korn* wird eine Suspension der Schleifkörnung zwischen die Glasoberfläche und das Schleifwerkzeug gebracht. Die Bewegung des Schleifwerkzeugs und das Andrücken des Werkstücks gegen das Schleifwerkzeug (oder umgekehrt) bewirken, daß die einzelnen Schleifkörner auf der Glasoberfläche abrollen und sie verletzen. Die entstehenden unregelmäßigen in das Glas hineinreichenden Risse häufen sich und führen schließlich dazu, daß sich Bruchstücke aus dem Glas lösen. Die Schleifleistung hängt von der Schleifgeschwindigkeit, dem Andruck, aber auch von der Größe und Einheitlichkeit der Schleifkörner ab. Die Schleifkörnung soll mindestens die Härte 7 nach der MOHS-Skala haben (Quarz).

Häufig verwendete Schleifmittel sind Quarzsand (Quarzmehl), Korund und Siliziumkarbid. Als Werkzeuge dienen Stahlscheiben. Als Poliermittel wird überwiegend speziell vorbehandeltes Fe_2O_3 (Polierrot) benutzt.

Als Polierwerkzeuge findet man Holz-, Kork- und Filzscheiben, aber auch textile Scheiben oder Tücher.

Beim *Schleifen mit gebundenem Korn* verwendet man Scheiben oder Bänder, in die die Schleifkörnung fest eingebettet ist. Die am weitesten vorstehenden einzelnen Körner kratzen bei der Relativbewegung zwischen Werkzeug und Werkstück jedes eine Spur in die Werkstückoberfläche. Durch die Vielzahl der in das Werkzeug eingebetteten Schleifmittelkörner wird das Glas entsprechend der Werkzeuggeometrie abgetragen. Zur Kühlung werden Schleifflüssigkeiten (meist Wasser) eingesetzt. Für Schleifscheiben verwendet man Körnungen von Korund, Siliziumkarbid und Diamant. Sie werden entweder keramisch oder in Kunstharz (auch in Gummi) gebunden. Die Schleifleistung hängt von der Relativgeschwindigkeit zwischen Werkzeug und

Werkstück, vom Andruck, von der Größe und der Art der Schleifkörnung und von der sog. Härte der Schleifscheibe ab. Die Bezeichnung Härte bezieht sich bei Schleifscheiben darauf, wie fest die Schleifmittelkörner in dem Bindemittel sitzen und wie schwer sie beim Schleifen herausgebrochen werden. Die Körnung soll erst dann aus der Bindung brechen, wenn sie nicht mehr scharfkantig ist. Das manuelle Dekorschleifen sehr feingliedriger Motive mit entsprechend kleinen Schleifwerkzeugen von 1 mm bis 10 cm Durchmesser nennt man *Gravieren*. Der Graveur arbeitet u. a. mit kleinen Kupfer- und Bleischeiben zum Schleifen bzw. Polieren mit losem Korn.

3.3.2.2 Sandstrahlen

Beim Sandstrahlen werden Quarzsandkörner mit einem kräftigen Luftstrahl gegen die zu bearbeitende Glasoberfläche geschleudert. Dabei entstehen kleine muschelförmige Abplatzungen. Sandgestrahlte Flächen sehen gleichmäßig matt aus. Mit Hilfe von Schablonen lassen sich auch Muster auf Glasoberflächen aufbringen.

3.3.2.3 Herstellen von Eisblumenglas

Sandgestrahltes Flachglas wird mit gequollenem und erhitztem Leim bestrichen und danach getrocknet. Der Leim hebt sich beim Trocknen in gekrümmten Schollen ab, allerdings haftet er so fest auf dem Glas, daß dabei gleich große Späne aus dem Glas herausgebrochen werden. Auf der Glasplatte bleibt ein unregelmäßiges Relief mit eisblumenähnlichem Aussehen zurück.

3.3.3 Abtragen (Ätzen)

Abtragen ist das Abtrennen von Stoffteilchen von einem festen Körper auf nichtmechanischem Wege. Bei Gläsern ist das wichtigste derartige Verfahren das Ätzen im Säurebad. Die Silikatgläser sind in Flußsäure löslich. Deshalb kann man Glas in einem Flußsäurebad von der Oberfläche her abtragen. Beim *Blankätzen*, auch *Säurepolieren* genannt, setzt man dem Ätzbad Schwefelsäure zu, um die Löslichkeit der Reaktionsprodukte zwischen dem Glas und dem Bad, vor allem Na_2SiF_6, zu erhöhen.

Beim *Mattätzen*, auch Säuremattieren genannt, setzt man dem Ätzbad Fluoride zu, um die Lös-

lichkeit der Reaktionsprodukte zu verringern. Die Reaktionsprodukte, überwiegend Na_2SiF_6, kristallisieren feinkörnig auf der Glasoberfläche. Unter diesen Kristallen ist das Glas vor dem Flußsäureangriff geschützt. Die Abtragung kommt zum Stillstand, wenn die Glasoberfläche mit einer geschlossenen Schicht von Reaktionsprodukten bedeckt ist. Dann weist aber die Glasoberfläche ein Relief auf, das aus erhabenen Pyramiden besteht. Die Spitzen der Pyramiden befinden sich überall dort, wo sich Kristallkeime befanden, wo also das Glas am frühesten abgedeckt wurde.

Bei diesem Ätzvorgang erhält das Glas eine matte Oberfläche. Die Reaktionsprodukte werden durch kurzzeitige Behandlung in einem Blankätzbad heruntergelöst. Diese Behandlung ist auch zur Festigkeitserhöhung des säuremattierten Glases erforderlich. Durch Variation der Mattierungs- und Nachbehandlungsbedingungen kann man unterschiedliche Mattierungseffekte erreichen.

Durch teilweises Abdecken der Glasoberfläche mit Wachs kann man verschiedene Dekor-Effekte erzielen.

Ätzereien in der Glasindustrie sind Schwerpunkte für den Unfall- und Umweltschutz.

3.4 Fügen (Schweißen, Löten, Kleben)

Fügen ist das Zusammenbringen von zwei oder mehreren Werkstücken oder von Werkstücken mit formlosem Stoff.

Beim Glas hat man es vorzugsweise mit Fügen durch Schweißen, Löten oder Kleben zu tun.

Das Schweißen wird überwiegend mit Hilfe von Brennern vorgenommen, gelegentlich wird elektrische Widerstandsheizung der mit Brennern vorgewärmten Schweißränder zu Hilfe genommen. Man kann Gläser mit einem Unterschied der linearen Ausdehnungskoeffizienten bis etwa $7 \cdot 10^{-7}$ K^{-1} miteinander verschweißen. Wenn größere Ausdehnungsunterschiede zu überbrücken sind, verwendet man Zwischengläser, die so aneinandergereiht werden, daß nebeneinanderliegende Gläser höchstens um $7 \cdot 10^{-7}$ K^{-1} verschiedenen Ausdehnungskoeffizienten haben.

Gläser können auch mit anderen Werkstoffen

verschweißt (verschmolzen) werden, soweit sie nach ihrem Ausdehnungsverhalten und nach ihrer Temperaturbeständigkeit dazu geeignet sind. Verschweißungen werden vor allem im Anlagenbau, im Gerätebau und in der Vakuumtechnik hergestellt.

Für das Löten von Glas werden spezielle niedrigschmelzende Glaslote verwendet. Sie enthalten zumeist viel PbO und B_2O_3, sie werden in einer größeren Palette hergestellt. Teilweise benutzt man Lote, die wie Vitrokerame entglasen. Auch in der Glasindustrie hat das Fügen durch *Kleben* in den letzten Jahren eine zunehmende Anwendung gefunden.

Als Fügen ist auch die Herstellung von Mehrschichtensicherheitsglas und von Thermoscheiben anzusehen.

3.5 Beschichten

In der Glastechnik ist eine Vielzahl von Methoden des Beschichtens üblich.

Aus der gasförmigen Phase, d. h. durch Bedampfen, werden vor allem Metalle auf Glas aufgetragen. So werden Spiegel durch Bedampfen mit Aluminium, wärmestrahlenreflektierende Scheiben durch Bedampfen mit Gold oder Kupfer hergestellt.

Aus dem flüssigen oder pastenförmigen Zustand erfolgt das Beschichten vor allem durch Tauchen, Spritzen, Siebdruck (u. U. auf dem Umweg über Schiebebilder), Stempeln und Malen.

Die letzten drei Auftragsverfahren werden vorwiegend zum Dekorieren verwendet.

Eine typische Anwendung des Tauchens und ähnlicher Verfahren ist das Aufbringen von Leuchtstoff oder einer lichtstreuenden feinen Körnung auf die Innenseite von Lichtquellen. Gespritzt werden die meisten großflächigen Beschichtungen mit gewöhlichen Anstrichstoffen oder Einbrennfarben.

Edelmetallschichten werden, wenn nicht durch Bedampfen, aus reduktionsmittelhaltigen Salzlösungen aufgebracht. Verbreitet ist das Versilbern (z. B. von Spiegeln) in einer alkalischen Silbernitratlösung.

Auch bei der Herstellung von Glanzgold-, Glanzsilber- oder Glanzplatinschichten laufen solche Prozesse ab, allerdings erst beim Verbrennen der dabei verwendeten organischen Lösungsmittel,

diese Beschichtungsmittel müssen bei 400 °C bis 600 °C eingebrannt werden. Als Lüster werden solche Farben bezeichnet, wenn sie in extrem dünnen, durchsichtigen und irisierenden Schichten aufgebracht werden. Lüsterfarben sind organische Salze von Wismut, Blei, Mangan, Nickel, Kobalt, Aluminium usw. in organischen Lösungsmitteln.

Schließlich werden metallische Schichten auch durch Galvanisierung aufgetragen. Dazu muß natürlich zuvor auf andere Weise eine Schicht mit ausreichender elektrischer Leitfähigkeit aufgebracht werden.

3.6 Stoffeigenschaftsändern

Die etwas unglückliche Bezeichnung „Stoffeigenschaftsändern" ist ein Begriff der Fertigungstechnik. Er bezeichnet eine Operation, die mit dem Umlagern, Aussondern oder Einbringen von Stoffteilchen einhergeht.

Für die Glasherstellung ist das Kühlen die wichtigste stoffändernde Nachbehandlung.

Bei Gläsern sind dazu auch Vorgänge der Stabilisierung (Strukturrelaxation), der Entmischung und der diffusiven Oberflächenbeeinflussung zu zählen.

3.6.1 Kühlen

Mit der Urformung ist der in der Glashütte abgewickelte Produktionsprozeß in der Regel nicht abgeschlossen. Bestimmte Operationen sind nach der Urformung auch dann noch erforderlich oder üblich, wenn im Betrieb lediglich Halbzeuge hergestellt werden, die in anderen Industriezweigen weiterverarbeitet werden.

Mindestens das Entspannungskühlen der Glaserzeugnisse und einige Operationen des Umformens müssen noch im Hüttenbetrieb realisiert werden, teilweise sogar unmittelbar im Anschluß an das Urformen. Mechanische Spannungen lassen sich in Glas und Glaserzeugnissen unschwer messen. In Abschnitt 1.2.3.1 wurde der Effekt der Spannungsdoppelbrechung beschrieben. In den optischen Spannungsprüfern, die in der Glasindustrie sehr verbreitet eingesetzt werden, wird dieser Effekt zum Erkennen, zum Prüfen und zum Messen von Spannungen im Glas benutzt.

Innere mechanische Spannungen sind immer die

Folge von Dehnungsunterschieden zwischen verschiedenen Stellen desselben Gegenstands. Nach der Ursache der Dehnungsunterschiede sollte man bei Glaserzeugnissen drei *Spannungsarten* unterscheiden:

– *Temporäre Spannungen* entstehen in einem sonst spannungsfreien Gegenstand infolge von Temperaturunterschieden innerhalb des Gegenstands. Lokale Erwärmung verursacht z. B. durch die Wärmedehnung eine lokale Volumenzunahme. Entsprechend dem Hooke-schen Gesetz entsteht durch die Dehnungsdifferenz gegen die nicht erwärmten Gebiete eine Spannung in dem Gegenstand. Nach dem Ausgleich der Temperaturunterschiede gibt es auch keine Spannungen mehr.

– *Verschmelzspannungen* entstehen durch die Unterschiede im Ausdehnungskoeffizienten verschiedener Bezirke desselben Glasgegenstands. Sie treten nicht nur in beabsichtigten Werkstoffkombinationen, sondern auch bei im Glas eingeschlossenen Fremdkörpern auf. Da diese Ausdehnungsunterschiede temperaturabhängig sind, sind auch die Verschmelzspannungen temperaturabhängig.

– *Kühlspannungen* entstehen beim Ausgleich von solchen Temperaturunterschieden innerhalb des Gegenstands, die bereits im schmelzflüssigen Zustand während seiner Herstellung vorhanden waren, als infolge der niedrigen Viskosität noch keine Spannungen möglich waren.

Es gibt hiernach mannigfaltige Ursachen für die Entstehung von Spannungen bei der Herstellung von Glaserzeugnissen.

Da Glas insbesondere gegen Zugspannungen sehr empfindlich ist und wegen des Sprödbruchverhaltens des Glases spielen Spannungsbildung und Spannungsbeseitigung in der Glastechnik eine wichtige Rolle.

3.6.1.1 Verschmelzspannungen

Ein elastischer Körper weist an verschiedenen Punkten unterschiedliche Ausdehnungskoeffizienten auf. Ein in diesem Körper existierendes Spannungsfeld ist temperaturabhängig, denn an den verschiedenen Punkten treten unterschiedliche Wärmedehnungen auf, selbst wenn der ganze Körper einheitliche, aber veränderliche Temperatur hat.

Der Anschaulichkeit halber betrachten wir einen aus parallelen Stäben aufgebauten Körper. Ein Teil der Stäbe mit dem Gesamtquerschnitt A_1 habe den Ausdehnungskoeffizienten α_1, der andere Teil mit dem Gesamtquerschnitt A_2 habe den Ausdehnungskoeffizienten α_2. Die Stäbe seien so angeordnet, daß keine Biegung auftreten kann. Nimmt man an, daß alle Stäbe bei allen Temperaturen trotz ihres unterschiedlichen Ausdehnungskoeffizienten einheitliche Länge haben müssen, und rechnet man mit dem Vorliegen des Kräftegleichgewichts, so berechnet man in dem Querschnitt A_1 die Spannung

$$\sigma_1 \approx \frac{A_2}{A_1 + A_2} (\alpha_2 - \alpha_1) \cdot E \cdot (T - T_0) \qquad (235)$$

Das Beispiel lehrt, daß die Spannung linear von der Temperatur abhängt und nur bei einer einzigen Temperatur verschwinden kann. Die Spannung ist proportional zur Differenz der Ausdehnungskoeffizienten. Wenn nur ein kleiner Teil des Querschnitts abweichenden Ausdehnungskoeffizienten besitzt, so ist in ihm die Spannung groß.

In der Praxis ist die Abhängigkeit der Spannung von der Temperatur nicht so einfach wie in Gl. (235). Wegen der Krümmung der Ausdehnungskurve im Transformationsbereich und weil auch oberhalb des Transformationsbereichs Spannungen im Glas existieren können, ist die Spannung nicht exakt linear von der Temperatur abhängig. Da alle Verschmelzungen aber bei so hohen Temperaturen hergestellt werden, bei denen mit Sicherheit noch keine Spannung existieren kann, ist erst beim Unterschreiten einer bestimmten Temperatur T_e eine Spannungsbildung möglich. Diese Temperatur heißt Einfriertemperatur, sie liegt etwas oberhalb des Transformationsbereichs und ist in geringem Maße von der Abkühlgeschwindigkeit abhängig. Erst bei Abkühlung der Verschmelzung bis unter den Transformationsbereich gilt näherungsweise die aus geschlossene lineare Abhängigkeit der Spannung von der Temperatur. Abb. 89 zeigt den typischen Verlauf dieser Kurve für eine Glas-Metall-Verschmelzung und erläutert, wie die Spannung auf den Dehnungsunterschied zwischen den verschmolzenen Partnern zurückgeführt werden kann. Bei T_e ist der Dehnungsunterschied willkürlich Null zu setzen, denn bei der Abkühlung der Verschmelzung nach ihrer Herstellung ist erst ab T_e der Dehnungsunterschied für die Spannungsbildung verantwortlich.

Diese Verschmelzspannungen sind nicht nur für

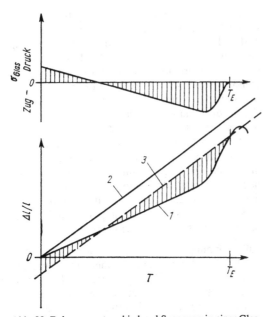

Abb. 89 Dehnungsunterschied und Spannung in einer Glas-
Metall-Verschmelzung
T_E Einfrierungstemperatur, 1 Ausdehnungskurve
des Glases, 2 Ausdehnungskurve des Metalls,
3 Ausdehnungskurve des Metalls bis zum Schnitt
mit der des Glases bei T_E verschoben

die Herstellung von beabsichtigten Verschmelzungen, wie sie vor allem in der Vakuumtechnik
und der Elektronik sehr oft benötigt werden, von
Wichtigkeit, sondern auch bei im Glas eingeschlossenen Fremdkörpern. So sind alle Ein-
schlüsse im Glas, wie Steinchen, Knoten und
sogar Schlieren, Ursachen für innere Spannungen im Glas. Es ist verständlich, daß solche Inhomogenitäten die Festigkeit des Glases herabset-
zen, denn wenn sich beispielsweise zu einer
durch mechanische Belastung hervorgerufenen
Spannung oder zu einer durch Temperaturunterschiede hervorgerufenen temporären Spannung
eine Verschmelzspannung an einer Glasinhomo-
genität unglücklich addiert, so geht der belastete
Glasgegenstand leichter zu Bruch.

Grobe Glasfehler wirken deutlich festigkeitsmin-
dernd. Unter Umständen kann die Verschmelzspannung an einem groben Glasfehler auch
selbst so groß werden, daß durch sie die Glasfe-
stigkeit überschritten wird. Darum können Glasfehler unmittelbar Bruchursache sein.

3.6.1.2 Temporäre Spannungen

Ein elastischer Gegenstand sei spannungsfrei im
isothermen Zustand.

Wenn in diesem Gegenstand ein Temperaturfeld
existiert, existiert nach dem HOOKEschen Gesetz
auch ein Spannungsfeld in dem Gegenstand. Um
eine Vorstellung von den Zusammenhängen zu
gewinnen, betrachten wir einen aus parallelen
Stäben aufgebauten Körper. Ein Teil der Stäbe
mit dem Gesamtquerschnitt A_1 habe die Temperatur T_1, der andere Teil mit dem Gesamtquerschnitt A_2 habe die Temperatur T_2. Die Stäbe
seien so angeordnet, daß eine Biegung infolge
der Wärmedehnung ausgeschlossen ist. Nimmt
man an, daß nach der Erwärmung eine einheitliche Länge der Stäbe und Kräftegleichgewicht
vorliegen, so berechnet man in dem Querschnitt
A_1 die Spannung

$$\sigma_1 \approx \frac{A_2}{A_1 + A_2} \ \alpha \cdot E \cdot (T_2 - T_1) \tag{236}$$

Man erkennt an diesem einfachen Beispiel, daß
die temporären Spannungen vom Temperaturunterschied, vom E-Modul und vom Ausdehnungskoeffizienten abhängen. Je kleiner der Querschnitt mit der abweichenden Temperatur ist, um
so größer ist die Spannung in ihm.

Die temporären Spannungen begrenzen die Temperaturwechselbeständigkeit (TWB) des Glases
(vgl. Abschnitt 1.2.4.3). Gegen Abschrecken
sind Glaserzeugnisse empfindlicher als gegen
plötzliche Erwärmung, weil dabei oberflächlich
Zugspannung gebildet wird.

Bei stationären Aufheiz- und Abkühlvorgängen,
bei denen also die Aufheiz- bzw. die Abkühlgeschwindigkeit konstant ist, lassen sich die Tem-
peraturprofile in einfachen Körpern nach der
Theorie der Wärmeleitung berechnen. Für diese
Fälle ist es auch möglich, die Spannungsvertei-
lung, die dabei entsteht, anzugeben. Für uns ist
besonders die Spannung in der Glasoberfläche
von Bedeutung. Nennen wir sie σ_a, so ergibt
sich

$$\sigma_a = \Psi \cdot M \cdot v_H \cdot s^2 \tag{237}$$

Hierbei ist σ_a eine Druckspannung. Für stationäre
Abkühlvorgänge ist in statt der Aufheizgeschwindigkeit v_H die Abkühlgeschwindigkeit v_K
einzusetzen, und σ_a ist dann eine Zugspannung.
In Gl. (237) ist M der sog. *Kühlmodul* des Glases:

$$M = \frac{\alpha E c \varrho}{\lambda \cdot (1 - \mu)} \tag{238}$$

α Ausdehnungskoeffizient
E Elastizitätsmodul
c spezifische Wärmekapazität
ϱ Dichte Wärmeleitfähigkeit
μ Querkontraktionszahl

Im konkreten Fall ist die Wahl eines Zahlenwerts für λ kritisch, es wird empfohlen, eine effektive Wärmeleitfähigkeit zu verwenden, die die Strahlung berücksichtigt.

In Gl. (237) ist s eine charakteristische Erzeugnisabmessung. Ψ ist ein Formfaktor. Für einfache geometrische Körper sind s und Ψ in Tabelle 25 angegeben. Gl. (237) ist geeignet, für eine vorgegebene zulässige Spannung in der Oberfläche die maximale Aufheiz- und Abkühlgeschwindigkeit näherungsweise zu berechnen:

$$v_\text{H} = \frac{\sigma_\text{a}}{\Psi M s^2} \tag{239}$$

Da M proportional zum Ausdehnungskoeffizienten des Glases ist, kann man Borosilikatgläser ungefähr dreimal schneller erwärmen und abkühlen als Alkali-Erdalkali-Silikatgläser. Dünnwandige Artikel kann man schneller erwärmen und abkühlen als dickwandige. Da die Druckfestigkeit des Glases höher liegt als die Zugfestigkeit, sind größere Erwärmungsgeschwindigkeiten zulässig als Abkühlgeschwindigkeiten.

3.6.1.3 Kühlspannungen

Es werde nochmals ein Glasgegenstand (Platte) bei konstanter Abkühlgeschwindigkeit betrachtet. Bereits im Abschnitt 3.6.1.2 war festgestellt worden, daß sich dabei in dem Glas ein typischer Temperaturverlauf einstellt, der nur von der Abkühlgeschwindigkeit bestimmt ist. Selbstverständlich ist beim Abkühlen die Plattenmittentemperatur höher als die Plattenoberflächentemperatur. Die betrachtete homogene Platte werde schon oberhalb von T_e mit konstanter Abkühlgeschwindigkeit abgekühlt. Die Platte ist dabei zunächst spannungsfrei, denn oberhalb von T_e können keine Spannungen existieren. Beim Unterschreiten von T_e bleibt aber die Platte auch spannungsfrei, denn das Glas erstarrt zwar, aber bei gleichgebliebener Abkühlgeschwindigkeit bleibt dasselbe Temperaturprofil erhalten, überall sinkt die Temperatur mit derselben konstanten

Abkühlgeschwindigkeit, und es gibt keinerlei Dehnungsunterschiede zwischen verschiedenen Teilen der Platte. Erst wenn der Abkühlvorgang beendet wird, wenn sich also der Temperaturunterschied innerhalb der Platte ausgleicht, gibt es Dehnungsunterschiede zwischen Innen- und Außenschichten und demzufolge Spannungen. Wenn die Glasoberfläche bereits die Umgebungstemperatur erreicht hat, kühlt das Innere noch weiter ab und zieht sich weiter zusammen. Es entsteht außen eine Druckspannung im Glas und innen eine Zugspannung. Diese Spannungen bezeichnet man als Kühlspannungen. Sie sind das Ergebnis des Ausgleichs des während des Abkühlvorgangs im spannungsfreien Glas vorhanden gewesenen Temperaturprofils.

Kühlspannungen gibt es nicht nur im Glas. Alle Werkstoffe, die in einem Schmelzprozeß erzeugt wurden, enthalten Kühlspannungen. Ihre Größe wird durch das Temperaturfeld während der Erstarrung der Schmelze bestimmt. Die Kühlspannungen bilden sich aber erst aus, wenn dieses Temperaturfeld geändert wird, wenn sich die Temperaturunterschiede nach Beendigung der Abkühlung ausgleichen. Gläser erstarren nicht spontan, sondern unter stetiger Zunahme der Viskosität allmählich. Man muß als für die Bildung der Kühlspannungen maßgeblichen Temperaturbereich den sog. Kühlbereich, d. h. den Bereich zwischen dem oberen und dem unteren Kühlpunkt, ansehen. Es sei daran erinnert, daß der obere Kühlpunkt die Temperatur für die Glasviskosität 10^{12} Pa s und der untere Kühlpunkt die Temperatur für die Viskosität $10^{13,5}$ Pa s ist. Damit ist der Kühlbereich der Temperaturbereich, in dem die Relaxationszeit für die MAXWELLsche Spannungsrelaxation im Bereich zwischen einigen Minuten und einigen Stunden liegt (vgl. Abschnitt 1.2.2.3). Es sei zusammengefaßt: Kühlspannungen entstehen durch den Ausgleich des Temperaturprofils, das während der Abkühlung durch den Kühlbereich des Glases vorlag, bei Beendigung des Abkühlvorgangs. Die Kühlspannungen bilden sich also erst bei Beendigung der Abkühlung aus und bleiben im Erzeugnis erhalten.

Ihre Größe ist durch das Temperaturfeld, das seinerseits durch Geometrie und Abkühlgeschwindigkeit gegeben ist, bestimmt. Damit lassen sich die Gleichungen (237) und (239) auch für die Berechnung der Kühlspannung bzw. der zulässigen Kühlgeschwindigkeit benutzen, wenn man unter σ_a die in der Glasoberfläche verbleibende Kühlspannung und unter v_K die Kühlgeschwindigkeit beim Durchlaufen des Kühlbereichs zwischen $\eta = 10^{12}$ Pa s und $\eta = 10^{13,5}$ Pa s versteht. σ_a sind hierbei Druckspannungen.

Infolge des so verstandenen in Gl. (237) beschriebenen Zusammenhangs können besonders die dickwandigen Erzeugnisse aus Alkali-Erdalkali-Silikatgläsern bei natürlicher Abkühlung so hohe Kühlspannungen aufweisen, daß sie daran zerbrechen. Dünnwandige Erzeugnisse und Borosilikatgläser sind gegen sog. Kühlbruch viel weniger empfindlich. Aber auch kleinere, nicht zum Kühlbruch führende Kühlspannungen können als Erzeugnisfehler stören, wenn nämlich durch sie die Weiterverarbeitung und die Verwendung des Glases behindert werden.

Durch hinreichend langsame Abkühlung des Glases im Kühlbereich lassen sich die Kühlspannungen beliebig klein halten.

3.6.1.4 Entspannungskühlen

Unter Kühlen oder besser Entspannungskühlen versteht man die bewußte Wärmebehandlung von Glaserzeugnissen zur Verringerung der Kühlspannungen, z. B. durch definiert langsames Abkühlen im Kühlbereich.

Für die technische Durchführung des Entspannungskühlens gibt es zwei unterschiedliche Konzeptionen:

- Man kühlt durch den Kühlbereich mit einer ausreichend langsamen Kühlgeschwindigkeit, so daß die Kühlspannungen einen gewünschten Wert nicht überschreiten.

- Man bringt das Glas auf eine Temperatur im Kühlbereich, hält eine gewisse Zeit bei dieser Temperatur und kühlt danach definiert ab.

Solche Erzeugnisse, die bei natürlicher Abkühlung bereits bersten würden, muß man noch heiß in die Entspannungskühlung bringen. Außerdem

ist es energetisch günstiger, Glaserzeugnisse sofort nach der Formgebung noch heiß in die Entspannungskühlung zu geben, um nicht die fühlbare Wärme nach vorausgegangener Erkaltung des Glases nochmals aufbringen zu müssen. Die Kühlöfen arbeiten entweder kontinuierlich als Durchlauföfen oder diskontinuierlich als Kammeröfen.

Durchlauföfen werden in der maschinellen Großproduktion bevorzugt, während Kammeröfen für die Kühlung manuell geformter Erzeugnisse typisch sind. Beim Ziehen von Flachglas und Rohr gibt es im allgemeinen keine besonderen Kühlöfen, sondern die Entspannungskühlung wird in den Ziehschächten oder in der Ziehbahn vorgenommen. Floatglasanlagen und Walzanlagen benutzen Rollenkühlöfen, die auch Kühlbänder genannt werden.

Als *Kühlkurve* bezeichnet man entweder die Abhängigkeit der Temperatur des Glases von der Zeit t während des ganzen Kühlprozesses oder die Abhängigkeit der Temperatur des Glases von der Ortskoordinate x in Richtung der Glasbewegung durch den Kühlofen oder durch den Ziehschacht usw.

Ist w die Bewegungsgeschwindigkeit des Glases, so kann man beide Abszissenmaßstäbe durch

$$x = w \cdot t \qquad (240)$$

leicht ineinander umrechnen.

Abb. 90 zeigt einige einfache schematisierte Varianten für Kühlkurven.

Wir diskutieren sie im folgenden nacheinander.

Kühlkurve 1

Aus der Formgebung heraus wird mit der Kühlgeschwindigkeit v_{K1} gekühlt, im Kühlbereich

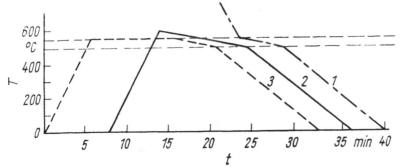

Abb. 90 Kühlkurven, schematisch

wird v_{K2} und unter der unteren Kühltemperatur v_{K3} gefahren.

v_{K1} ist beliebig und richtet sich nach den technischen Möglichkeiten, u. U. gibt es anderweitige Beschränkungen, aus der Spannungsbildung ergeben sich keine.

v_{K2} berechnet man nach zu

$$v_{K2} = \frac{\sigma_{aK}}{\Psi M s^2} \tag{241}$$

Darin bedeutet nun σ_{aK} die in der Glasoberfläche zugelassene Kühlspannung.

Wir betrachten ein Zahlenbeispiel. Für ein Alkali-Erdalkali-Silikatglas sei die obere Kühltemperatur 550 °C, die untere Kühltemperatur soll 500 °C betragen. Wir rechnen mit folgenden Stoffwerten:

E $= 8 \cdot 10^4$ N mm^{-2}
μ $= 0,22$
ϱ $= 2\,400$ kg m^{-3}
λ_{eff} $= 2,7$ W m^{-1} K^{-1} (im Kühlbereich)
λ $= 0,9$ W m^{-1} K^{-1}
c $= 0,9$ kJ kg^{-1} K^{-1}

α $= 10^{-5}$ K^{-1}

Daraus errechnet sich $M_K = 0,8 \cdot 10^{12}$ N s K^{-1} m^{-4} im Kühlbereich und bei tiefen Temperaturen $M_0 = 2,4 \cdot 10^{12}$ N s K^{-1} m^{-4}.

Lassen wir eine Kühlspannung von $\sigma_{aK} = 1,5$ N mm^{-2} in der Glasoberfläche zu und betrachten wir eine Platte mit der Dicke $s = 6$ mm (Formfaktor $\Psi = 0,33$ nach Tabelle 25), so folgt aus (241) $v_{K2} = 9,4$ K min^{-1}.

Beim Überschreiten dieser Kühlgeschwindigkeit ist mit unzulässig großen Kühlspannungen zu rechnen. Bei einer Breite des Kühlbereichs von 50 K benötigt man für seine Durchquerung etwa 5,3 min.

v_{K3} kann größer gewählt werden, denn die Abkühlgeschwindigkeit außerhalb des Kühlbereichs ist für die Kühlspannungen ohne Belang. Man muß nur darauf achten, daß das Glas während der Abkühlung nicht infolge temporärer Spannungen zu Bruch geht. Die dafür zulässige Abkühlgeschwindigkeit kann ebenfalls nach Gl. (239) berechnet werden:

$$v_{K3} = v_{K2} + \frac{\sigma_a}{\Psi M s^3} \tag{242}$$

Tabelle 25 Formfaktoren für die Spannungsberechnung bei der Erwärmung mit konstanter Aufheizgeschwindigkeit

Körper	Formfaktor
Platte (zweiseitige Erwärmung s = Plattendicke)	$1/3$
Zylinder (s = Radius)	$1/6$
Rohr (Erwärmung von außen) s = R_a	$\dfrac{1}{12}\left[2 - \dfrac{R_i}{R_a} + \dfrac{R_i^2}{R_a^2}\left(6\,\dfrac{\ln\dfrac{R_a}{R_i}}{\dfrac{R_a}{R_i} - 1} - 7 \right)\right]$
Hohlkugel s = R_a	$\dfrac{1}{18}\left[2 - \dfrac{R_i}{R_a} - \dfrac{R_i^2}{R_a^2}\left(6\,\dfrac{\ln\dfrac{R_a}{R_i}}{\dfrac{R_a}{R_i} - 1} + 1 \right) + 6\,\dfrac{R_i^3}{R_a^3}\right]$

nur ist jetzt unter σ_a die maximal zulässige temporäre Spannung zu verstehen. Bei Abkühlung ist sie eine Zugspannung. Man muß mit σ_a also unter der Zugfestigkeit bleiben, z. B. $\sigma_a =$ 20 N mm^{-2} setzen.

Bei einer Glasdicke von 6 mm kommt man auf $v_{K3} \approx$ 70 K min^{-1}, also auf eine Abkühlzeit von der unteren Kühltemperatur von etwa 12 min.

Beim Überschreiten dieser Abkühlgeschwindigkeit ist mit Kühlbruch zu rechnen.

Kühlkurve 2

Die kalten (schlecht gekühlten) Erzeugnisse sind über die obere Kühltemperatur zu erwärmen, danach gleicht die Kühlkurve der Kühlkurve 1.

v_{H1} hängt davon ab, wie stark verspannt die schlecht gekühlten Erzeugnisse sind. Die vorhandenen Kühlspannungen und die beim Aufheizen entstehenden temporären Spannungen sind beide außen Druckspannungen. Wird 100 N mm^{-2} gerade noch ertragen und beträgt z. B. die Kühlspannung bereits 40 N mm^{-2}, so kann man noch $\sigma_a =$ 60 N mm^{-2} für die temporären Spannungen beim Aufheizen zulassen. Damit kommen wir in unserem Zahlenbeispiel bei 6 mm Glasdicke auf $v_H =$ 2,1 K s^{-1} und 290 s. Je schlechter gekühlt das Glas vorliegt, um so vorsichtiger muß man es im Kühlofen erwärmen.

Kühlkurve 3

Die kalten (schlecht gekühlten) Erzeugnisse sind auf eine Temperatur im Kühlbereich zu bringen, dort eine Zeit zu halten und danach abzukühlen.

Die Erwärmung erfolgt nach den gleichen Gesichtspunkten wie bei der Kühlkurve 2. Die Haltezeit muß bei der oberen Kühltemperatur 10 bis 15 min betragen, da nach dieser Zeit die Entspannung erfolgt ist. Die Abkühlgeschwindigkeiten ermittelt man wie für die Kühlkurven 1 und 2.

Da man bei geformten Erzeugnissen eine Deformation des Glases beim Überschreiten der oberen Kühltemperatur befürchten muß, wird man in allen solchen Fällen die Kühlkurve 3 der Kühlkurve 2 vorziehen. Gelegentlich legt man die Haltetemperatur zwischen die obere und die untere Kühltemperatur. Dann verlängert sich die für die Entspannung erforderliche Haltezeit. Obwohl die Gesetze der MAXWELLschen Spannungsrelaxation ausreichend bekannt sind, fehlt für diesen Fall die Berechnungsgrundlage, weil man nicht ohne weiteres die Relaxationszeit als Funktion der Temperatur für ein konkretes Glas angeben

kann. Für die Bestimmung der notwendigen Haltezeit muß man also Kühlversuche machen. Die diskutierten und in Abb. 90 dargestellten Kühlkurven geben die maximal möglichen Änderungsgeschwindigkeiten der Glastemperatur wieder. In praktischen Kühlöfen usw. lassen sich derartige geknickte Temperatur-Zeit-Kurven nicht realisieren.

Bei Kühlkurve 1 muß man die für den Kühlbereich beabsichtigte Kühlgeschwindigkeit schon rechtzeitig vor dem Erreichen der oberen Kühltemperatur einhalten. Unterhalb der unteren Kühltemperatur wird zunächst noch dieselbe Kühlgeschwindigkeit vorhanden sein, die nur allmählich zu vergrößern sein wird. Bei niedrigerer Temperatur wird sich die Kühlkurve erheblich abflachen.

Bei Kühlkurve 3 wird während der Erwärmung sowohl am Anfang als auch am Ende nur ein geschwungener Kurvenverlauf realisiert werden können, der also einen überwiegend langsameren Erwärmungsvorgang darstellt als in Abb. 90. Für den Abkühlvorgang innerhalb des Kühlbereiches gibt es eine Methode, einen realistischeren Kurvenverlauf vorzugeben. Ist n eine beliebige gerade Zahl von Zwischenpunkten, die den Kühlbereich in n + 1 gleich große Abschnitte einteilt, und ist v_K die berechnete Kühlgeschwindigkeit, so schreibt man vor:

Für den ersten Abschnitt

$$v_{K1} = \frac{2}{3}\, v_K \tag{243}$$

für den zweiten Abschnitt

$$v_{K2} = \frac{2n}{3n-2}\, v_K \tag{244}$$

für den dritten Abschnitt

$$v_{K3} = \frac{2n}{3n-4}\, v_K \tag{245}$$

für den vierten Abschnitt

$$v_{K4} = \frac{2n}{3n-6}\, v_K \tag{246}$$

für den fünften Abschnitt

$$v_{K5} = \frac{2n}{3n-8}\, v_K \tag{247}$$

usw.

Ein weiteres Problem ist die Wahl der Bedingungen im Kühlofen, Kühlschacht usw., die zu den beabsichtigten Glastemperaturen führen. Die einzelnen Ofenzonen müssen entsprechend den gewünschten Temperaturänderungen des Glases und dem Wärmeübergang zum Glas dimensioniert werden. Schwierigkeiten gibt es dabei hauptsächlich bei der Realisierung großer und rasch wechselnder Wärmeübertragung.

Bei der Kühlung von Stückware wirkt sich eine lange Kühlzeit nicht unbedingt auf die Länge des Kühlofens aus, weil man mit dem Querschnitt und der Bandgeschwindigkeit variieren kann. Bei der Kühlung von Glaserzeugnissen, die im Kühlofen dicht gepackt sind, muß man allerdings u. U. viel langsamere Kühlung hinnehmen, als sich aus der Wanddicke der Erzeugnisse ergibt. Bei dichter Packung sind womöglich die Eigenschaften der Packung wesentlicher als die Eigenschaften der Wandung der Produkte.

Bei der Kühlung von Strängen, wie sie bei der Herstellung von Flachglas und Rohr anfallen, wird die Länge des Kühlofens, der Ziehbahn oder des Ziehschachts maßgeblich von der Produktionsgeschwindigkeit und der maximal zulässigen Kühlgeschwindigkeit bestimmt. Vertikalziehanlagen sind davon besonders hart betroffen, weil Bauhöhe immer wesentlich teurer ist als Baulänge.

Bei der Kühlung von Strängen kann als Fehler eine Unsymmetrie der Kühlbedingungen auftreten, die eine Strangkrümmung zur Folge hat. Deshalb werden rotationssymmetrische Stränge (Rohre und Stäbe) auf horizontalen Ziehbahnen immer gedreht.

Beim Flachglas können zusätzlich Änderungen der Kühlbedingungen quer zur Ziehrichtung auftreten, oft ist dies wegen der abweichenden Bortenkühlung ohnehin der Fall. Treten außerdem unterschiedliche Kühlbedingungen auf den beiden Seiten des Blatts auf, so entstehen Wölbungen des Blatts. Sie sind besonders gefährlich, weil auf oder zwischen den Transportwalzen bei gewölbtem Strang leicht Bruch auftritt.

3.6.1.5 Thermisches Verfestigen

Die oberflächliche Druckverspannung bei raschem Abkühlen (Kühlspannung) hat einen festigkeitssteigernden Effekt, wenn es gelingt, in dem Glasgegenstand eine gleichmäßige Verspannung zustande zu bringen. Solange bei der Bela-

stung eines solchen Gegenstands in der Glasoberfläche noch Druckspannungen vorliegen, ist mit einem Bruch nicht zu rechnen, sondern erst dann, wenn der aus der Belastung resultierende Zug größer als die Druckvorverspannung ist.

Die gezielte gleichmäßige Druckverspannung der Glasoberfläche bezeichnet man auch als Härten des Glases.

Dazu wird das Glas bis in den Transformationsbereich erwärmt und danach abgeschreckt. Das Abschrecken kann mit Luftduschen (vorwiegend beim Verfestigen von Flachglas, bei der Herstellung von sog. *Einscheibensicherheitsglas*) oder durch Untertauchen in einem Ölbad (vorwiegend bei Hohlglas) vorgenommen werden.

Vorschriftsmäßig verfestigtes Einscheibensicherheitsglas weist etwa 3fache Festigkeit auf und zerspringt bei tieferreichender Verletzung als die Dicke der Druckspannungszone in möglichst würfelige Bruchstücke (*Krümelbruch*). Dadurch sollen Verletzungen durch Spieße und Kanten bei einer Havarie vermieden werden. Einscheibensicherheitsglas wird für die Verglasung von Fahrzeugen und Verkleidung von Fassaden verwendet.

3.6.2 Stabilisieren

Die strukturellen Vorgänge bei der Stabilisierung von Glas sind in Abschnitt 1.1.7 (S. 22) erklärt und sollten dort nachgelesen werden.

Infolge der Metastabilität des Glaszustands unterliegen Gläser einer ständigen Strukturveränderung, eben der Stabilisierung. Der Stabilisierungsprozeß verläuft bei Raumtemperatur so langsam, daß nur wenige Auswirkungen mit technischer Bedeutung sichtbar werden. Bei erhöhter Temperatur (unterhalb der Transformationstemperatur!) verläuft die Stabilisierung schneller und kann für die Beeinflussung der Glaseigenschaften (um geringe Beträge) technisch ausgenutzt werden.

Feinkühlung optischer Gläser

Optische Gläser müssen besonders sorgfältig entspannt werden, denn durch Kühlspannungen hervorgerufene Doppelbrechung kann natürlich die Qualität der aus ihnen hergestellten optischen Geräte beeinträchtigen, besonders wenn es sich um polarisationsoptische Geräte handelt.

Die Brechzahl des Glases ist für optische Zwecke bis zur 4. Stelle hinter dem Komma von

Bedeutung. In diesem Bereich ist die Brechzahl von dem Stabilisierungszustand des Glases abhängig. Deshalb ist für die Herstellung optischer Gläser nicht nur eine definierte Wärmebehandlung für eine gute Entspannung vonnöten, sondern darüber hinaus besteht die Möglichkeit, durch die Wärmebehandlung die Brechzahl des Glases zu beeinflussen. Für das Schott-Glas BaK4 zeigt Tabelle 26 die Beeinflußbarkeit der Brechzahl von der Kühlgeschwindigkeit.

Tabelle 26 Brechzahlerhöhung beim Tempern eines abgeschreckten optischen Glases (BaK4)

Kühlgeschwindigkeit in K h^{-1}	Brechzahlerhöhung durch Kühlung in 10^{-4}
10	24,1
8	25,0
5	26,4
2,5	28,9
0,6	34,4
0,4	35,7

Mißt man an einer abgeschreckten Probe von einer Charge (z. B. von einer Hafenschmelze) die Brechzahl $n_D = 1{,}5660$, obwohl die Brechzahl $n_D = 1{,}5685$ als Sollwert erreicht werden muß, so hat man diese Charge mit einer Kühlgeschwindigkeit von 8 K h^{-1} zu kühlen.

Es sei nochmals betont, daß dieses Feinkühlen oder Brechzahlkühlen mit den Kühlspannungen nichts zu tun hat.

Alterung von Thermometern

Flüssigkeitsthermometer zeigen den sog. säkularen Nullpunktanstieg. Im Laufe der Zeit steigt der Eispunkt dieser Thermometer an, was bei nicht weiter behandelten gewöhnlichen Gläsern bis zu etwa 20 K in einigen Jahren ausmachen würde. Die Geschwindigkeit des Nullpunktanstiegs nimmt im Laufe der Zeit ab. Dieser Effekt ist ein Stabilisierungsvorgang, das Glas kontrahiert sich, indem es einen stabileren Strukturzustand einnimmt. Bei Gläsern mit nur einem Alkalioxid ist der Effekt nur etwa halb so groß, und

gut gealterte Thermometer aus speziellen Thermometergläsern erreichen einen jährlichen Nullpunktanstieg um 0,01 bis 0,02 K je Jahr.

Das Altern der Thermometergläser nimmt man als mehrstündige Wärmebehandlung unterhalb des Transformationsbereichs vor.

3.6.3 Entmischen

In Gläsern sind sehr vielfältige Entmischungserscheinungen möglich. Einige laufen bei der normalen Entspannungskühlung oder sogar schon bei viel rascherer Abkühlung spontan ab, so daß von einer Nachbehandlung im engeren Sinne nicht gesprochen werden kann. Dazu gehören z. B. die Trübung von fluorgetrübtem Opalglas und die Ausbildung einiger Molekülfarben, die unter geeigneten Bedingungen schon bei natürlicher Abkühlung sichtbar werden. Manchmal sind solche Entmischungserscheinungen durch nachträgliche Wärmebehandlung kaum erkennbar zu beeinflussen. Die Entglasung ist eine meist unerwünschte Entmischungserscheinung, die überwiegend schon vor der Entnahme des Glases aus dem Ofen entsteht.

Färben von Anlaufgläsern

Bei einigen Farbgläsern bildet sich die gewünschte Färbung erst durch eine gezielte Wärmebehandlung aus. Es sind dies zwei Gruppen von Farben, die sog. Rubingläser, deren Färbung durch Lichtstreuung hervorgerufen wird, und die Molekülfärbung vor allem durch II-VI-Verbindungen (vgl. Abschnitt 1.2.3.5).

In beiden Fällen sind kristalline Ausscheidungen aus übersättigter Lösung zu erzeugen, wobei das Glas als Lösungsmittel zu betrachten ist und die ausgeschiedenen Teilchen für den gewünschten Farbeffekt ohne Trübung eine bestimmte Größe nicht überschreiten dürfen. Solche Gläser haben Absorptionskanten, die sich im Laufe der Wärmebehandlung verschieben und aufrichten. Im allgemeinen bedeutet diese Kantenveränderung während der Wärmebehandlung eine Qualitätsverbesserung der Gläser. Vor allem bei den Molekülfarben kann man durch definierte Wärmebehandlung auch die verschiedene Kantenlage zur Herstellung einer nahezu kontinuierlichen Farbglaspalette ausnutzen.

Werden die Farbzentren bei der Wärmebehandlung zu groß, so entsteht eine Trübung des Farbglases, es wird lebrig. Diese Erscheinung ist im allgemeinen unerwünscht. Will man farbige Trübgläser herstellen, so führt man in das Glas außer dem Farbstoff auch ein Trübungsmittel ein.

Die Anlauffarben erzeugt man vorzugsweise in dem Temperaturbereich unterhalb der Temperatur der maximalen Kristallwachstumsgeschwindigkeit, wo die Keimbildungsgeschwindigkeit noch endliche Werte hat, aber die Kristallwachstumsgeschwindigkeit möglichst klein ist. Durch eine Wärmebehandlung in diesem Temperaturgebiet trachtet man danach, viele Kristallkeime zu erzeugen, die nur langsam wachsen. Dadurch hat man einen langen Zeitraum bis zum Lebrigwerden des Glases, und man kann bei dem gewünschten Anlaufzustand die Behandlung abbrechen, ohne den Zeitpunkt dafür besonders eng tolerieren zu müssen.

Technische oder dekorative Erzeugnisse werden meist bei höherer Temperatur in kürzerer Zeit (20 bis 60 min) gefärbt. Optische Farbgläser tempert man bei niedrigerer Temperatur in längerer Zeit (12 bis 48 h).

Anlaufgläser werden nach der Herstellung zunächst rasch gekühlt, ohne anzulaufen. Bei einer Erwärmung über den Ausscheidungsbereich hinaus werden sie lebrig, danach aber wieder farblos. Für die Anlaufkinetik spielt natürlich die Farbstoffkonzentration im Glas eine Rolle. Für den Farbeffekt ist aber nur die Konzentration und die Teilchengröße des ausgeschiedenen Farbstoffs maßgeblich.

Gesteuerte Kristallisation

Zur Herstellung von ganz oder partiell kristallisierten Erzeugnissen (Vitrokerame) aus Gläsern ist eine definierte Entglasung herbeizuführen. Definierte Entglasungszustände lassen sich am besten durch eine zweistufige Wärmebehandlung in der Weise herstellen, daß das Glas nacheinander bei der Temperatur der maximalen Keimbildungsgeschwindigkeit und bei der Temperatur der maximalen Kristallwachstumsgeschwindigkeit gehalten wird. Beim ersten Tempern kann man mit der Haltezeit die Zahl der Kristalle bestimmen, während die Größe der Kristalle durch die Haltezeit beim zweiten Tempern festgelegt wird. Je weiter die Maxima der Keimbildungs- und der Kristallwachstumsgeschwindigkeit auseinander liegen, um so sicherer lassen sich die beiden Prozesse steuern.

Im realen technischen Prozeß gelingt es nicht, in allen Zonen eines Gegenstands völlig gleiche

Wärmevergangenheiten und völlig identischen Kristallisationszustand zu erreichen. Durch die thermische Trägheit, die um so größer ist, je größer die herzustellenden Artikel sind, erfolgen alle Temperaturänderungen allmählich und mit einer Zeitverschiebung zwischen oberflächennahen und inneren Zonen. Dadurch sind weder völlig einheitliche Kristallgrößen an einer Stelle noch gleiche Kristallzahlen und -größenverteilungen an verschiedenen Stellen zu erreichen.

Dies scheint um so eher möglich, je langsamer Keimbildung und Kristallwachstum ablaufen, je mehr Zeit also der Entglasungsprozeß verlangt. Dies kann man durch die geeignete Wahl der Behandlungstemperaturen neben den Geschwindigkeitsmaxima beeinflussen.

Schwieriger ist eine beabsichtigte zonare Kristallisation zu erreichen, weil dazu instationäre Erwärmungs- und Abkühlungsvorgänge ausgenutzt werden müßten.

3.6.4 Diffusionsbehandeln

Für eine Diffusionsbehandlung bietet sich vor allem ein Austausch der Alkaliionen der Gläser an, weil ihre Diffusionskoeffizienten deutlich größer als die aller anderen Glasbestandteile sind. Bisher werden nur der Austausch verschiedener Alkaliionen untereinander und der Austausch von Alkaliionen gegen Silberionen technisch genutzt.

Chemisch Verfestigen

Bei der Behandlung eines Li_2O-Glases in einer Natriumsalzschmelze und bei der Behandlung eines Na_2O-Glases in einer Kaliumsalzschmelze diffundieren Li- bzw. Na-Ionen aus dem Glas heraus in die Salzschmelze hinein und Na-Ionen bzw. K-Ionen von der Salzschmelze in das Glas hinein. In beiden Fällen erreicht man in der oberflächennahen Glasschicht einen teilweisen Austausch der Alkaliionen in der Weise, daß das kleinere Ion das Glas verläßt und das größere Ion seinen Platz einnimmt. In beiden Fällen tritt also eine Volumenvergrößerung der vom Ionenaustausch betroffenen Glasschichten ein, wodurch sich diese Oberflächenschichten unter Druckspannung setzen.

Der Ionenaustausch ist um so besser möglich, je höher die Temperatur der Salzbehandlung ist. Um so schneller läuft aber auch die Spannungsrelaxation infolge der niedrigeren Glasviskosität ab. Darum gibt es eine optimale Temperatur für die Salzbadbehandlung, die zu maximaler Druckspannung und dadurch zu maximaler Verfestigung führt.

Beim Abkühlen des Glases von der Salzbadtemperatur auf Raumtemperatur verringern sich die erreichten Spannungen etwas wegen des zugleich und in diesem Sinne veränderten Ausdehnungskoeffizienten. Man mache sich die Zusammenhänge anhand der Faktoren V_i und α_i aus Tabelle 29 klar.

Man erreicht eine Verfestigung um den Faktor 5 bis 10 und im Vergleich zum thermischen Verfestigen wesentlich dünnere Druckspannungszonen.

Beizen

Beim Beizen versieht man die Glasoberflächen mit einer Paste, die neben organischen reduzierend wirkenden Mitteln Salze von Gold, Silber oder Kupfer enthält. Bei einer Wärmebehandlung in der Nähe des Transformationsbereichs laufen drei verschiedene Vorgänge ab:

- Gold-, Silber- oder Kupferionen diffundieren im Austausch gegen Alkaliionen in das Glas

- Gold-, Silber- oder Kupferionen werden zum Element reduziert

- beim Überschreiten der Sättigungskonzentration beginnt eine Kristallisation von elementarem Gold, Silber oder Kupfer, die durch Streulichteffekt eine Rubinfärbung hervorruft.

Man stellt auf diese Weise sowohl flächenhafte Färbungen als auch Beschriftungen und dergleichen auf Glasoberflächen her.

3.6.5 Schäumen

Schaumglas wird industriell fast ausschließlich nach dem Pulverfahren unter Verwendung von Kohlenstoff als Schäummittel hergestellt. Das Prinzip dieses Verfahrens ist folgendes: Ein meist speziell für diesen Zweck erschmolzenes Alkali-Erdalkali-Silikatglas mit besonders hohem SO_3-Gehalt wird zusammen mit Kohlenstoff, z. B. Ruß, vermahlen. Dieses Pulver wird in Stahlformen gefüllt und in einem Ofen erwärmt. Bei ungefähr 10^9 bis 10^8 Pa s sintert das Glas zunächst zusammen und schließt den fein verteilten Kohlenstoff ein. Über 740 °C reagiert der Kohlenstoff mit dem im Glas enthaltenen Sulfat nach der Gleichung

$$2\ C + Na_2SO_4 \rightarrow 2\ CO_2 + Na_2S$$

Das Sulfid verbleibt in der Glasstruktur, das sich entwickelnde gasförmige CO_2 führt zur Blasen- bzw. Schaumbildung, sofern das Glas während der Gasentwicklung eine Viskosität von 10^6 bis 10^5 Pa s erreicht.

Die wichtigste Forderung an das Ausgangsglas ist die nach möglichst hohem Sulfatgehalt. Man erreicht kaum höhere SO_3-Gehalte als 0,6% im Glas. Noch höhere Sulfatzugaben zum Gemenge hätten Gallebildung zur Folge. Im Interesse eines hohen SO_3-Gehaltes im Glas achtet man auf oxidierende Ofenatmosphäre während der Schmelze. Da die Sulfatverluste aus der Schmelze um so größer sind, je höher die Ofentemperatur ist, schmilzt man nicht über 1 500 °C Gewölbetemperatur.

Die erste Zerkleinerung des Rohglases geschieht durch Fritten. Dadurch wird die anschließende Mahlung erleichtert. Das Glas wird zusammen mit Ruß (oder einem anderen Kohlenstoffrohstoff) auf < 0,1 mm Korngröße bzw. > 6 000 cm²/g spezifische Oberfläche gemahlen. Der C-Gehalt des Mahlguts beträgt ≈ 0,2%. Diese Konzentration liefert für die Reaktion mit dem im Glas enthaltenen SO_3 einen gewissen C-Überschuß.

Die CO_2-Entwicklung soll erst nach dem vollständigen Dichtsintern beginnen. Obwohl die Reaktion schon bei 740 °C beginnt, erwärmt man auf ≈ 800 °C, weil für das Aufschäumen das Glas ausreichend niedrige Viskosität haben muß. Aus der erreichten Höhe bzw. Dichte des Glasschaumes kann man schließen, daß der Umsatz des SO_3 bzw. des Kohlenstoffs kaum 50% überschreitet. Der im Glas infolge dieser Reaktion entstehende Sulfidschwefel führt zu einer intensiven Kohlegelbfärbung des Glases. Darum ist Schaumglas tiefbraun.

Außer CO_2 sind in den Poren des Schaumglases noch CO, H_2 und H_2S enthalten. Letzteres verursacht schon beim Öffnen nur weniger einzelner Poren deutlich wahrnehmbaren Geruch. Man erklärt die Anwesenheit dieser Gase durch die Reaktionen

$$C + H_2O \rightarrow CO + H_2$$
$$Na_2S + H_2O \rightarrow Na_2O + H_2S$$

Das für diese Reaktionen benötigte Wasser stammt aus den Absorptionshüllen der Pulverteilchen und aus dem im Ausgangsglas gelösten

Wasser. Die zur Stabilisierung des Schaumglases durchgeführte Absenkung der Temperatur betrifft zunächst nur eine Oberflächenschicht des Blocks, denn in geschäumtem Zustand ist die Wärmeleitfähigkeit mit $0,06 \, W \, m^{-1} \, K^{-1}$ etwa 20mal kleiner als die von massivem Glas. Diese Erstarrung des Schaumglasblocks an der Oberfläche genügt aber, um ein Zusammenfallen des Schaums beim nachfolgenden Abkühlen auch der inneren Partien zu verhindern.

Die Entspannungskühlung der Schaumglasblöcke erfordert wegen der 20mal kleineren Wärmeleitfähigkeit etwa 20mal längere Zeit als die gleich großer Erzeugnisse aus massivem Glas. Die üblichen Kühlzeiten von bis 12 Stunden bedeuten also keine besonders langsame Kühlung.

4 Glastechnische Berechnungen

4.1 Eigenschaften

4.1.1 Dichteberechnung nach Huggins und Sun

Die Berechnung erfolgt nach folgendem Schema:

1. Auflisten der im Glas enthaltenen Komponenten (Glasoxide) i
2. Auflisten der Massenprozente y_i
3. Auflisten der Molmassen M_i nach Tabelle 27
4. Auflisten der Zahl n_i der Sauerstoffatome im Molekül des Glasoxids R_mO_n
5. Berechnen der Größen y_in_i/M_i
6. Berechnen von $\Sigma y_in_i/M_i$
7. Berechnen von

$$N_{Si} = \frac{y_{SiO_2}}{M_{SiO2} \cdot \Sigma \dfrac{y_in_i}{M_i}} \qquad (248)$$

(Verhältnis der Zahl der Si-Atome zur Zahl der O-Atome im Glas)

8. Festlegung des N_{Si}-Bereichs nach der Kopfzeile von Tabelle 27 für die im Glas enthaltenen Glasoxide.
10. Berechnen der Produkte a_ic_i
11. Berechnen von $1/\varrho = \Sigma a_iy_i$
12. Berechnen der Dichte ϱ durch Kehrwertbildung. Man erhält die Dichte in g cm^{-3}

Komplikationen gibt es nur für B_2O_3. Hier werden unterschiedliche a_i vorgeschrieben je nach der im Glas vorliegenden Koordinationszahl des Bors. Man kann davon ausgehen, daß immer Viererkoordination des Bors vorliegt, wenn das Molverhältnis $B_2O_3 : R_2O$ kleiner als 1 ist. Ist dieses Verhältnis größer als 1, so sollte man für den Teil B_2O_3, der über ein Molverhältnis B_2O_3 von 1 hinausgeht, die Dreierkoordination des Bors annehmen. Tabelle 28 zeigt ein Beispiel für eine Dichteberechnung nach dieser Methode.

4.1.2 Methode von Appen

Die Methode von Appen dient zur Berechnung der Dichte des mittleren linearen Ausdehnungskoeffizienten, der Brechzahl und der mittleren Dispersion. Diese Methode geht von der molaren Zusammensetzung des Glases aus. Da in der Praxis meist mit Masseprozenten gerechnet wird, muß die Zusammensetzung von Massenbrüchen in Molenbrüche (bzw. -prozente) umgerechnet werden:

$$x_i = \frac{\dfrac{y_i}{M_i}}{\sum\limits_{j=1}^{n} \dfrac{y_i}{M_i}} \qquad (249)$$

Wird eine Eigenschaft g aus den Molenbrüchen mit einem linearen Ansatz

$$g = \sum_{i=1}^{n} \alpha_i x_i \qquad (250)$$

unter Verwendung der Koeffizienten α_i berechnet, so gilt wegen obiger Umrechnung von Masse- in Molprozente

$$g = \frac{\sum\limits_{i=1}^{n} \alpha_i \dfrac{y_i}{M_i}}{\sum\limits_{i=1}^{n} \dfrac{y_i}{M_i}} \qquad (251)$$

Nach dieser Beziehung werden der Ausdehnungskoeffizient, die Brechzahl und die Dispersion berechnet (Koeffizienten in den Tabellen 29 bis 35). Für die Berechnung der Dichte benutzt Appen einen anderen Ansatz.

4.1.2.1 Berechnung der Dichte

Zur Berechnung der Dichte nach Appen wird der Ansatz

Tabelle 27 Koeffizienten a_i für die Dichteberechnung nach HUGGINS und SUN

1	2	3	4	5	6	7
i	M_i	a_i für $N_{Si}=$ 0.270–0.345	a_i für $N_{Si}=$ 0.345–0.400	a_i für $N_{Si}=$ 0.400–0.4375	a_i für $N_{Si}=$ 0.4375–0.500	Bemerkungen
Li$_2$O	29,88	0,452	0,402	0,350	0,261	
Na$_2$O	61,98	0,373	0,349	0,324	0,281	
K$_2$O	94,20	0,390	0,374	0,357	0,329	
Rb$_2$O	186,94	0,266	0,258	0,250	0,235	
BeO	25,01	0,348	0,289	0,227	0,120	
MgO	40,31	0,397	0,360	0,322	0,256	
CaO	56,08	0,285	0,259	0,231	0,184	
SrO	103,62	0,200	0,186	0,171	0,145	
BaO	153,34	0,142	0,132	0,122	0,104	
B$_2$O$_3$	69,62	0,791	0,727	0,661	0,546	K.-Z.3
B$_2$O$_3$	69,62	0,590	0,526	0,460	0,345	K.-Z.4
Al$_2$O$_3$	101,96	0,462	0,418	0,372	0,294	
SiO$_2$	60,09	0,4063	0,4281	0,4409	0,4542	
TiO$_2$	79,90	0,319	0,282	0,243	0,176	
ZrO$_2$	123,22	0,222	0,198	0,173	0,130	
Bi$_2$O$_3$	465,96	0,105	0,0958	0,0858	0,0687	
ZnO	81,37	0,205	0,187	0,168	0,135	
CdO	128,40	0,138	0,126	0,114	0,0935	
Tl$_2$O	424,74	0,122	0,118	0,115	0,108	
PbO	223,19	0,106	0,0955	0,0926	0,0807	

$$\frac{1}{\varrho} = \sum_{i=1}^{n} \overline{V}_i \cdot \frac{y_i}{M_i} \qquad (252)$$

benutzt.

Man rechnet nach folgendem Schema:

1. Auflisten der im Glas enthaltenen Komponenten (Glasoxide) i
2. Auflisten der Zusammensetzung in Masseprozenten ($y_i \cdot 10^2$)

3. Auflisten der Molmassen M_i nach Tabelle 29
4. Berechnen der Quotienten y_i/M_i
5. Addition der Quotienten y_i/M_i
6. Berechnen der Molprozente $x_i \cdot 10^2$ nach Gleichung (252)
7. Auflisten der Koeffizienten $\overline{V}_i$ nach Tabelle 29
8. Berechnen der Werte für α_i (y_i/M_i)
9. Addition dieser Werte

Tabelle 28 Beispiel für die Berechnung der Dichte eines Glases nach HUGGINS und SUN

1	2	3	4	5	9	10
i	$c_i \cdot 10^2$	M_i	n_i	$c_i n_i / M_i \cdot 10^2$	a_i	$a_i c_i \cdot 10^2$
SiO_2	72,1	60,1	2	2,40	0,441	31,8
Na_2O	14,8	62,0	1	0,24	0,324	4,8
CaO	10,8	56,1	1	0,19	0,231	2,5
Al_2O_3	2,1	102,0	3	0,06	0,372	0,8
6	$\sum c_i n_i / n_i =$			2,89	11 $\sum a_i c_i = 39,9$	
7	$\sum N_{Si} = 72,1/(60,1\cdot 2,89) = 0,415$				12 $\varrho = 1/\sum a_i c_i$	
8	$N_{Si} = 0,415$ entspricht Spalte 5 in Tabelle 27				$= 2,51$ g cm^{-3}	

10. Berechnung der Dichte durch Bildung des Kehrwertes dieser Summe

Die erhaltenen Dichtewerte sollen für 20 °C richtig sein, die Rechnung liefert den Zahlenwert für die Dichte in g cm^{-3}. In Tabelle 36 ist eine Dichteberechnung nach diesem Rechenschema ausgeführt.

4.1.2.2 Berechnung des Ausdehnungskoeffizienten

Die Rechnung liefert den Zahlenwert für den mittleren linearen Ausdehnungskoeffizienten zwischen 20 °C und 400 °C in 10^{-7} K^{-1}. Man benutzt die Gleichung und rechnet nach folgendem Schema:

1. Auflisten der im Glas enthaltenen Komponenten (Glasoxide) i
2. Auflisten der Zusammensetzung in Masseprozenten ($y_i \cdot 10^2$)
3. Auflisten der Molmassen M_i nach Tabelle 29
4. Berechnen der Quotienten y_i/M_i
5. Addition der Quotienten y_i/M_i
6. Berechnen der Molprozente $x_i \cdot 10^2$ nach Gleichung (249)
7. Auflisten der Koeffizienten nach α_i nach Tabelle 29
8. Berechnen der Werte für $\alpha_i \cdot (y_i/M_i)$
9. Addition dieser Werte
10. Berechnen des Ausdehnungskoeffizienten mit Gleichung (251)

4.1.2.3 Berechnung der Brechzahl und der Dispersion

Die Berechnung erfolgt in völliger Analogie und nach dem gleichen Rechenschema wie die Berechnung des Ausdehnungskoeffizienten nach Abschnitt 4.1.2.2. Die in Tabelle 29 angegebenen Koeffizienten führen auf die Brechzahl n_D bei 20 °C bzw. auf die mittlere Dispersion $d = n_F - n_C$ bei 20 °C in 10^{-5}.

4.1.3 Berechnung der Wärmekapazität nach SHARP und GINTHER

Mit den in Tabelle 37 angegebenen Koeffizienten p_i und q_i kann man bequem sowohl die mittlere als auch die wahre spezifische (massebezogene) Wärmekapazität für Temperaturen bis T = 1 300 °C berechnen. Man benutzt dazu die Ausdrücke

$$c_p = \frac{(2 + a \cdot T) \cdot T \cdot p + q}{(1 + a \cdot T)^2} \qquad (253)$$

bzw.

$$\bar{c}_p = \frac{(T_1 + T_2 + a \cdot T_1 \cdot T) \cdot p + q}{(1 + a \cdot T_1) \cdot (1 + a \cdot T_2)} \qquad (254)$$

Darin bedeuten a = 0,00146 und

$$p = \sum_{i=1}^{n} p_i y_i \quad \text{und} \quad q = \sum_{i=1}^{n} q_i y_i \qquad (255)$$

Tabelle 29 Koeffizienten für die Eigenschaftsberechnung nach Appen

1	2	3	4	5	6	7
i	M_i	$\overline{V}_i$	$\overline{\alpha}_i$	$\overline{n}_i$	$\overline{d}_i$	Gültigkeit für Mol-%
Li_2O	29,9	Tab.30	Tab.30	Tab.30	Tab.30	0 ... 30
Na_2O	62,0	Tab.30	Tab.30	Tab.30	Tab.30	0 ... 25
K_2O	94,2	Tab.30	Tab.30	Tab.30	Tab.30	0 ... 20
Rb_2O	187,0	Tab.30	Tab.30	Tab.30	Tab.30	0 ... 20
Cs_2O	281,8	Tab.30	Tab.30	Tab.30	Tab.30	0 ... 20
Tl_2O	424,8	63	–	2,440	9300	0 ... 15
BeO	25,0	7,8	45	1,595	890	0 ... 30
MgO	40,3	Tab.31	Tab.31	Tab.31	Tab.31	0 ... 25
CaO	56,1	14,4	130	1,730	1480	0 ... 25
SrO	103,6	17,5	160	1,775	1630	0 ... 30
BaO	153,4	22,0	200	1,880	1890	0 ... 40
ZnO	81,4	14,5	50	1,710	1650	0 ... 20
CdO	128,4	Tab.32	Tab.32	Tab.32	Tab.32	0 ... 20
PbO	223,2	Tab.33	Tab.33	Tab.33	Tab.33	0 ... 50
MnO	70,9	17,2	105	–	–	0 ... 25
FeO	71,8	16,5	55	–	–	0 ... 20
CoO	74,9	14,5	50	–	–	0 ... 20
NiO	74,7	13,0	50	–	–	0 ... 15
CuO	79,6	–	30	–	–	0 ... 10
B_2O_3	69,6	Tab.34	Tab.34	Tab.34	Tab.34	0 ... 30
Al_2O_3	101,9	40,4	– 35	1,520	850	0 ... 20
Ga_2O_3	187,4	42,5	– 20	1,770	1970	0 ... 25 .
In_2O_3	277,6	–	–	2,34	3800	0 ... 10
Sc_2O_3	138,2	28	–	2,24	–	0 ... 10
Y_2O_3	225,9	35	–	2,26	3000	0 ... 10
La_2O_3	325,8	40	–	2,57	4050	0 ... 10
As_2O_3	197,8	–	–	1,57	1850	0 ... 5
Sb_2O_3	291,5	47	75	2,57	7800	0 ... 10
Bi_2O_3	466,0	45	–	3,15	12500	0 ... 15
SiO_2	60,1	Tab.35	Tab.35	Tab.35	Tab.35	100 ... 45
GeO_2	104,6	–	–	1,64	1540	
SnO_2	150,8	28,8	–45	1,94	2000	0 ... 10
TiO_2	79,9	21	–20 ... –30	2,0 ... 2,3	5200 ... 6400	0 ... 25
ZrO_2	123,2	23,0	–60	2,20	2250	0 ... 12
HfO_2	210,6	27,5	–100	1,96	2300	0 ... 12
ThO_2	246,1	31,7	–30	–	2900	0 ... 10
P_2O_5	142,0	–56	140	1,31	–	
Nb_2O5	265,84	52	–	2,82	–	0 ... 25
Ta_2O_5	41,9	–	–	2,74	6600	0 ... 10
CaF_2	78,1	–	180	–	–	0 ... 15
Na_2SiF_6	188,1	–	340	–	–	0 ... 8
Na_3AlF_6	210,0	–	480	–	–	0 ... 8
CdS	144,5	–	200	–	–	0 ... 5

Tabelle 30 Koeffizienten für die Alkalioxide

i	$\overline{V}_i$	$\overline{a}_i$	$\overline{n}_i$	$\overline{d}_i$
Koeffizienten für Alkali-Silikatgläser:				
Li_2O	11,9	270	1,655	1300
Na_2O	20,6	410	1,575	1400
K_2O	33,5	490	1,595	1320
Rb_2O	41	505	1,660	–
Cs_2O	54...50	490	–	–
Koeffizienten für reine Kali-Silikatgläser:				
K_2O	34,5	425	1,560	1250
Koeffizienten für alle anderen Gläser:				
Li_2O	11,0	270	1,695	1380
Na_2O	20,2	395	1,590	1420
K_2O	34,1	465	1,575	1300
Rb_2O	43	–	1,630	–
Cs_2O	47	–	1,710	1540

Tabelle 31 Koeffizienten für MgO

i	$\overline{V}_i$	$\overline{a}_i$	$\overline{n}_i$	$\overline{d}_i$
Koeffizienten für Gläser des Systems R_2O-MgO-SiO_2:				
MgO	14,8	60	1,570	1110
Koeffizienten für alle anderen Gläser:				
MgO	12,5	60	1,610	1110

Tabelle 32 Koeffizienten für CdO

$\overline{V}_{CdO}$	$15,0 + 4\,(x_{SiO2} + x_{B2O3} + x_{Al2O3})$
$\overline{\alpha}_{CdO}$	115
$\overline{n}_{CdO}$	$2,125 - 4\,(x_{SiO2} + x_{B2O3} + x_{Al2O3})$
$\overline{d}_{CdO}$	$4030 - 2200\,(x_{SiO2} + x_{B2O3} + x_{Al2O3})$

Tabelle 33 Koeffizienten für PbO

Für $0,8 > x_{SiO2} + x_{B2O3} + x_{Al2O3} > 0,5$	$\overline{V}_{PbO}$ $\overline{n}_{PbO}$ $\overline{d}_{PbO}$	$25,0 + 8\cdot(x_{SiO2} + x_{B2O3} + x_{Al2O3})$ $2,685 - 0,67\cdot(x_{SiO2} + x_{B2O3} + x_{Al2O3})$ $11040 - 7200\cdot(x_{SiO2} + x_{B2O3} + x_{Al2O3})$
Für $x_{SiO2} + x_{B2O3} + x_{Al2O3} > 0,8$	$\overline{V}_{PbO}$ $\overline{n}_{PbO}$ $\overline{d}_{PbO}$	23,4 2,149 5280
Für R_2O-PbO-SiO_2-Gläser mit $x_{R2O} < 0,03$ und für R_2O-R_mO_n-PbO-SiO_2-Gläser mit $x_{RmOn}/x_{R2O} > 1/3$	$\overline{a}_{PbO}$	130
Für alle anderen Gläser	$\overline{a}_{PbO}$	$115 + 500\cdot x_{R2O}$

Die y_i sind die Massenbrüche, d. h. $y_i \cdot 10^2$ sind Masseprozente.

Die Koeffizienten p_i und q_i der Tabelle 37 führen auf die spezifische Wärmekapazität in kJ kg^{-1} K^{-1}. Die Temperatur muß in °C eingesetzt werden.

4.1.4 Berechnung der Viskosität nach Lakatos

Man berechnet nach der Beziehung

$$g = \sum_{i=1}^{n} \overline{\alpha}_i \cdot \mu_i \qquad (256)$$

Tabelle 34. Koeffizienten für B_2O_3

Man berechne zunächst den Parameter ψ:

Für $x_{ZnO}+x_{PbO} > x_{Al2O3}$	$\psi = [(x_{Na2O}+x_{K2O}+x_{BaO})+0{,}7\,(x_{CaO}+x_{SrO}+\,x_{CdO}+x_{PbO})+0{,}3\cdot(x_{Li2O}+x_{MgO}+x_{ZnO})]/x_{B2O3}$
Für $x_{Al2O3} > x_{ZnO}+x_{PbO}\geqq 0$	$\psi = [(x_{Na2O}+x_{K2O}+x_{BaO})+0{,}7\,(x_{CaO}+x_{SrO}+\,x_{CdO})$ $+0{,}3\,(x_{Li2O}+x_{MgO})+1{,}7\,x_{PbO}+1{,}3\,x_{ZnO}+x_{Al2O3}]/x_{B2O3}$

Mit dem Parameter ψ findet man die Koeffizienten:

	ψ	$\overline{V}_{B2O3}$	$\overline{n}_{B2O3}$
Für $0{,}44\ x_{SiO2}\ 0{,}64$	$\psi\ >4$	18,5	1,710
	$4\ >\psi>1$	$30{,}9-3{,}1\cdot\psi$	$1{,}52+0{,}048\cdot\psi$
	$1\ >\psi>1/3$	$24{,}7-3{,}1/\psi$	$1{,}61-0{,}048/\psi$
	$1/3>\psi$	36,0	1,47
Für $0{,}71\leq /_{\leqslant\leftarrow\sqrt{V}}$	$\psi\ >1{,}6$	18,5	1,710
	$1{,}6\ >\psi>1$	$31{,}0-7{,}8\cdot\psi$	$1{,}52+0{,}12\cdot 8{,}49$
	$1\ >\psi>1/2$	$15{,}4+7{,}8/\psi$	$1{,}76-0{,}12/\psi$
	$1/2>\psi>1/3$	$24{,}7+3{,}1/\psi$	$1{,}61-0{,}048/\psi$
	$1/3>\psi$	36,0	1,47

Für $0{,}64\leq x_{SiO2}\leq 0{,}71$ berechne man diese Koeffizienten für $x_{SiO2}=0{,}64$ und für $x_{SiO2}=0{,}71$ und benutze ihren arithmetischen Mittelwert

	ψ	$\overline{\alpha}_i$	$\overline{d}_i$
Für $x_{SiO2}\geq 0{,}44$	$\psi>4$	-50	900
	$\psi<4$	$-12{,}5\cdot\psi$	$640+65\cdot\psi$

Tabelle 35 Koeffizienten für SiO_2

x_{SiO2}	$\overline{V}_{SiO2}$	$\overline{\alpha}_{SiO2}$	$\overline{n}_{SiO2}$	$\overline{d}_{SiO2}$
$x_{SiO2}\leq 0{,}67$	26,1	38,0	1,475	675
$x_{SiO2}\geq 0{,}67$	23,8	105	1,478	675
	$+3{,}5\,x_{SiO2}$	$-100\,x_{SiO2}$	$-0{,}05\,x_{SiO2}$	

die Konstanten A, B und T_0 der VOGEL-FULCHER-TAMMANN-Gleichung (17). Die $\overline{\alpha}_i$ sind die in Tabelle 38 angegebenen Koeffizienten. Mit diesen Werten erhält man A, B und T_0 so, daß für die Viskosität die SI-Einheit Pa s und für T und T_0 die Celsiustemperatur verwendet werden. Man beachte, daß das Konzentrationsmaß μ_i das Molverhältnis Mole Glasoxid zu Mole SiO_2 ist. Mit den Molenbrüchen x_i und den Massenbrüchen y_i gelten die Zusammenhänge

$$\mu_i = \frac{x_i}{x_{SiO_2}} = \frac{y_i}{y_{SiO_2}}\cdot\frac{M_{SiO2}}{M_i} \qquad (257)$$

Damit gilt selbstversändlich $\mu_{SiO_2} = 1$.

Tabelle 36 Beispiel für die Berechnung der Dichte eines Glases nach APPEN

1	2	3	4	6	8	9
i	$c_i \cdot 10^2$	M_i	$c_i \cdot 10^4/M_i$	$\gamma_i \cdot 10^2$	$\overline{V}_i$	$\overline{V}_i \cdot c_i \cdot 10^2/M_i$
Na_2O	4,0	62,0	6,5	4,0	20,2	1,3
K_2O	1,0	94,2	1,1	0,7	34,1	0,4
MgO	0,4	40,3	1,0	0,6	12,5	0,1
CaO	0,1	56,1	0,2	0,1	14,4	0,0
Al_2O_3	2,9	101,9	2,9	1,8	40,4	1,2
B_2O_3	12,3	69,6	17,7	11,8	36,0	6,4
SiO_2	79,2	60,1	131,8	81,8	26,7	35,2

5	$\sum c_i \cdot 10^4/M_i = 161,1$			10	$\sum \overline{V}_i \cdot c_i \cdot 10^2/M_i = 44,6$
7	$\psi = [(4,0+0,7)+0,7 \cdot 0,1+0,3 \cdot 0,6-1,8]$ $= 0,29$ $\overline{V}_{B2O3} = 36,0 \quad \overline{V}_{SiO2} = 26,7$			11	$\varrho = 1/(\sum \overline{V}_i \, c_i/M_i)$ $= 100/44,6$ $= 2,24 \text{ g cm}^{-3}$

Tabelle 37 Koeffizienten zur Berechnung der Spezifischen Wärmekapazität

1	2	3
i	$p_i \cdot 10^3$	q_i
Na_2O	3,47	0,935
K_2O	1,86	0,735
MgO	2,15	0,898
CaO	1,72	0,716
B_2O_3	2,50	0,811
Al_2O_3	1,90	0,740
SiO_2	1,96	0,694
SO_3	3,48	0,791
PbO	0,05	0,205

Tabelle 38 Koeffizienten a_i für die Berechnung der Konstanten A, B und T_0 der VFT-Gleichung

1	2	3	4
i	A_i	B_i	T_{0i}
Na_2O	+ 1,48	- 60,4	- 25
K_2O	- 0,84	- 14,4	- 321
CaO	- 1,60	- 39,2	+ 544
MgO	- 5,49	+ 62,9	- 384
Al_2O_3	+ 1,52	+ 22,5	+ 294
SiO_2	- 2,46	+ 57,4	+ 198

4.1.5 VOGEL-FULCHER-TAMMANN-Gleichung

Die Berechnung der Konstanten der VOGEL-FULCHER-TAMMANN-Gleichung

$$lg\eta = A + \frac{B}{T - T_0} \tag{258}$$

ist im konkreten Fall sehr umständlich, weil die

Auflösung der sich aus drei Meßpunkten ergebenden drei Gleichungen nach den drei Konstanten zu unübersichtlichen Ausdrücken führt. Darum empfehlen wir das folgende Verfahren:

Für die Viskositäten η_1, η_2 und η_3 seien die Temperaturen T_1, T_2 und T_3 gemessen. Man führe die Rechengrößen

$T_1' = T_1 - T_2$

$T_3' = T_3 - T_2$

$\lg \eta_1' = \lg \eta_1 - \lg \eta_2$

$\lg \eta_3' = \lg \eta_3 - \lg \eta_2$

ein und berechne

$$T_0' = \frac{T_1' T_3' \cdot (lg\eta_1' - lg\eta_3')}{T_3' \cdot lg\eta_1' - T_1' \cdot lg\eta_3'} \tag{259}$$

$$A' = \frac{(T_3' - T_1') \cdot lg\eta_1' \cdot lg\eta_3'}{T_3' \cdot lg\eta_1' - T_1' \cdot lg\eta_3'} \tag{260}$$

Die Konstanten der VOGEL-FULCHER-TAMMANN-Gleichung ergeben sich daraus zu

$T_0 = T_0' + T_2$

$A = A' + \lg \eta_2$

$B = A' T_0'$

Dieser Rechenweg beruht darauf, daß man die VOGEL-FULCHER-TAMMANN-Gleichung umstellen kann zu

$(T - T_0) (\lg \eta - A) = B$,

worin die Größen auf der linken Seite der Gleichung durch die mit einem Strich versehenen Größen ersetzt werden können, ohne die Gleichung zu stören. Diese Schreibweise zeigt, daß die Kurven im $\lg g\eta$-T-Diagrammm Hyperbeln sind, deren Form allein durch B und deren Lage allein durch T_0 und A bestimmt wird.
Dazu ein Beispiel:

An einem Glas wurden gemessen:

Annealing-Punkt $T_1 = 530\,°C$ bei $\eta_1 = 10^{12}\,Pa\,s$
LITTLETON-Punkt $T_2 = 710\,°C$ bei $\eta_2 = 10^{6,6}\,Pa\,s$
Einsink-Punkt $T_3 = 1\,010\,°C$ bei $\eta_3 = 10_3\,Pa\,s$

Man berechnet:

$T_1' = T_1 - T_2 = -180\,K$

$T_3' = T_3 - T_2 = 300\,K$

$\lg\eta_1' = \lg\eta_1 - \lg\eta_2 = 5,4$

$\lg\eta_3' = \lg\eta_3 - \lg\eta_2 = -3,6$

Damit ergeben sich $T_0' = -500$ und $A' = -9,6$ nach den oben gegebenen Beziehungen und schließlich die VFT-Konstanten

$T_0 = -500 + 710 = 210$
$A = -9,6 + 6,6 = -3,0$
$B = 9,6 \cdot 500 = 4\,800$

4.2 Synthese

Als Syntheseberechnung bezeichnet man die Berechnung der Glaszusammensetzung aus dem Gemengesatz. Man benutzt dazu die Gleichung (77) aus Abschnitt 2.1.2:

$$m_i = \sum_j y_{ij} \cdot m_j \tag{261}$$

Zum Beispiel betrachten wir den Gemengesatz (Vektor $[m_j]$) (s. unten):

66,1 kg Sand (SiO_2-Gehalt 99,0%)
27,5 kg Soda
5,0 kg Kalk Hammerunterwiesenthal
15,9 kg Dolomit CFR
8,2 kg Feldspat „Albit"

Die Tabelle 39 (in der Praxis die chemische Rohstoffanalyse!) liefert die Matrix $[y_{ij}]$ (s. S. 191).

Die Multiplikation dieser Matrix mit dem Gemengesatz $[m_j]$ liefert die folgende Matrix:

65,4	0	0	0	5,9
0	0,575	0	0	0,8
0	0	1,9	4,8	0
0	0	0,6	3,4	0
0	0	0	0	1,4

Die Zeilensummen ergeben den Vektor der Glaszusammensetzung $[m_i]$:

71,3 kg SiO_2
16,6 kg Na_2O
6,7 kg CaO
4,0 kg MgO
1,4 kg Al_2O_3

	i/j	Sand 1	Soda 2	Kalk 3	Dolomit 4	Feldspat 5
SiO_2	1	0,990	0	0	0	0,716
Na_2O	2	0	0,575	0	0	0,100
CaO	3	0	0	0,385	0,301	0
MgO	4	0	0	0,115	0,215	0
Al_2O_3	5	0	0	0	0	0,172

In diesem Falle ist die Summe der m_i gerade gleich 100 kg, dadurch kann man die gefundenen Zahlenwerte sofort als die prozentuale Zusammensetzung des Glases benutzen.

4.3 Gemenge

4.3.1 Gemengesatzberechnung

Gemengesatzberechnungen führt man zweckmäßigerweise unter Beachtung folgender Regeln durch:

Regel 1: Man beginnt die Gemengesatzberechnung für 100 kg Glas.

Regel 2: Glassynthese, Glasausbeute und Schmelzverlust werden berechnet, ohne die Verdampfung von Glasbestandteilen zu berücksichtigen.

Regel 3: Läutermittel, Oxidationsmittel und Reduktionsmittel werden so behandelt, als liefen die entsprechenden Reaktionen vollständig ab.

Regel 4: Feuchtekorrekturen werden nach der Gemengesatzberechnung angebracht.

Regel 5: Die Redoxzahl des Gemenges wird im Anschluß an die Gemengesatzberechnung ermittelt.

Regel 6: COD können bei der Gemengesatzberechnung mitgerechnet werden.

Die unter Verwendung dieser Regeln aus dem Gemengesatz berechnete Glassynthese weicht von der Analyse des aus dem Gemenge erschmolzenen Glases ab. Der tatsächliche Schmelzverlust ist nicht mit dem berechneten Schmelzverlust identisch. Berechnete Gemengesätze müssen nach der Erfahrung korrigiert werden!

Es sei die Aufgabe gegeben, für die Glaszusammensetzung

71,3% SiO_2
16,6% Na_2O
6,7% CaO
4,0% MgO
1,4% Al_2O_3

(Masse-Prozente) einen Gemengesatz zu berechnen. Es ist ratsam, dies für eine Glasmenge von 100 kg zu beginnen und erst später auf die gewünschte Größe der Gemengecharge umzurechnen. Für unser Beispiel wollen wir noch annehmen, daß das zu berechnende Gemenge auf

100 kg Glas 1,0 kg Natriumsulfat als Läutermittel enthalten soll. Wenn wir für das Gemenge die Rohstoffe Sand, Soda, Kalk, Dolomit und Feldspat benutzen wollen, so haben wir für die fünf einzubringenden Komponenten schon sechs Rohstoffe zu berücksichtigen. Die Festlegung, 1 kg Natriumsulfat einzusetzen, bedeutet aber die Fixierung einer Gleichung, so daß für die fünf anderen Rohstoffe (Unbekannten) auch fünf lineare Gleichungen zu lösen sind. Das Gleichungssystem sollte also lösbar sein.

Nach Tabelle 39 (S. 91) liefert 1 kg Natriumsulfat 0,436 kg Na_2O, darum sind für 100 kg Glas nur noch 16,6 kg – 0,436 kg = 16,164 kg Na_2O durch die anderen Rohstoffe einzubringen. Für das zu lösende lineare Gleichungssystem lautet also die Koeffizientenmatrix ebenso wie die bei der Syntheseberechnung im Abschnitt 4.2 benutzte und der Vektor der rechten Seiten der Gleichungen ist:

$$
\begin{array}{c|c}
SiO_2 & 71,3 \\
Na_2O & 16,164 \\
CaO & 6,7 \\
MgO & 4,0 \\
Al_2O_3 & 1,4
\end{array}
$$

Es bietet sich an, die 4. Zeile der Koeffizientenmatrix mit Hilfe der dritten so zu verändern, daß in der dritten Spalte statt 0,115 die 0 erscheint, dann stehen links unten von der Diagonalen der Matrix nur Nullen, und man kann das Gleichungssystem sofort lösen (GAUSSscher Algorithmus). Man müßte also von der vierten Zeile die mit 0,115/0,385 multiplizierte dritte Zeile subtrahieren. Statt der 0,215 steht dann in der vierten Zeile $0,215 - 0,299 \cdot 0,301 = 0,215 - 0,090 = 0,125$. Nun lautet die so veränderte Systemmatrix

0,99	0	0	0	0,716
0	0,575	0	0	0,100
0	0	0,385	0,301	0
0	0	0	0,125	0
0	0	0	0	0,172

Von unten her kann man nun das Gleichungssystem schrittweise lösen.

$m_{Feldspat} = 1,4/0,172 = 8,14\ kg$

$m_{Dolomit} = (4,0 - 6,7 \cdot 0,115/0,385)/0,125$
$\quad\quad\quad = 15,60\ kg$

$m_{Kalk} = (6,7 - 0,301 \cdot m_{Dolomit})/0,385 = 5,21\ kg$

m_{Soda} = (16,164 – 0,100 · $m_{Feldspat}$)/0,575
= 26,70 kg

m_{Sand} = (71,3 – 0,716 · $m_{Feldspat}$)/0,990
= 66,13 kg

Die Abweichung von dem Gemengesatz des vorigen Abschnitts entsteht bei der Soda durch die Zugabe des Natriumsulfat, bei den anderen Rohstoffen durch Rundungen in der Syntheseberechnung.

4.3.2 Feuchtekorrektur

Setzt man feuchte Rohstoffe ein, so korrigiert man den Gemengesatz nachträglich für jeden einzelnen feuchten Rohstoff nach der Gl. (82) im Abschnitt 2.1.2. Die Wassergehalte werden üblicherweise in Masse-Prozenten angegeben, wir verwenden aber natürlich die entsprechenden Massenbrüche.

Hat der Sand im Beispiel des vorigen Abschnitts eine Feuchte von 1,8%, so sind statt wie oben berechnet 66,13 kg Sand nunmehr 66,13/(1–0,018) = 67,34 kg einzusetzen.

4.3.3 Redoxzahl

Die Redoxzahl wird aus dem bekannten oder zuvor berechneten Gemengesatz mit Hilfe von tabellierten Koeffizienten der Rohstoffe berechnet. Für die Berechnung der Redoxzahl rechnet man den Gemengesatz zunächst auf 2 000 kg Sand um. Die nun vorliegenden Rohstoffmengen in kg werden mit den Koeffizienten der einzelnen Rohstoffe lt. Tabelle 40 multipliziert. Diese Produkte werden addiert. Tabelle 41 enthält ein Rechenbeispiel (s. S. 197).

4.3.4 COD

Der COD von Glasrohstoffgemengen wird aus einer naßchemischen Untersuchung der verwendeten Rohstoffe berechnet oder am Gemenge nach derselben Vorschrift naßchemisch bestimmt.

Für die Berechnung verwendet man die Gleichung

$$COD_G = \frac{\sum\limits_j m_j \cdot COD_j}{\sum\limits_j m_j} \qquad (262)$$

Tabelle 39 Glasrohstoffe

Rohstoff	Komponente	Masseanteil	Bemerkungen
Albit			s. Feldspat
Aluminiumhydroxid (Tonerdehydrat) $Al(OH)_3$ oder $Al_2O_3 \cdot 3H_2O$	Al_2O_3	0,655	Wegen der nur unerheblichen Verunreinigungen wird es als Al_2O_3-Rohstoff für hochwertige farblose Gläser und für die Al_2O_3-reichen Alumosilikatgläser benutzt.
Aluminiumnitrat $Al(NO_3)_3 \cdot 1,5H_2O$	Al_2O_3	0,136	Gilt als Läutermittel für alkaliarme Alumosilikatgläser. Schmilzt schon bei 70 °C.
Aluminiumoxid (Tonerde, Korund) Al_2O_3	Al_2O_3	1,0	Bereitet Einschmelzschwierigkeiten und wird deshalb selten als Glasrohstoff verwendet.
Aluminiumphosphat $AlPO_4$	Al_2O_3 P_2O_5		Wird wasserhaltig mit bis 30% Wasser gehandelt.
Anorthit			s. Feldspat
Antimonoxid Sb_2O_3	Sb_2O_5 O_2	1,11 −0,11	Wird zusammen mit Nitrat als Läutermittel für Spezialgläser eingesetzt.
Arsenoxid (Arsenik) As_2O_3	As_2O_5 O_2	1,16 −0,16	Wird nur noch selten zusammen mit Nitrat als Läutermittel eingesetzt. Arsenik ist stark giftig.
Bariumchlorid $BaCl_2 \cdot 2H_2O$	BaO Na_2O	0,628 −0,24	Läutermittel. Aus alkalioxidhaltigen Gläsern verdampft Alkalioxid, und BaO verbleibt im Glas.
Bariumfluorid BaF_2	BaO SiO_2	0,875 −0,17	bei 100% Fluorverlust
	BaF_2 BaO SiO_2	0,5 0,438 −0,09	bei 50% Fluorverlust
	BaF_2 BaO SiO_2	0,9 0,088 −0,02	bei 10% Fluorverlust
Bariumkarbonat $BaCO_3$	BaO	0,768	Bariumkarbonat ist hygroskopisch, neigt zur Klumpenbildung und ist giftig.
Bariumnitrat (Barytsalpeter) $Ba(NO_3)_2$	BaO	0,583	Bariumnitrat ist Oxidationsmittel und gilt als Läutermittel. Da nicht geklärt ist, welche gasförmigen Reaktionprodukte aus dem Gemenge entstehen, ist auch die zu erwartende Sauerstoffmenge unsicher.
Bariumphosphat $Ba_3(PO_4)_2$	BaO P_2O_5	0,764 0,236	
Bariumsulfat $BaSO_4$	BaO	0,658	
Barytsalpeter			s. Bariumnitrat

Rohstoff	Komponente	Masseanteil	Bemerkungen
Berylliumkarbonat $BeCO_3$	BeO	0,363	$BeCO_3$ ist der für die Einführung von BeO günstigste Rohstoff, er spielt für Gläser für die Schmuckwarenindustrie eine gewisse Rolle.
Bleioxid (Mennige) Pb_3O_4	PbO	0,977	Über 400 °C geht Mennige unter O_2-Abgabe vollständig in PbO über. Mennige ist giftig. Der PbO-Gehalt der Mennige kann von dem angegebenen Wert deutlich abweichen.
Borax			s. Natriumtetraborat
Borsäure H_3BO_3	B_2O_3	0,561	Wegen des höheren B_2O_3-Preises wird Borsäure nur dann als Glasrohstoff eingesetzt, wenn das mit Borax zugleich eingetragene Na_2O unerwünscht ist. Borsäure ist zusammen mit Wasser leicht flüchtig, wodurch im Ofen beträchtliche Verluste auftreten können.
Braunstein			s. Manganoxid
Didymoxid			Unter dieser Bezeichnung wird ein Gemisch von Neodymoxid und Praseodymoxid gehandelt. Es färbt zart blau.
Dolomit $MgCO_3$ $CaCO_3$	CaO MgO	0,304 0,219	Theoretische Zusammensetzung des Doppelkarbonats.
	CaO MgO Al_2O_3	0,301 0,215 0,005	Zusammensetzung eines speziellen natürlichen Dolomits (CFR).
			Es gibt zwischen Dolomit und Kalkstein nach dem CaO-MgO-Verhältnis alle Übergänge. Dolomit ist der verbreitetste MgO-Rohstoff, soweit der damit eingetragene CaO-Gehalt des Glases den beabsichtigten nicht übersteigt. Es gibt nicht zu viele Lagerstätten mit ausreichend niedrigem Fe_2O_3-Gehalt.
Eisenoxid rot Fe_2O_3	Fe_2O_3	1,0	Im Glas liegt stets FeO neben Fe_2O_3 vor, wobei sich das Mengenverhältnis nach den Redoxbedingungen im Glas richtet. Den Eisengehalt eines Glases gibt man immer als Fe_2O_3 an.
FeO	Fe_2O_3 O_2	1,11 −0,11	
$Fe_2O_3 \cdot 3H_2O$	Fe_2O_3	10,750	
Feldspat			Die Feldspate werden als Al_2O_3-Rohstoffe eingesetzt.

Rohstoff	Komponente	Masseanteil	Bemerkungen
Kalifeldspat $K_2O \cdot Al_2O_3 \cdot 6SiO_2$	SiO_2 Al_2O_3 K_2O	0,648 0,183 0,169	Theoretische Zusammensetzung Orthoklas
	SiO_2 Al_2O_3 K_2O Na_2O	0,664 0,180 0,116 0,029	Kalifeldspat Nore
Natronfeldspat $Na_2O \cdot Al_2O_3 \cdot 6SiO_2$	SiO_2 Al_2O_3 Na_2O	0,688 0,194 0,118	Theoretische Zusammensetzung Albit
	SiO_2 Al_2O_3 Na_2O K_2O	0,716 0,172 0,100 0,003	Importsorte „Albit"
Flußspat			s. Kalziumfluorid
Glassand			s. Siliziumdioxid
Goldchlorid $AuCl_3$	Au Na_2O O_2	0,650 -0,36 -0,08	Die wäßrige Lösung von $AuCl_3$ wird als Rohstoff für Goldrubin verwendet. Dabei ist ein Zusatz von Reduktionsmittel notwendig.
Hydratpottasche			s. Kaliumkarbonat
Kadmiumkarbonat $CdCO_3$	CdO	0,745	Kadmium kann aus der Schmelze verloren gehen.
Kadmiumsulfid CdS			CdS färbt das Glas gelb. Bis zu 40% der eingesetzten Menge können beim Schmelzen verdampfen.
Kalifeldspat			s.Feldspat
Kalilauge			s. Kaliumhydroxid
Kalisalpeter			s. Kaliumnitrat
Kaliumbichromat $K_2Cr_2O_4$	K_2O Cr_2O_3 O_2	0,516 0,320 0,164	Dient als Cr_2O_3-Rohstoff, um das Glas grün zu färben. Kaliumbichromat ist ätzend und giftig.
Kaliumchromat K_2CrO_4	K_2O Cr_2O_3 O_2	0,485 0,391 0,124	s. Kaliumbichromat
Kaliumhydroxid KOH	K_2O	0,490	KOH ist stark ätzend und hygroskopisch und daher als Glasrohstoff schwer zu handhaben.

Rohstoff	Komponente	Masseanteil	Bemerkungen
Kaliumkarbonat (Pottasche) K_2CO_3	K_2O	0,669	(Für kalzinierte Pottasche). Kalzinierte Pottasche ist stark hygroskopisch und muß deshalb in geschlossenen Behältern transportiert und gelagert werden. Hydratpottasche (mit 1,5 Kristallwasser) ist kaum hygroskopisch.
Kaliumnitrat (Kalisalpeter) KNO_3	K_2O O_2	0,466 0,396	Diese y_{ij} setzen den Zerfall des Nitrats bis zum Stickstoff voraus. Das ist aber nicht korrekt.
Kalkstein (Kalziumkarbonat) $CaCO_3$ Beispiele:			Kalkstein ist natürlich vorkommendes Kalziumkarbonat und wichtigster CaO-Rohstoff. Die Lagerstätten unterscheiden sich sowohl nach Härte und Kompaktheit als auch nach den Verunreinigungen. Die härtesten sind Marmor oder marmorähnlich. Kalktuffe sind weiche, poröse Kalksteine, als Wiesenkalke bezeichnet man Kalke erdiger Beschaffenheit. Mit Tonsubstanzen verunreinigte Kalke heißen je nach ihrer Zusammensetzung Mergelkalk, Kalkmergel oder Tonmergel.
Kalk Rübeland	CaO MgO Al_2O_3	0,537 0,005 0,004	
Kalk Rüdersdorf	CaO MgO Al_2O_3	0,517 0,006 0,006	
Kalk Hammerunterwiesenthal	CaO MgO Al_2O_3	0,385 0,115 0,008	
Kalziumfluorid CaF_2	CaO SiO_2	0,718 -0,39	bei 100% Fluorverlust
	CaO SiO_2 CaF_2	0,039 -0,04 0,9	bei 10% Fluorverlust
			Läutermittel und Schmelzbeschleuniger, in größeren Mengen auch Trübungsmittel.
Kalziumkarbonat			s. Kalk
Kalziumphosphat $Ca_3(PO_4)_2$	CaO P_2O_5	0,554 0,386	P_2O_5-Rohstoff, in größerer Konzentration auch Trübungsmittel.
Kaolin	Al_2O_3 SiO_2	0,395 0,465	Technische Kaoline weiche je nach Herkunft und Vorbehandlung von dieser Zusammensetzung ab. Analysenwerte verwenden!
Kieselfluornatrium			s. Natriumhexafluorosilikat
Kobaltoxid	CoO	1	CoO färbt das Glas blau
Kochsalz			s. Natriumchlorid
Kohlenstoff	O_2	-2,7	Für die verschiedenen in der Praxis verwendeten Kohlen muß natürlich deren Kohlenstoffgehalt berücksichtigt werden.

Rohstoff	Komponente	Masseanteil	Bemerkungen
Kryolith			s. Natriumhexafluoroaluminat
Kupferoxid CuO:	Cu	0,799	CuO oder CuO_2 werden zusammen mit einem Reduktionsmittel zur Herstellung von Kupferrubinglas benutzt.
	O_2	0,201	
Cu_2O:	Cu	0,889	
	O_2	0,111	
Lithiumkarbonat Li_2CO_3	Li_2O	0,404	
Magnesiumkarbonat $MgCO_3$	MgO	0,478	Soweit CaO im Glas enthalten sein soll, wird Dolomit als MgO-Rohstoff eingesetzt.
Magnesiumkarbonat, basisch $4MgCO_3$ $Mg(OH)_2 \cdot 4H_2O$	MgO	0,41	s. vorhergehende Spalte
Manganoxid (Braunstein) MnO_2	Mn_2O_3	0,848	Braunstein ist ein natürlicher Rohstoff, dessen Zusammensetzung sehr von der hier angegebenen abweichen kann. Braunstein wird zur Violettfärbung verwendet, seltener als Entfärbungsmittel für den Grünstich durch Eisen. Da nur das Oxid Mn_2O_3 färbt und da die Reduktion des MnO_2 zum MnO nur durch Sauerstoffüberschuß verhindert werden kann, muß man Gemengen für manganviolette Gläser immer ein Oxidationsmittel zusetzen.
	SiO_2	0,038	
	Al_2O_3	0,016	
	O_2	0,085	
Mennige			s. Bleioxid
Natriumchlorid (Kochsalz) NaCl			NaCl ist Läutermittel (vor allem für Borosilikatgläser) und bleibt nur in Spuren im Glas zurück.
Natriumhexafluoroaluminat (Kryolith) Na_3AlF_6	Na_2O	0,414	Für vollständigen Fluorverlust aus der Schmelze. Verwendung als Trübungsmittel, d. h. mit unvollständigem Fluorverlust!
	Al_2O_3	0,254	
	SiO_2	-0,26	
Natriumhexafluorosilikat Na_2SiF_6	Na_2O	0,329	Für vollständigen Fluorverlust aus der Schmelze. Verwendung als Läutermittel, nicht als Trübungsmittel.
	SiO_2	-0,16	
Natriumhydroxid NaOH	Na_2O	0,775	NaOH ist stark ätzend und hygroskopisch, außerdem neigt es an der Luft zur Karbonatisierung. Ätznatron ist deshalb als Glasrohstoff nicht gut geeignet.
Natriumkarbonat (Soda) Na_2CO_3	Na_2O	0,575	Man verwendet sog. schwere Soda mit hohem Schüttgewicht. Soda kann an der Luft Wasser aufnehmen.

Rohstoff	Komponente	Masseanteil	Bemerkungen
Natriumnitrat (Natronsalpeter) $NaNO_3$	Na_2O O_2	0,364 0,470	$NaNO_3$ dient als bevorzugtes Oxidationsmittel.
Natriumselenit Na_2SeO_3	Na_2O SeO_2	0,358 0,642	Farbstoff (Selenrosa). Zur Entfärbung des Eisenfarbstichs wird es zusammen mit einem Oxidationsmittel eingesetzt.
Natriumsulfat Na_2SO_4	Na_2O	0,436	Allein oder zusammen mit Kohle zur Läuterung. Überdosierung führt zur Bildung von Galle. Für die Kohlegelbfärbung muß der Schwefel bis zum Sulfid reduziert werden.
Natriumtetraborat (Borax) $Na_2O\ 2B_2O_3$	Na_2O B_2O_3	0,168 0,371	Koeffizienten gelten für das meist verwendete Dekahydrat. Borax dient nicht nur als Borrohstoff, sondern in kleinen Mengen auch als Schmelzbeschleuniger. Wasserfreier Borax kann bei der Lagerung Wasser aufnehmen, das Dekahydrat kann Wasser abgeben!
Natronfeldspat			s. Feldspat
Natronsalpeter			s. Natriumnitrat
Nickeloxid			NiO oder auch Ni_2O_3 dient als Farbstoff. Je nach den Bedingungen entstehen variable violette Farbtöne.
Pottasche			s. Kaliumkarbonat
Quarzsand			s. Siliziumdioxid
Scherben			Solange bei einem Schmelzaggregat eigene Scherben in geschlossenem Kreislauf eingesetzt werden und der Scherbenanteil nicht extrem hoch ist, braucht die Scherbenzusammensetzung nicht besonders berücksichtigt zu werden. Bei Fremdscherben wäre die Ermittlung der chemischen Zusammensetzung und ihre Berücksichtigung bei der Gemengesatzberechnung sinnvoll. Die chemische Analyse bringt aber nur bei einheitlichen Scherben brauchbare Werte. Recyclingscherben bringen stets eine Unsicherheit in die Glaszusammensetzung, die sich aber nicht rechnerisch erfassen läßt.
Siliziumdioxid (Quarzsand, Glassand)	SiO_2	1	Sande werden gewaschen und klassiert gehandelt. Der Fe_2O_3-Gehalt führt zur Einteilung der Sande in verschiedene Qualitäten. Weitere Verunreinigungen können Al_2O_3 in Form von Ton oder Feldspat und organische, z. B. Kohle (Glühverlust!) sein.
Soda			s. Natriumkarbonat
Tonerdehydrat			s. Aluminiumhydroxid
Zinkoxid			Zinkoxid ist giftig

Rohstoff	Komponente	Masseanteil	Bemerkungen
Zinn Sn	SnO_2 O_2	1,27 –0,27	Metallisches Zinn wird in Form von Pulver als Reduktionsmittel verwendet.
Zinn(II)-chlorid $SnCl_2 \cdot 2H_2O$	SnO_2 Na_2O O_2	0,688 –0,27 –0,07	Reduktionsmittel
Zinnoxid SnO	SnO_2 O_2	1,12 –0,12	Reduktionsmittel

Tabelle 40 Redoxfaktoren nach SIMPSON und MYERS

Glasrohstoff	Faktor	Glasrohstoff	Faktor
Natriumsulfat (Na_2SO_4)	+ 0,67	Kohle (100% C)	– 6,70
Gips ($CaSO_4 \cdot 2H_2O$)	+ 0,56	Koks (85% C)	– 5,70
Anhydrit ($CaSO_4$)	+ 0,70	Carbocite (65% C)	– 4,36
Baryt ($BaSO_4$)	+ 0,40	Eisen(II)sulfid (FeS)	– 1,60
Salpeter ($NaNO_3$)	+ 0,32	Pyrit (FeS_2)	– 1,20
Mangandioxid (MnO_2)	+ 1,09	Chromit ($FeCrO_3$)	– 1,00
Eisenoxid (Fe_2O_3)	+ 0,25	Flußspat (CaF_2)	– 0,10
Eisenoxid (Fe_3O_4)	+ 0,19	Arsenoxid (As_2O_3)	– 0,93
Arsenoxid (As_2O_5)	+ 0,93	Hochofenschlacke	– 0,073

Tabelle 41 Beispiel zur Berechnung der Redoxzahlen

1	2	3	4	5
Rohstoff	m_j	m_j	Redoxfaktor	$m_j \cdot$ Redoxfaktor
Sand	66,1 kg	2000 kg	0	0
Soda	26,7 kg	808 kg	0	0
Kalk	5,2 kg	157 kg	0	0
Dolomit	15,6 kg	472 kg	0	0
Feldspat	8,2 kg	248 kg	0	0
Na-Sulfat	1,0 kg	30,3 kg	+ 0,67	+ 20,3
Na-Nitrat	1,2 kg	36,3 kg	+ 0,32	+ 11,6
6			Redoxzahl:	+ 31,9

Literatur

[1] Scherer, G. W.; Rekhson, S. M.
Model of structural relaxation in glass with variable
coefficients J.Am.Cer.Soc. **65** (1982) C-94 bis
C-96

[2] Tammann, G.
Kristallisieren und Schmelzen
Leipzig 1903

[3] Frenkel, J. I.
Kinetic theory of liquids
Oxford 1946
Frenkel, J. I.
Kinetische Theorie der Flüssigkeiten
Berlin 1957

[4] *Stewart, G. W.
Amer.J.Physics **12** (1944) S. 321–324

[5] Bernal, J. D.
Nature **183** (1959) S. 141–147
Nature **185** (1960) S. 68–70

[6] Lebedew, A. A.
Über Polymorphismus und Kühlung des Glases
Arb. staatl. opt. Inst. Leningrad **2** (1921) Nr. 10,
S. 1–20

[7] Goldschmidt, V. M.
Geochemische Verteilungsgesetze der Elemente
No. 8: Untersuchungen über Bau und Eigenschaf-
ten von Krystallen Skrifter Norske Videnskaps-
Akad. (Oslo), I. math.-naturwiss. Kl. 1926, Bd. 2,
S. 7–156

[8] Tammann, G.
Aggregatzustände
2. Aufl., Leipzig 1923

[9] Zachariasen, W. H.
The atomic arrangement in glass
J. Amer. Chem. Soc. **54** (1932) S. 3841–3851

[10] Warren, B. E.
X-Ray diffraction of vitreous silica
Zs. f. Kristallographie **86** (1933) S. 349–358

[11] Dietzel, A.
Die Kationenfeldstärken und ihre Beziehungen zu
Entglasungsvorgängen, zur Verbindungsbildung
und zu den Schmelzpunkten von Silikaten Z. Elektrochem. **48** (1942) S. 9–23

[12] Dietzel, A.
Glasstruktur und Glaseigenschaften
Glastechn. Ber. **22** (1948/49) S. 212–242

[13] Smekal, A.
Über die Natur der glasbildenden Stoffe
Glastechn. Ber. **22** (1949) S. 278–289

[14] Weyl, W. A.
Une nouvelle méthode d'étude de la chimie de l'état
solide et son application aux problèmes des indu-
stries des silicates (fin)
Silicates ind. **24** (1959) S. 321–327

[15] Lux, H.
„Säuren" und „Basen" im Schmelzfluß: Die Be-
stimmung der Sauerstoffionenkonzentration
Z. Elektrochem. **45** (1939) S. 303–309

[16] Krämer, F. W.
Contribution to basicity of technical glass melts in
relation to redox equilibria and gas solubilities
Glastechn. Ber. **67** (1991) S. 71–80

[17] Scholze, H.
Glas, Natur, Struktur und Eigenschaften
Berlin, Heidelberg, New York, London, Paris, To-
kyo 3. Aufl. (1988)

[18] Paul, A.; Douglas, R. W.;
Mutual interaction of different redox pairs in
glass
Phys. Chem. of Glasses **7** (1966) S. 1–13

[19] Manns, P.; Brückner, R.
Non-Newtonian flow behaviour of a soda-lime sili-
cate glass at high deformation rates
Glastechn. Ber. **61** (1988) S. 46–56

[20] Hessenkemper, H.; Brückner, R.
Elastic constants of glass melts above the glass
transition temperature from ultrasonic and axial
compression measurements
Glastechn. Ber **64** (1991) S. 29–38

[21] Weyl, W. A.
Coloured glasses
Sheffield 1951

[22] Bamford, C. R.
Colour generation and control in glass
Amsterdam 1977

[23] Douglas, R. W.; Zaman, M. S.
The chromophore in iron-sulphur amber glasses
Phys. and Chem. of glasses **10** (1969) S. 125–132

[24] Richter, M.
Einführung in die Farbmetrik
2. Aufl. Berlin, New-York 1981

[25] Planck, M.
Theorie der Wärmestrahlung
6. Aufl. Leipzig 1966

[26] Genzel, L.
Zur Berechnung der Strahlungsleitfähigkeit der
Gläser, Glastechn. Ber. **26** (1953) S. 69–71

[27] Anderson, E. E.; Viskanta, R.
Effective thermal conductivity for transfer through
semitransparent solids
J. Am. Cer. Soc. **56** (1973) S. 541–46

[28] Chui, G. K.; Gardon, R.
Interaction of radiation and conduction in glass
J. Am. Cer. Soc. **52** (1969) S. 584–553

[29] Gardon, R.
The emissivity of transparent materials
J. Am. Cer. Soc. **39** (1956) S. 278–287

[30] Curran, R. L.; Farag, I. H.
Modeling radiation pyrometry of glass during the
container-forming process
Glastechn. Ber. **61** (1988) S. 341–347

[31] Volf, M.
Chemie skla
Praha 1978

[32] Biscoe, J.; Warren, B. E.
X-ray diffraction studies of soda-boricoxide glass
J. Amer. Ceram. Soc. **21** (1938) S. 287–295

[33] Lange, J.
Rohstoffe der Glasindustrie
Leipzig, 2. Aufl. 1988

[34] Doering, K.
Rationelle Probenahme von Glasrohstoffen
Sprechsaal **123** (1990) S. 1123–1124

[35] Manring, W. H.; Hopkins, R. W.
Use of sulfates in glass
Glass Industry **39** (1958) S. 139–142, 170

[36] Simpson, W.; Myers, D. D.
The redox number concept and its use by the glass
technologist
Glass Technology **19** (1978) S. 82–85

[37] Schubert, H.
Aufbereitung fester mineralischer Rohstoffe, 3
Bände
Leipzig 3. Aufl. 1975

[38] Shock, J.
Should mixed batch be pneumatically conveyed?
Glass Industry (1990) S. 8–13, 27

[39] Brauer, H.
Stoffaustausch
Aarau 1971

[40] Meyer, K.
Physikalisch-Chemische Kristallographie
2. Aufl. Leipzig 1977

[41] Matz, G.
Kristallisation, Grundlagen und Technik
Berlin, Heidelberg, New York, 2. Aufl. 1969

[42] Tammann, G.
Der Glaszustand
Leipzig 1933

[43] Vogel, W.
Struktur und Kristallisation der Gläser
Leipzig 1971

[44] Vogel, W.
Neue Erkenntnisse über die Glasstruktur
Silikattechnik **10** (1959) S. 241–250

[45] Vogel, W.
Glaschemie
2. Aufl. Leipzig 1983

[46] Lempe, D.; Elsner, N.; Schneider, F.; Kalz, G.;
Strobel, U.
Thermodynamik der Mischphasen I
2. Aufl. Leipzig 1976

[47] Johnston, W. D.
Oxidation-reduction equilibria in iron-containing
glass
J. Am. Cer. Soc. **47** (1964) S. 198–201

[48] Johnston, W. D.
Oxidation-reduction equilibria in molten Na_2O-
$2SiO_2$ glass
Journal of the Am. Cer. Soc. **48** (1965) S. 184–190

[49] Stahlberg, B.; Mosel, B. D.; Müller-Warmuth, W.;
Baucke, F. G. K.
Combined electrochemical and Mössbauer studies
of the Sb^{3+}/Sb^{5+}-equilibrium in a silicate glass-
forming melt
Glastechn. Ber. **61** (1988) S. 335–340

[50] *Goldmann, D. S.
Redox and sulfur solubility in glass melts.
In: Gas bubbles in glass. Prepared by Technical
Committee 14 of the International Commission on
Glass. Charleroi
Institut National du Verre 1985, S. 74–91
Zitiert in
Schreiber, H. D.; Kozak, S. J.; Leonhard, P. G.;
McManus, K. K.
Sulfur chemistry in a borosilicate melt, part 1
Glastechn. Ber. **60** (1987) S. 389–398

[51] Budd, S. M.
Vortrag beim Am. Cer. Soc. Symposium on gases
in glass (Mai 1965), zitiert nach
Poole, J. P.
Fundamentals of Fining
Proc. Ann. Meeting of ICG (1969) S. 169–176

[52] Nölle, G.; Mauerhoff, D.
Einfluß der Wärmeleitfähigkeit des Gemenges auf
die Einschmelzzeit bei Behälterglas
Silikattechnik **26** (1975) S. 267–268

[53] Faber, A. J.; Beerkens, R. G. C.; de Waal, H.
Thermal behaviour of glass batch on batch heating
Glastechn. Ber. **65** (1992) S. 177–185

[54] Kröger, C.
Gemengereaktionen und Glasschmelze
Glastechn. Ber. **25** (1952) S. 307–324
Kröger, C.; Ziegler, G.
Über die Geschwindigkeit der zur Glasschmelze
führenden Reaktionen, Teil II: Glastechn. Ber. **26**
(1953) S. 346–353
Teil III: Glastechn. Ber. **27** (1954) S. 199–212
Kröger, C.; Marwan, F.
Über die Geschwindigkeit der zur Glasschmelze
führenden Reaktionen
Teil IV: Glastechn. Ber. **28** (1955) S. 51–57
Teil V: Glastechn. Ber. **28** (1955) S. 89–98
Teil VI: Glastechn. Ber. **29** (1956) S. 275–288
Teil VII: Glastechn. Ber. **30** (1957) S. 222–229

[55] Besborodow, M. A.
Diagramme der Bildung einiger Silikatgläser
Sprechsaal **107** (1974) S. 985–990

[56] Maletzki, K. H.
Möglichkeiten der Intensivierung des Glasschmelz-
prozesses durch Gemengevorbehandlung
Silikattechnik **33** (1982) S. 149–153

[57] Nölle, G.; Al Hamdan, Kh.
Kohlenstoff in Glasrohstoffgemengen
Silikattechnik **41** (1990) S. 192–193

[58] Charitonov, F. J.; Melničenko, L. G.
Einige kinetische Gesetzmäßigkeiten des Glasbil-
dungsprozesses
Steklo i keramika **20** (1963) Heft 7, S. 5–8

[59] Preston, E.; Turner, W. E. S.
Fundamental studies of the glass melting process
J. Soc. Glass Technol. **24** (1940) S. 124–138

[60] Nölle, G.; Höhne, D.; Roll, S.
Mechanismus und Kinetik glasbildender Reaktio-
nen
Freiberger Forschungsheft A 723, Leipzig 1985

[61] Němec, L.
The refining of glass
Glass Technology **15** (1974) S. 153–156

[62] Flick, C.; Höhne, D.; Nölle, G.; Ortmann, L.
Relations between the redox conditions in batches
and melts
Glastechn. Ber. Glass Sci. Technol. **68** C2 (1995)
S. 248–255

[63] Baucke, G. K.
Electrochemical cells for on-line measurements of
oxygen fugacities in glass-forming melts
Glastechn. Ber. **61** (1988) S. 87–90

[64] Löh, I.; Frey, T.; Schaeffer, H. A.
Continuous determination of the oxidation state in a
soda-lime-silica glassmelt during refining
J. Amer. Cer. Soc. **64** (1981) C 168

[65] Poole, J. P.
Fundamentals of fining
Proc. Ann. Meeting of ICG (1969) S. 169–176

[66] Cooper, A. R.
Kinetics of mixing in continuous glass melting
tanks
Glass Technology **7** (1966) S. 2–

[67] Karsch, K. H.; Schwiete, H. E.
Über den theoretischen Wärmebedarf von Brenn-
prozessen
Ber. DKG **40** (1963) S. 591–595

[68] Kröger, C.
Theoretischer Wärmebedarf der Glasschmelzpro-
zesse
Glastechn. Ber. **26** (1953) S. 202–214

[69] Mögling, V.; Triessnig, A.
Die Topfstein-Gitterung – aktueller Stand
Glastechn. Ber. **61** (1988) S. 47

[70] Brown, G.
Comparison of regenerator packing designs
Glass Technol. **26** (1985) S. 262–268

[71] Böttger, D.
The use of platinum in the glass industry
Glass **62** (1985) S. 177–178

[72] Barklage-Hilgefort, H.
Batch preheating on glass melting furnaces
Glastechn. Ber. **62** (1989) S. 113–121

[73] Hueber, R. M.
Oxygen enrichment lowers melting costs
Glass Ind. **67** (1986) S. 19–20, 33

[74] Klingensmith, L.K.
Direct-fired melter performance improved by gas/
oxygen firing
Glass Ind. **67** (1986) S. 14–20

[75] Kircher, U.
NO-Emissionen und Minderungsmaßnahmen in
der Glasindustrie
Glaswärme Int. **35** (1986) S. 207–212

[76] Collignon, J.
Method of evaluation for the dwell-time analysis
on glass melting
Glastechn. Ber. **61** (1988) S. 307–311

[77] Pippel, W.
Verweilzeitanalyse in technologischen Strömungs-
systemen
Berlin Akademie-Verlag 1978

[78] Nölle, G. Auswirkung zufälliger Schwankungen
der Gemengezusammensetzung auf
die Glaszusammensetzung Silikattechnik **28** (1977)
S. 50

[79] Brückner, R., Hessenkemper, H.
Some aspects of the workability of glass melts
Glastechn. Ber. **63** (1990) S. 19–23

[80] Geotti-Bianchini, F.
Parameters affecting the workability of container
glass
Glastechn. Ber. **65** (1992) S. 306–314, S. 329–337

[81] Braginskij, K. I.
K teorii formovanija stekla
Steklo i keramika **24** (1967) H. 5 S. 11–14

[82] Grundmann, W.
Einflüsse auf die Bildung der „Fließwellen" bei
Preßgläsern
Glastechn. Ber. **39** (1966) 370–376

[83] Pentzel, C.
Der Einfluß von Stempeltemperatur und Preßgeschwindigkeit auf die Welligkeit gepreßter Gläser
Institut für Silikattechnik TU Bergakademie Freiberg, Studienarbeit 1987

[84] Brückner, R.
Entstehung und Ursache von Inhomogenitäten
beim Schlickergießprozeß und in keramischen
Massen, Tonindustrie-Zeitung **91** (1967) 401–
404

[85] Fairbanks, H. V.
Effect of surface conditions and chemical compos-
ition of metal and alloys on then adherance of glass
to metal
Symposium sur le contact du verre chaud avec le
metal
Compte rendu, Charleroi, 1964, S. 575–595

[86] Smrček, A.
Klebetemperatur von Glas an Metall
Silikaty **11** (1967) 267–277, 339–344, 345–351

[87] Kluge, W.-D.
Ein Beitrag zum Kontaktverhalten von Glas mit
Formgebungswerkzeugen
Dissertation Bergakademie Freiberg, 1989

[88] Gehlhoff, G.
Über maschinelles Röhrenziehen
Glastechn.Ber, **3** (1925/26) 205–213

[89] Trinks, V.
Beitrag zur Analyse des technologischen Verhaltens von DANNER-Rohrziehanlagen mit Hilfe eines Rechnermodells
Dissertation TU Bergakademie Freiberg 1990

[90] Trier, W.
Forming processes of hot glass
Internationaler Glaskongress Leningrad, 1989, S. 494–515

[91] Goedicke, J.
Herstellung von Glasrohren zur Fabrikation von Lampen nach den VELLO-Verfahren
Glastechn. Ber, **59** (1986) N 20

[92] Engler, A.
Untersuchungen zum technologischen Verhalten von Glasrohrziehanlagen nach dem VELLO-Verfahren unter Anwendung eines mathematischen Modells
Dissertation TU Bergakademie Freiberg, 1991

[93] Weiß, W.
Berechnungshilfen für Glasrohrziehdüsen
Technisch-wissenschaftliche Abhandlungen der Osram-Gesellschaft, 12.Band, Springer-Verlag 1986, S. 434–443

[94] Böllert, J.; Griffel, H.; Seidel, H.-G.
Development of glass container production machines
Glastechn. Ber. **60** (1987) S. 406–410

Sachregister